高等院校计算机类课程“十二五”规划教材

C 程序设计

主　编　陈　锐　吴剑钟

副主编　赵　华　郑跃杰　谭晓玲

参　编　王慧博　王　悦　张新彩

王朝云　邢　容　卢春香

冯晶莹　张红军

合肥工业大学出版社

内容简介

本书以培养读者C语言程序设计的能力为目标，结合大量实例，较全面地介绍C语言的基本概念和程序设计的基本方法。主要内容包括C语言概述、数据类型、运算符、表达式、顺序程序设计、选择程序设计、循环程序设计、数组、函数、指针、预处理、结构体与联合体、位运算、文件等。另外，在每章的最后还配有适量的习题。

本书可作为高等院校计算机专业以及相关专业的C程序设计课程教材，也可作为计算机应用开发人员及相关人员的参考用书。

图书在版编目(CIP)数据

C程序设计/陈锐，吴剑钟主编．—合肥：合肥工业大学出版社，2012.4
ISBN 978-7-5650-0694-4

Ⅰ.①C…　Ⅱ.①陈…②吴…　Ⅲ.①C语言—程序设计　Ⅳ.①TP312

中国版本图书馆CIP数据核字(2012)第059144号

C程序设计

陈　锐　吴剑钟　主编　　　责任编辑　汤礼广　魏亮瑜

出　版	合肥工业大学出版社	版　次	2012年4月第1版
地　址	合肥市屯溪路193号	印　次	2012年6月第1次印刷
邮　编	230009	开　本	787毫米×1092毫米　1/16
电　话	总编室：0551-2903038	印　张	25.75
	发行部：0551-2903198	字　数	570千字
网　址	www.hfutpress.com.cn	印　刷	合肥现代印务有限公司
E-mail	hfutpress@163.com	发　行	全国新华书店

ISBN 978-7-5650-0694-4　　　定价：47.00元

前言

C语言从其诞生到今天仍然是使用最为广泛的程序设计语言，它是计算机软件开发人员，特别是从事嵌入式开发的人员应该掌握的一种程序设计语言。C语言功能丰富，表达能力强，使用灵活方便，应用面广，运行效率高，可移植性好；C语言既具有高级语言的优点，又具有低级语言的特色；既可以编写系统软件，也可以编写应用软件。正因为C语言有如此众多的优点，所以它才会有这样长久的生命力，也因此至今仍深受广大程序开发人员的青睐。

由于C语言语法结构简洁，目标代码高效，便于底层开发，所以现在大多数操作系统都采用C语言开发，如：Windows、UNIX、Linux、Mac、OS/2等，还有很多新型的程序设计语言也都是C语言衍生的，如：C＋＋、Java、C＃、Perl等。可以这么说，只要掌握了C语言，就会很容易掌握其他语言。

目前，许多高等院校不仅计算机专业开设了C语言课程，而且非计算机专业也开设了C语言课程。全国计算机等级考试、软件资格（水平）考试都将C语言列入考试范围。在数据结构与算法课程、研究生入学考试中，C语言也成为常用的描述语言。对广大计算机爱好者和青年学生来说，掌握C语言很有必要。

本书作者多年来一直从事C程序设计、数据结构与算法、自然语言理解的教学和研究工作，具有较为丰富的科研实践经验和程序开发能力，对程序设计有深刻的研究，书中很多地方都是作者教学经验的积累和总结。

本书的特点

1. 内容全面，讲解详细

为了方便学生学习，本书首先介绍了C语言的历史及特点，然后介绍了C语言的常用开发工具。本书内容全面，覆盖了C语言的全部知识，对于每个知识点，都使用具体实例进行讲解，以便学生快速掌握C语言。

2. 目标明确，结构清晰

每章的开始都给出了本章的学习要点和学习目标，便于学生很快掌握重点和轻松突破难点。本书分章、节和小节划分知识点，使知识点细化，力争做到结构搭建清晰，内容选择合理。在知识点的讲解过程中，循序渐进，由浅入深，最后通过例子强化知识点，这样的讲解方式目的是使学生对内容更容易理解和消化。

3. 语言通俗，叙述简单

针对每个知识点，尽量使用比较通俗的语言讲解，这不只是便于学生理解，更重要的是让学生喜欢这门课程。

4. 配有习题，巩固知识

在每一章的最后，都配有大量实践性的习题，学生在学习每一章的内容之后，可以通过这些习题来巩固所学的内容。

本书的内容

第 1 章：首先简要介绍了 C 语言的发展史、主要特点及基础知识，并介绍了 C 程序的集成开发环境 Turbo C 2.0 和 Visual C++ 6.0。

第 2 章：主要介绍基本数据类型、运算符与表达式。

第 3 章：主要介绍顺序结构程序设计。首先介绍了语句的概念，然后介绍了输入/输出函数的使用，最后通过具体实例讲解如何编写顺序结构的程序。

第 4 章：主要介绍选择结构程序。分别介绍了单分支的 if 选择语句、双分支的 if 选择语句、多分支的 if 选择语句、switch 选择语句和条件运算符与条件表达式。

第 5 章：主要介绍几种常用的循环语句——while 循环语句、do-while 循环语句、for 循环语句、goto 语句、break 语句和 continue 语句、多重循环结构的程序设计。

第 6 章：主要介绍一维数组、二维数组、字符数组。

第 7 章：主要介绍函数的分类、函数的定义形式、局部变量和全局变量、函数的参数和函数的值、函数的调用、函数的嵌套调用、函数的递归调用、数组作为函数的参数。

第 8 章：首先讲解指针与地址的区别，然后讲解了指针与变量、数组与指针、字符串与指针、函数与指针等。

第 9 章：主要介绍编译预处理命令，如宏定义、文件包含命令和条件编译命令。

第 10 章：主要讲解结构体、联合体、枚举，还介绍了链表。

第 11 章：主要介绍位运算。

第 12 章：主要介绍文件。首先讲解文件的分类，然后讲解打开和关闭文件、读取文件和写入文件、文件的定位等操作，最后讲解常见的其他文件操作函数。

本书中的程序均在 Turbo C 2.0 和 Visual C++ 6.0 开发环境下运行通过。

本书由陈锐（高级程序员）、吴剑钟担任主编，赵华、郑跃杰、谭晓玲担任副主编，王慧博、王悦、张新彩、王朝云、邢容、卢春香、冯晶莹、张红军参与编写。全书由陈锐负责统稿。

另外，还要感谢李艳、李强、翟亚红、谢燕萍、安强强等老师，他们对本书的编写曾提出许多宝贵和中肯的意见。

由于作者水平有限，加之时间仓促，错误和疏漏之处在所难免，恳请广大读者批评指正。

在使用本书的过程中，若有疑惑，或想索取本书的例题代码，请从 http://blog.csdn.net/crcr 或 http://www.hfutpress.com.cn 下载，或通过电子邮件 nwuchenrui@126.com 进行联系。

作　者

目录

第1章 C语言概述

■ 本章导读

C语言是目前使用最为广泛的程序设计语言之一，与其他程序设计语言相比，它有很多优势。C语言是大多数程序员学习的第一个程序设计语言。

在真正进入C语言的世界之前，还要掌握一些最基本的知识——进制转换和计算机中数的表示。由于C语言是一门实践性非常强的课程，因此，我们还需要掌握C语言的开发工具，如Turbo C 2.0、Visual C++ 6.0等。

■ 学习目标

(1) 熟悉C语言历史；

(2) 了解C语言区别于其他语言的优势；

(3) 理解进制转换；

(4) 学会使用C程序开发环境。

1.1 C语言发展史

1.1.1 程序语言简述

程序语言的发展经历了如下三个阶段：

1. 机器语言

机器语言是低级语言，也称为二进制代码语言。它是由二进制数0和1组成的一串指令以供计算机使用的语言。机器语言的特点是：可以由计算机直接识别，不需要进行任何翻译。

2. 汇编语言

汇编语言是面向机器的程序设计语言。它用英文字母或符号串来替代二进制码，也就是把不易理解和使用的机器语言转换成汇编语言。阅读和理解程序时，汇编语言比机器语言更为方便。

3. 高级语言

汇编语言依赖硬件体系，并且助记符号数量比较多。为了使程序语言更贴近人类的自然语言，同时又不依赖计算机硬件，于是，人们发明了高级语言。因为这种语言语法形式类似于英文，且远离对硬件的直接操作，所以易于用户理解与使用，其中影响较大、使用较普遍的有：Fortran、Algol、Basic、Cobol、Lisp、Pascal、Prolog、C、C＋＋、Visual C＋＋、Visual Basic、Delphi 和 Java 等。

1.1.2 C语言历史

C 语言是国际上广泛使用、很有发展前途的计算机高级语言。它既能用来编写系统软件，也可以用来编写应用软件。

早期的系统软件主要使用汇编语言编写，而汇编语言依赖计算机硬件，其系统软件的可读性和可移植性比较差，因此为了提高系统软件的可读性和可移植性，改用高级语言来编写系统软件。但是，一般的高级程序设计语言不具备汇编语言的功能（汇编语言可以直接对硬件进行操作，例如，对内存地址、位一级的操作）。C 语言兼具了高级语言和低级语言的一般优点，因此得到了广泛使用。

C 语言是在 B 语言的基础上发展起来的，它可以追溯到 Algol 60 语言。1960 年，“图灵奖”获得者 Alan J. Perlis 在前人的基础上发明了 Algol 60 语言。Algol 60 语言是程序设计语言发展史上的一个里程碑，它标志着程序设计语言成为一门独立的计算机学科，并为后来软件自动化及可靠性的发展奠定了基础。

1963 年，剑桥大学将 Algol 60 语言发展成为 CPL（Combined Programming Language）语言。CPL 语言更接近硬件，但其规模比较大，难以推广。1967 年，剑桥大学的 Matin Richards 对 CPL 语言进行了简化，推出了 BCPL（Basic Combined Programming Language）语言。1970 年，Ken Thompson 对 BCPL 进行了修改，并为它起了一个有趣的名字——B 语言。

由于 B 语言过于简单，功能有限，因此，在 1972 年至 1973 年间，贝尔实验室的 Dennis M. Ritchie 在 B 语言的基础上设计出了 C 语言。C 语言保持了 BCPL 语言和 B 语言的优点——既简练又接近硬件；同时，克服了它们的缺点——过于简单，数据无类型。

最初，C 语言基于 AT&T 的多用户、多任务的 UNIX 操作系统上运行。后来，Dennis M. Ritchie 用 C 语言改写了 UNIX C 的编译程序。UNIX 操作系统的开发者 Ken Thompson 又用 C 语言成功地改写了 UNIX，从此开创了编程史上的新篇章。UNIX 成为第一个不是用汇编语言编写程序的主流操作系统。

随着微型计算机的日益普及，国际上出现了许多版本的 C 语言。1983 年，美国国家标准化协会（ANSI）对 C 语言进行了扩充，并制定了新的标准，被称为 ANSI C。1987 年，ANSI 又公布了新标准——ANSI C 87。最新的 C 语言标准 C99 是在 1999 年颁布，并在 2000 年 3 月被 ANSI 采用。但是由于未得到主流编译器厂家的支持，C99

并未得到广泛使用。

C语言发展于大型商业机构和学术界的研究实验室，当开发者们为第一台个人计算机提供C编译系统之后，C语言就得以广泛传播，为大多数程序员所接受。对MS－DOS操作系统来说，系统软件和实用程序都是用C语言编写的。Windows操作系统大部分也是用C语言编写的。

C语言是一种面向过程的语言，同时具有高级语言和汇编语言的优点。它广泛应用于不同的操作系统，如UNIX、MS－DOS、Microsoft Windows及Linux等。

在C语言的基础上发展起来的其他语言较多，例如，支持多种程序设计风格的C＋＋语言，网络上广泛使用的Java、JavaScript，微软的C＃语言，等等。学好C语言，再学习其他语言时就会轻松许多。

说明：

目前最流行的C语言有Microsoft C（MS C）、Turbo C、AT&T C等。

1.2 C语言的优势

C语言经历了近40年仍然经久不衰，最重要的原因在于它功能强大，能够进行系统的开发。

1.2.1 选择C语言的好处

1. C语言是各种语言的基础

目前，非常流行的计算机语言就有数十种，如C语言、C＋＋语言、Java语言、C＃等，其中C语言是这些语言的基础，并且是这些语言中资历最老的。与其他语言相比，C语言具有以下特色：

（1）如果有了C语言作为程序设计语言的基础，那么就会很容易地掌握其他编程语言，如Java、C＋＋、C＃。

（2）相比较于其他编程语言，如Java、Basic、C＃，C语言更接近于硬件，从而能够使人们更清楚地了解计算机的工作原理。

（3）C语言通过阐述指针的概念，让人们更清楚地了解到计算机操作的本质。而C＃和Java则没有这个概念，因此使用它们，难以领略到指针的强大和计算机语言的本质。

（4）C语言是一门比较低级的语言，且更接近于硬件，所以运行效率非常快。但同时它又是一门高级语言，并且很容易掌握。

（5）C语言允许直接访问物理地址，可以进行位一级的运算，能实现汇编语言的大部分功能，因此它又是一门介于高级语言和汇编语言之间的计算机语言。

（6）与汇编语言相比，C语言的可移植性好。

2.C语言是一种主流语言

Visual C++、Visual Basic、Eclipse、Visual C#等都是目前比较流行的软件开发工具。从技术角度上看，这些语言可以分为.net阵营和Java阵营，且这两个阵营都得到了强大公司的支持。不管今后你向哪个技术方向发展，C语言都是这些技术的基础。因此，C语言理所当然地成为主流的程序设计语言。它的主流地位主要体现在以下几个方面：

(1) C语言从诞生到现在已经有将近40年的历史，因此它给我们留下了相当多的现成可用的代码，这些代码都是比较宝贵的资源。另外，有相当多的团体仍然在支持并使用C语言。

(2) C语言是开源社区的主流语言，很多开源程序及Linux都是用C语言编写的。掌握好C语言就可以很容易阅读这些源代码并能深入理解计算机系统了。

(3) 操作系统和设备驱动程序只能用C语言编写。因此，只有精通C语言，才能对它们进行修改和改进。另外，任何涉及硬件开发的设备都支持C语言，如手机开发、嵌入式开发等。

(4) 现在比较流行的计算机等级考试和软件水平考试都以C语言作为考试语言。

(5) C语言是今后要学习的数据结构课程的基础，因为数据结构中的绝大部分都是采用C语言进行描述的。

1.2.2 如何学好C语言

要学好C语言，必须做到以下几点：

(1) 确立离散性思维方式，摈弃连续性思维方式。在学习计算机语言时，一定要确立离散性的思维方式，这是决定你是否能够学好C语言的一个非常重要因素。因为计算机中数据的存取是二进制形式，它是一种离散数据的表示方式。在处理类似连续性函数、积分等问题时，需要将问题转化为离散的方式进行处理。

(2) 熟练掌握二进制与十进制、十六进制、八进制之间的相互转换。在计算机中，所有的数据都是以二进制形式存储的。而我们熟悉的是十进制。二进制数据表示起来很长，为了方便，需要将二进制转换为十进制、十六进制、八进制，这样看起来就比较直观。

(3) 理解字符与ASCII码之间的关系。通过键盘输入的数据是字符数据，而计算机是以二进制形式存储的。因此需要将字符转换为对应的二进制形式存放起来。美国国家标准化协会ANSI专门规定了字符与ASCII之间的对应关系。

(4) 掌握运算符及运算符的优先级。C语言提供了34种运算符，每种运算符都有优先级与结合性。如果有多个运算符出现在同一个表达式中，需要选择优先级别高的运算符先进行计算。如果优先级相同，则需要根据运算符的结合性进行运算。

(5) 掌握3种程序控制结构。C语言是一种结构化的程序设计语言，它具有3种控制结构：顺序结构、选择结构和循环结构。使用这3种结构可以解决程序设计语言中的所有问题。

(6) 熟练使用指针。指针是C语言区别于其他语言的一个重要标志。指针是C语言的灵魂，熟练使用指针可以使程序的编写更加灵活，运行更加高效。因此，在学习的过程中，需要熟练掌握指针的使用。

（7）掌握一些常用的算法。在学习C语言的过程中，常常需要对给定数据进行排序及查找，这就用到排序算法和查找算法。排序算法可以分为冒泡排序、插入排序、选择排序等，查找算法可以分为顺序查找、折半查找等。掌握这些算法对今后学习数据结构和算法是大有裨益的。

（8）熟练掌握一个开发工具。要学好一门计算机语言，需要我们熟练掌握其开发工具。C语言的开发工具有许多，目前比较流行的有Turbo C 2.0、Turbo C 3.0、Visual C＋＋ 6.0、Win－TC、LCC－Win32等。初学者可以学习Turbo C 2.0或Turbo C 3.0。有了一定基础之后可以选择Visual C＋＋ 6.0，因为Visual C＋＋ 6.0是一个非常专业的开发工具。

1.2.3 C语言的特点

C语言是一种通用的程序设计语言，主要用来进行系统设计，具有以下特点：

1. 高效性

从C语言的发展历史可以看出，它继承了低级语言的优点——代码高效，并具有良好的可读性和编写性。一般情况下，C语言生成的目标代码运行效率只比汇编程序低10％～20％。

2. 灵活性

C语言的语法灵活，可以在原有语法基础上进行创造、复合，因此可以给程序员更多想象和发挥的空间。

3. 功能丰富

除了C语言所具有的数据类型外，还可以使用丰富的运算符和自定义的结构类型来表达任何复杂的数据类型，从而更好地完成所需要的功能。

4. 表达力强

C语言的语法形式与人们所使用的语言形式相似，不仅书写形式自由、结构规范，而且其中的简单控制语句还可以轻松地控制程序流程，完成复杂繁琐的程序要求。

5. 移植性好

C语言具有良好的移植性，这使得C程序在不同的操作系统下，只需要简单地修改甚至不用修改就可以进行跨平台的程序开发操作。

基于以上这些特点，C语言备受程序员的青睐。

1.3 程序设计基础——进制转换

在计算机内部，信息可分为控制信息和数据信息两大类。这些信息在输入计算机内部时，必须用二进制编码表示，以方便存储、传送和处理。

1.3.1 二进制与位权

二进制形式主要是由计算机内部结构决定的。计算机是由电子器件构成，计算机中的数据是由电子器件的物理状态表示，以高电平表示 1，低电平表示 0。

1. 二进制

二进制数中只有两个数字符号：0 和 1。例如，101、1110101、1101110 都是二进制。在计算机中，为了将二进制与十进制、十六进制、八进制进行区分，通常是在一个数的末尾加一个下标。例如，上面的二进制常常写成如下形式：

$(101)_2$、$(1110101)_2$、$(1101110)_2$

二进制运算的特点是逢二进一，即满二就向高位进一。例如，在二进制数中，有 0＋0＝0，0＋1＝1，1＋0＝1，1＋1＝10。需要注意的是，1＋1 满 2 需要向高位进 1，所以是 10，而不是 2。对于 10＋11＝101，它的运算过程如图 1－1 所示。

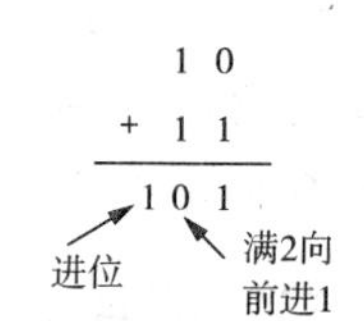

图 1－1　10 和 11 的相加过程

2. 位权

二进制数与十进制数一样，每一个数字符号在不同的位上表示的意义不同。例如，十进制数的 1 在个位上表示 1，在十位上表示 10，在百位上表示 100，在千位上表示 1000。这种同一个数字符号在不同位上的数值表示就是位权或权。一个 n 位的十进制整数从低位到高位对应的位权分别是 10^0、10^1、10^2、…、10^{n-1}。对于带小数点的数，小数点后从高位到低位对应的位权分别是 10^{-1}、10^{-2}、10^{-3}、…。例如，十进制数 2813.65 的位权表示如图 1－2 所示。

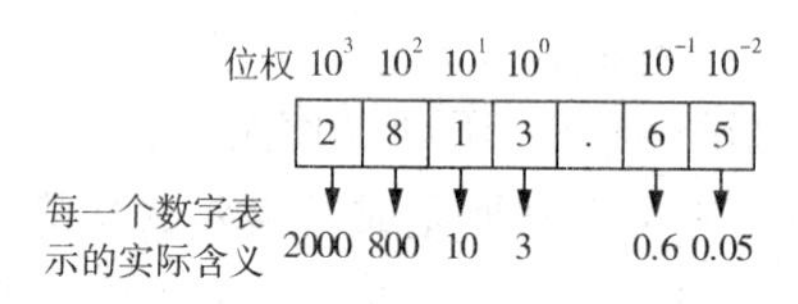

图 1－2　$(2813.65)_{10}$的位权表示

相应地，一个 n 位的二进制整数的位权从低位到高位依次是 2^0、2^1、2^2、…、2^{n-1}。对于带小数点的二进制数，小数点后的各位数从高位到低位对应的位权依次是 2^{-1}、2^{-2}、2^{-3}、…，小数点前面的各位数从低位到高位对应的位权是 2^0、2^1、2^2、…。例如，二进制数 $(1011101.101)_2$的位权表示如图 1－3 所示。

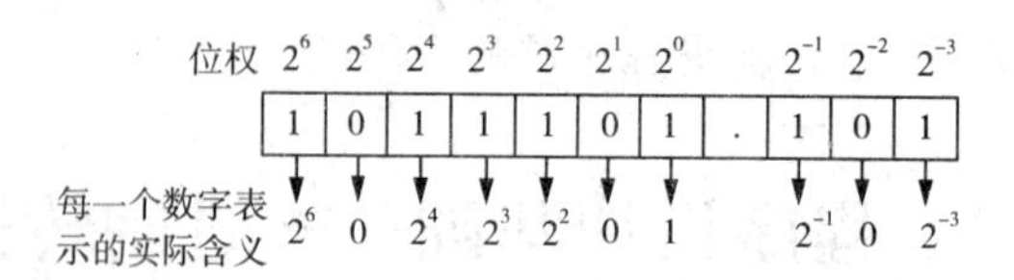

图 1－3　$(1011101.101)_2$的位权表示

1.3.2 二进制数与十进制数的相互转换

1. 二进制数转换为十进制数

二进制数转换为十进制数的方法比较简单，只需要将二进制数每一位上的数字与对应的位权相乘并求和，即得到对应的十进制数。例如，二进制数 $(10110)_2$ 和 $(1011.101)_2$ 转换为十进制数的过程如下：

$$(10110)_2=1\times2^4+0\times2^3+1\times2^2+1\times2^1+0\times2^0=(22)_{10}$$

$$(1011.101)_2=1\times2^3+0\times2^2+1\times2^1+1\times2^0+1\times2^{-1}+0\times2^{-2}+1\times2^{-3}$$

$$=(11.625)_{10}$$

这里，我们使用下标 10 表示该数是十进制数。从上面可以看出，要将一个二进制数转换为对应的十进制数，只需要将整数部分与小数部分分别转换求和即可。

2. 十进制数转换为二进制数

十进制数转换为二进制数分为三种情况：十进制整数转换为对应的二进制整数，十进制小数转换为对应的二进制小数，其他的十进制数转换为二进制数。

（1）十进制整数转换为二进制整数

十进制整数转换为对应的二进制整数有两种方法：除 2 取余法和降幂法。

① 除 2 取余法

所谓除 2 取余法，就是将一个十进制整数除以 2，得到一个商和余数，记下这个余数，然后再将商除以 2，又得到一个商和余数，记下新的余数。重复以上过程，直到商为 0 为止。最后，将余数按倒序排列得到的便是对应的二进制数。例如，十进制整数 86 转换为对应二进制整数的过程如图 1 - 4 所示。

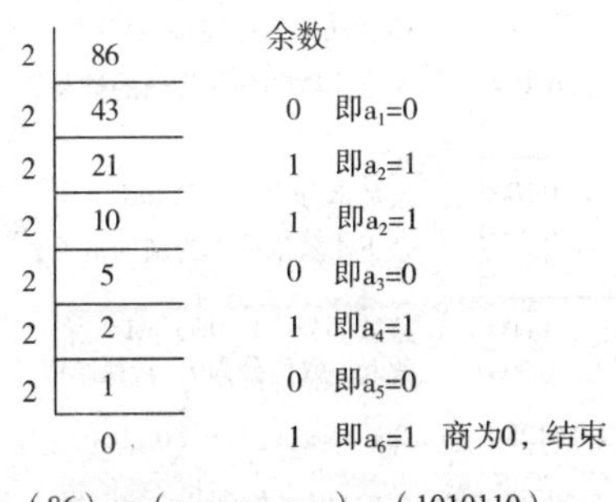

图 1 - 4 使用除 2 取余法将十进制整数转换为二进制整数的过程

② 降幂法

所谓降幂法，就是将十进制整数不断地减去与该整数最接近的二进制整数的位权，如果够减，则对应的二进制位上的数字应为 1。否则，对应的二进制位上应为 0。得到的差值作为新的被减数重新进行下一次计算，直到被减数为 0 为止。最后，以最高位权上数为 1 开始，顺次写下各二进制位上的数字，得到的便是对应的二进制数。例如，十进制整数 93 转换为对应的二进制整数的过程如图 1-5 所示。

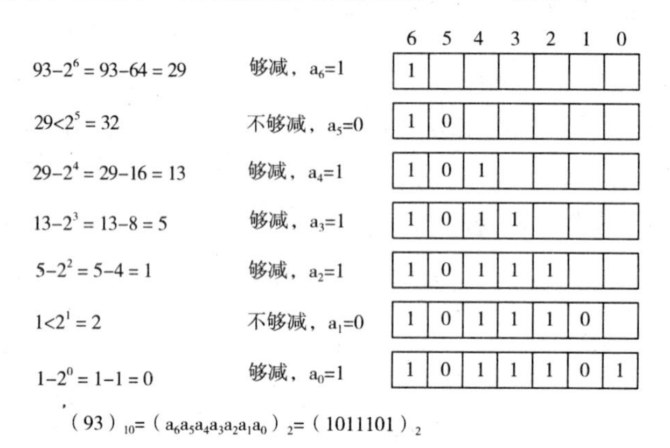

图 1-5　使用降幂法将十进制整数转换为二进制整数的过程

(2) 十进制小数转换为二进制小数

将十进制小数转换二进制小数的方法是乘 2 取整法。所谓乘 2 取整，就是用 2 乘以十进制小数，得到一个整数和小数。若整数为 1，则对应的二进制位上的数字为 1；否则为 0。然后继续使用 2 乘以小数部分，又得到整数部分和小数部分。如此重复下去，直到余下的小数部分为 0 或者满足一定的精度为止。最后，在小数点后顺序写下各二进制位上的数字，得到的便是对应的二进制数。例如，十进制小数 $(0.8125)_{10}$ 转换为二进制小数的过程如图 1-6 所示。

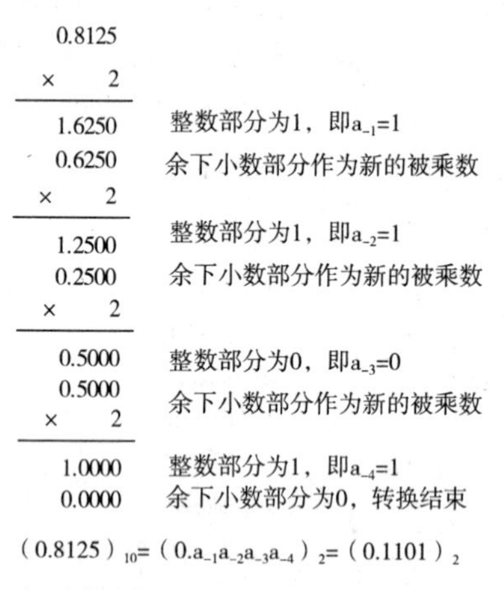

图 1-6　十进制小数 0.8125 转换为二进制小数的过程

需要注意的是，在将一个十进制小数转换为对应的二进制小数的过程中，不一定都能精确地转换。也就是说，在使用乘 2 取整法的过程中，小数部分不一定能恰好等于 0。在这种情况下，只需要转换到满足一定精度即可。

(3) 其他的十进制数转换为二进制数

如果要将一个包括整数和小数的十进制数转换对应的二进制数，只需要将整数部分和小数部分分别转换，然后组合在一起就构成了相应的二进制数。例如，要将十进制数 $(86.8125)_{10}$ 转换为对应的二进制数，因为有

$$(86)_{10}=(1010110)_2$$

$$(0.8125)_{10}=(0.1101)_2$$

所以将以上整数部分和小数部分组合在一起，得到：

$$(86.8125)_{10}=(1010110.1101)_2$$

1.3.3 十六进制数与十进制数的相互转换

十六进制数与十进制数的相互转换分为十六进制数转换为十进制数、十进制数转换为十六进制数。

1. 十六进制数

十六进制数有16个数字符号：0～9、A、B、C、D、E和F，其中，A、B、C、D、E、F分别表示十进制数中的10、11、12、13、14、15。十六进制数的特点是逢十六进一。例如，两个十六进制数 $(6A)_{16}$ 和 $(29)_{16}$ 的相加过程如图1-7所示。

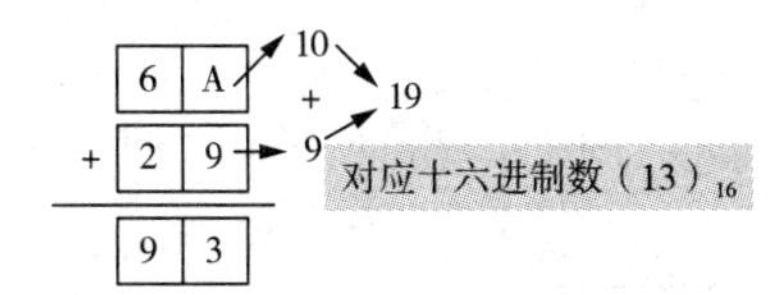

图1-7 $(6A)_{16}$ 和 $(29)_{16}$ 的相加过程

首先将末位数A与9相加，A对应十进制数中的10，9对应十进制数中的9，相加后等于十进制数的19，对应于十六进制数中的 $(13)_{16}$。其中，3作为两者之和的低位，1作为进位，因此高位上为9。这样，$(6A)_{16}$ 与 $(29)_{16}$ 的和为 $(93)_{16}$。

2. 十六进制数转换为十进制数

十六进制数中的位权是16的相应次幂。利用十六进制数中的每一位上的数字乘以对应的位权，然后求和就得到了相应的十进制数。例如，十六进制数 $(2AD.3C)_{16}$ 转换为对应十进制数的过程如下：

$$(2AD.3C)_{16}=2\times16^2+10\times16^1+13\times16^0+3\times16^{-1}+12\times16^{-2}$$

$$=512+160+13+0.1875+0.046875=(685.234375)_{10}$$

注意：在将十六进制数转换为十进制数的过程中，需要先将十六进制数表示成对应的十进制数。如上面的A表示为10，D表示为13，C表示为12。

3. 十进制数转换为十六进制数

（1）十进制整数转换为十六进制整数

十进制整数转换为十六进制整数可以采用除16取余法。具体方法为：将要转换的十进制整数除以16，得到相应的商和余数。然后让商作为被除数，继续除以16，得到新的商和余数。依次类推，直到商为0为止。将余数用十六制数表示，按倒序排列得到的便是对应的十六制数。例如，十进制整数 $(763)_{10}$ 转换为十六进制整数的过程如图

1－8所示。

与十进制整数转换为二进制整数类似，十进制整数转换为十六进制整数也可以采用降幂法。

（2）十进制小数转换为十六进制小数

将十进制小数转换为十六进制小数的方法为乘16取整法。具体方法为：将要转换的十进制小数乘以16，得到的整数部分作为十六进制小数的十六进制数码。将小数部分继续乘以16，得到的整数部分作为下一个十六进制数码。继续让小数部分乘以16，依次类推，直到小数部分为0或者满足一定精度为止。最后，在小数点后顺序写下各十六进制数码，得到的便是对应的十六进制数。例如，十进制小数$(0.93125)_{10}$转换相应的十六进制小数的过程如图1－9所示。

除数	被除数/商	余数
16	763	
16	47	11 即a_0=B
16	2	15 即a_1=F
	0	2 即a_2=2，商为0，转换结束

$(763)_{10}=(2FB)_{16}$

图1－8　十进制整数$(763)_{10}$转换为十六进制整数$(2FB)_{16}$的过程

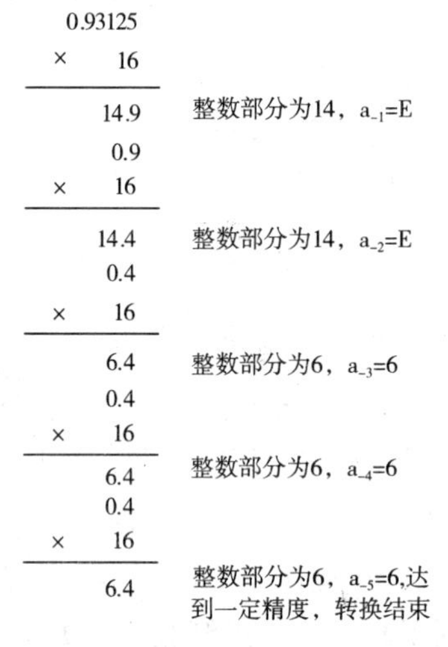

$(0.93125)_{10}=(0.a_{-1}a_{-2}a_{-3}a_{-4}a_{-5})_{16}=(0.EE666)_{16}\approx(0.EE66)_{16}$

图1－9　十进制小数$(0.93125)_{10}$转换为十六进制小数的过程

（3）其他的十进制数转换为十六进制数

与十进制数转换为二进制数类似，将十进制数转换为十六进制数时，需要将整数部分和小数部分分别转换，然后合并在一起即可。例如，要将十进制数$(763.93125)_{10}$转换为十六进制数，需要先将整数部分$(763)_{10}$和小数部分$(0.93125)_{10}$分别转换，因为有

$$(763)_{10}=(2FB)_{16}$$

$$(0.93125)_{10}=(0.EE66)_{16}$$

所以有$(763.93125)_{10}=(2FB.EE66)_{16}$。

1.3.4 十进制数与八进制的转换

十进制数转换为八进制数、八进制数转换为十进制数的方法和前面的十进制数与二进制数、十进制数与十六进制数的转换方法类似。

1. 八进制数

八进制数有8个数字符号，即0～7，它的特点是逢八进一。例如，两个八进制整数 $(32)_8$ 和 $(51)_8$ 相加的过程如图1-10所示。

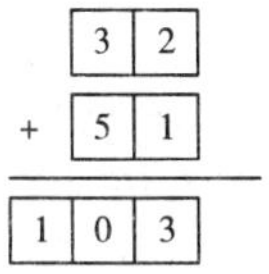

	3	2
+	5	1
1	0	3

图1-10 $(32)_8$ 和 $(51)_8$ 相加过程

首先将末位上的2和1相加，得到3，作为结果的最低位。然后将高位的3与5相加，得到十进制数8。因为十进制数8对应八进制数的10，其中0作为结果的第2位，1作为结果的最高位。因此有 $(32)_8+(51)_8=(103)_8$。

2. 八进制数转换为十进制数

八进制数的位权是8的相应次幂。将八进制数上的数乘以位权并求和就得到了对应的十进制数。例如，八进制数 $(361.25)_8$ 转换为十进制数的过程如下：

$$
\begin{aligned}
(361.25)_8 &= 3\times8^2+6\times8^1+1\times8^0+2\times8^{-1}+5\times8^{-2}\\
&=192+48+1+0.25+0.078125=(241.328125)_{10}
\end{aligned}
$$

3. 十进制数转换为八进制数

将一个一般的十进制数转换为八进制数，也需要将整数部分和小数部分分别转换，然后合并在一起。整数部分的转换采用除8取余法或降幂法，小数部分的转换采用乘8取整法。例如，要将一个十进制数 $(792.24)_{10}$ 转换为八进制数，转换过程如图1-11所示。

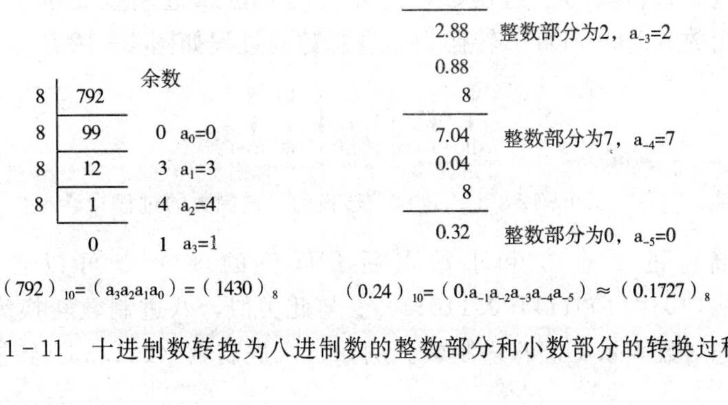

除数	被除数/商	余数
8	792	
8	99	0 $a_0=0$
8	12	3 $a_1=3$
8	1	4 $a_2=4$
	0	1 $a_3=1$

$(792)_{10}=(a_3a_2a_1a_0)=(1430)_8$

0.24 × 8 = 1.92	整数部分为1，$a_{-1}=1$
0.92 × 8 = 7.36	整数部分为7，$a_{-2}=7$
0.36 × 8 = 2.88	整数部分为2，$a_{-3}=2$
0.88 × 8 = 7.04	整数部分为7，$a_{-4}=7$
0.04 × 8 = 0.32	整数部分为0，$a_{-5}=0$

$(0.24)_{10}=(0.a_{-1}a_{-2}a_{-3}a_{-4}a_{-5})\approx(0.1727)_8$

图1-11 十进制数转换为八进制数的整数部分和小数部分的转换过程

由图 1－11 可以得到 $(792.24)_{10}=(1430.1727)_8$，精确到小数点后 4 位。

1.3.5 计算机各种进制数的转换

在计算机中，二进制数与十六进制数、二进制数与八进制数的相互转换是非常容易的。

1. 十六进制数、八进制数转换为二进制数

下面先给出计算机中常用的各种进制数的表示，如表 1－1 所示。

表 1－1 计算机常用进制数的表示

十进制	二进制	八进制	十六进制
0	0000	0	0
1	0001	1	1
2	0010	2	2
3	0011	3	3
4	0100	4	4
5	0101	5	5
6	0110	6	6
7	0111	7	7
8	1000	10	8
9	1001	11	9
10	1010	12	A
11	1011	13	B
12	1100	14	C
13	1101	15	D
14	1110	16	E
15	1111	17	F

要将十六进制数转换为二进制数，需要使用 4 位二进制数表示 1 位十六进制数。例如，十六进制数 $(2B3C.D8)_{16}$ 转换为二进制数的过程如图 1－12 所示。

```
 2    B    3    C   ·   D    8
 ↓    ↓    ↓    ↓   ↓   ↓    ↓
0010 1011 0011 1100 · 1101 1000
```

图 1－12 十六进制数转换为二进制数的过程

其中，最高位的 2 个 0 和小数点后最低位的 3 个 0 可以省略。这样就有 $(2B3C.D8)_{16}=(10101100111100.11011)_2$。与此类似，八进制数转换为二进制数，需要使用 3 位二进制数表示 1 位八进制数。例如，八进制数 $(241.36)_8$ 转换为二进制数的

过程如图 1-13 所示。

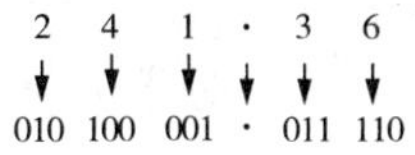

2 4 1 · 3 6

010 100 001 · 011 110

图 1-13　八进制数转换为二进制数的过程

这里，省略最高位 0 和最低位的 0，有 $(241.36)_8=(10100001.01111)_2$。

2. 二进制数转换为十六进制数、八进制数

要将二进制数转换为十六进制数，需要从二进制数的小数点开始。小数点前，从右往左每 4 位分为一组，最后一组不够 4 位时，在最左端补上 0 使其构成 4 位；小数点后，从左向右每 4 位分为一组，最后一组不够 4 位时，在最右端补上 0 使其构成 4 位。利用表 1-1 中的二进制数与十六进制数对应关系可以得到相应的十六进制数。例如，二进制数 $(10110110010010.01011)_2$转换为十六进制数的过程如图 1-14 所示。

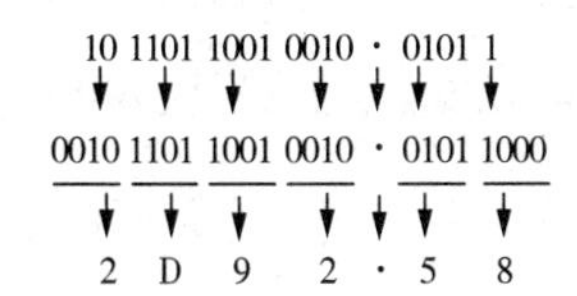

图 1-14　二进制数转换为十六进制数的过程

从图 1-14 中可以看到，$(10110110010010.01011)_2=(2D92.58)_{16}$。同样道理，将二进制数转换为八进制数，也需要从二进制数的小数点开始。小数点前，从右到左每 3 位分为一组，小数点后，从左到右每 3 位分为一组，最后一组不够 3 位时，补上 0 使其构成 3 位。通过表 1.1 中的二进制数与八进制数的对应关系得到相应的八进制数。例如，二进制数 $(10011001110.10)_2$转换为八进制数的过程如图 1-15 所示。

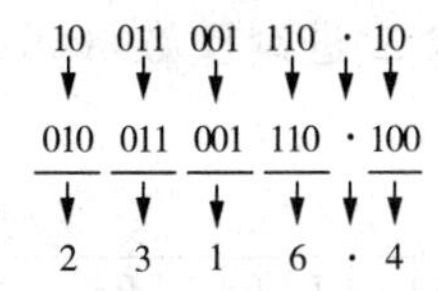

图 1-15　二进制数转换为八进制数的过程

从图 1-15 中可以看到，$(10011001110.10)_2=(2316.4)_8$。

1.4　计算机中数的表示

在计算机中，从符号角度看，可以将数分为正数和负数；从小数点所处的位置来看，可以将数分为定点数和浮点数。对于带符号数，一般采用原码、补码、移码表示。

1.4.1　计算机中的正数与负数表示

在计算机中，要处理的数往往是带符号数，即包括正号或负号的数。在数学上，正号使用“＋”表示，负号使用“－”表示。例如，＋111、－101、－0.11011 都是带符号数。但计算机中数的正负号不是使用“＋”和“－”来表示，而是使用 0 和 1 来表示。通

常，一个数的最高位是符号位，表示数的正和负。0 表示正数，1 表示负数。

如果用一个字节，即 8 个二进制位表示一个带符号整数，因为最高位是符号位，数值位为 7 位，表示范围是－127～127。对于无符号整数来说，数值位为 8 位，表示范围为 0～255。例如，十进制整数＋65 和－65 的二进制表示为：

$$(+65)_{10}=(01000001)_2$$

$$(-65)_{10}=(11000001)_2$$

其中，二进制中最左端的二进制位（最高位）为符号位，“0”表示正数，“1”表示负数。

如果用两个字节表示一个二进制数，对于带符号整数来说，它的表示范围是－32767～32767。对于无符号整数来说，它的取值范围是 0～65535（$2^{16}-1$）。例如，十进制整数＋513 和－513 的二进制表示如下：

$$(+513)_{10}=(0000001000000001)_2$$

$$(-513)_{10}=(1000001000000001)_2$$

1.4.2 原码、补码

在计算机中，通常使用原码、补码表示二进制数。其中，原码比较直观，而在进行加减运算时，则统一使用补码表示。

1. 原码

使用原码表示二进制数时，最高位是符号位，其中 0 表示正数，1 表示负数，其他位是数值位。在原码表示法中，8 个二进制位所能表示的最大整数是 01111111 即（$+127)_{10}$，最小整数是 11111111 即（$-127)_{10}$。而 0 有两种形式 00000000 和 10000000，分别表示＋0 和－0。下面来看两个二进制整数（$00110101)_2$和（$00010001)_2$的加法运算过程，如图 1－16 所示。

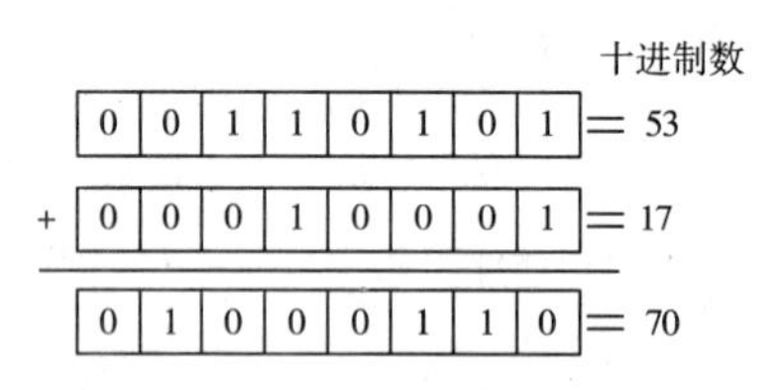

图 1－16　两个二进制数相加的过程

从图 1－16 可以看出两个正数相加，结果是正确的。下面来看一个正数和一个负数的加法运算过程，例如，（$10110010)_2$和（$00100001)_2$相加的过程如图 1－17 所示。

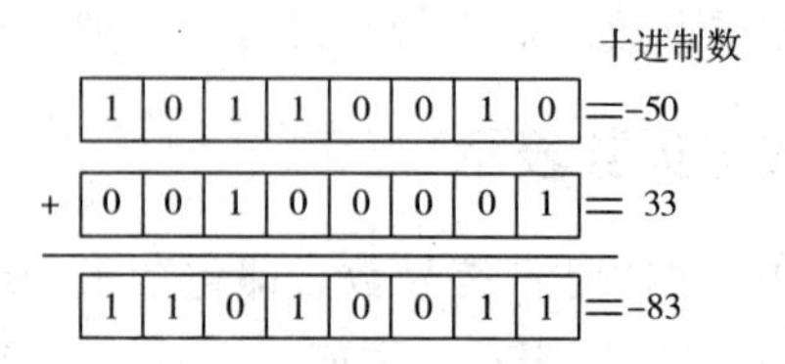

图 1－17　一个正数和一个负数的原码相加过程

$(10110010)_2$对应十进制数－50，$(00100001)_2$对应十进制数33，相加后结果应该为－17，显然图1－17中两个原码的相加结果是错误的。如果将两个数相加转换为两个数相减，即

$$(-50)_{10}+(+33)_{10}=(+33)_{10}-(+50)_{10}$$

它们的运算过程如图1－18所示。

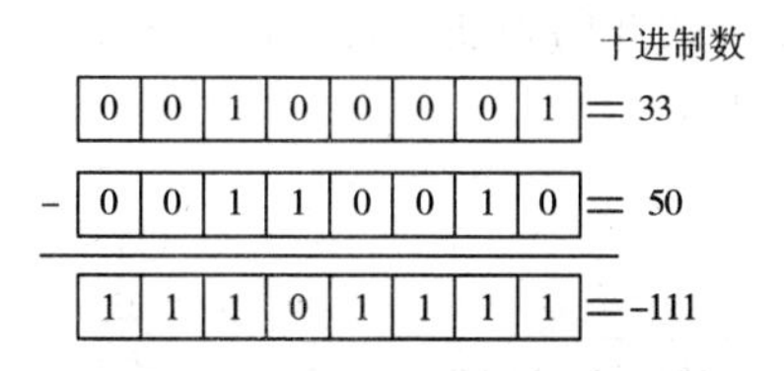

图1－18　两个正数原码的相减过程

显然，这个结果也是错误的。

从这两个例子可以得出结论：对于异号数，使用原码直接对二进制数进行加减运算可能得到错误的结果。为了能够正确地进行加减运算，需要使用补码。

2. 补码

在计算机内部进行加减算术运算时，通常采用补码形式进行。正数的补码与原码相同，负数的补码是在原码的基础上，除符号位外，各数值位按位取反，然后在最低位上加1。例如，十进制数$(33)_{10}$的原码为00100001，补码也是00100001。十进制数$(-50)_{10}$的原码是10110010，为了得到它的补码，需要先让数值位按位取反，得到11001101，然后在最低位加1，得到11001110。如图1－19所示。

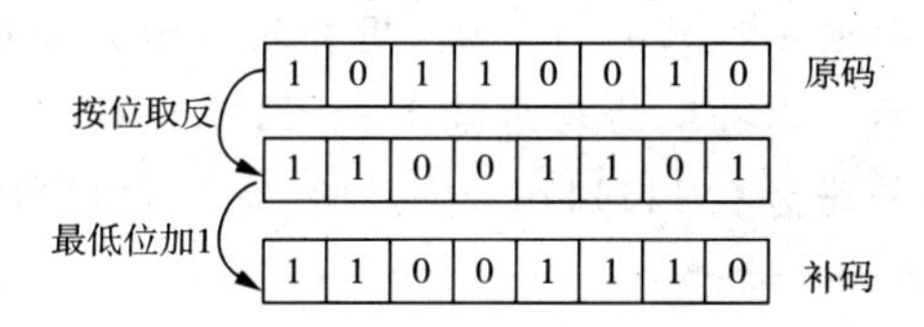

图1－19　$(-50)_{10}$原码转变为补码的过程

下面我们来看两个同符号数补码相加的运算过程。例如，如果要将十进制数－35和－44相加，先将－35和－44转换为补码。它们的相加过程如图1－20所示。

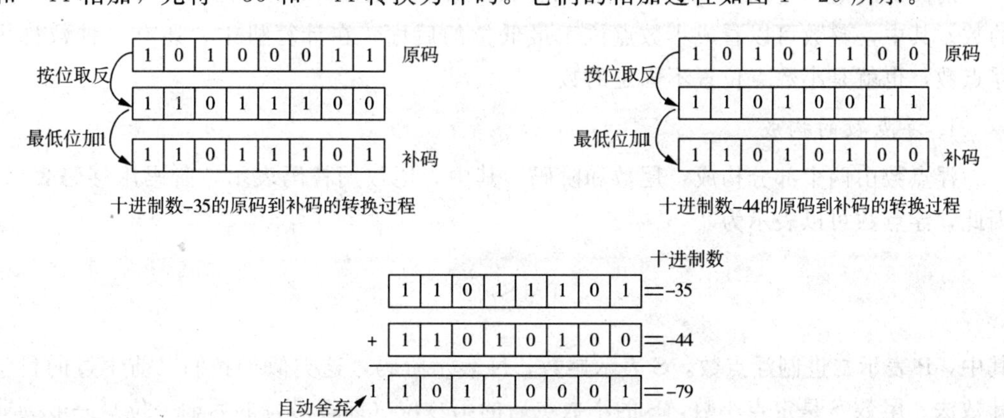

图1－20　－35和－44的补码相加过程

两个数相加后得到补码 $(10110001)_2$，向最高位进位的1被舍弃。那该补码又对应十进制的哪个数呢？这需要将补码转换为原码才能容易看出结果。将补码转换为原码的方法与原码转换为补码的方法是相同的，除了符号位外，将补码 $(10110001)_2$ 按位取反得到 $(11001110)_2$，然后最低位加1，就得到了原码 $(11001111)_2$，对应的十进制数是 $(-79)_{10}$。显然，结果是正确的。

下面我们来看两个异号数的补码相加是否正确。例如，十进制数33和－50相应的补码相加的过程如图1-21所示。

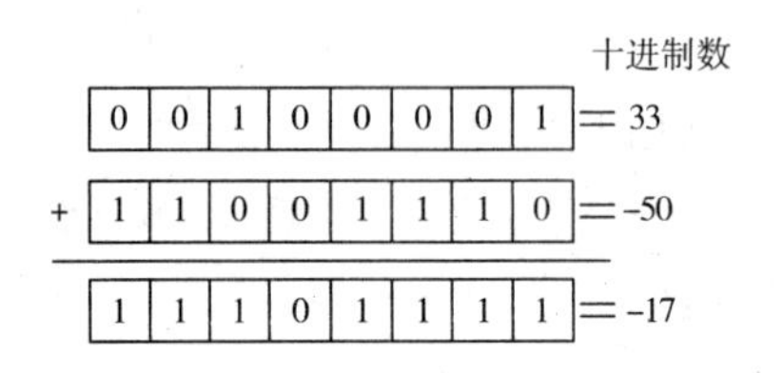

图1-21　33和－50的补码相加的运算过程

补码 $(11101111)_2$ 的原码是 $(10010001)_2$，对应十进制数－17。显然，结果是正确的。

综上所述，可以得出以下结论：在计算机中，对于整数的加减运算，使用补码可以得到正确的结果。

注意：

二进制的补码表示法中，只有一个0，用补码表示为00000000。如果一个二进制数用一个字节表示，则补码的表示范围是－128～127。其中，－128的补码为10000000，127的补码为01111111，－1的补码为11111111。

1.4.3　浮点数

前面讲解的二进制数（包括小数和整数）都属于定点数，也就是小数点位置不变的数。其中，整数可以看成小数点位于最低位的后面。在计算机中，还有一种数称为浮点数，也就是小数点位置不固定的数。

1. 浮点数的构成

浮点数由两个部分构成：尾数和阶码。其中，尾数用补码表示，阶码用移码表示。因此，浮点数可以表示为

$$P=S\times 2^N$$

其中，P表示二进制浮点数，S表示尾数，N表示阶码，这类似于我们以前学过的科学计数法。尾数S是定点小数，S的小数点后的第一位（即符号位的后面一位）一般为非零数字，即为1；而N是定点整数。在计算机中，通常使用一连串的二进制位存放二

进制浮点数，它的结构形式如图1－22所示。

为了运算方便，尾数通常使用补码表示，阶码通常使用移码表示。尾数决定浮点数的精度，阶码决定浮点数的表示范围。

尾数S	阶码N
一般用补码表示	一般用阶码表示

图1－22　浮点数P的结构

2. 移码

为了便于运算，计算机中的定点数除了可以使用补码表示外，还可以使用偏移码表示。偏移码也称为移码。移码通常作为浮点数的阶码。不管正数还是负数，将补码的符号位取反即为移码。在移码表示的二进制数中，1表示正数，0表示负数。例如，下面是几个二进制数的补码与移码的对应关系：

$$(36)_{10}=(00100100)_{补码}=(10100100)_{移码}$$

$$(-84)_{10}=(10101100)_{补码}=(00101100)_{移码}$$

$$(-1)_{10}=(11111111)_{补码}=(01111111)_{移码}$$

$$(0)_{10}=(00000000)_{补码}=(10000000)_{移码}$$

$$(-127)_{10}=(10000001)_{补码}=(00000001)_{移码}$$

如果用一个字节表示移码，则移码表示的二进制整数范围是－128～127，它与补码的表示范围相同，只是两者的二进制符号位刚好相反。

对于定点数来说，也可以使用移码进行相加和相减等运算，只是得到的运算结果不是移码，需要修正，即将符号位取反后才是相应的移码。例如，使用移码对十进制数 $(-66)_{10}$ 和 $(2)_{10}$ 进行相加运算的过程如图1－23所示。

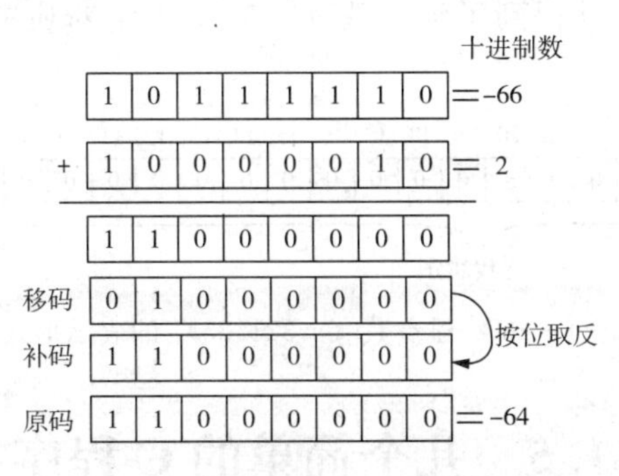

图1－23　利用移码对十进制数－66和2进行相加运算过程

两个移码相加的结果11000000并不是移码，而是补码，除了符号位之外，其他位按位取反并加1，得到原码11000000，即十进制数 $(-64)_{10}$。结果正确。

3. 浮点数的表示

我们已经知道，一个浮点数由尾数和阶码构成。其中，尾数用补码表示，阶码用移码表示。例如，一个十进制小数 $(-321.25)_{10}$，用32位二进制数表示，其中尾数占用24位，移码占用8位。先将 $(-321.25)_{10}$ 转换为对应的二进制数，即 $(-321.25)_{10}$

= $(-101000001.01)_2$。表示为科学计数法即 $(-0.10100000101)_2 \times 2^9$。然后分别将尾数部分和移码部分分别进行转换。

(1) 尾数部分

尾数部分是 $(-0.10100000101)_2$，转换为补码形式如图 1-24 所示。

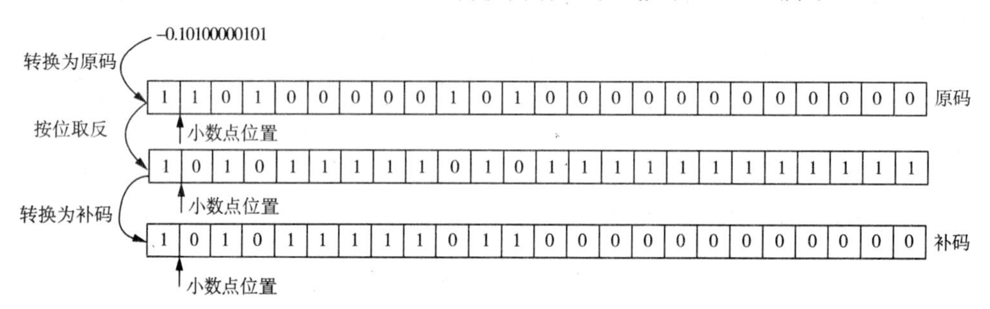

图 1-24 尾数部分转换为补码形式

(2) 阶码部分

阶码部分是 $(+9)_{10}$，转换为移码如图 1-25 所示。

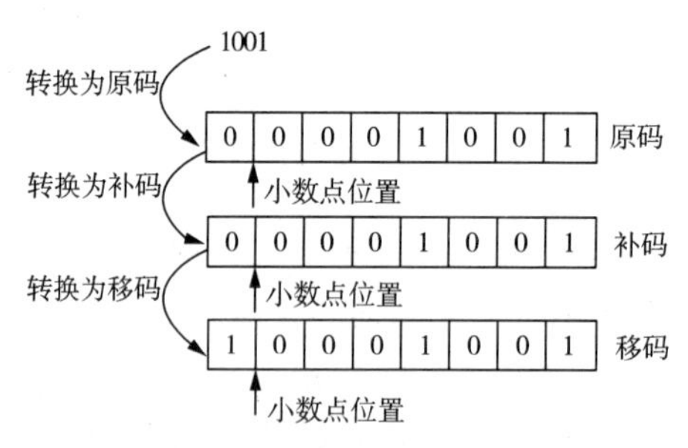

图 1-25 阶码部分转换为移码的过程

将两者合并在一起，就得到了浮点数 $(-321.25)_{10}$ 对应的二进制串，表示形式如图 1-26 所示。

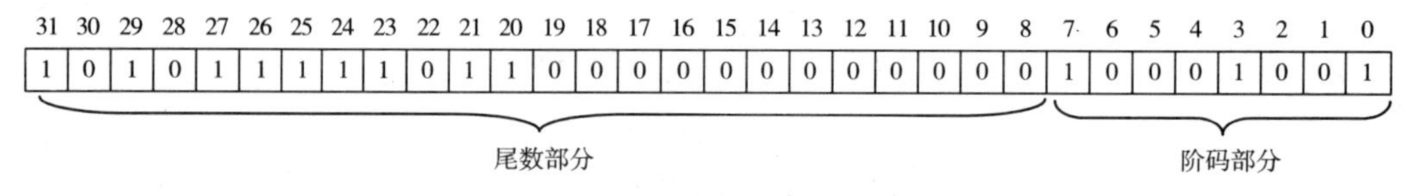

图 1-26 浮点数 $(-321.25)_{10}$ 的表示形式

1.5 几个简单的 C 程序

下面先介绍几个简单的 C 程序，然后分析 C 程序的结构。

【例 1-1】 一个简单 C 程序。

```
#include<stdio.h>

int main()
{
```

```
    printf("Hello,world! I come from Jiaozuo! \n");        /*输出要显示的字符串*/
    return 0;                                              /*程序返回0*/
}
```

运行程序，显示效果如图1-26所示。

图1-26　一个简单的C程序运行结果

下面分析一下上面的实例程序。

● #include指令

实例代码中的第1行：

```
#include<stdio.h>
```

这个语句的功能是对有关的预处理进行操作。include称为文件包含命令，以#开头；后面尖括号中的内容，称为头部文件。有关预处理的内容，本书将会在第13章进行详细讲解。

● 空行

实例代码中的第2行。

C语言是一个灵活性较强的语言，所以格式并不是固定不变的，也就是说空格、空行、跳格并不会影响程序。合理、恰当地使用这些空格、空行，可以使编写出来的程序更加规范，对阅读和整理有着重要的作用。在此也提醒读者在编写程序时，最好规范、干净。

> **注意：**
> 不是所有的空格都是没有用的。例如，两个关键字之间的空格，如果将其去掉的话，将产生编译错误。

● 函数头

实例代码中的第3行：

```
int main()
```

这一行代码的含义：main()函数是一个返回值为整型的函数。其中的int叫做关键字，代表的类型是整型。

一个函数分为两个部分：函数头和函数体。如在实例代码中，第3行就属于函数头部分。在每一个程序中都会有一个main函数，它是一个程序的入口部分，也就是说程序都是从main函数头开始执行的，然后进入到main函数中，执行main函数中的内容。

● 函数体

实例代码中的第4～7行：

```
{
    printf("Hello,world! I come from Jiaozuo! \n");        /*输出要显示的字符串*/
    return 0;                                                /*程序返回0*/
}
```

第4～7行的程序代码构成了函数体，也可以称为函数的语句块，其中，第5行和第6行就是函数体中要执行的内容。

> ✍ **技巧：**
> 在编写程序时，为了防止对应的大括号遗漏，每次都先将两个对应的大括号写出来，然后再向括号中添加代码。

● 执行语句

实例代码中的第5行：

```
printf("Hello,world! I come from Jiaozuo! \n");        /*输出要显示的字符串*/
```

执行语句就是函数体中要执行的动作内容。这一行代码是这个简单的例子中最复杂的一句，其实也不难理解，printf是产生格式化输出的函数，可以简单地理解为向控制台输出文字或符号。在括号中的内容称为函数的参数，括号内可以看到输出的字符串" Hello，world! I come from Jiaozuo!"，其中，'\ n'称为转义字符（将在本书的第2章中进行介绍）。

● return语句

实例代码的第6行：

```
return 0;
```

这行语句告诉main函数终止运行，并向操作系统返回一个整型常量0。前面介绍main函数会返回一个整型返回值，此时的0就是要返回的整型值。在这里可以将return理解成main函数的结束标志。

● 代码注释

在程序的第5行和第6行后面都可以看到有一段关于这行代码的文字描述：

```
printf("Hello,world! I'm coming! \n");        /*输出要显示的字符串*/
return 0;                                     /*程序返回0*/
```

这段对代码的解释描述称为代码注释。代码注释的作用就是对代码进行解释说明，以增加程序的可读性，为以后软件维护阅读代码提供方便。在Turbo C 2.0开发环境中，用/*……*/对C程序中的任何部分进行注释；在Visual C++ 6.0中，用//……对代码进行注释。语法格式如下：

```
/*注释内容*/
```

//注释内容

> **说明：**
>
> 虽然没有强行规定程序中一定要写注释，但是为程序代码写注释是一个良好的习惯，这会为以后查看代码带来很大方便。另外，如果程序交给别人看，他人也可以快速掌握程序的思想与代码的作用。所以养成编写规范代码格式和添加详细注释的习惯，是一个优秀程序员应该具备的素质。

【例 1-2】 一个完整的C程序。本实例要实现这样的功能：输入圆的半径，计算出圆的面积。

```
#include<stdio.h>                       /*包含头文件*/
#define PI 3.1415926                    /*定义常量,PI表示圆周率*/

float Calculate(float radius);          /*函数声明*/
void main()
{
    float r,s;                          /*定义变量,r代表半径,s代表面积*/
    printf("请输入半径r的值:\n");        /*提示输入半径*/
    scanf("%f",&r);                     /*输入半径r*/
    s=Calculate(r);                     /*调用函数,求圆的面积*/
    printf("圆的面积是:%.5f\n",s);      /*输出圆的面积s*/
}

float Calculate(float radius)           /*定义计算圆的面积函数*/
{
    float result = PI*radius*radius;    /*计算面积*/
    return result;                      /*将计算的面积结果返回*/
}
```

运行程序，显示效果如图 1-27 所示。

图 1-27 一个完整的C程序

在讲解这个程序的具体执行过程之前，先看这个程序的流程图，如图 1-28 所示。

通过图 1-28 可以观察出整个程序运作的过程，程序中一些内容前面已经介绍过，此处不再赘述，仅介绍新出现的一些内容。

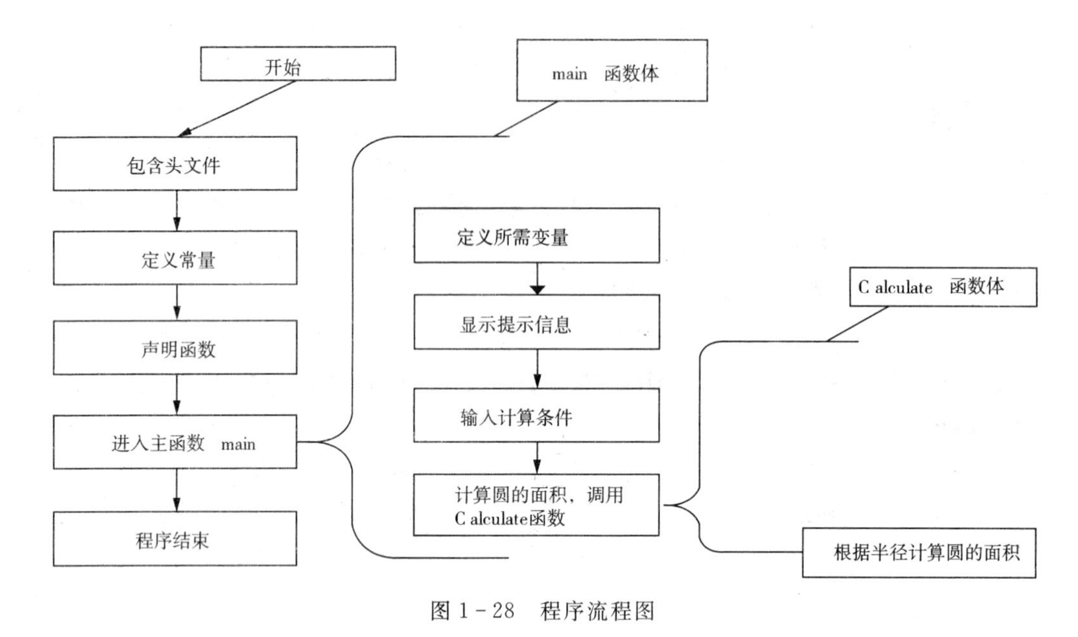

图 1-28 程序流程图

● 定义常量

实例代码中的第 2 行：

```
#define PI 3.1415926                /* 定义常量,PI 表示圆周率 */
```

该行代码中，使用“#define”定义一个符号。“#define”在这里的功能是设定这个符号为 PI，并且指定 PI 代表的值为 3.1415926。这样，在程序中，只要是使用 PI 这个标识符的地方，就代表使用的是 3.1415926 这个数值。

● 函数声明

实例代码中的第 4 行：

```
float Calculate(float radius);               /* 函数声明 */
```

该行代码的作用是对一个函数进行声明。什么是函数声明呢？举一个例子，两个公司进行合作，其中 A 公司要派一个经理到 B 公司洽谈业务，那么 A 公司就会发送一个通知给 B 公司，告之会派一个经理过去，请 B 公司派员在机场接一下这位洽谈业务的经理。可是 B 公司并不知道这位经理叫什么、长什么样子，于是 A 公司便将这位经理的名字和大概的体貌特征都告诉 B 公司。这样在接机时，B 公司就可以将这位经理的名字写在纸上举起来，以便找到这位经理。

函数声明的作用就像 A 公司告诉 B 公司有关这位经理信息的过程，为接下来要使用的函数做准备。也就是说，此处声明 Calculate 函数，在程序代码的后面会有其具体定义内容，这样，程序中如果出现 Calculate 函数，程序就会根据其定义执行相关的操作（具体内容将会在第 9 章进行介绍）。

● 定义变量

实例代码中的第 7 行：

```
float r,s;                         /* 定义变量,r 代表半径,s 代表面积 */
```

这行语句是定义变量。在C语言中，要使用变量，必须在使用之前进行定义，之后编译器会根据变量的类型为变量分配内存空间。变量的作用就是存储数值，进行计算。

● 输入语句

实例代码中的第9行：

```
scanf("%f",&r);                    /*输入半径r*/
```

在C语言中，scanf函数就是用来接收键盘输入的内容，并根据输入的结构保存在相应的变量中。可以看到scanf的参数中，r是之前定义的变量，它的作用就是存储输入的信息。其中，“&”符号是取地址运算符，在本书的后面将会进行介绍。

● 函数调用语句

实例代码中的第10行：

```
s=Calculate(r);                    /*调用函数,求圆的面积*/
```

该语句的作用是将参数r的值传递给Calculate函数并调用它，程序转入Calculate函数内部执行。

● 数学运算语句

实例代码中的第16行：

```
float result =PI*radius*radius;    /*计算面积*/
```

该行代码是在Calculate函数体内，其功能是计算圆的面积$\pi \cdot r^2$，将得到的结果保存在result变量中。其中，“*”号代表乘法运算符。

上面的程序执行过程总结如下：

(1) 包含程序所需要的头文件；

(2) 定义一个常量PI，其值为3.1415926；

(3) 对Calculate函数进行声明；

(4) 进入main函数，程序开始执行；

(5) 在main函数中，首先定义2个浮点型变量，分别代表圆的半径和面积；

(6) 显示提示文字，然后根据显示的文字输入圆的半径；

(7) 调用Calculate函数，计算圆的面积；

(8) 在Calculate函数体内将计算的圆的面积结果返回；

(9) 在main函数中，result变量得到了Calculate函数返回的结果；

(10) 通过输出语句将圆的面积显示出来；

(11) 程序结束。

1.6 开发环境

本节将详细介绍C语言程序开发的两种常用工具：Turbo C 2.0和Visual C++ 6.0。

1.6.1 Turbo C 2.0

Turbo C是美国Borland公司的产品。Borland公司在1987年首次推出Turbo C 1.0产品，Turbo C 2.0在1989发布。

Turbo C（以下简称TC）小巧、操作简单、直观，为用户提供一个集成开发环境，即将程序的编辑、编译、连接和运行等操作全部集中在一个界面上进行，使得操作非常方便。

下面通过一个实例讲解如何使用TC环境，具体操作步骤如下：

（1）为了可以使用TC开发环境，首先要将TC编译程序装入计算机磁盘的某一目录下。例如，放在C盘中的子目录TC2下。

单击【开始】/【运行】命令，进入【运行】对话框，输入“command”或者“cmd”，如图1-29所示。单击【确定】按钮，进入到DOS运行环境，如图1-30所示。

输入“d:”并按下Enter键，切换到盘符“C：\”目录下。接着输入“cd tc2”命令并按下Enter键，进入到“C：\tc2”目录下。如图1-31所示。

图1-29 “运行”对话框

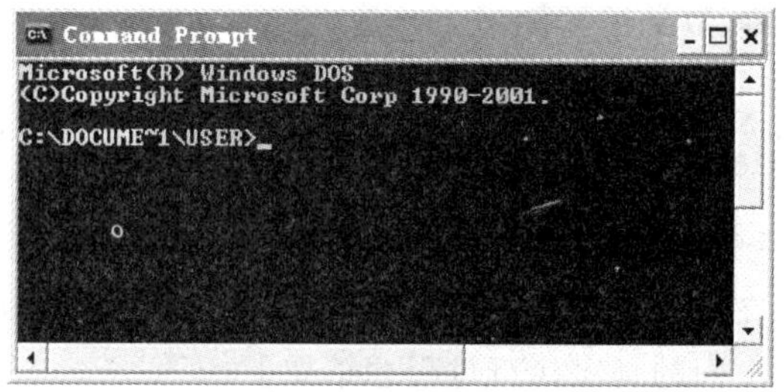

图1-30 DOS运行环境

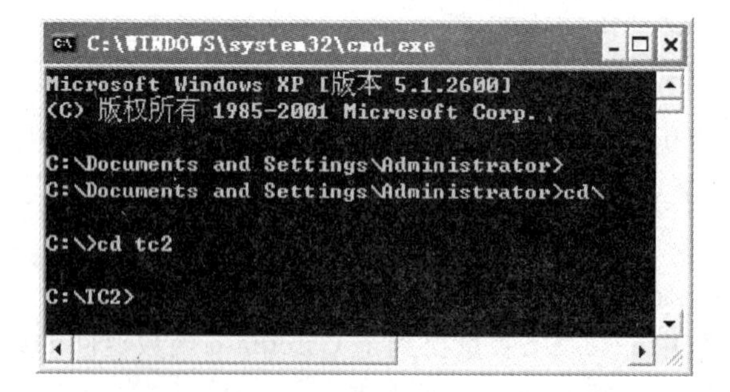

图1-31 DOS运行环境下命令行操作示意图

说明：

这个集成开发环境大约只有2MB，因其小巧，所以很适合初学者学习、使用，但是界面不是很友好，不能使用鼠标进行操作。

（2）输入“tc”并按下 Enter 键后，进入到 Turbo C 2.0 集成开发环境主界面，如图 1-32 所示。

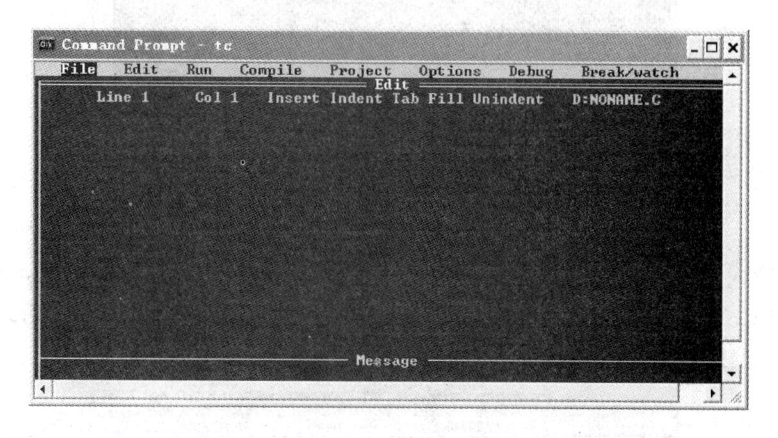

图 1-32　Turbo C 2.0 集成开发环境主界面

从图 1-32 中可以看出，Turbo C 2.0 集成开发环境上方是菜单栏部分，包括 8 个菜单项：文件操作（File）、编辑（Edit）、运行（Run）、编译（Compile）、项目（Project）、选项（Options）、调试（Debug）、中断/观察（Break/watch）。

（3）在 Turbo C 2.0 的开发环境中，不能使用鼠标，只能使用键盘。可以按下键盘上的“F10”键先激活菜单，然后通过四个方向键“↑”、“↓”、“←”、“→”对菜单和菜单项进行选择，被选中的菜单项以黑底白字显示。

在集成环境刚被打开时，默认选中的是 File 菜单项，此时可以使用方向键中的左右键选择其他菜单项。当菜单项被选中时会显示出反色，此时如果按 Enter 键，可以显示出该菜单项的子菜单，如图 1-33 所示。

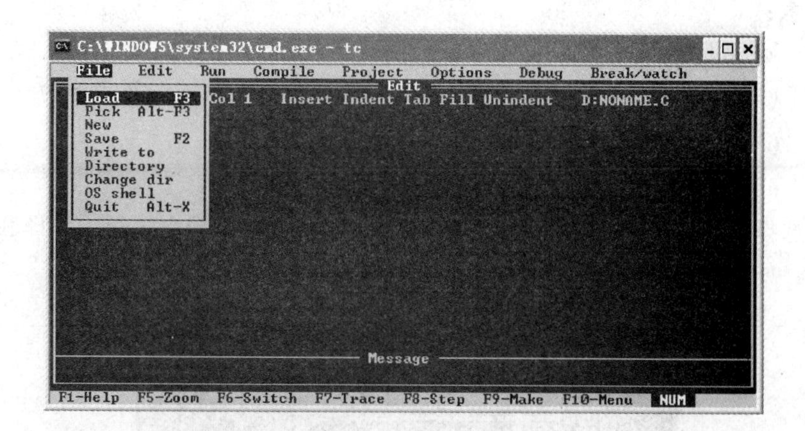

图 1-33　选择菜单项

（4）选择 Edit 菜单项后就可以进行编写程序了，将例 1-1 的代码输入到开发环境中，如图 1-34 所示。

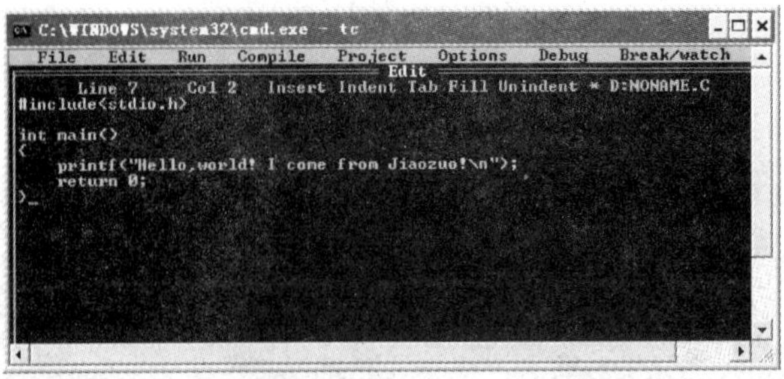

图1-34 输入实例1-1的代码

（5）输入代码后，对其进行编译。按F10键，选择Compile菜单项，在打开的子菜单中选择Compile to OBJ命令，按Enter键即可进行编译，生成一个后缀为.obj的目标文件，如图1-35所示。

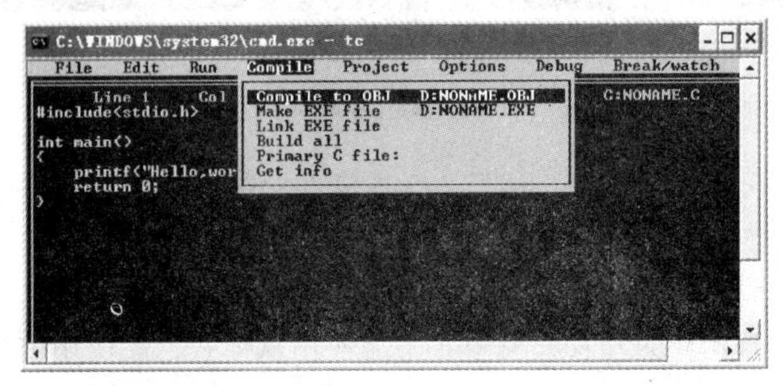

图1-35 生成.obj文件

（6）生成.obj文件还要再选择Compile菜单中的Link EXE file命令，通过连接操作，可得到一个后缀为.exe的可执行文件。

注意：

在Compile菜单中还有一个Make EXE file命令，使用这个命令，就不用进行第（5）步和第（6）步的操作了。Make EXE file命令将这两项合为一项进行操作，从而就可以一次完成编译和连接操作。

（7）选择Run菜单中的Run命令或按Ctrl+F9键，系统会执行已编译和连接好的目标文件，如图1-36所示。

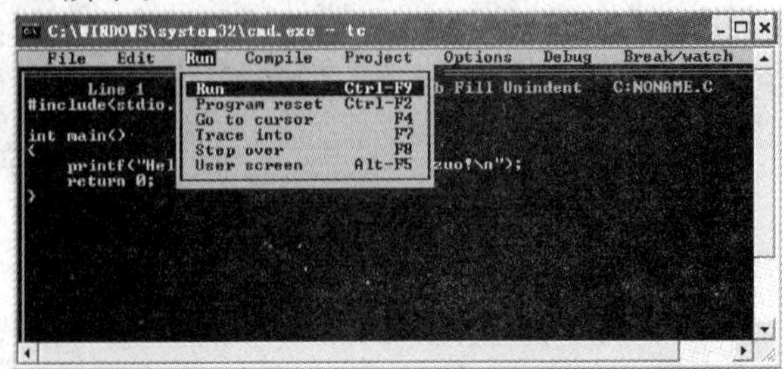

图1-36 执行程序

(8) 如果在运行时出现错误，则需对程序进行修改，此时使用【Esc】键可以重新回到编辑程序的状态。当程序没有错误时，选择 Run 菜单中的 User screen 命令，或使用【Alt+F5】键观察程序的执行结果，如图 1-37 所示。

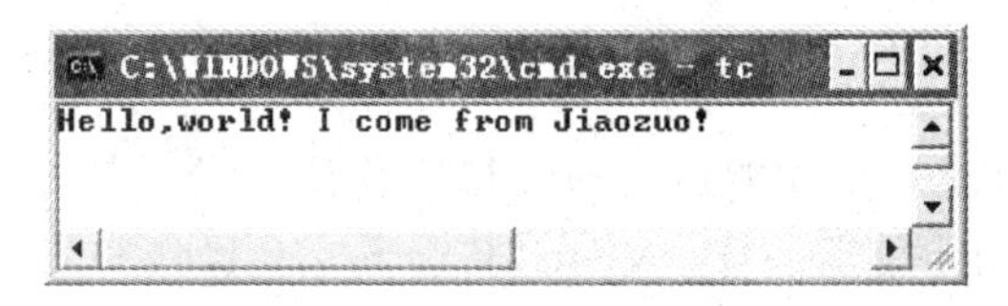

图 1-37　显示程序运行结果

(9) 退出 TC 环境时，可以选择 File 菜单中的 Quit 命令，也可以按 Alt+X 键。在退出前应对文件进行保存，否则会出现提示信息，如图 1-38 所示。

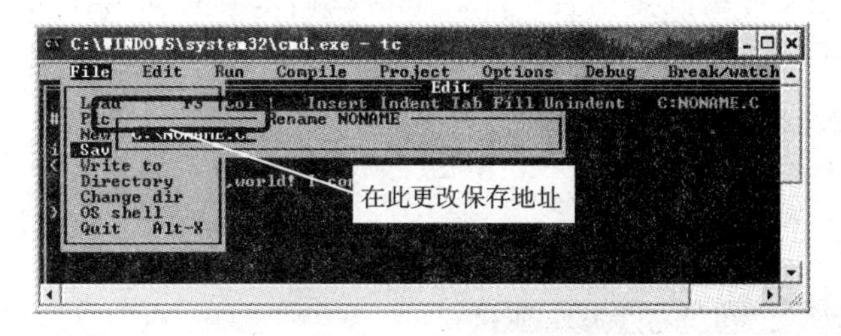

图 1-38　保存文件

需要注意的是，当 TC 集成开发环境没有放在 C 盘根目录的子目录 TC2 下，而是放在 D 盘根目录下一级 TC2 子目录下时，要在源文件编译和连接前更改路径。具体操作如下：

(1) 选择 Options 菜单中的 Directories 命令，如图 1-39 所示。

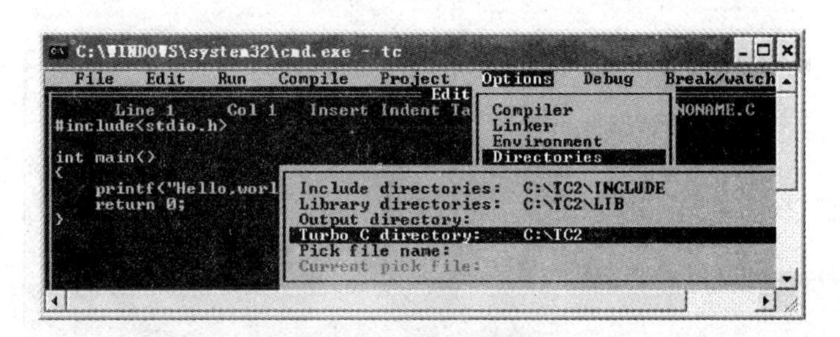

图 1-39　修改前的路径

(2) 修改其中的路径，如图 1-40 所示。

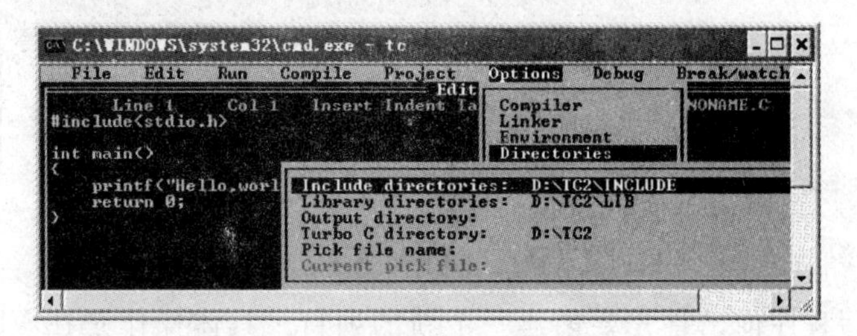

图 1-40　修改后的路径

(3) 选择 Options 菜单中的 Save options 命令进行保存修改操作，完成路径修改。

以上就是有关使用 Turbo C 集成开发环境的介绍，希望能帮助读者了解 Turbo C 集成开发环境，至于实际操作，还需要读者亲自体验。

1.6.2 Visual C++ 6.0

Visual C++ 6.0 是一个功能强大的可视化软件开发工具，它将程序代码的编辑、编译、连接和调试等功能集于一身。Visual C++ 6.0 操作和界面都比 Turbo C 友好，开发过程更快捷、方便。本书中所有的程序都是在 Visual C++ 6.0 开发环境中编写的。

用 Visual C++ 6.0 编写 C 语言程序，首先需要新创建一个项目，然后通过在该项目中创建 C 程序文件编辑 C 语言程序。下面我们来看看如何使用 Visual C++ 6.0 创建新项目。Visual C++ 6.0 可以编写很多类型的项目，如果要编写 C 程序，则需建立控制台项目。具体操作如下：

(1) 安装 Visual C++6.0 之后，单击"开始"按钮，选择如图 1-41 所示的命令打开 Visual C++ 6.0。

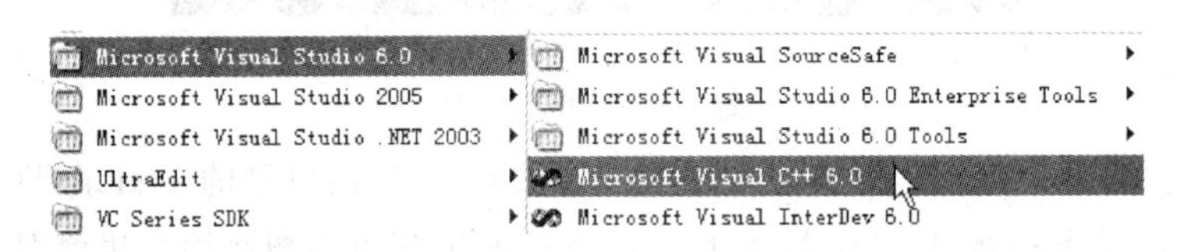

图 1-41 打开 Visual C++ 6.0

(2) 进入到 Visual C++ 6.0 的界面，如图 1-42 所示。

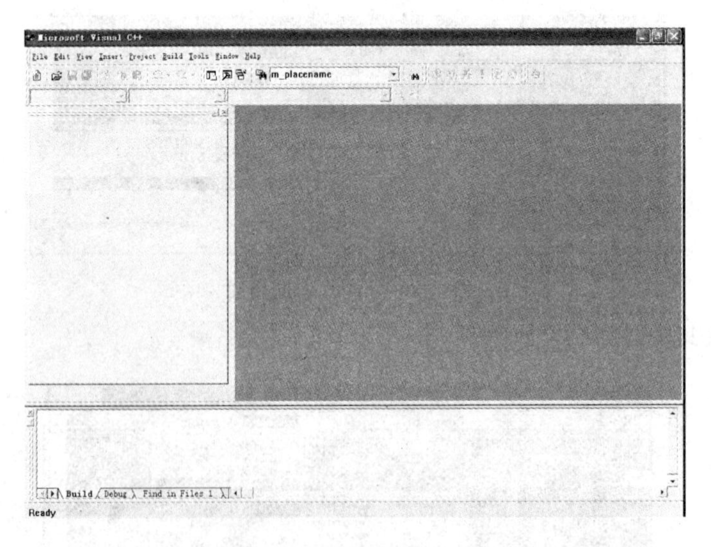

图 1-42 Visual C++ 6.0 界面

(3) 在编写程序前，首先要创建一个新的项目。具体操作是在 Visual C++ 6.0 界面中，选择 File/New 命令，或者按 Ctrl+N 键，如图 1-43 所示。

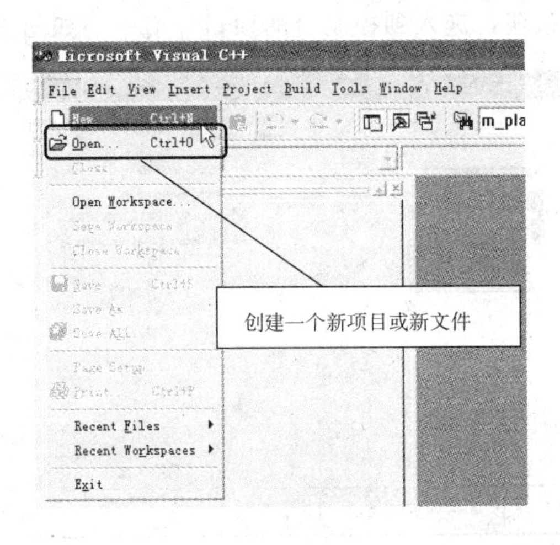

图 1-43 创建一个新文件

(4) 单击【工程】标签，选择其中的Win32 Console Application 选项，在右边的 Project name 文本框中输入要创建的项目名称“例 1_1”，单击...按钮，选择保存路径为“E：\程序\例 1_1”，如图 1-44 所示。

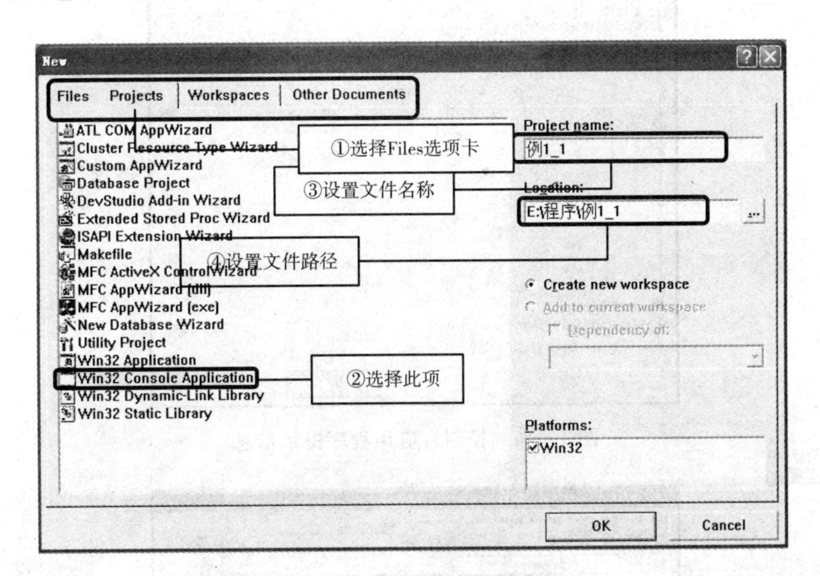

图 1-44 创建一个控制台项目示意图

(5) 单击【OK】按钮，进入到【Win32 Console Application】对话框，即新建控制台项目的第一步。这一步有四个选项，选择【An empty project】选项，就是要建立一个空项目，如图 1-45 所示。

(6) 单击【Finish】按钮，进入到【新建工程信息】对话框，即新建立的控制台项目信息（已经建立了一个空项目，且项目中没有文件）。该项目路径为“E：\程序\例 1_1”，如图 1-46 所示。

（7）单击【OK】按钮，进入到控制台的项目环境中，如图 1-47 所示。

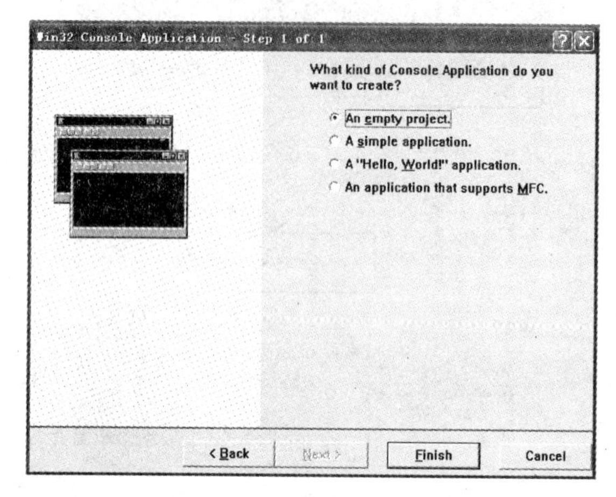

图 1-45　控制台应用程序设置第一步

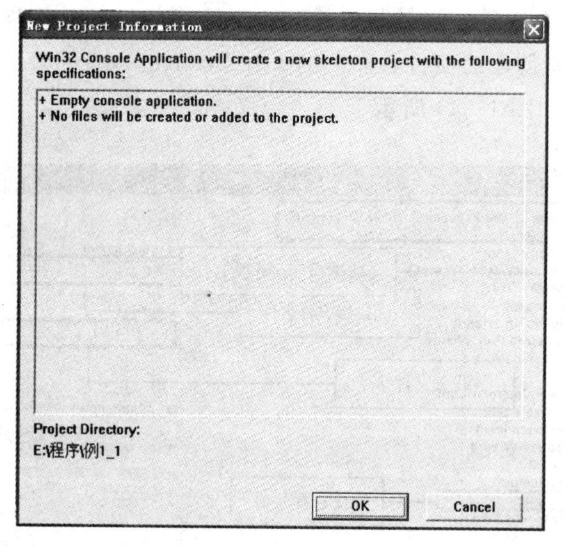

图 1-46　控制台应用程序提示信息

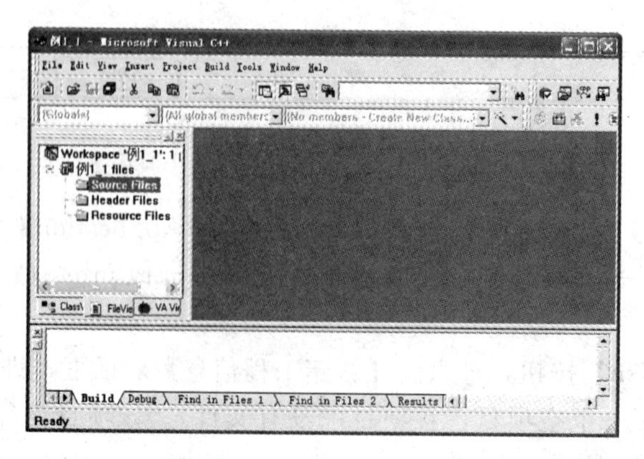

图 1-47　控制台项目环境

这样，就建立了一个名字为“例 1 _ 1”的项目文件。下面需在该新建的控制台项目中建立一个 C 程序文件，即建立一个扩展名为“. c”的文件。

在控制台项目“例 1 _ 1”中新建 C 语言源程序文件的步骤如下：

（1）单击【FileView】标签，再将“Test”前的“+”展开，然后在“Source Files”上单击右键，选择【Add Files to Folder】命令，准备在项目中添加一个 C 程序文件，如图 1 - 48 所示。

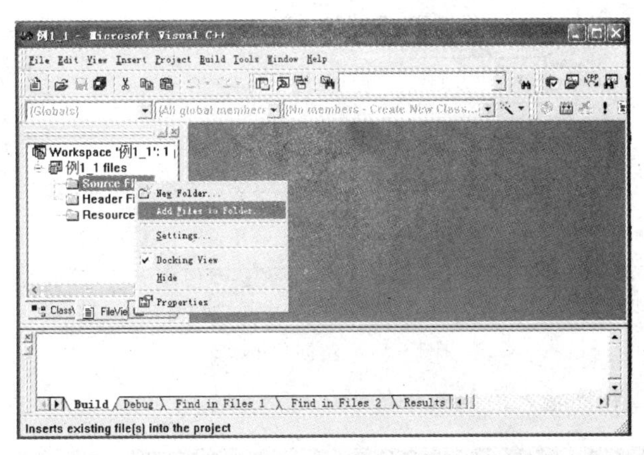

图 1 - 48　准备在控制台项目中添加 C 程序文件

（2）单击【Add Files to Folder】命令，打开【插入文件到工程】对话框，并输入文件名“例 1 _ 1. c”，如图 1 - 49 所示。单击【OK】按钮，弹出一个提示信息对话框，提示“指定的例 1 _ 1. c 文件不存在，是否要建立一个文件?”，如图 1 - 50 所示。

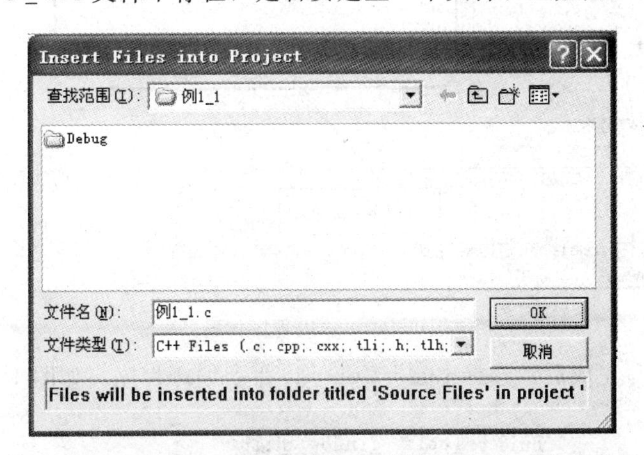

图 1 - 49　在控制台项目中添加一个“例 1 _ 1. c”文件对话框

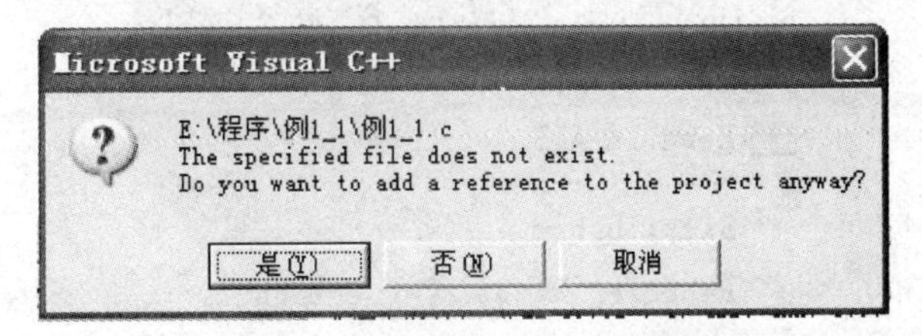

图 1 - 50　新建一个“例 1 _ 1. c”文件提示信息对话框

（3）单击【是】按钮，即可创建一个新的文件，此时可以在开发环境中看到指定创建的 C 源文件，如图 1-51 所示。这时就可以编写 C 语言程序了。

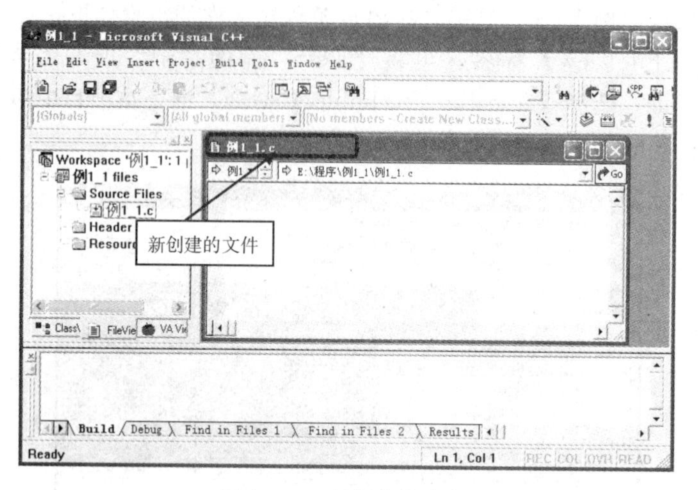

图 1-51 新创建的文件

（4）将例 1-1 程序输入后的效果如图 1-52 所示。

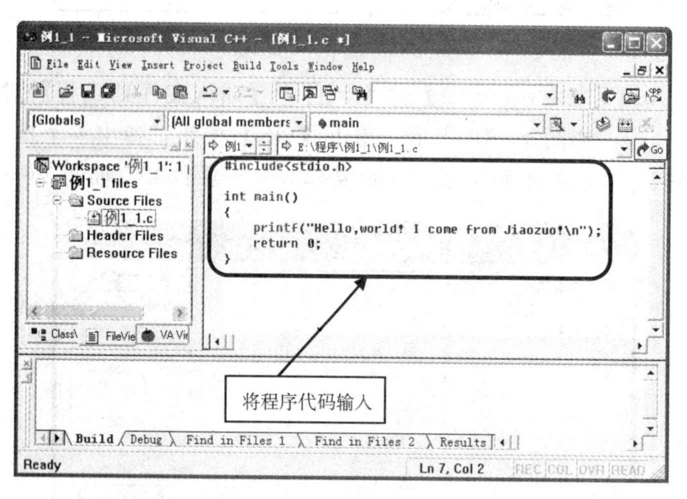

图 1-52 输入程序代码

（5）程序编写完成后，选择 Build/Compile 命令编译程序，如图 1-53 所示。

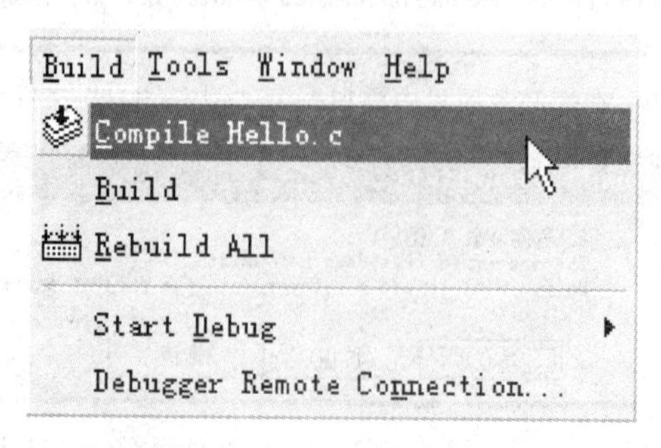

图 1-53 Compile 菜单项

(6) 若程序没有错误，开发环境的下面将出现提示信息“例1_1.obj - 0 error(s), 0 warning (s)”。此时代码已经被成功编译，但是还没有连接生成.exe可执行文件，所以如果要执行程序，会出现如图1-54所示的提示对话框，询问是否要创建.exe可执行文件。如果单击“是”按钮，则会连接生成.exe文件。生成.exe文件后就可以执行程序，观察其显示结果。

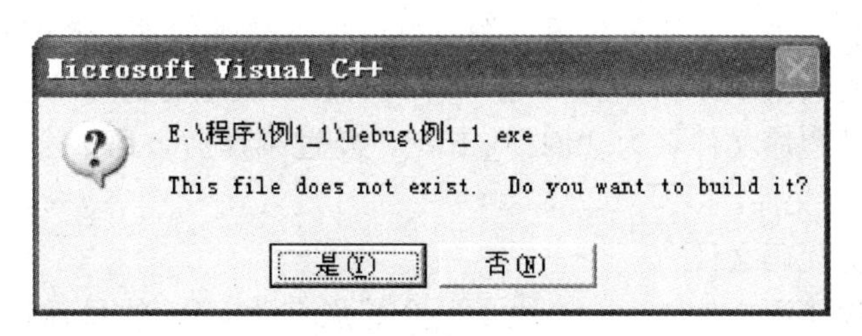

图1-54 创建.exe文件

(7) 也可以选择Build/Build命令，执行创建.exe文件的操作，如图1-55所示。

注意：

在编译程序时，选择Build命令，这样就不用进行上面第(5)步的Compile操作，而是直接将编译和连接操作一起执行。

(8) 只有执行程序才可以看到有关程序执行的结果显示，可以选择Build/Execute命令执行程序操作，即可观察到程序的运行结果，如图1-56所示。

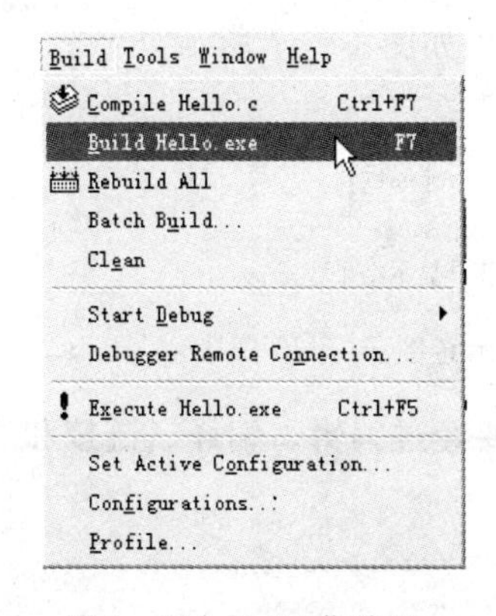

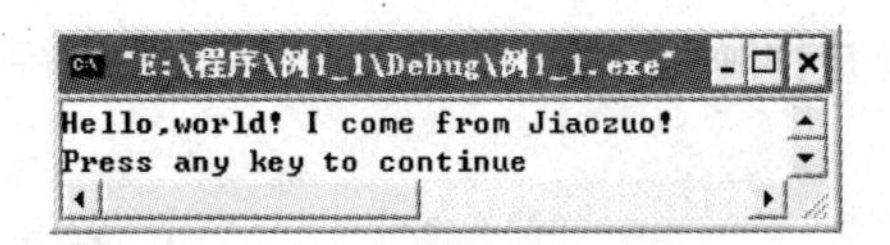

图1-55 Build菜单项

图1-56 程序运行结果显示

一个C程序需要经过编辑、编译、链接和运行4个步骤，才能显示出最终的运行结果：

(1) 编辑源文件

在Turbo C 2.0或Visual C++ 6.0集成开发环境中输入程序代码后，将其保存在扩展名为.C的文件的过程称为编辑源文件，此时的文件被称为源文件。源文件也就是还没有经过加工处理的文件，是一个文本文件。

（2）编译源文件

当源文件建立好以后，需要对其进行编译。编译就是将源程序文件翻译成计算机可以识别的二进制编码。这个过程是由 Turbo C 2.0 或 Visual C＋＋ 6.0 提供的编译器自动完成的。

在翻译的过程中，编译器会检查源文件中语法和语义方面的错误。如果有错误，则会出现提示信息，报告出错的位置。用户可以根据提示信息，修改错误并重新编译。如果没有错误，则会生成一个扩展名为 .obj 的文件，我们将这个文件称为目标代码文件。例如，如果源程序文件名为“例 1 _ 1. c”，经过编译后，那么会产生一个“例 1 _ 1. obj”的目标代码文件。

（3）链接目标代码文件

经过编辑、编译源文件之后，产生了一个扩展名为 .obj 的目标代码文件。但是该文件还不能直接运行，仍需要使用链接程序将该源程序所用到的所有目标程序组合到一起。

在链接的过程中，链接程序会自动检查各个程序之间是否存在链接错误。如果有错误，则会出现提示信息，报告出错的位置。用户根据提示信息，修改错误并重新链接。如果没有错误，则会生成一个扩展名为 .exe 的可执行文件。这样程序就可以直接运行了。例如，如果源程序文件名为 test. c，经过编译、链接后，则会产生一个 test. exe 的可执行文件。

（4）运行可执行文件

在经过编辑、编译源文件和链接目标代码文件之后，产生了一个扩展名为 .exe 的可执行文件。可以通过该可执行文件查看程序的运行结果。

从编写 C 语言程序源文件到查看运行结果的过程如图 1－57 所示。

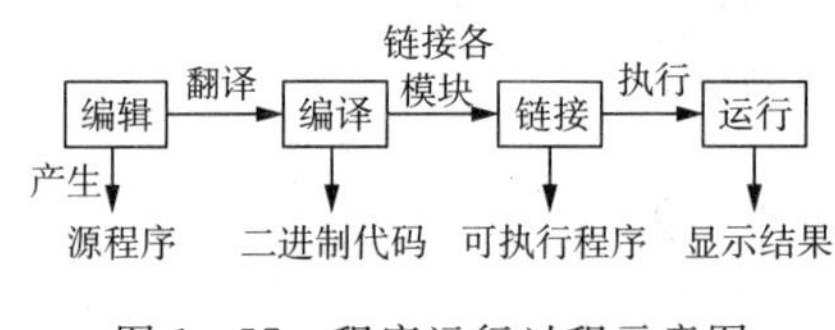

图 1－57　程序运行过程示意图

不管是哪种编译器，C 语言从编辑到运行，都要经过编辑、编译、链接和运行 4 个步骤。

本章小结

C 语言诞生于 1973 年，距今已有近 40 年的历史，但 C 语言至今仍然深受广大软件开发人员的喜爱。C 语言还是学习 C＋＋、VB、VC＋＋、Java、C＃等其他计算机语言的基础。C 语言是一门高级语言，同时它也兼具了低级语言的特点。C 语言的应用非常广泛。

在计算机内部，数据的存储和处理都是使用二进制数，因此，要学好 C 语言首先必须要掌握二进制数与十进制数、十六进制数、八进制数的相互转换。在计算机中，一般将二进制数的最高位规定为符号位，符号位为 0 表示正数，为 1 表示负数。二进制数的基数是2，在运算过程中，采用逢二进一的原则。在实际运算过程中，通常采用原码和补码的形式进行运算。

目前使用最广泛地开发C语言工具主要有Turbo C 2.0和Visual C++ 6.0。

Turbo C 2.0是非常经典的程序开发环境，具有简单易学的特点，是初学者首选，也是过去计算机等级考试使用的环境。Visual C++ 6.0是一款商业化的软件，具有功能强大、专业性强、兼容C语言系列的各种开发工具的特点，它支持C语言、C++语言、SDK和MFC开发。现在的计算机等级考试C语言上机环境都采用了Visual C++ 6.0作为程序开发工具。

练　习　题

选择题

1. C语言程序文件的扩展名是（　　）。

A. .c　　B. .cpp　　C. .java　　D. .bo.

2. 能实现头文件的引用功能的代码是（　　）。

A. #include<stdio.h>　　B. #define PI 3.1415926　　C. int r;　　D. float r , s;

3. 下面的语句中，表示输出语句的是（　　）。

A. printf("请输入半径\n");　　B. scanf("%d",&radius);

C. result = Calculate(radius);　　D. int r;

4. 下列叙述中错误的是（　　）。

A. 计算机不能直接执行用C语言编写的源程序

B. C程序经C编译后，生成的后缀为.obj的文件是一个二进制文件

C. 后缀为.obj的文件，经连接程序生成的后缀为.exe的文件是一个二进制文件

D. 后缀为.obj和.exe的二进制文件都可以直接运行

填空题

1. C程序整体是由（　　）构成的。

2. 每一个执行语句都以（　　）结尾。

3. 一个C程序都是从（　　）函数开始执行的。（　　）函数不论放在文件的什么位置都可以。

4. C语言是一种面向（　　）的语言。

5. 引用头文件使用（　　）指令。

第 2 章 数据类型、运算符与表达式

■ 本章导读

在程序设计过程中，需要处理的对象是数据。数据是以某种形式存在的，如整数、实数、字符等。在计算机中，数据都存放在变量或常量中，因此变量和常量通常是处理的对象。数据的处理需要运算符和表达式的参与。在C语言中，常用的运算符有算术运算符、赋值运算符、关系运算符、逻辑运算符和逗号运算符，这些运算符构成了相应的表达式有算术表达式、赋值表达式、关系表达式、逻辑表达式和逗号表达式。

■ 学习目标

（1）熟悉基本的数据类型；

（2）理解表达式的概念；

（3）掌握类型转换和运算符的优先级。

2.1 C语言的数据类型

程序设计的基本要素是数据结构和算法。数据结构是指数据的组织形式，数组、结构体都是数据结构。不同的计算机语言所允许定义和使用的数据结构是不相同的。例如，C语言提供了结构体类型，而Fortran语言不提供这种类型的数据结构。对同一个问题，如果采用的数据结构不同，算法也会不同。例如，对10个整数进行排序时，选用变量和数组作为存储结构的算法是不同的。因此，在设计程序时，应选择最佳的数据结构和算法。

C语言中的数据结构是以数据类型形式出现的。C语言的数据类型如图2-1所示。

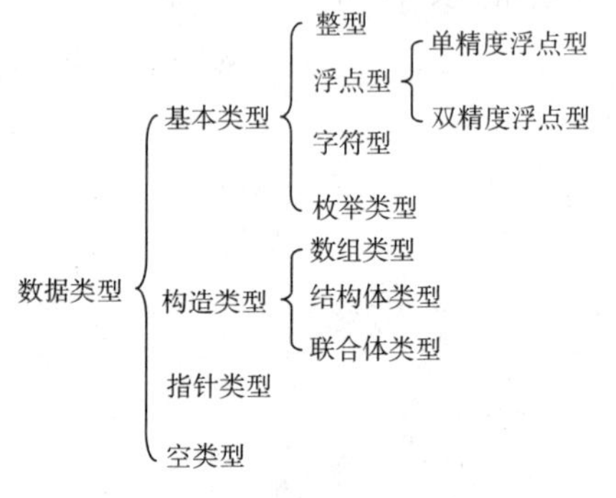

图2-1 C语言的数据类型

1. 基本类型

基本类型是指不可再分的数据类型。基本类型包括整型、浮点型、字符型和枚举类型。本章主要介绍基本数据类型。

(1) 整型数据

在C语言中，整型数据可以用十进制、八进制或十六进制表示。其中，八进制整数以0开头，十六进制整数以0x开头。例如，整型数据的各种进制表示如表2-1所示。

表2-1 整型数据的各种进制表示

整型数据	进 制	十进制数值
21	十进制	21
021	八进制	17
0x21	十六进制	33

(2) 浮点型数据

浮点型数据有两种表示方法：十进制小数表示法和指数表示法。例如，123.89、—2.37、71.24都是十进制小数表示法，3.65e6、6.78E—6、7.92e—12都是指数表示法。在指数表示法中，e或E前面必须有数字且后面的数必须是整数。例如，e5、1.2e2.3、e2.5都是错误的表示形式。

说明：

在十进制小数表示法中，如果小数点前面只有0，那么0可以省略，例如，0.123可以写作.123。

(3) 字符型数据

字符型数据是指使用一对单引号括起来的一个字符。例如，'A'、'X'、'x'、'a'、'b'、'i'都是字符型数据。字符型数据需要使用一对单引号括起来。值得注意的是：'X'和'x'是两个不同的字符。

注意：

字符串数据是多个字符构成的数据。在C语言中，字符串并不是一种数据类型。

(4) 校举类型数据

校举类型是一种用户自定义的基本数据类型，关于它的详细内容将在后面章节介绍。

2. 构造类型

构造类型是由基本数据类型组合而成。构造类型包括数组类型、结构体类型和联合体类型。其中，数组类型可以看成是由若干个变量构成的类型，而结构体类型和联合体类型则属于用户自定义的类型，通常用来表示一些复杂的数据，如教职工情况表中的元素、学生成绩表中的元素等。

3. 指针类型

指针类型是一种特殊类型，它表示某个数据的地址。指针类型是C语言的灵魂，是区别于其他语言的重要特性之一。通过指针可以很方便地访问内存中的数据，从而大大提高程序的执行效率，C语言的使用也变得更加灵活。

4. 空类型

空类型是指数据没有类型，通常应用在类型的转换，一般是指针类型的转换。

2.2 变量与常量

在程序设计过程中，需要将不断变化的数存放在变量中，将不变化的数存放在常量中。

2.2.1 变量

变量是指其值可以改变的量，是用来存放数据的内存单元。变量相当于存放物品的容器，而数据相当于物品。例如，一个箱子里面可以装衣服、鞋子，也可以存放书。这个箱子就相当于C语言中的变量，衣服、鞋子、书则相当于C语言中的数据。

1. 变量名是一种标识符

变量是内存储器中的一个存储单元，用来存放数据。每一个变量都有一个名字，称为变量名，存放在变量中的数据称为变量值。如图2-2所示，a是变量名，a中存放了一个数据6，6就是变量值。

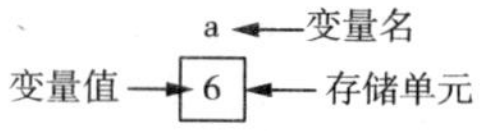

a ←变量名
变量值 → 6 ← 存储单元

图2-2 变量名与变量值的关系

变量名是用户定义的标识符。后面将要学到的常量名、数组名、函数名、类型名、文件名都属于标识符。一般规定，标识符只能由字母、数字和下划线构成，其中，第一个字符必须是字母或下划线。例如，下面表示的是一些正确的标识符：

```
abc,_abc,a_b2,x2,xyz,a,b,hello,name,num,count,year,month,day
```

但以下的标识符则是不正确的：

```
3abc,a-b,a+b,M.D.,a#b,a<b
```

注意：

在C语言中，大写字母和对应的小写字母被认为是两个不同的字符。例如，Student、student、STUDENT是不同的变量名。一般情况下，变量名用小写字母表示。

2. 关键字是一种特殊的标识符

关键字是一种特殊的标识符，它不能用来作为变量名。C 语言中的关键字有 32 个，如表 2-2 所示。

表 2-2　C 语言中的关键字

auto	break	case	char	const	continue
default	do	double	else	enum	extern
float	for	goto	if	int	long
register	return	short	signed	sizeof	static
struct	switch	typedef	union	unsigned	void
volatile	while				

其中，int、char、float 用来说明变量的类型，分别表示整型、字符型和浮点型。

3. 定义变量

在 C 语言中，必须先定义变量，然后才能使用变量。变量的定义形式如下：

```
类型说明符 变量名;
```

其中，类型说明符可以是 int、char 和 float 等关键字，变量名由用户自己定义。例如，下面是一些正确的变量定义：

```
int a;                    /* a 被定义为整型变量 */
char b;                   /* b 被定义为字符型变量 */
float average;            /* average 被定义为浮点型变量 */
```

经过以上变量定义之后，在编译阶段这些变量会被分配到相应的存储单元，用来存放相关数据。

2.2.2 常量

在程序运行过程中，其值不发生改变的量称为常量。在 C 语言中，常量主要有整型常量、浮点型常量、字符常量、字符串常量。常量与变量一样，在使用之前也需要先进行定义。它的定义方式有两种：使用 #define 定义常量和使用 const 定义常量。

1. 使用 #define 定义常量

使用 #define 定义常量的形式如下：

```
#define 常量名 常量值
```

其中，#define、常量名、常量值之间需要使用空格分隔开。常量名也是标识符，一般用大写表示。例如，一个名字为 N 的常量定义如下：

```
#define N 20                 /* N 是常量名,N 的值为 20 */
```

在定义常量时，必须为常量指定一个在程序运行过程中不可以改变的值。

2. 使用 const 定义常量

使用 const 定义常量的形式如下：

```
const 类型说明符 常量名 = 常量值;
```

其中，类型说明符是指 int、char、float 等，而常量名与常量值之间用等号“＝”连接。在 C 语言中，“＝”被称为赋值符号，表明将常量值存放在常量名标识的内存单元中。例如，一个名字为 PI 的常量定义如下：

```
const float PI = 3.1415926;            /* 将 PI 定义为浮点型常量,其值为 3.1415926 */
```

使用 # define 和 const 定义常量的效果相同。在程序运行过程中，常量的值都不可以改变。需要注意的是，使用 # define 定义常量时，后面不需要使用分号，而使用 const 定义常量时，后面则需要使用分号。

注意：

使用 const 定义常量时，需要使用类型说明符 int、float、char 等来说明常量的类型；而使用 # define 定义常量时，则不需要说明常量的类型。

2.3 整型数据

整型数据通常以整型常量和整型变量形式出现。在 C 语言中，整型数据分为 4 种：基本整型、短整型、长整型和无符号整型。

2.3.1 整型常量

C 语言中的整型数据可用以下 3 种形式表示：

- 十进制整数：如 123，－789，0。
- 八进制整数：以 0 开头的数是八进制数。如 0123 表示八进制数 123，即 $(123)_8$，其值为 $1\times8^2+2\times8^1+3\times8^0$，等于十进制数 83。－032 表示八进制数－32，即十进制数－26。
- 十六进制整数：以 0x 或 0X 开头的数是十六进制数。如 0x123 表示十六进制数 123，其值为 $1\times16^2+2\times16^1+3\times16^0$，等于十进制数 291。－0x32 表示十六进制数－32，等于十进制数－50。

定义整型常量可以使用 # define 和 const 两种方法。例如，定义一个八进制整型常量 M 的代码如下：

```
#define M 032
const int M = 032;
```

以上两行代码的作用是等价的。M 被定义为常量，值为八进制整数 032。

定义一个值为 100 的十进制整型常量 D，代码如下：

```
#define D 100
```

与下面的代码等价：

```
const int D = 100;
```

2.3.2 整型变量

1. 整型变量的分类

整型变量分为基本整型、短整型、长整型、无符号整型、无符号短整型和无符号长整型六类。

● 基本整型变量的定义格式如下：

```
int 变量列表;
```

基本整型变量的类型说明符是int，它是C语言中32个关键字之一。变量列表是指用户定义的一个变量名或多个变量名。变量名必须符合标识符的命名规则。如果是多个变量名，那么变量名之间必须使用逗号分隔开。int与变量列表之间用一个空格分隔开。

例如，定义基本整型变量的代码如下：

```
int a,b,c;                    /* 定义了3个基本整型变量 */
int sum1,sum2;                /* 定义了2个基本整型变量 */
```

其中，a、b、c、sum1和sum2都是变量名。

在int之前根据需要可以分别加上修饰符short或long以构成两类整型变量：短整型和长整型。

● 短整型变量的定义格式如下：

```
short int 变量列表;
```

其中，short int是短整型变量的类型说明符。通常情况下，短整型变量的类型说明符int可以省略。因此，短整型变量的另一种定义格式如下：

```
short 变量列表;
```

这两种定义短整型变量的方法是等价的。例如，定义短整型变量的代码：

```
short int m,n,t;              /* 定义了3个短整型变量 */
short m,n,t;                  /* 定义了3个短整型变量,省略了 int */
```

上面的两行代码等价。

● 长整型变量的定义格式如下：

```
long int 变量表列;
```

其中，long int是长整型变量的类型说明符。这里的int也可以省略，省略后的长整型变量的定义格式如下：

long 变量列表；

例如，长整型变量定义的代码如下：

```
long int x,y,z;                    /* 定义了 3 个长整型变量 */
```

省略 int 后的代码如下：

```
long x,y,z;                        /* 定义了 3 个长整型变量,省略了 int */
```

在实际应用中，变量的值常常是正的。例如，我们要表示一箱苹果的个数，就不可能是负数。李明的身高是 173cm，而身高也只能是正数，一般采用正整数表示。当变量的表示范围为非负数时，可以将变量定义为无符号类型。对以上 3 类整型加上修饰符 unsigned，表示为无符号数；如果加上修饰符 signed，则表示为有符号数。如果不指定修饰符 signed 和 unsigned，则暗指有符号数。归纳起来，可以有以下 6 种整型变量：

有符号基本整型—— [signed] int

无符号基本整型——unsigned int

有符号短整型—— [signed] short [int]

无符号短整型——unsigned short [int]

有符号长整型—— [signed] long [int]

无符号长整型——unsigned long [int]

- 无符号基本整型变量的定义格式如下：

```
unsigned int 变量列表;
```

- 无符号短整型变量的定义格式如下：

```
unsigned short int 变量列表;
```

- 无符号长整型变量的定义格式如下：

```
unsigned long int 变量列表;
```

其中，无符号短整型变量和无符号长整型变量的 int 都可以省略。例如，定义无符号整型变量的代码如下：

```
unsigned int u1,u2,u3;             /* 定义了 3 个无符号基本整型变量 */
unsigned short n1,n2;              /* 定义了 2 个无符号短整型变量 */
unsigned long m1,m2,m3;            /* 定义了 3 个无符号长整型变量 */
```

2. 整型变量在内存中的存放形式

定义了整型变量之后，系统就会为变量分配相应的内存空间。同一种数据类型，由于编译系统不同，被分配的存储空间不同，取值范围也就不一样。各种整型变量在 Turbo C 2.0 和 Visual C++ 6.0 编译环境中占用字节数和表示范围如表 2-3 所示。

表 2-3 各种整型变量在 Turbo C 2.0 和 Visual C++ 6.0 编译环境中占用的字节数和表示范围

	Turbo C 2.0		Visual C++ 6.0	
	占用字节	表示范围	占用字节	表示范围
int	2	−32768～32767	4	−2147483648～2147483647
unsigned int	2	0～65535	4	0～4294967295

（续表）

	Turbo C 2.0		Visual C++ 6.0	
	占用字节	表示范围	占用字节	表示范围
short int	2	−32768～32767	2	−32768～32767
unsigned short int	2	0～65535	2	0～65535
long int	4	−2147483648～2147483647	4	−2147483648～2147483647
unsigned long int	4	0～4294967295	4	0～4294967295

注意：

如果不指定 unsigned 或 signed，则存储单元中最高位表示符号，其中 0 为正，1 为负。如果指定 unsigned，则存储单元中全部二进制位用来存放数本身，而不包括符号。

一个有符号数也能以无符号数的形式输出。例如：

```
unsigned int a;                                  /*定义一个无符号整型变量 a*/
int b;                                           /*定义一个基本整型变量 b*/
a=65535;                                         /*为 a 赋值*/
b=-1;                                            /*为 b 赋值*/
printf("a 的值是：%d,b 的值是：%d\n",a,b);        /*以基本整型输出变量 a 和 b 的值*/
printf("a 的值是：%u,b 的值是：%u\n",a,b);        /*以无符号整型输出变量 a 和 b 的值*/
```

输出结果如下：

```
a 的值是：-1,b 的值是：-1
a 的值是:65535,b 的值是:65535
```

为什么会有这样的结果呢？这是因为一个有符号数与无符号数在内存中的存储形式是一样的。当一个负数以%u 输出时，将该数当成了无符号数，此时，将最高位的符号位也当成了数据位。

【例 2-1】　定义几个整型变量，并以十进制、十六进制形式输出。

```
#include<stdio.h>                                /*包含头文件*/
void main()                                      /*主函数名*/
{
    int a,b,c;                                   /*定义 3 个基本整型变量*/
    a=7;                                         /*将十进制数 7 赋值给 a*/
    b=-2;                                        /*将十进制数 -2 赋值给 b*/
    c=128;                                       /*将十进制数 128 赋值给 c*/
    printf("a 的十进制数是：%d,十六进制数是：%x\n",a,a);  /*以十进制、十六进制形式
                                                    输出变量 a 的值*/
```

```
    printf("b的十进制数是:%d,十六进制数是:%x\n",b,b);     /*以十进制、十六进制形式
                                                           输出变量b的值*/
    printf("c的十进制数是:%d,十六进制数是:%x\n",c,c);     /*以十进制、十六进制形式
                                                           输出变量c的值*/
}
```

程序的运行结果如图 2-3 所示。

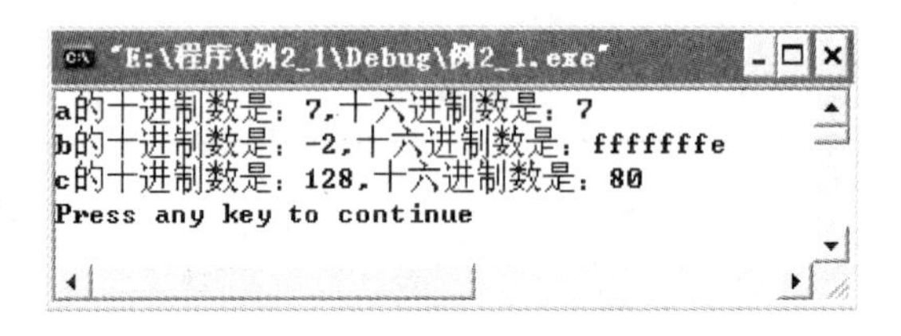

图 2-3 程序运行结果

● 其中，代码的第 4 行：

```
int a,b,c;                    /*定义3个基本整型变量*/
```

是基本整型变量的定义。通过定义，为变量分配内存单元用于存放数据。此时，这些变量中还没有数据。

● 代码的第 5～7 行：

```
a=7;                          /*将十进制数7赋值给a*/
b=-2;                         /*将十进制数-2赋值给b*/
c=128;                        /*将十进制数128赋值给c*/
```

是变量的赋值，就是将一些常量数值存放在刚才定义的变量中。

● 代码的第 8～10 行：

```
printf("a的十进制数是:%d,十六进制数是:%x\n",a,a);     /*以十进制、十六进制形式输
                                                      出变量a的值*/
printf("b的十进制数是:%d,十六进制数是:%x\n",b,b);     /*以十进制、十六进制形式输
                                                      出变量b的值*/
printf("c的十进制数是:%d,十六进制数是:%x\n",c,c);     /*以十进制、十六进制形式输
                                                      出变量c的值*/
```

是输出变量中的数据。第 8 行、第 9 行和第 10 行分别输出变量 a、b、c 中的数据，printf 是输出函数名，%d 表示以十进制数形式输出，%x 表示以十六进制数形式输出。

● 代码的第 3 行和第 11 行是一对大括号“{}”。在 C 语言中，所有的程序都是以左花括号“{”开始，以右花括号“}”结束。

【例 2-2】 定义几个整型变量，并以十进制、十六进制形式输出。

```
#include<stdio.h>                  /*包含头文件*/
void main()                        /*主函数名*/
{
    signed int a;                  /*定义1个基本整型变量*/
```

```
    unsigned short int b;                 /* 定义1个无符号短整型变量 */
    short int c;                          /* 定义1个短整型变量 */
    a = 4294967295;                       /* 将十进制数4294967295赋值给a,超出范围 */
    b = 65535;                            /* 将十进制数65535赋值给b */
    c = 86743;                            /* 将十进制数86743赋值给c,超出范围 */
    printf ("a的值是:%d,十六进制数是:%x\n",a,a);     /* 以十进制、十六进制形式输出
                                                     变量a的值 */
    printf ("b的值是:%d,十六进制数是:%x\n",b,b);     /* 以十进制、十六进制形式输出
                                                     变量b的值 */
    printf ("c的值是:%d,十六进制数是:%x\n",c,c);     /* 以十进制、十六进制形式输出
                                                     变量c的值 */
}
```

程序的运行结果如图2-4所示。

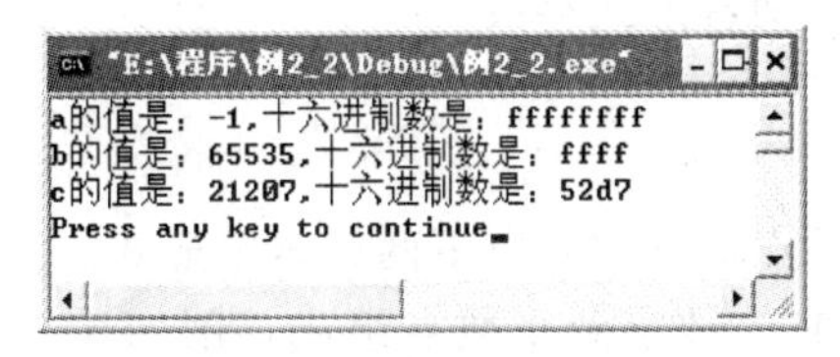

图2-4 程序运行结果

● 代码的第7行:

```
a = 4294967295;                /* 将十进制数4294967295赋值给a,超出范围 */
```

是将4294967295赋值给变量a。a是一个无符号基本整型变量，在Visual C++ 6.0开发环境中，它的取值范围是0～4294967295。它在计算机中的存储形式是32位二进制数1。但是如果将该数看成是带符号数，以%d输出则结果是－1。十进制数4294967295对应的十六进制数是fffffff，因此会输出－1。

● 代码的第9行:

```
c = 86743;                     /* 将十进制数86743赋值给c,超出范围 */
```

是将86743赋值给变量c。c是一个短整型变量，它的取值范围是－32768～32767，因此将86743赋值给c则超出了变量的取值范围。十进制数86743对应的二进制数是$(01.0101.0010.1101.0111)_2$。而短整型变量只有2个字节的存储空间，即只能保存从低到高位的16个二进制数，因此它只能存放二进制数$(0101.0010.1101.0111)_2$，即十进制数21207。变量c的存储情况如图2-5所示。

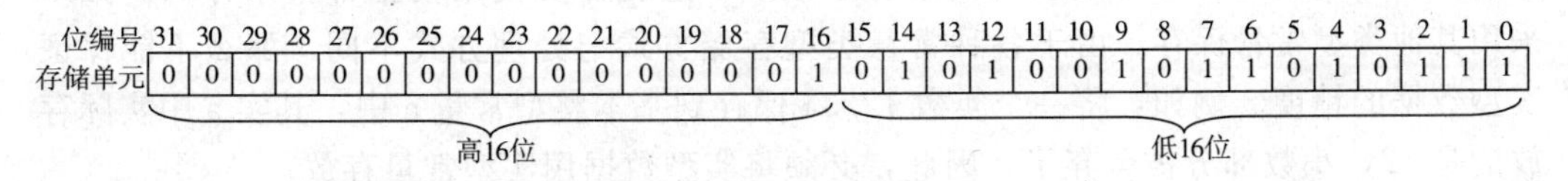

图2-5 变量c的存储情况

在图2-5中，低16位部分是变量c的存储单元，而高16位部分0000000000000001，表示被舍弃的部分。因此，在输出时，才会输出十进制数21207和十六进制数52d7。

在为变量赋值时，一定要注意变量的取值范围，千万不要超过其取值范围，以免出现错误。

说明：

若在一个整数后加一个字母 l 或 L，则被认为是 long int 型整数。例如，123l、321L、0L 等，这往往用在函数调用中。如果函数的形参为 long int 型，则要求实参也必须为 long int 型，此时用 123 作为实参是不行的，而要用 123L 作实参。

2.4 实型数据

实型数据以常量和变量两种形式存放。

2.4.1 实型常量

实型常量又称实数或浮点数，它有以下两种表示形式。

● 十进制小数形式。它由数字和小数点组成，例如 5.68、.123、0.386 都是十进制小数形式。

● 指数形式。它类似于数学中科学记数法，例如 123×10^5 可以表示成 123e5 或 123E5。需要注意的是：字母 e（或 E）前面必须有数字，后面的指数必须为整数。例如 e3、1.5e4.6、.e5、e 都不是合法的指数形式。

一个实数可以有多种指数形式，例如 123.456 可以表示为 123.456e0、12.3456e1、1.23456e2、0.123456e3、0.0123456e4 等。其中，1.23456e2 称为规范化的指数形式，即在字母 e（或 E）之前的小数部分中，小数点左边应有一位且只能有一位非零的数字。例如，3.678e3、8.02345e9、1.54321e2 都是规范化的指数形式。

实型常量的定义方法与整型常量的定义方法类似。例如，使用 const 定义一个圆周率 PI，代码如下：

```
const float PI = 3.1415926;
```

以上代码与下面的符号定义形式等价：

```
#define PI 3.1415926
```

这是因为实型常量可以存放具有小数点的数据，其他常量则不能。例如，在表示学生的平均成绩时，平均成绩往往带有小数点，这就需要使用实型常量来存储。如果采用其他类型常量保存，由于各种常量类型存储方式与处理方式不同，那么不能保证实型数据的精度。例如，将一个实数 12.34 保存到基本整型常量 a 中，其实 a 中实际存放的是 12，小数部分被舍弃了。因此，必须将实型数据用实型常量存放。

2.4.2 实型变量

在 C 语言中，实型变量分为单精度（float）型、双精度（double）型和长双精度

(long double) 型三类。

1. 实型变量的分类

实型变量定义的一般形式如下:

```
实型类型说明符 变量列表;
```

其中,实型变量说明符可以是 float、double 和 long double。例如,实型变量的定义如下:

```
float x,y;                    /*x和y为单精度浮点型变量*/
double average;               /*average为双精度浮点型变量*/
long double f;                /*f为长双精度浮点型变量*/
```

2. 实型数据在内存中的存放形式

实型数据一般占 4 个字节(32 个二进制位)的存储单元,按照指数形式存储。实数 1.73215 在内存中的存放形式如图 2-6 所示。

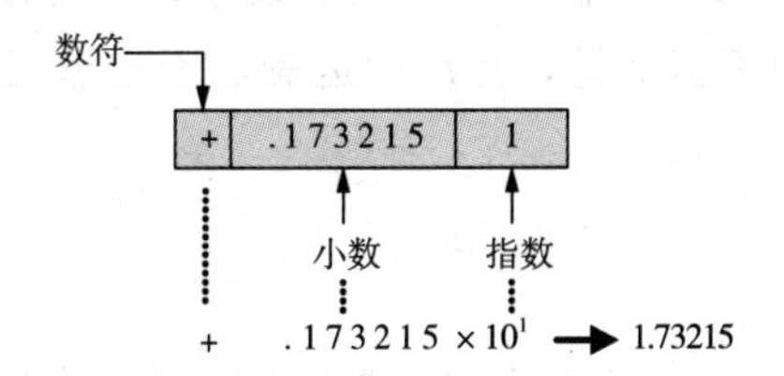

图 2-6 实数 1.73215 在内存中的存放形式

实际上,计算机内部是用二进制表示实数的。究竟使用多少位表示小数,多少位表示指数,并没有具体规定,是由系统自定。不少编译系统用 24 位表示小数(包括符号位),8 位表示指数(包括指数的符号位)。其中:

● 小数部分占的位数愈多,有效数字愈多,精度愈高。

● 指数部分占的位数愈多,则能表示的数值范围愈大。

3. 实型数据的表示范围

在 Turbo C 2.0 开发环境中,单精度型占 4 个字节(32 位),其数值范围为 3.4E−38~3.4E+38,提供 7 位有效数字;双精度型占 8 个字节(64 位),其数值范围为 1.7E−308~1.7E+308,提供 16 位有效数字;长双精度占 16 个字节(128 位),其数值范围为 1.2E−4932~1.2E+4932。如表 2-4 所示。

表 2-4 实型数据占用的字节数和表示范围

类型说明符	比特数(字节数)	有效数字	表示范围
float	32 (4)	6~7	$-3.4\times10^{-38}\sim3.4\times10^{38}$
double	64 (8)	15~16	$1.7\times10^{-308}\sim1.7\times10^{308}$
long double	128 (16)	18~19	$1.2\times10^{-4932}\sim1.2\times10^{4932}$

注意:

有效位指的是从第一个非 0 数字开始。例如，0.0002345 的有效位是 4 位，而不是 7 位，这里的有效位是从第一个非 0 数字 2 开始计算的。

C 语言中单精度浮点型数据的有效位是 7 位。如果超过了有效位，那么数据会不准确。例如：

```
float f;                          /* 定义了 1 个单精度浮点型变量 f */
f = 123456789123.34;              /* 为 f 赋值 */
printf("%f\n",f);                 /* 输出单精度浮点变量 f 中的值 */
```

输出结果是：

```
123456790528.000000
```

如果需要更高的精度，或者存储更大范围的数据，则可以使用双精度浮点型数据。

【例 2-3】 定义几个实型变量，并以十进制、十六进制形式输出。

```
#include<stdio.h>                 /* 包含头文件 */
void main()                       /* 主函数名 */
{
    float f1;                     /* 定义 1 个单精度浮点型变量 */
    double f2;                    /* 定义 1 个双精度浮点型变量 */
    long double f3;               /* 定义 1 个长双精度浮点型变量 */
    f1 = 234.567453232;           /* 将实型数据赋值给 f1 */
    f2 = 345.23422;               /* 将实型数据赋值给 f2 */
    f3 = 122.4555543456;          /* 将实型数据赋值给 f3 */
    printf("单精度浮点数 f1 的值是：%f\n",f1);        /* 输出变量 f1 的值 */
    printf("双精度浮点数 f2 的值是：%f\n",f2);        /* 输出变量 f2 的值 */
    printf("长双精度浮点数 f3 的值是：%f\n",f3);      /* 输出变量 f3 的值 */
}
```

程序的运行结果如图 2-7 所示。

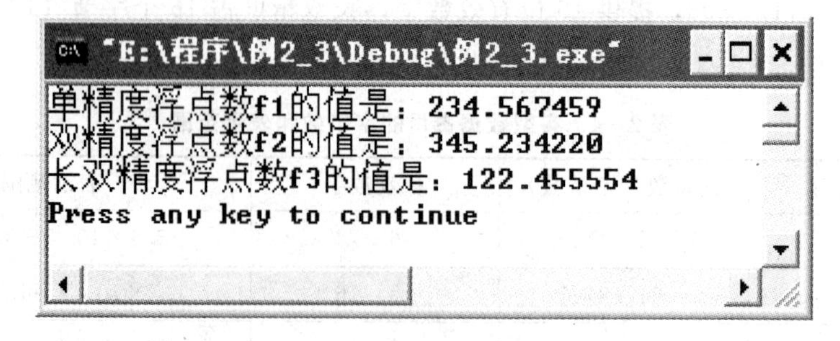

图 2-7 程序运行结果

从程序的运行结果可以看出，单精度浮点数的精度只有5位。以%f形式输出时，缺省是输出小数点后6位的小数。

【例2-4】 求出3个浮点数的平均值，并将输出每个变量的值和平均值格式化。

```
#include<stdio.h>                                      /*包含头文件*/
void main()
{
    float x,y,z,average;                               /*定义4个浮点型变量*/
    x=4.5;                                             /*为浮点型变量x赋值*/
    y=6.3;                                             /*为浮点型变量y赋值*/
    z=8.1;                                             /*为浮点型变量z赋值*/
    average=(x+y+z)/3;                                 /*求3个浮点数的平均值*/
    printf("x=%5.2f,y=%5.2f,z=%5.2f\n",x,y,z);        /*输出3个变量的值*/
    printf("平均数average=%5.2f\n",average);           /*输出3个数的平均值*/
}
```

程序的运行结果如图2-8所示。

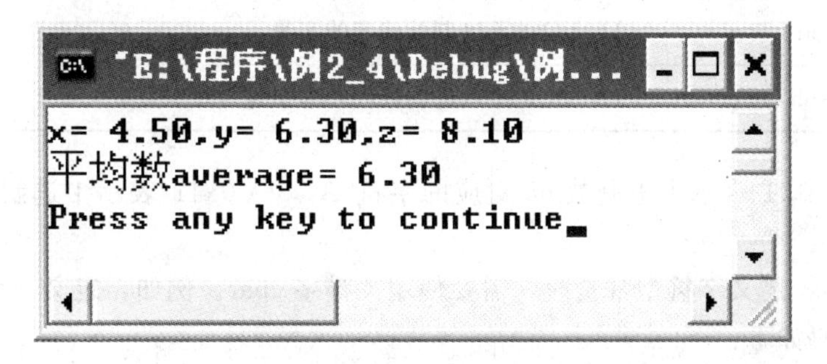

图2-8 程序运行结果

输出列表x、y和z分别与格式控制中的字符串"%5.2f" 对应。其中,"%5.2f" 用于控制输出表列的数据格式。格式控制中的其他字符按照原样输出。

2.5 字符型数据

计算机中需要处理的大部分数据都是字符类型的。通常在描述信息时，不能简单地用数字来表示，需要用一个或一串字符来描述。

2.5.1 字符型常量

在C语言中，字符型数据是用一对单引号括起来的一个字符，如'a'、'x'、'Y'、'?'、'@'等都是字符型数据。注意：'a'和'A'是不同的字符数据。

除了以上字符外，C语言还有一种特殊的字符——转义字符。转义字符是指以反斜杠'\'开头的字符，例如，本章中最简单程序中的'\n'就是转义字符，表示换行。C语言中常见的转义字符如表2-5所示。

表 2-5 常见的转义字符

转义字符	说　　明
\ n	换行符，将光标移动到下一行的开始位置
\ t	制表符，将光标移动到下一个 tab 位置
\ r	回车符，将光标移动到本行的开始位置
\ a	响铃，使主板上的蜂鸣器响一下
\ \	反斜杠，表示反斜杠需要在前面增加一个 \
\ '	单引号
\ "	双引号
\ ?	问号
\ 0	空字符，一般用来表示字符串的结束
\ ddd	1～3 位的八进制数代表的字符
\ 0xhh	1～2 位的十六进制数代表的字符

例如，'\ 101 '表示十进制数 65 对应的字符' A '，'\ 0x41 '表示十进制数 65 对应的字符' A '。

使用 const 定义字符型常量时，需要使用关键字 char。例如，定义一个字符型常量 CHAR 的代码如下：

```
const char CHAR = 'X';
```

它与以下代码等价：

```
#define CHAR 'X'
```

其中，CHAR 就代表了字符' X '。

【例 2-5】 转义字符的使用。

```
#include<stdio.h>
void main()
{
    printf("  nwu  c\txy\rS\n");
    printf("nwuchenrui@126.com\tX \bY\n");
    printf("%c\n",'\101');
    printf("%c\n",'\x23');
}
```

程序运行结果如图 2-9 所示。

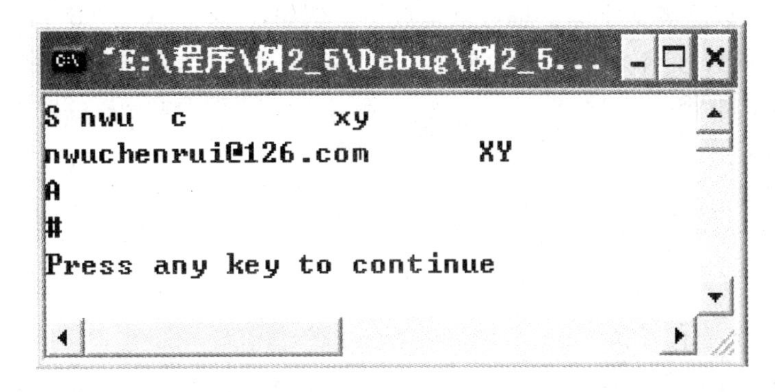

图 2-9 程序运行结果

● 其中，代码的第 4 行：

```
printf("  nwu  c\txy\rS\n");
```

先在第一行左端开始输出“ nwu c”，遇到“\t”，其作用是“跳格”，即跳到下一个“输出位置”。在我们所用系统中一个“输出区”占 8 列，因此，“下一输出位置”从第 9 列开始。在第 9～10 列上输出“xy”。接下来遇到“\r”，代表“回车”（不换行），返回到本行最左端（第 1 列），输出字符“S”。最后是“\n”，作用是将光标跳到下一行。

● 代码的第 5 行：

```
printf("nwuchenrui@126.com\tX \bY\n")
```

先从最左端开始输出“nwuchenrui@126.com”，后面的“\t”使当前输出位置移到第 9 列，输出字母“X”。然后输出位置应移到下一列（第 10 列）输出下一个字符“空格符”。接下来遇到“\b”，其作用是“退一格”，使当前输出位置回退到第 10 列，输出字母“Y”。

● 代码的第 6 行：

```
printf("%c\n",'\101');
```

printf 函数中的“%c”是字符型格式说明符，表示输出的是字符型数据。'\101'代表字符'A'，因此，输出字符“A”。

● 代码的第 7 行：

```
printf("%c\n",'\x23');
```

“\x23”代表字符“#”，因此，输出字符“#”。

2.5.2 字符型变量

字符型变量通常存放一些描述性的非数值字符数据。

1. 定义字符型变量

字符型变量就是用来保存像'A'、'4'、'x'这样的用一对单引号括起来的数据。单引号中的数据可以是英文字母，也可以是数字。例如，'A'、'D'、'd'和'x'都是字符数据。注意：'D'和'd'是不同的字符数据。字符型变量一次只能存放一个字符数据。字符型变量定义格式如下：

```
char 变量列表;
```

其中，char是字符型变量的类型说明符，它也是C语言中的关键字。例如：

```
char c1,c2,c3;            /* 定义了3个字符型变量 */
```

2. 字符型变量的存储

将一个字符数据存放到字符型变量中，实际上是把该字符对应的ASCII码存放到了字符型变量中，而ASCII码其实是一个整型数值。例如，字符'A'、'B'和'C'的ASCII码分别是65、66和67。它们在内存中的存储形式如图2-10所示。

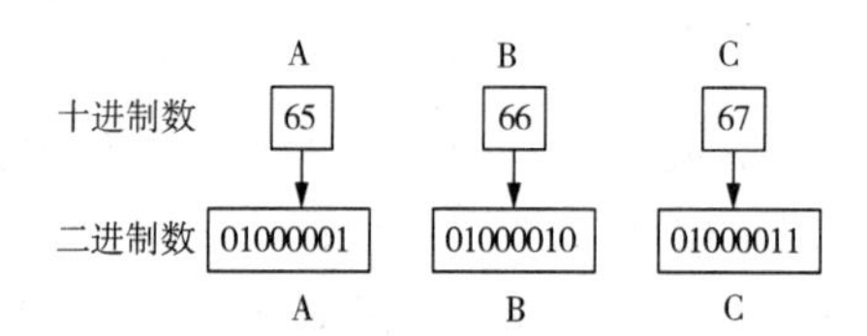

图2-10 字符数据在内存中的存储形式

任何数据在内存中存储都是二进制形式。因此，字符'A'、'B'和'C'在内存中的存储分别是01000001、01000010和01000011。

在C语言中，字符型数据与相应的整型数据是等价的。例如，字符'A'和十进制数65等价。同样，在输出字符型数据时，既可以以字符形式输出，也可以以整数形式输出。字符型数据本质上是整型数据，因此也可以参与算术运算。字符型数据在内存中只占一个字节，因此，字符型数据的取值范围是0～255。

【例2-6】 定义字符型变量和整型变量，分别以字符形式和整数形式输出。

```
#include<stdio.h>                         /* 包含头文件 */
void main()                               /* 主函数名 */
{
    char c1,c2;                           /* 定义2个字符型变量 */
    int a,b;                              /* 定义2个整型变量 */
    c1 = 'A';                             /* 将字符型数据赋值给c1 */
    c2 = 'B';                             /* 将字符型数据赋值给c2 */
    a = 65;                               /* 将整型数据赋值给a */
    b = 66;                               /* 将整型数据赋值给b */
    printf("以十进制形式输出字符变量c1的值:%d\n",c1);    /* 输出变量c1 = 'A'的值 */
    printf("以十进制形式输出字符变量c2的值:%d\n",c2);    /* 输出变量c2 = 'B'的值 */
    printf("以字符形式输出整型变量a的值:%c\n",a);        /* 输出变量a = 65的值 */
    printf("以字符形式输出整型变量b的值:%c\n",b);        /* 输出变量b = 66的值 */
}
```

程序的运行结果如图 2-11 所示。

```
"E:\程序\例2_6\Debug\例2_6.exe"
以十进制形式输出字符变量c1的值：65
以十进制形式输出字符变量c2的值：66
以字符形式输出整型变量a的值：A
以字符形式输出整型变量b的值：B
Press any key to continue
```

图 2-11　程序运行结果

字符'A'的 ASCII 码是 65，字符'B'的 ASCII 码是 66。因此，在输出时，以十进制形式输出字符'A'和'B'的值分别是 65 和 66，以字符形式输出 ASCII 码为 65 和 66 对应的字符是'A'和'B'。

【例 2-7】　英文大小写字母的转换。

```
#include<stdio.h>                          /* 包含头文件 */
void main()                                /* 主函数名 */
{
    char c1,c2,ch1,ch2;                    /* 定义 4 个字符型变量 */
    c1 = 'A';                              /* 将字符型数据'A'赋值给 c1 */
    c2 = 'B';                              /* 将字符型数据'B'赋值给 c2 */
    ch1 = c1 + 32;                         /* 将大写字母'A'转换为小写字母'a' */
    ch2 = c2 + 32;                         /* 将大写字母'B'转换为小写字母'b' */
    printf ("字符变量 c1 的值：%c,字符变量 c2 的值：%c\n",c1,c2);      /* 输出变量 c1 和
                                                                        c2 的值 */
    printf ("字符变量 ch1 的值：%c,字符变量 ch2 的值：%c\n",ch1,ch2);  /* 输出变量 ch1
                                                                        和 ch2 的值 */
}
```

程序的运行结果如图 2-12 所示。

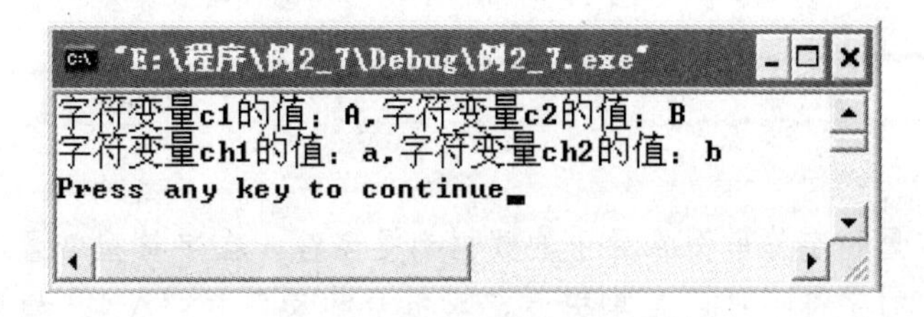

图 2-12　程序运行结果

在程序中，先为变量 c1 和 c2 赋值为大写字母'A'和'B'，然后将字母'A'和'B'分别加上 32，这样就将大写字母转换为小写字母了。从附录的 ASCII 码表中很容易可以看出，对应的大小写字母之间的 ASCII 码相差 32。也就是说，将大写字母加上 32，就转换为相应的小写字母了。

2.5.3 字符串常量

字符串常量是指由一对双引号括起的字符序列。例如，" CHINA"，" C program Language"，" $12.5"，" Northwest University" 等都是合法的字符串常量。

也可以使用 printf 函数输出一个字符串，例如，代码如下：

```
printf("Hello,Welcome to http://www.dangdangbook.net\n");
```

字符串常量和字符常量是不同的，它们的区别与联系如下：

（1）字符常量由单引号括起来，而字符串常量由双引号括起来。例如，'A'是字符常量，" A" 是字符串常量。

（2）字符常量只能是单个字符，字符串常量则可以含有一个或多个字符。

（3）可以把一个字符常量赋予一个字符变量，却不能把一个字符串常量赋予一个字符变量。但是，可以用一个字符数组来存放一个字符串常量。注意，在 C 语言中没有相应的字符串变量。

在 C 语言中，字符串在计算机内存中存储时，在末尾会自动添加一个'\0'作为结束标志。因此，一个字符个数为 n 的字符串，在计算机中存储时，占用 n+1 个内存单元。例如，字符串" Hello" 包括 5 个字符，存储时，占用 6 个存储单元（6 个字节）。其存储形式如图 2-13 所示。

H	e	l	l	o	\0

图 2-13　字符串" Hello" 的存储形式

字符常量'a'和字符串常量" a" 虽然都只有一个字符，但在内存中的存储情况是不同的。例如，字符'a'在内存中占一个字节，而" a" 在内存中占两个字节。存储情况如图 2-14 所示。

图 2-14　字符'a'和字符串" a" 的存储形式

注意：

字符型常量和字符串型常量中的数据都是字符。在字符型常量和字符串型常量中，引号中的字符不可以是单引号、双引号和反斜杠‘\’。如果要表示这些特殊的字符，需要使用转义字符，例如，要表示双引号，可使用'\”'。

2.6　变量赋初值

编写程序的目的是为了处理数据，在处理数据之前，可以在定义变量的同时为变量设定值，这种操作称为变量赋初值。在C语言中，通过使用“=”，将其右边的常量、变量或表达式为左边的变量赋值。

例如：

```
int a = 4;              /* 将4赋值给变量a,赋值运算符的右端是一个常数 */
int b = a + 5;          /* 将a+5的值赋给变量a,赋值运算符的右端是一个表达式 */
char c = 'x';           /* 将'x'赋值给变量a,赋值运算符的右端是一个字符数据 */
```

也可以为定义的一部分变量赋初值，例如：

```
float x,y,z = 3.5;      /* 只为z赋值为3.5 */
int a = 3,b,c;          /* 只为a赋值为3 */
char m,n = 'x',p;       /* 只为n赋值为'x' */
```

不难看出，对其中任何一个变量赋初值都是可以的。

变量赋初值相当于先定义变量，再为其赋值。例如，在下面的代码中：

```
int a = 4;
```

相当于：

```
int a;
a = 4;
```

而下面的代码：

```
char m,n = 'x',p;
```

相当于：

```
char m,n,p;
n = 'x';
```

注意：

如果在定义时对几个不同变量赋同一个值，需要写成如下形式：

```
int a = 5,b = 5,c = 5;
```

而不能写成下面的形式：

```
int a = b = c = 5;          /* 错误！ */
```

2.7 类型转换

在计算表达式值的过程中，常常将几种不同类型的数据进行混合运算，这时需要将数据进行类型转换。C语言中的类型转换分为自动类型转换和强制类型转换。

1. 自动类型转换

整型、浮点型、字符型数据可以进行混合运算（字符型数据与整型数据通用）。例如：

9+'x'+2.75-6.5*'a'

是合法的表达式。在进行运算时，不同类型的数据需要先转换为同一类型。自动类型转换遵循的原则是从低数据类型转换到高数据类型，如图2-15所示。

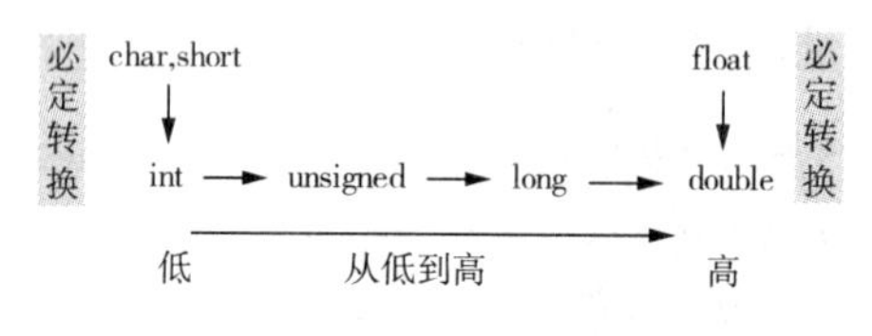

图2-15 自动类型转换示意图

图2-15中，向下的箭头表示必定转换。char和short类型都要转换为int类型，float类型要转换为double类型，然后才进行计算。向右的箭头表示如果遇到不同的数据类型，需要先将级别低的数据类型转换为级别高的数据类型后，再进行运算。

例如，要计算表达式8.5/2的值。这是一个浮点数与整型数据的运算。需要先将数据8.5和2都转换为double型，然后进行运算。运算结果是4.25，仍然是double型的。

说明：

自动类型转换也称为隐式转换，它是由编译系统自动进行的。在C语言中，浮点类型的数据运算都要转换为double类型再进行运算。

2. 强制类型转换

强制类型转换需要显式说明，也称为显式转换，就是在需要转换的变量、常量或表达式的前面添加一个类型说明符。例如：

```
(double)8;          /* 在整型数据之前添加类型说明符 double */
(float)x/3;         /* 在变量 x 之前添加说明类型说明符 float */
(int)(x-y);         /* 在变量 x 之前添加类型说明符 int */
```

其中，8是整型数据，在前面添加double后，就变成了双精度浮点型。变量x先被转换为单精度浮点型，再除以3，而x—y被转换为基本整型。

注意：

(int)(x—y)与(int)x—y是不同的。前者是将x—y转换为整型；后者只是将x转换为整型，然后与y相减。类似地，(float)x/3是先将x转换为浮点型后再除以3。

在对表达式进行类型转换时，原先变量中的值是不变的。例如，(float) a 是将 a 转换为浮点类型。如果 a 是整型变量 7，那么强制类型转换后，变量 a 的值仍然是 7。

注意：
在强制类型转换时，(int) x 不能写成 int (x)。

2.8 算术运算符与算术表达式

C 程序是由若干个表达式和语句构成的，而表达式又是由变量和运算符组合而成。C 语言中的运算符分为算术运算符、赋值运算符、关系运算符、逻辑运算符。因此，表达式相应地也可以分为算术表达式、赋值表达式、关系表达式、逻辑表达式。

2.8.1 运算符

C 语言提供了非常丰富的运算符，可以完成各种复杂的运算。表达式是数据处理的关键部分，C 语言中常用的表达式有赋值表达式、算术表达式、关系表达式、逻辑表达式、逗号表达式，如表 2-6 所示。

表 2-6 C 语言中常用运算符

运算符	运算符的符号
算术运算符	+、-、*、/、%（求余）、++（自增）、--（自减）
赋值运算符	=、+=、-=、*=、/=、%=
关系运算符	<、<=、>、>=、==、!=
逻辑运算符	&&、||、!
逗号运算符	,

算术运算符主要是用来进行算术运算的。例如，求 100 个数的和、求两个数的平均值都需要利用算术运算符完成。其中，* 表示乘号、/表示除号、%表示求余符号、++表示自增 1 运算、--表示自减 1 运算。

赋值运算符是用来为变量赋值的。例如，a=6 的含义是将 6 赋值给左边的变量 a，b+=2 表示将变量 b 增 2。

逻辑运算符一般用于条件判断。例如：

```
if(a>10)
    printf("a 大于 10");
```

表示如果 a>10，则输出“a 大于 10”。

逗号运算符用于为多个变量赋值。例如，a=6，b=200，c=50 是一个逗号表达式，分别为 3 个变量 a、b、c 赋值。

说明：

C语言中还有位运算符、指针运算符、成员运算符等，我们将在后面的章节中进行介绍。

2.8.2 基本算术表达式

C语言中的算术运算符包括基本算术运算符和自增、自减运算符。其中，基本算术运算符为＋、－、＊、/、%；自增运算符为＋＋；自减运算符为－－。

算术运算符及优先级如表2－7所示。

表2－7 算术运算符

算术运算符	说　明	优先级	举　例
＋	加法	低	a＋b、4＋a
－	减法		a－b、a－3
＊	乘法	中	a＊b、a＊4、3＊4
/	除法		a/b、a/3
%	求余		a%b、a%5
＋＋	自增	高	a＋＋、＋＋b
－－	自减		a－－、－－b

表2－7中，“＋”既可以作为加号运算符，也可以作为正号运算符。例如，＋5、＋b中的“＋”属于正号运算符。“－”既可以作为减号运算符，也可以作为负号运算符，如－4、－b中的“－”属于负号运算符。“＋＋”、“－－”分别是自增运算符和自减运算符，表示使变量增1或减1。

将变量（也可以是常量）与算术运算符组合在一起构成的式子称为算术表达式。例如，a＋＋、－－b、5%3都是算术表达式。其中，a＋＋是自增表达式、－－b是自减表达式。5%3表示求5除以3的余数，值是2。

1. 算术运算符的优先级与结合性

当多个算术运算符同时出现在一个表达式中时，可利用算术运算符的优先级与结合性来计算。优先级决定运算符处理的先后顺序，包括先算乘、除、求余，然后算加、减。结合性是指计算表达式的方向究竟是从左到右，还是从右到左。基本算术运算符都具有左结合性，即从左到右进行计算。

在算术表达式79－3＊8＋9/3中，有－、＊、＋和/4个运算符。应该先计算＊和/，然后计算－和＋。因为＊比－的优先级高，所以先计算3＊8，得到24，从而得到新的表达式79－24＋9/3。而－与＋的优先级相同，由结合性先计算79－24，得到55，从而得到新的表达式55＋9/3。因为/的优先级高于＋的优先级，所以计算9/3得到3，得到新的表达式55＋3。现在的表达式中只有一个运算符，因此得到整个表达式的值58。整个运算过程如图2-16所示。

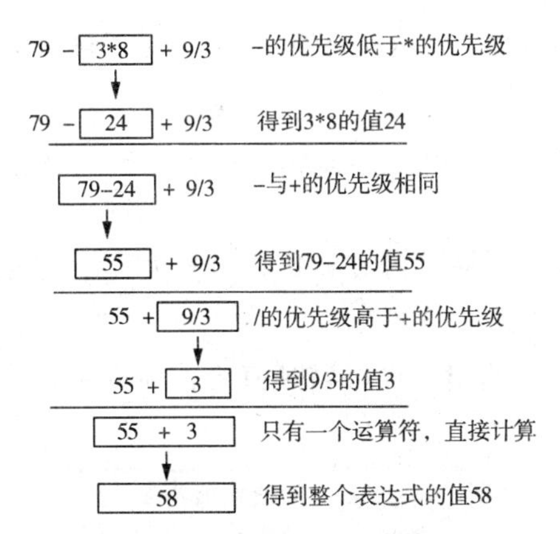

图2-16　表达式79－3＊8＋9/3的运算过程

注意：

运算符的优先级只有在表达式中有两个以上的运算符时才有意义。进行运算时，从左端开始比较两个相邻运算符的优先级，优先选择级别较高的一个进行计算。

2. 需要注意的地方

● 如果两个数都是整型，那么两个数相除仍然是整数，相应的小数部分会被舍弃。例如，9/2的结果是4，而不是4.5。

● 求余%运算是将两个数相除后求相应的余数部分。例如，5%3的值是2，13%8的值是5。但在求余运算中，要求两个数都是整型数据，否则会提示出错。例如，7.5%2、4.5%2.1都是错误的。

2.8.3　自增表达式

自增表达式有＋＋a和a＋＋两种形式。其中，a为变量，＋＋a被称为前增表达式，a＋＋被称为后增表达式。

1. ＋＋运算符

＋＋是自增运算符，作用是使变量增1。使用自增运算符可以提高编程的效率，并使编写的代码更加简洁。例如：

```
n=n+1;                    /*将变量n的值增加1*/
r=r*n;                    /*将n与r的乘积赋值给r*/
```

可以用下面一行代码替换：

```
r=r*++n;                  /*先将变量n的值增加1,然后将n与r相乘赋值给r*/
```

其中，r*++n表示先使n增1，然后计算r*n。有了自增运算符，编写C语言程序就变得更加灵活。

说明：

使用自增运算符和自减运算符可以使程序更加灵活，提高程序的运行效率。

++a和a++可以直接输出，也可以赋值给其他变量，或者与其他运算符一起参与运算。例如，输出++a和a++的值：

```
a=1;                      /*将变量a的值赋值为1*/
printf("%d",++a);         /*输出表达式的值*/
```

输出结果是：

```
2
```

输出语句printf（"%d"，++a）是要输出表达式++a的值。在输出表达式的值之前，先执行a+1并赋值给a，此时a的值变为2。这时输出表达式的值，因此会输出2。但是，在下面的代码中：

```
a=1;                      /*将变量a的值赋值为1*/
printf("%d",a++);         /*输出表达式的值*/
```

输出结果是：

```
1
```

输出语句printf（"%d"，a++）是要输出表达式a++的值。因为变量a的值是1，所以先输出变量a的值1，表达式a++的值是1。然后执行a+1并赋值给a，此时a的值也变为2。

还可以把++a和a++赋值给其他变量，例如：

```
x1=++a;                   /*a先加1,然后将a的值赋值给x1*/
x2=a++;                   /*先将a的值赋给x2,然后a自加1*/
```

● 第1行代码，如果a的值是4，则x1=++a表示a先加1，a的值变为5，表达式的值也是5，然后将5赋给x1。因此x1的值是5。

● 第2行代码，x2=a++表示先将a的值赋给x2，然后将变量a加1。如果运算前a的值是4，则此时a变为5。x2的值是4。这两个表达式的计算过程如图2-17所示。

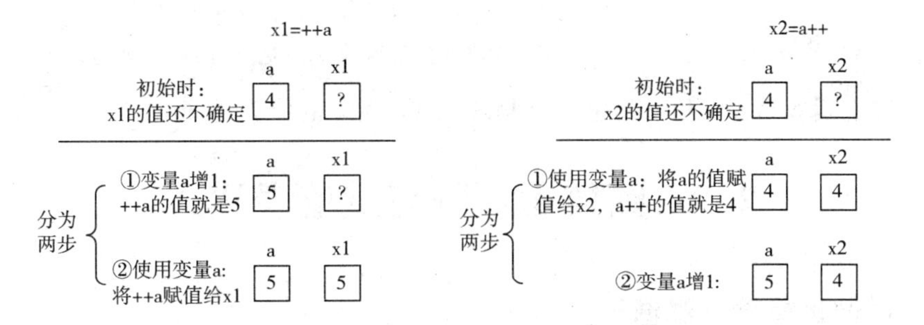

图 2-17 x1=++a 和 x2=a++的计算过程

在以下几个表达式中：

```
k1 = a++ * b++;            /* 将a++与b++的乘积赋值给k1 */
k2 = a++ * ++b;            /* 将a++与++b的乘积赋值给k2 */
k3 = ++a * ++b;            /* 将++a与++b的乘积赋值给k3 */
k4 = ++a * b++;            /* 将++a与b++的乘积赋值给k4 */
```

如果初始时，a 的值是 3，b 的值是 7，那经过以上运算后，k1、k2、k3 和 k4 的值分别是 21、24、32 和 28。

注意：

算术表达式++a 的值是 a+1，算术表达式 a++ 的值是 a。++a 与 a++ 的区别在于：前者是先将 a 加 1，然后使用变量 a；后者是先使用变量 a，然后将变量 a 加 1。

2.8.4 自减表达式

与自增表达式类似，自减表达式也有两种形式：--a 和 a--。其中，--a 被称为前减表达式，a--被称为后减表达式。--a 与 a--都是使 a 减 1。经过--运算后，--a 和 a--中变量 a 的值都是 a-1。对于表达式，--a 的值是 a-1；a--的值是 a。

--a 和 a--的使用与++a 和 a++的使用相同。--a 和 a--可以直接输出，也可以赋值给其他变量，或者与其他运算符一起进行运算。

例如：

```
a = 1;                     /* 将变量 a 的值赋值为 1 */
printf("%d", --a);         /* 输出表达式的值 */
```

输出结果是：

```
0
```

开始时，a=4，则：

```
x = - - a;                          /* a先减1,然后将a的值赋值给x */
y = a - - ;                         /* 先将a的值赋给y,然后a自减1 */
```

经过以上运算后，x 和 y 的值分别是 3 和 4，而 a 的值都是 3。

2.9 赋值运算符与赋值表达式

2.9.1 赋值运算符与赋值表达式

C 语言中的赋值运算符主要包括直接赋值运算符和复合赋值运算符。其中，＝为直接赋值运算符，＋＝、－＝、＊＝、/＝、%＝为复合赋值运算符。

1. 赋值运算符

赋值运算符主要包括＝、＋＝、－＝、＊＝、/＝、%＝。赋值运算符如表 2-8 所示。

表 2-8 赋值运算符

赋值运算符	结合性	举例
＝	右结合性	a＝b、x＝4＋d、a＝＋＋b
＋＝	右结合性	a＋＝b、x＋＝a－3
－＝	右结合性	a－＝b、x－＝4、y－＝a＊4＋b
＊＝	右结合性	a＊＝b、a＊＝b/3＋c、a＊＝2
/＝	右结合性	a/＝b、x/＝5、a/＝c＋d
%＝	右结合性	a%＝3、a%＝＋＋b

其中，＝是直接赋值运算符。可以将一个数据赋值给一个变量，例如，a＝7 就是将 7 赋值给变量 a；也可以将一个表达式赋值给变量，例如，a＝b＋3 就是将 b＋3 赋值给变量 a。复合赋值运算符＋＝、－＝、＊＝、/＝、%＝是由算术运算符与直接赋值运算符＝组合而成。

2. 赋值表达式

将变量、赋值运算符、表达式组合到一起构成的式子被称为赋值表达式。赋值表达式的一般形式如下：

＜变量＞＜赋值运算符＞＜表达式＞

其中，左边是变量。中间是赋值运算符，如＝、＋＝、－＝。右边是表达式，可以是算术表达式、逻辑表达式、关系表达式等。例如，a＝7 就是一个赋值表达式。赋值表达式的值就是将右边表达式的值赋值给左边的变量，表达式的值等于变量的值。表达式 a＝7 的值就等于 7。a＋＝2 也是一个赋值表达式，a 是变量，＋＝是赋值运算符，2 是常数。a＋＝2 相当于 a＝a＋2。在表达式 a＝b&&c 中，赋值运算符＝的右边是一个逻辑运算符。

3. 赋值运算符与算术运算符的混合运算

赋值运算符的优先级与结合性比较简单，没有算术运算符那么复杂。赋值运算符的优先级非常低，仅高于逗号运算符的优先级。赋值运算符具有右结合性。

例如：

```
a = b = c = 8;
```

这是比较常见的赋值表达式。a＝b＝c＝8 相当于 a＝（b＝（c＝8））。需要先计算 c＝8，得到表达式 c＝8 的值。然后计算 b＝（c＝8）的值，再计算 a＝（b＝（c＝8））的值，最后得到表达式 a＝b＝c＝8 的值是 8，这里 a、b、c 的值也是 8。

下面的式子都是赋值表达式：

```
a = (b = 2) + (c = 5)   /* b的值是 2,c 的值是 5,a 的值是 7,表达式的值是 7 */
b = c * d + (x = 3)     /* x 的值是 3,将 c * d 与 3 的和赋值给变量 b */
a + = 5 * (b = 3)       /* b 的值是 3,将 5 与 3 的成绩加到变量 a 中,a 和表达式的值都是 a + 15 */
x + = a + b % 2         /* x 的值是 x + a + b % 2 */
```

上述表达式中既有算术运算符，也有赋值运算符。但是它们通过算术运算符或赋值运算符，最终赋值给变量，因此属于赋值表达式。赋值表达式可以作为表达式赋值给变量。

以 a＋＝5＊（b＝3）为例，介绍具体的计算过程。如果 a＝3，因为＊的优先级最高，所以需要先计算 5＊（b＝3）。在计算 5＊（b＝3）时，需要先计算表达式 b＝3 的值，b＝3 的值是 3，因此 5＊（b＝3）的值是 15。最后计算 a＋＝15 的值，因为 a＝3，因此整个表达式的值就是 a＋15，即 18。整个计算过程如图 2－18 所示。

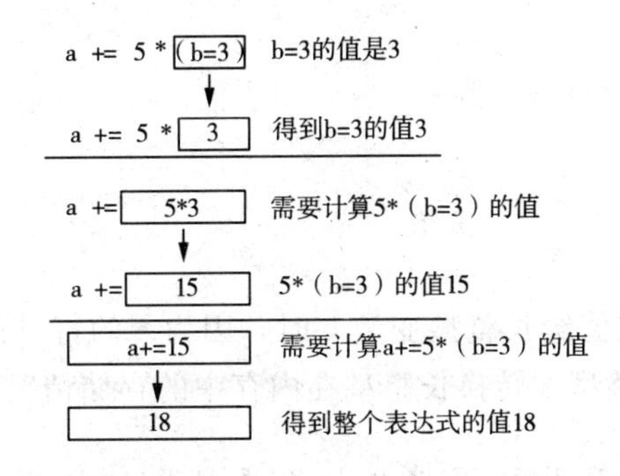

图 2－18　表达式 a＋＝5＊（b＝3）的计算过程

4. 变量赋初值

在定义变量的同时，可以为变量赋初值。例如，下面的代码相当于先定义一个变量 a，然后为变量 a 赋值 8。

```
int a = 8;                          /* 定义变量 a 的同时,为 a 赋值 8 */
```

以上代码相当于下面的代码：

```
int a;                              /* 定义一个变量 a */
a = 8;                              /* 为 a 赋值 8 */
```

5. 赋值表达式的使用

赋值表达式不仅可以出现在赋值表达式中，同时也可以输出。例如：

```
printf("%d",a=3);                    /*输出3*/
printf("%d",a=(b=2)+(c=5));          /*输出7*/
printf("%d",a+=(b=7)+(c=3));         /*如果a=3,则输出13*/
printf("%d",a*=(c=5)-3);             /*如果a=3,则输出6*/
```

如果规定a=3，对于表达式a+=（b=7）+（c=3），表达式b=7的值是7，c=3的值是3，则（b=7）+（c=3）的值是10，因此整个表达式的值是3+10，即13。对于表达式a*=（c=5）-3，表达式c=5的值是5，则（c=5）-3的值是2，因此整个表达式的值是3*2即6。

2.9.2 类型转换

在对变量赋值时，如果赋值符号两边的数据类型不一样，系统会进行自动类型转换。

1. 整型数据之间的自动类型转换——较短的类型转换为较长的类型

如果将带符号的整型数据（int型和short型）赋值给long型变量，那么需要进行符号扩展。在Turbo C 2.0开发环境下，如果将int型数据赋值给long型变量，则会将int型数据的16位数据保存到long型的低16位中。如果int型数据是正值即符号位是0，则将long型变量的高16位填上0。如果int型数据是负值即符号位是1，则将long型变量的高16位补上1。这样将int型数据赋值给long型变量时，数据保持不变。

例如，下面的代码：

```
int a;
long b;
a=32768;
b=a;
```

将基本整型变量a赋值给长整型变量b时，因为a的符号位是1，所以需要将b的高16位补上1。将基本整型a转换长整型在内存中的存储情况如图2-19所示。

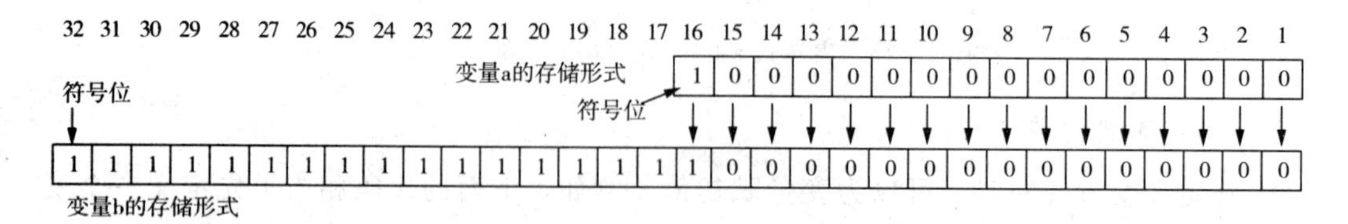

图2-19 基本整型转换为长整型的存储情况

如果将无符号整型数据赋值给长整型变量，则不需要进行符号扩展，只需要将高位部分补0即可。

2. 整型数据之间的自动类型转换——较长的类型转换为较短的类型

如果将较长的数据类型赋值给较短类型的变量，则需要将高位数据舍弃。在 Turbo C 2.0 开发环境中，将 long 型数据赋值给 int 型变量时，会把 long 型数据的低 16 位存入到 int 型变量中，而高 16 位则被舍弃。这样的处理称为截断。截断后的数据会丢失，从而造成赋值后的数据出现错误。例如，在下面的代码中：

```
int a;
a = 0x2B4A7C00;
```

将长整型数据赋值给基本整型变量 a，高 16 位会被舍弃。它在内存中的存储形式如图 2-20 所示。这时会输出（十六进制形式）0x7C00，高位部分 0x2B4A 被舍弃。同理，long 型数据赋值 short 型变量，int 型数据赋值给 short 型变量时也会类似处理，从而保证数据的类型不变。即当数据类型长度不一致时，需要进行以上的处理。同样在 Visual C++ 6.0 开发环境下，也会进行类似的自动处理。

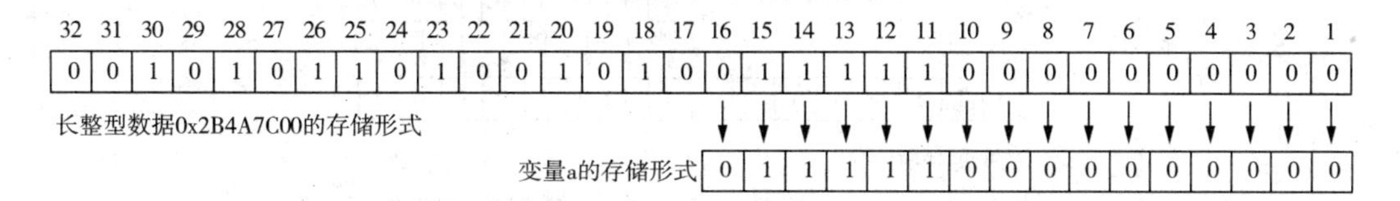

图 2-20　长整型数据 0x2B4A7C00 转换为基本整型数据的存储形式

3. 实型数据转换为整型

将实型数据赋值给整型变量，实型数据的小数部分将会被舍弃。例如，a 是整型变量，如果 a=3.14，则 a 中存储的数据将是 3，而不是 3.14，这时小数部分被舍弃。

4. 整型数据转换为实型

将整型数据赋值给实型变量时，数值不变，但是该数值以浮点形式存储到变量中。例如，将 78 赋值给 float 型变量 b，即 b=78，需要将 78 转换为 78.000000 后才能存放到 b 中。

5. double 型数据转换为 float 型数据

如果将一个 double 型数据赋值给 float 型变量，则会截取前 7 位有效数字并存放到 float 型变量中。例如，将 double 型数据 8.2345678234598 赋值给 float 型变量 f（C 语言自动将 8.2345678234598 作为 double 型数据)，即 f=8.2345678234598。实际上，f 中的数据是 8.234567。但是需要注意的是，如果数据超过了 float 型变量的范围就会造成错误的结果。例如，在下面的代码中：

```
float f;
f = 89.345213429e200;
```

因为 float 型数据的取值范围是 $-3.4\times10^{-38}\sim3.4\times10^{38}$，而 89.345213429e200 超过了这个范围，这样会截取一部分数据赋值给变量 f，因此就会造成错误的结果。

6. float 型数据转换为 double 型数据

如果将一个 float 型数据赋值给 double 变量，数值不变，有效位数从 7 位扩展到 16 位，占用内存也从 4 个字节扩展到 8 个字节。

7. 字符型数据转换为整型数据

字符型数据在 C 语言中占用 1 个字节，而基本整型数据在 Turbo C 2.0 开发环境中占用 2 个字节，在 Visual C++ 6.0 开发环境中占用 4 个字节。如果将字符型数据赋值给整型变量，需要进行符号扩展。在 Turbo C 2.0 开发环境中，如果字符的最高位是 1，则转换后的整型数据高 8 位补 1。如果字符的最高位是 0，则转换后的整型数据高 8 位补 0。例如，字符型数据'\321'的二进制形式是 11010001，如果赋值给 int 型变量 a，则 a 中存储的数据是 1111111111010001，数值不变。字符型数据'\321'转换为整型数据的存储情况如图 2.21 所示。

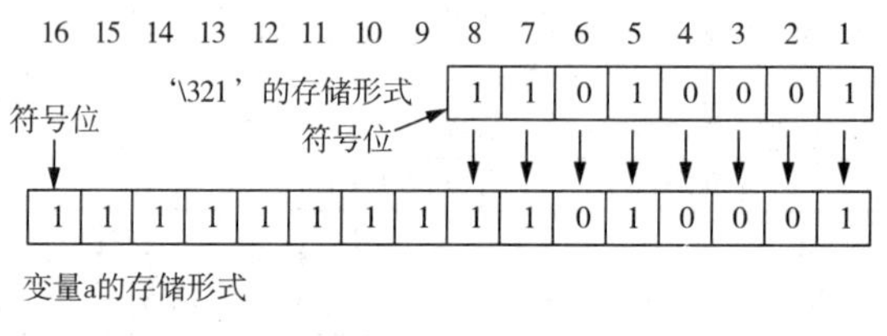

图 2-21 字符型数据'\321'转换为整型的存储情况

8. 整型数据转换为字符型数据

如果将整型数据赋值给字符型变量，会将高位舍弃，将低 8 位存入到字符型变量中。例如，在 Turbo C 2.0 开发环境中，一个基本整型数据 492（二进制是 0000000111101100）赋值给字符型变量 c，高位被舍弃，则 c 中存储的数据是 11101100。这样就造成转换后的数据与原来的值不一样。整型数据 492 转换为字符型数据的存储情况如图 2-22 所示。

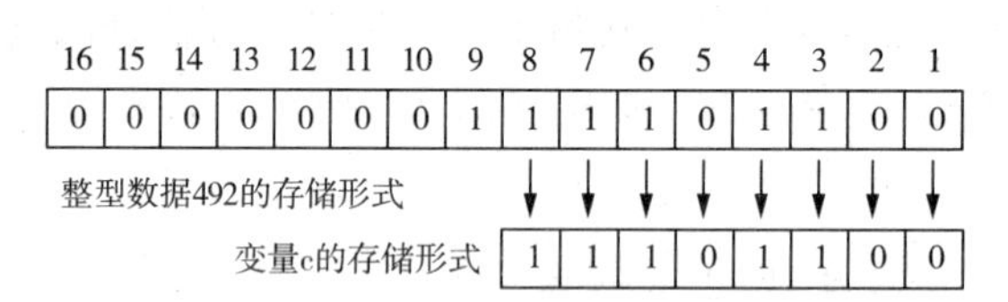

图 2-22 整型数据 492 转换为字符型数据的存储情况

从上面可以看出，将一个类型比较低级的数据存放到一个类型比较高级的变量中时，数据不会发生改变。但将一个类型比较高级的数据存放到一个类型比较低级的变量中时，会造成错误结果。

【例 2-8】 下面的程序中，x1、x2、x3 的输出结果是什么？

```
#include<stdio.h>
void main()
{
    int a = 3,b = 10,c = 20,x1,x2,x3;                /* 定义 6 个基本整型变量并赋
                                                        值 */
```

```
    x1 = x2 = x3 = 0;                                 /* 为变量 x1、x2、x3 赋值 */
    x1 + = a + b + 4;                                 /* 得到 x1 的值 */
    x2 * = (x2 = 5) + a + 5;                          /* 得到 x2 的值 */
    x3 + = x2 + x1 + (x3 = 9);                        /* 得到 x3 的值 */
    printf("x1 = %d,x2 = %d,x3 = %d\n",x1,x2,x3);     /* 输出 x1、x2、x3 的值 */
}
```

程序的运行结果如图 2-23 所示。

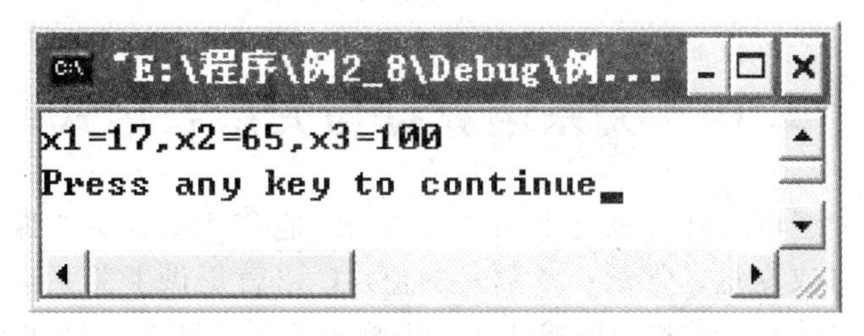

图 2-23　程序运行结果

● 在 x1+=a+b+4 中，a+b+4 的值是 17。因为 x1+=a+b+4 相当于 x1=x1+a+b+4，所以 x1 的值是 17。对于 x2*=（x2=5）+a+5，x2 的值是 5，（x2=5）+a+5 的值是 13。因为 x2*=（x2=5）+a+5 相当于 x2=x2*（(x2=5）+a+5)，所以 x2 的值是 65。对于 x3+=x2+x1+（x3=9)，x3 的值是 9，x2+x1+（x3=9）的值是 91。因为 x3+=x2+x1+（x3=9）相当于 x3=x3+x2+x1+（x3=9)，所以 x3 的值是 100。

需要注意的是，如果在定义变量时，按照下面的方式赋初值是错误的。

```
int x1 = x2 = x3 = 0;        /* 错误 */
```

这是因为，在定义变量时，不能用这种连续赋值的方式赋初值。

【例 2-9】　下面是几个不同类型数据间的转换，转换后的结果是什么？

```
#include<stdio.h>
void main()
{
    int x,y = 10,z = 513;                 /* 定义 3 个基本整型变量并赋值 */
    char c;                               /* 定义 1 个字符型变量 c */
    float f1 = 3.9,f2;                    /* 定义 2 个浮点型变量 */
    x = f1;                               /* 将 f1 赋值给 x */
    f2 = y;                               /* 将 y 赋值给 f2 */
    c = z;                                /* 将 z 赋值给 c */
    printf("f1 = %f,x = %d\n",f1,x);      /* 输出 f1、x 的值 */
    printf("f2 = %f,y = %d\n",f2,y);      /* 输出 f2、y 的值 */
    printf("z = %d,c = %d\n",x,c);        /* 输出 z、c 的值 */
}
```

程序的运行结果如图 2-24 所示。

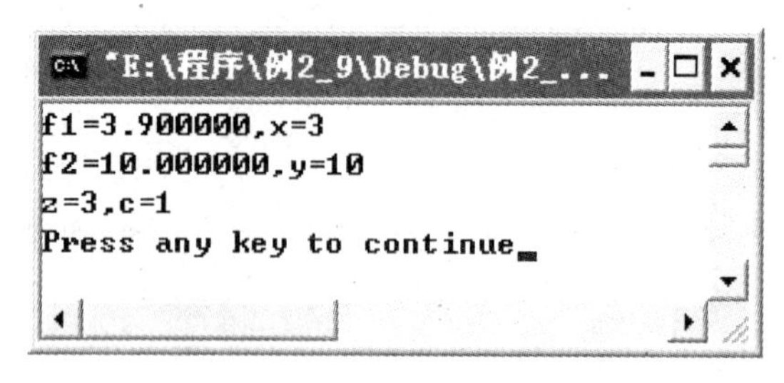

图 2－24　程序运行结果

2.10　关系运算符与关系表达式

关系运算符和逻辑运算符也是常用的运算符，它们主要作为判断条件使用。为了比较两个表达式（或变量、常量、常数）的值，C 语言提供了关系运算符。比较两个表达式（或变量、常量、常数）值的式子，被称为关系表达式。例如，a<10、a＋b＝＝100 都是关系表达式。

2.10.1　关系运算符与关系表达式

关系运算符主要用来比较两个表达式的值。将表达式用关系运算符连接起来的式子称为关系表达式。例如，count<＝100 就是关系表达式。通常将关系运算符作为控制条件。例如，为了计算 1～10 这 10 个自然数的和，需要使用 n<＝10 作为判断条件，如果满足 n<＝10 则求和，否则表示完成求和。

1. 关系运算符

C 语言中的关系运算符有 6 个：<、<＝、>、>＝、＝＝、! ＝。关系运算符如表 2－9 所示。

表 2－9　关系运算符

关系运算符	说　明	优 先 级	举　例
<	小于	优先级高	a<4，a<b＋4，a＋b<c＋6
<＝	小于等于		a<＝b，b＋3<＝a－c
>	大于		a>b，x>a＋4，b－2>a＊4
>＝	大于等于		a>＝b，a>＝b＊3，a－b>＝2
＝＝	等于	优先级低	a＝＝b，a－c＝＝5，a＝＝c＋d
! ＝	不等于		a! ＝3，a! ＝＋＋b

注意：

在 C 语言中，＝＝是等于符号，属于关系运算符；＝是赋值符号。两者不能混淆。

2. 关系表达式

将表达式（算术表达式、赋值表达式、逻辑表达式、关系表达式等）用关系运算符连接起来的式子称为关系表达式。例如，下面的式子都是关系表达式：

● a＞b（关系运算符＞的两边都是变量）；
● a＞b＋3（关系运算符＞的左边是变量，右边是算术表达式）；
● c＋3＜＝b＋a（关系运算符＜＝的两边都是算术表达式）；
● a！＝＋＋b（关系运算符！＝的左边是变量，右边是自增的算术表达式）；
● 'a'＜＝'x'（关系运算符＜＝的两边都是字符型数据）；
● （x＝4）＜＝（y＝9）（关系运算符＜＝的两边都是赋值表达式）；
● （a＞b）＞（c！＝d）（关系运算符＞的两边都是关系表达式）。

在C语言中，关系运算符＜、＜＝、＞、＞＝的优先级相同，＝＝、！＝的优先级相同。并且前者的优先级高于后者的优先级。关系运算符的优先级低于算术运算符，高于赋值运算符。关系运算符具有左结合性，它们都是双目运算符。

例如，对于a＞b＋3，因为＋的优先级高于＞的优先级，所以先计算b＋3，然后再与a进行比较，即进行关系运算＞。而对于4＝＝x＞a，因为＞的优先级大于＝＝的优先级，所以应先计算x＞a，然后对＝＝两端的值进行判断。4＝＝x＞a相当于4＝＝（x＞a）。

3. 关系表达式的值

我们知道，算术表达式的值是数值，而关系表达式的值是逻辑值，它只能有两种可能：真或者假。如果关系表达式中的关系成立，则表达式的值为真。否则表达式的值为假。例如，关系表达式8＞2的值为真，关系表达式6＝＝4的值为假。在C语言中，使用1表示真，0表示假。例如，x＝1，y＝9，z＝12，则在下面的表达式中：

（1）关系表达式x＝＝y的值为假，表达式的值为0。

（2）关系表达式x＋y＜＝12和y＋z＞＝12的值都为真，两个表达式的值都为1。

（3）关系表达式（x＝4）＞＝（y＝9）的值为假，表达式的值为0。

（4）赋值表达式a＝（x＝4）＞＝（y＝9）的值为0，a的值为0。因为关系运算符＞＝的优先级高于赋值运算符＝，所以先计算表达式（x＝4）＞＝（y＝9）的值。又有x＝4的值是4，y＝9的值是9，所以（x＝4）＞＝（y＝9）的值是假，即为0。故a＝（x＝4）＞＝（y＝9）的值为0，a的值也为0。

【例2-10】 下面的程序中，x1、x2、x3的输出结果是什么？

```
#include<stdio.h>
void main()
{
    int a = 2,b = 7,c = 12,x1,x2,x3;              /*定义6个基本整型变量并赋值*/
    x1 = (a<= b);                                 /*得到x1的值*/
    x2 = (a + b>= c);                             /*得到x2的值*/
    x3 = ((a<b)> = (c! = 5));                     /*得到x3的值*/
    printf("x1 = %d,x2 = %d,x3 = %d\n",x1,x2,x3);  /*输出x1、x2、x3的值*/
}
```

程序的运行结果如图 2－25 所示。

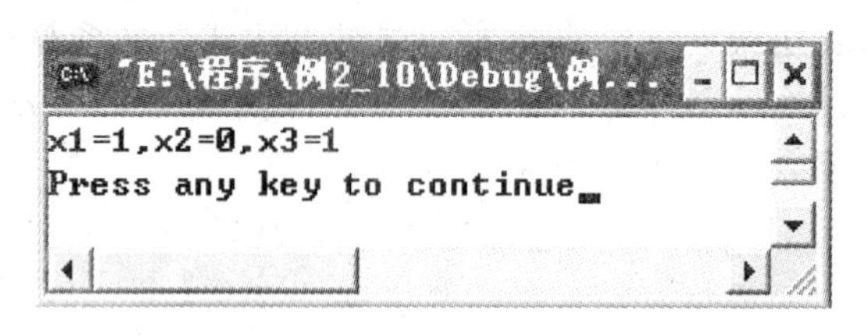

图 2－25　程序运行结果

2.11　逻辑运算符与逻辑表达式

2.11.1　逻辑运算符与逻辑表达式

逻辑运算符主要用来连接关系表达式。由逻辑运算符连接起来的关系表达式称为逻辑表达式。

1. 逻辑运算符

在 C 语言中，逻辑运算符有 3 个：&&、|| 和!。逻辑运算符如表 2－10 所示。

表 2－10　逻辑运算符

逻辑运算符	说　明	优先级	运算对象个数	举　例
&&	逻辑与	中	双目运算符	a＜4&&b＞3、a＜b&&c! ＝4
||	逻辑或	低	双目运算符	a＜＝4 || b＞9、b＋3＜＝a－c || a＞2
!	逻辑非	高	单目运算符	! a、! (a＞b)、! (b－2＞a * 4)

表 2－10 中的! 是逻辑非，表示取反的意思。

2. 逻辑表达式

由逻辑运算符将关系表达式（也可以是变量、常量或常数）或逻辑量连接起来构成的式子称为逻辑表达式。其中，逻辑量就是值为真或假的数据。例如：

- 8＞4&&3＜5（逻辑运算符 && 连接两个关系表达式 8＞4 和 3＜5）；
- a! ＝b || 3＜c（逻辑运算符 || 连接两个关系表达式 a! ＝b 和 3＜c）；
- a&&b（逻辑运算符 && 连接两个变量 a 和 b）；
- ! a（逻辑运算符! 对 a 取反）。

计算表达式的值时，也需要知道逻辑运算符与其他运算符的优先级。在逻辑运算符中，! 的优先级最高，|| 的优先级最低，&& 的优先级在两者中间。! 的结合方向是自右向左，&& 和 || 是自左向右的。逻辑运算符与其他运算符的优先级如图 2－26 所示。

优先级	运算符	
高	! 取非	单目
	算术运算符	双目
	关系运算符	双目
	&&和||	双目
低	赋值运算符	双目

图 2－26　运算符的优先级

例如，在 8＞4&&3＜5 中，因为关系运算符的优

先级高于 && 的优先级，所以先计算 8>4 和 3<5 的值，然后进行 && 运算。! a || b <2&&c>3 中，根据优先级应先计算! a，接着计算关系表达式 b<2 和 c>3，然后计算 b<2&&c>3，最后进行 || 运算。

3. 逻辑运算的真值

与关系运算的值一样，进行逻辑运算得到的值也是逻辑值，只有真和假两种情况。在 a&&b 中，如果 a 和 b 都为真，则 a&&b 才为真；在 a || b 中，如果 a 和 b 有一个为真，则 a || b 为真；在! a 中，如果 a 为真，则! a 为假。同样，在逻辑运算中，真用 1 表示，假用 0 表示。

如果参与逻辑运算的表达式是一个变量、常量或常数，则非 0 表示 1，即为真，0 表示假。例如，在 a=9 中，因为 a 的值为非 0，表示 1，所以! a 的值为 0。若 x=0，y=20，则 x&&y 的值为 0。因为 x 的值是 0，y 的值是非 0，非 0 表示 1，所以 x&&y 的值是 0。逻辑运算的真值表如表 2-11 所示。

表 2-11 逻辑运算的真值表

a	b	! a	! b	a&&b	a || b
1	1	0	0	1	1
1	0	0	1	0	1
0	1	1	0	0	1
0	0	1	1	0	0

4. 逻辑表达式的运算

以计算逻辑表达式! a || b<2&&c>3 的值为例来说明逻辑表达式的计算过程。如果有 a=2，b=-8，c=9，则! a || b<2&&c>3 的值为 1。

第 1 步：计算! a || b<2&&c>3 的值。因为在!、||、&&、<和>中，! 的优先级最高，所以先计算! a。又因为 a=2，所以! a 的值为 0。此时的表达式变为 0 || b<2&&c>3。

第 2 步：计算 0 || b<2&&c>3 的值。比较 || 与<的优先级，因为 || 的优先级低于<优先级，所以先计算 b<2 的值。又因为 b=-8，所以 b<2 的值为 1。此时表达式为 0 || 1&&c>3。

第 3 步：计算 0 || 1&&c>3 的值。比较 || 与 && 的优先级，因为 || 的优先级低于 && 的优先级，所以先计算 1&&c>3 的值。而>的优先级高于 && 的优先级，因此需要先计算 c>3。因为 c=9，所以 c>3 的值为 1。此时表达式为 0 || 1&&1。

第 4 步：计算 0 || 1&&1 的值。现在只有两个运算符，比较 || 与 && 的优先级，因为 && 的优先级高于 || 的优先级，所以先计算 1&&1。&& 两边都是真值，因此得到 1。此时表达式为 0 || 1。

第 5 步：计算 0 || 1 的值。表达式中只有一个运算符 ||，直接计算 0 || 1 即可。0 || 1 的值为 1，最终表达式的值为 1。整个计算过程如图 2-27 所示。

逻辑表达式中的运算对象还可以是字符、浮点型数据。例如，'a' || 'x'的值为 1。

因为字符'a'的 ASCII 码是 97，'x'的 ASCII 码是 120，都为非 0，因此'a' || 'x'的值是 1。

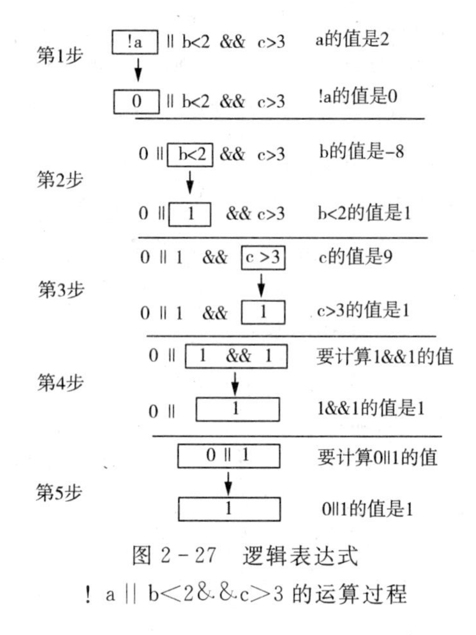

图 2-27 逻辑表达式 ! a || b<2&&c>3 的运算过程

2.11.2 逻辑表达式应用举例

在求解逻辑表达式的值时，不是所有的逻辑运算都要执行，只有在必须求下一个逻辑运算的时候才执行。a&&b&&c 型和 a || b || c 型的逻辑运算过程如图 2-28 所示。

● 在 a&&b&&c 中，如果 a 的值非 0，继续判断 b 的值。只有 a 和 b 的值都非 0，才会判断 c 的值。当 a、b 和 c 的值都非 0，a&&b&&c 的值才为 1。否则，a&&b&&c 的值为 0。如果 a 的值为 0，就不需要判断 b 的值，这是因为只要有一个值为 0，a&&b&&c 的值就为 0。

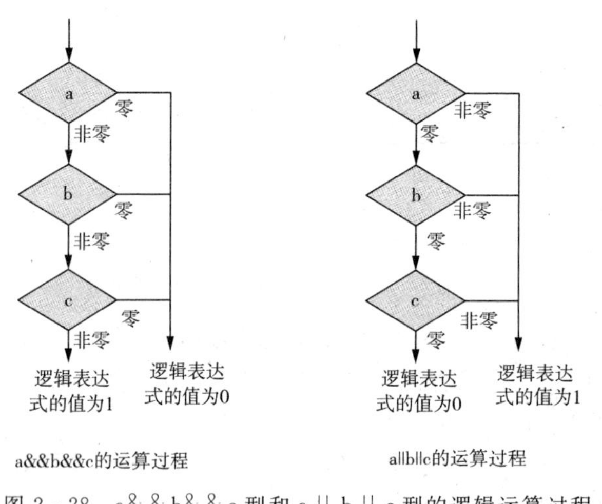

图 2-28 a&&b&&c 型和 a || b || c 型的逻辑运算过程

● 在 a || b || c 中，只要 a、b 和 c 中有一个为 1，a || b || c 的值就为 1。也就是说，只有当 a、b、c 都为 0 时，a || b || c 的值才为 0。因此，当 a 的值为 0 时，需要判断 b 的值，而当 a 和 b 的值都为 0 时，才需要判断 c 的值。如果 a 的值非 0，不需要判断 b 和 c 的值，就可以得到 a || b || c 的值为 1。下面我们通过一个实例来说明逻辑表达式的求解过程。

【例 2-11】 下面的程序中，x1、x2 的输出结果是什么？

```
#include<stdio.h>
void main()
{
    int a = 1,b = 0,c = 1,x1,x2;                /*定义 5 个基本整型变量并赋值*/
```

```
    x1 = + + a&&b&& + + a;                  /* 得到 x1 的值,a 的值为 2,b 的值为 0,不计
                                               算 + + a 的值 */
    x2 = - - c||a||b + + ;                  /* 得到 x2 的值,- - c 的值是 0,a 的值为 2,
                                               不计算 b+ + 的值 */
    printf("x1 = %d,x2 = %d\n",x1,x2);      /* 输出 x1、x2 的值 */
    printf("a= %d,b= %d,c= %d\n",a,b,c);    /* 输出 a、b、c 的值 */
}
```

程序运行结果如图 2 - 29 所示。

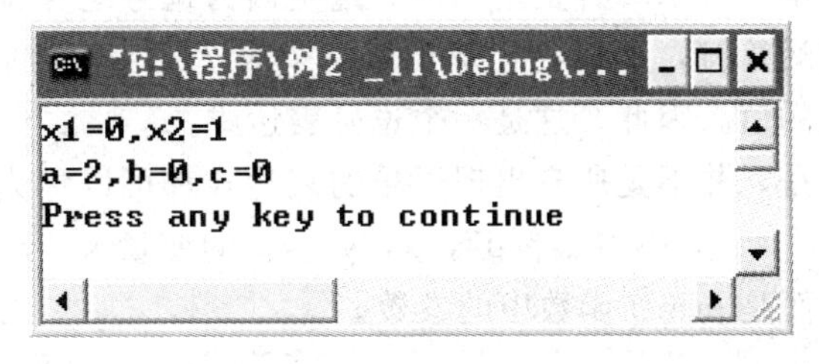

图 2 - 29　程序运行结果

● 在 x1=++a&&b&&++a 中，先计算第 1 个表达式。由 a=1，得++a 的值是 2，因此还需要计算第 2 个表达式 b。而 b=0，所以整个表达式 x1=++a&&b&&++a 的值一定是 0。这时，不再计算第 3 个表达式++a 的值，故 a 的值仍然是 2。

● 在 x2=−−c || a || b++中，先计算第 1 个表达式−−c 的值。由 c=1，得−−c的值是 0，因此还需要计算第 2 个表达式的值。从第 1 个逻辑表达式中得到 a=2，所以整个表达式 x2=−−c || a || b++的值是 1。这时，第 3 个表达式 b++不计算，故 b 的值仍然是 0。

2.12　逗号表达式

在 C 语言中，有一个比较独特的运算符——逗号运算符“,”。逗号运算符“,”的使用极大地增加了 C 语言的灵活性。逗号运算符主要是用来连接两个表达式，用逗号运算符连接的表达式称为逗号表达式。逗号表达式常用于 for 循环语句中，例如，a+b，b=3 就是一个逗号表达式。

2.12.1　逗号运算符与逗号表达式

逗号运算符的主要作用是将表达式连接起来，这样连接后的式子称为逗号表达式。逗号表达式的一般形式如下：

```
表达式 1,表达式 2,表达式 3,…
```

逗号表达式的求解过程是：先求表达式 1 的值，然后求表达式 2 的值，依次类推，直到求出最后一个表达式的值。整个逗号表达式的值是最后一个表达式的值。例如，逗号表达式 24+12，43−12 的值是 31。在 a=12+21，35 * 2 中，a 的值是 70，这是

因为逗号表达式 12+21、35 * 2 的值是第二个表达式的值即 70。

2.12.2 逗号表达式中应注意的问题

逗号运算符是所有运算符中优先级最低的。例如，对表达式 a=4+2，a%2，可能会有下面 2 种理解：第 1 种，认为这是一个赋值表达式，先计算 4+2 的值得到 6，然后计算 a%2 的值，最后将 a%2 的值赋值给变量 a；第 2 种，认为这是一个逗号表达式，先计算 4+2 的值并赋值给 a，然后计算 a%2 的值，整个逗号表达式的值是 0。

在上面的 2 种理解中，第 2 种是正确的。这是因为逗号运算符的优先级是最低的，它的优先级低于赋值运算符，所以先计算出第一个表达式 4+2 的值，并赋值给 a，然后计算第二个表达式的值。因此，这是一个逗号表达式。

另外需要注意的是，并不是所有出现逗号的表达式都可以称为逗号表达式。例如，在 printf 函数中 printf（"%d,%d,%d"，x，y，z）的变量 x、y、z 是用逗号隔开的，但不是逗号表达式，而是 printf 函数中的参数。

注意：

在通常情况下，逗号运算符的存在只是为了分别得到表达式的值，而不是为了得到整个逗号表达式的值。

【例 2-12】 下面的程序中，x1、x2、x3、x4 的输出结果是什么？

```
#include<stdio.h>
void main()
{
    int a = 2,b = 7,c = 12,x1,x2,x3,x4;/* 定义 7 个基本整型变量并赋值 */
    x1 = (a - 8,b * 3,c + 20);          /* 赋值表达式,得到 x1 的值,将逗号表达式赋值给 x1 */
    x2 = a - 8,b * 3,c + 20;            /* x2 = a - 8、b * 3 和 c + 20 构成一个逗号表达式 */
    x3 = (a = 6,b * 12);                /* 赋值表达式,将逗号表达式赋值给 x3 */
    x4 = a = 6,b * 12;                  /*  x4 = a = 6 和 b * 12 构成一个逗号表达式 */
    printf("x1 = %d,x2 = %d,x3 = %d,x4 = %d\n",x1,x2,x3,x4);    /* 输出 x1、x2、x3、x4 的
                                                                   值 */
}
```

程序的运行结果如图 2-30 所示。

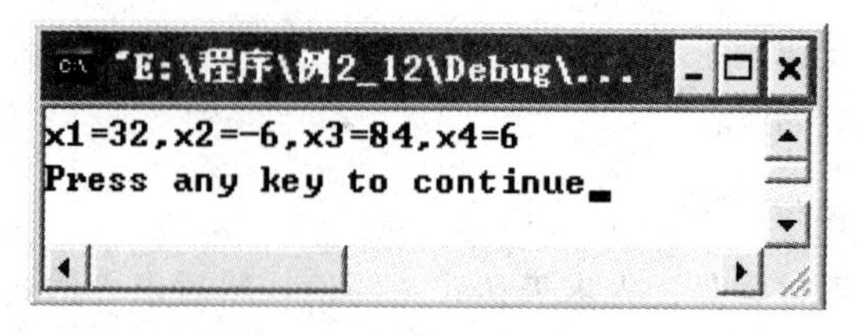

图 2-30 程序运行结果

● x1=（a−8，b*3，c+20）是一个赋值表达式，这里的a−8，b*3，c+20是由3个算术表达式a−8、b*3、c+20构成的一个逗号表达式，需要将逗号表达式赋值给x1。因为a=2、b=7、c=12，所以a−8、b*3、c+20的值分别是−6、21、32。这时，逗号表达式a−8，b*3，c+20的值是32，故x1=32。

● x2=a−8，b*3，c+20是一个逗号表达式。与第5行相比，第6行少了一对圆括号。因为逗号运算符的优先级低于赋值运算符，所以要先进行赋值运算，然后才能进行逗号运算。由a−8得到−6赋值给x2，再计算下一个表达式的值。而整个逗号表达式的值是最后一个表达式c+20的值，即32。

● x3=（a=6，b*12）是一个赋值表达式。在x3=（a=6，b*12）中，先计算a=6，b*12的值为84，并赋值给x3。

● x4=a=6，b*12是一个逗号表达式。在x4=a=6，b*12中，先计算第一个表达式x4=a=6的值为6，其中x4的值是6，然后计算第二个表达式b*12的值为84。整个逗号表达式的值是第二个表达式的值，即84。

本章小结

本章主要介绍了数据类型、变量、常量、运算符和表达式等最基本的概念。常量是在程序中不能被更改的值，而变量在程序中可以改变，通过变量可以引用在内存中的数据。C语言中的基本数据类型有整型、浮点型和字符型。整型分为短整型、整型和长整型，每种整型数据又分为有符号型和无符号型。浮点型分为单精度、双精度和长双精度浮点型。字符型变量可以存放单个字符，其值为该字符的ASCII码。

C语言中有丰富的运算符：算术运算符、赋值运算符、逻辑运算符、关系运算符和逗号运算符等。运算符与操作数连接起来就构成了表达式，表达式是编程运算最基本的要素。在利用运算符进行计算时，不同类型的数据之间需要进行转换。

练 习 题

选择题

1. 下列不正确的转义字符是（　　）。
   A. '\\'　　B. '\'　　C. '074'　　D. '\0'
2. 以下选项中可作为C语言合法常量的是（　　）。
   A. −80　　B. −090　　C. −8e1.0　　D. −80.0e
3. 以下符合C语言的实型常量是（　　）。
   A. 1.2E0.5　　B. 3.1415926E　　C. 5E−3　　D. E16
4. 若有以下定义：char a；int b；float c；double d；则表达式a*b+d−c值的类型为（　　）。
   A. float　　B. int　　C. char　　D. double
5. 表示关系" x<=y<=z" 的C语言表达式为（　　）。
   A. (X<=Y) && (Y<=Z)　　B. (X<=Y) AND (Y<=Z)
   C. (X<=Y<=Z)　　D. (X<=Y) & (Y<=Z)
6. 设x为int型变量，则执行以下语句x=10；x+=x−=x−x；后，x的值为（　　）。
   A. 10　　B. 20　　C. 40　　D. 30

7. 设 x，y，z，t 均为 int 型变量，则执行以下语句 x=y=z=1；　t=++x || ++y&&++z；后，t 的值为（　）。

A. 不定值　　B. 2　　C. 1　　D. 0

8. 设 i 是 int 型变量，f 是 float 型变量，用下面的语句给这两个变量输入值：scanf（" i=%d，f=%f"，&i，&f)；为了把 100 和 765.12 分别赋给 i 和 f，则正确的输入为（　）。

A. 100765.12　　B. i=100，f=765.12　　C. 100765.12　　D. x=100y=765.12

9. 设 int x=8，y，z；执行 y = z = x + +；x = y = =z；后，变量 x 的值是（　）。

A. 0　　B. 1　　C. 8　　D. 9

10. 下面标识符中，合法的用户标识符为（　）。

A. SUM　　B. a#c　　C. auto　　D. double

11. 设 a、b 和 c 都是 int 型变量，且 a=3，b=4，c=5，则值为 0 的表达式是（　）。

A. a+b>c&&b= =c　　B. a || b+c&&b−c

C. !（a>b）&&! c || 1　　D. !（a+b）+c−1&&b+c/2

填空题

1. 下列____________________常量、变量名是合法的。

ofd，0xfdj，e8，'\\'，032 _ auto，_ register，_ 258，_ int _ 。

2. int x=5，则执行语句 0 || ++x 后，变量 x 的值为__________。

3. int a=12，则执行完语句 a+=a−=a * a 后，表达式的值为__________。

4. j，k 为 int 整型变量，请写出运算表达式：k=j=3，j+3，j++，++j *（k−−）* 1/6。表达式的值是__________；变量 k 的值是__________；变量 j 的值是__________。

5. x 为 double 型变量，请写出运算表达式 x=3.0，x++，x++ * x++后，表达式的值是______，变量 x 的值是__________。

6. 若 x 为 int 类型，请以最简单的形式写出与逻辑表达式! x 等价的 C 语言关系表达式为__________。

7. 表示" 10<x<100 或 x<0" 的 C 语言表达式是__________。

第3章 顺序结构程序设计

■ 本章导读

C语言程序有3种基本控制结构：顺序结构、选择结构、循环结构。其中，顺序结构是最简单的结构。现实中的所有问题都可以由这3种基本结构实现。对于所有程序结构，C语言程序都是由一行行的语句构成，并且通过语句向计算机发出命令，使计算机执行相应的操作。因此语句是构成程序非常重要的部分。

■ 学习目标

(1) 理解语句的概念；

(2) 掌握数据的输入和输出；

(3) 学会顺序结构程序设计。

3.1 语 句

C程序最基本的单位是语句，通过语句编译系统向计算机发出命令。

3.1.1 C语句

C语言的语句是用来向计算机系统发出操作指令的。一个C语言程序应由若干条语句构成。而一条语句经过编译以后，也可以形成几条机器指令。

一个C语言程序可以由若干个模块组成，每个模块（函数）又分为声明部分和执行部分。其中，声明部分不是语句。如 int a；不是C语言语句，它不产生任何机器操作，只是对变量进行定义。

一个C语言程序的框架结构如图3-1所示。

在C程序中，如果需要使用C语言为我们提供的函数，就需要使用＃include命令将该函数包含进来。例如，在程序中，如果用到输入函数 scanf 和输出函数 printf，就需要使用命令＃include＜stdio. h＞。另外，一定要有 main 函数，因为C程序首先是从 main 函数开始执行的。任何一个程序或函数都必须用一对花括号括起来。定义变量属于声明部分，C 语句属于执行部分。

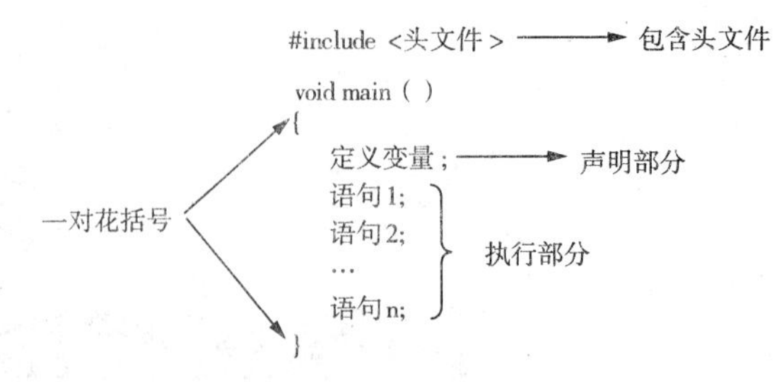

图 3－1　一个完整的 C 语言程序框架

C 语言规定，每个语句的最后都必须有一个分号。一个语句可以分成几行书写，几个语句也可以合写成一行。良好的编程习惯是以缩进格式书写，这样有利于程序的阅读和维护。

3.1.2　C 语句分类

C 语句可分为简单语句和复合语句。其中，简单语句只有一个语句构成。在表达式的最后添加一个分号“;”就构成了一个语句。这样的语句被称为表达式语句。例如：

```
a = b + 6;                                    /* 赋值语句 */
x + = y * 3;                                  /* 赋值语句 */
```

以上两条语句都是在赋值表达式的后面添加分号构成的，称为赋值表达式语句，简称赋值语句。如果在函数后面添加分号，就构成了函数调用语句。例如：

```
scanf(" % d, % d",&a,&b);                     /* 函数调用语句 */
printf(" % d, % d, % d\n",a,b,c);             /* 函数调用语句 */
```

任何表达式都可以加上分号而成为语句。例如：

```
x + y;
```

也是一个语句。它是合法的，但是在实际应用中无任何意义。

C 语言中还有一个比较特殊的语句——空语句。它是只有一个分号而没有表达式的语句。例如：

```
;                                             /* 空语句,只有一个分号 */
```

空语句表示什么都不做，常常用于循环结构中。

> **注意：**
> 一个语句占用一行，以分号结束，这是一种良好的编程风格。当然，也可以将一个语句分成几行书写，或者将几个语句放在一行。

以上语句都是由一条语句构成，因此都属于简单语句。

复合语句是由左、右一对花括号括起来的由若干语句组成的语句序列。例如：

```
{                                       /*复合语句的开始*/
    c=a+b;                              /*赋值语句*/
    x=c%20;                             /*赋值语句*/
    printf("x=%d\n",x);                 /*函数调用语句*/
}                                       /*复合语句的结束*/
```

这就是一条复合语句，由3条简单语句构成。

注意：

左、右花括号不需要加分号。

复合语句中还可以嵌套复合语句。例如：

```
int a=3,b=4,c;                          /*定义3个变量a、b、c*/
{                                       /*外层复合语句开始*/
    c=a*b;                              /*赋值语句*/
    printf("c=%d\n",c);                 /*函数调用语句*/
    {                                   /*内层复合语句的开始*/
        int a=20,b=30;                  /*在内层花括号中定义3变量a、b、c*/
        c=a*b;                          /*赋值语句*/
        printf("c=%d\n",c);             /*函数调用语句*/
    }                                   /*内层赋值语句结束*/
}                                       /*外层复合语句的结束*/
```

输出的结果如下：

```
c=12
c=600
```

在C语言中，不允许重复定义变量。但在内层的复合语句中可以再次定义与外层相同的变量，如上例中在内层复合语句中定义变量a和b。这是因为在内层花括号中定义了与外层相同的变量后，会将外层的变量屏蔽掉，而实际起作用的是内层的变量。具体说明如图3-2所示。

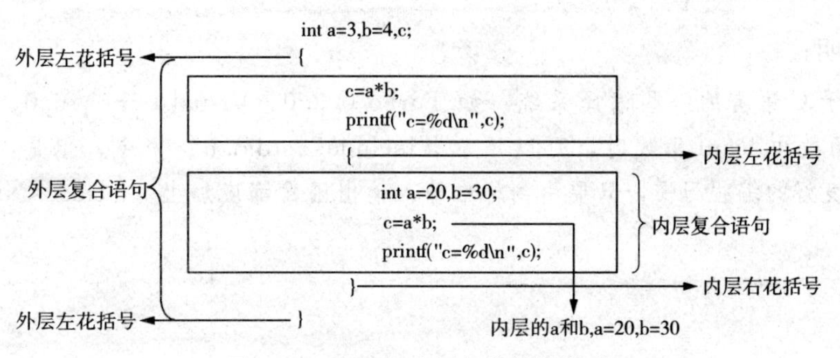

图3-2 嵌套复合语句的结构说明

注意：

一般简单语句不使用花括号，复合语句才使用花括号。

3.2　数据的输入与输出

所谓数据的输入输出是相对于计算机主机而言的。从计算机向外部输出设备（如显示器、打印机、磁盘）输出数据被称为“输出”，从外部设备（如键盘、鼠标、扫描仪）向计算机输入数据被称为“输入”。

C 语言本身并没有提供专门的输入、输出语句，对于输入和输出操作是由 C 语言的库函数来完成的。因此，在进行数据的输入和输出操作时，要调用输入、输出库函数。在 ANSI C 标准中定义了一组完整的 I/O 操作函数。例如 printf 函数和 scanf 函数，它们不是 C 语言的关键字，只是函数名。实际上，也可以不用 printf 和 scanf 这两个名字，而是用其他的函数名另外编写两个输入、输出函数。C 语言提供的函数以库的形式存放在系统中，它们不是 C 语言的组成部分。

C 语言函数库中提供了一些“标准输入、输出函数”，它们是以标准的输入、输出设备为输入、输出对象的，包括 putchar（输出字符）、getchar（输入字符）、printf（格式输出）、scanf（格式输入）、puts（输出字符串）、gets（输入字符串）。

在使用系统库函数时，要用预编译命令 #include 将有关的“头文件”包含到源文件中。在使用标准输入、输出库函数时，需要将“stdio.h”文件包含到用户源文件中，其中，“h”是 head 的缩写。因为 #include 命令都是放在程序的开头，因此将这类文件称为“头文件”。在调用标准输入、输出库函数时，文件开头应包含以下预处理命令：

```
#include <stdio.h>
```

或者

```
#include "stdio.h"
```

其中，stdio 是 standard input&output 的缩写，它包含了与标准 I/O 库有关的变量定义、宏定义及函数声明。

说明：

对于 C 语言的一些编译系统，如 Turbo C 2.0、Visual C++ 6.0，在使用 printf 函数和 scanf 函数时，可以不加 #include<stdio.h>命令。但是，我们应该养成良好的编程习惯，只要用到标准输入输出函数都应加上 #include<stdio.h>命令。

3.3 字符数据的输入与输出

getchar () 和 putchar () 是标准 I/O 函数库中的字符输入、输出函数。

3.3.1 putchar 函数 (字符输出函数)

putchar 函数是字符输出函数，它的作用是向显示器或终端输出一个字符。一般形式如下：

```
putchar(ch);
```

这里，输出字符变量 ch 的值。如果输出的是字符常量，需要使用单引号将字符括起来。

【例 3-1】 使用 putchar 函数输出字符。

```
#include <stdio.h>
void main()
{
    char ch;
    ch='c';
    putchar('A');
    putchar('\n');
    putchar(97);
    putchar('\n');
    putchar(ch);
    putchar('\n');
}
```

程序运行结果如图 3-3 所示。

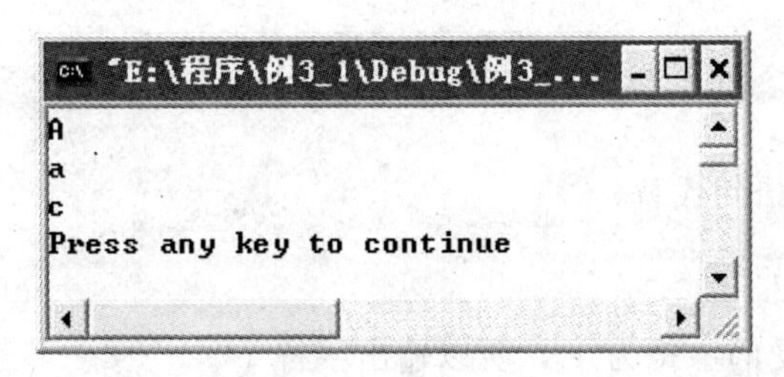

图 3-3 程序运行结果

说明：

如果在程序中要调用 putchar 函数，应包括头文件<stdio.h>。putchar 函数的参数可以是字符、整数，也可以是转义字符。

3.3.2 getchar函数（字符输入函数）

getchar 函数是字符输入函数，它的作用是从输入设备接收一个字符。getchar 函数没有参数，一般调用形式如下：

```
getchar();
```

getchar 函数只能接受一个字符，同时可以将 getchar 函数得到的字符赋给一个字符型变量或者整型变量。

【例 3-2】 使用 getchar 函数接受输入的字符。

```
#include <stdio.h>
    void main()
    {
        char ch;
        ch = getchar();
        putchar(ch);
        putchar('\n');
    }
```

程序运行结果如图 3-4 所示。

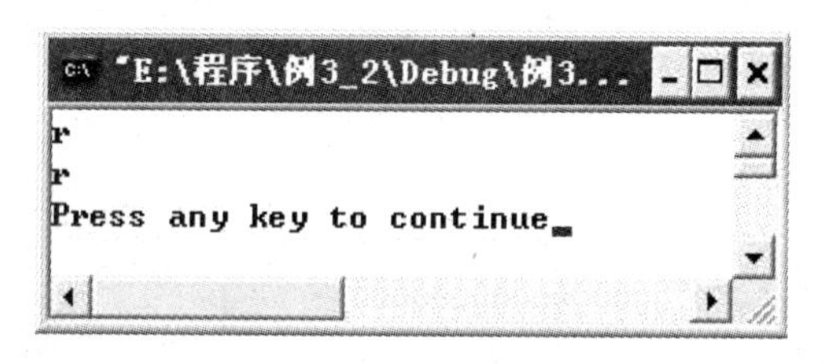

图 3-4 程序运行结果

其中，语句

```
ch = getchar();
putchar(ch);
```

也可以使用如下一条语句代替：

```
putchar(getchar());
```

因为 getchar 函数接受的字符为'r'，所以输出字符'r'。

3.4 格式数据的输入与输出

在 C 语言中，使用最频繁的输入、输出函数是格式化输入和输出函数：scanf () 函数和 printf () 函数。格式化函数不仅可以输入（输出）字符型数据，还可以输入（输出）整型数据、浮点型数据、字符串型数据。

3.4.1 printf 函数（格式数据的输出）

printf 函数是格式数据的输出函数，它的作用是向屏幕输出若干个任意类型的数据。printf 函数的一般格式如下：

```
printf("格式控制",输出列表);
```

printf 函数有两个参数：格式控制和输出列表。其中，格式控制需要用双引号括起来，用来控制输出的格式。输出列表表示要输出的数据，可以是变量、常量或表达式。

格式控制包括两部分：普通字符和格式说明符。

● 普通字符。这种字符按照原样输出，可以是逗号、换行符、空格、汉字等。例如：

```
printf("请输入一个字符\n");
```

双引号内的所有字符都属于普通字符，这些字符按原样输出。

● 格式说明符。格式说明符以%开头，后面跟上 d、f、c 等字符。例如%d、%f、%c。格式说明符的作用是将对应于输出列表中的变量、常量或表达式按照指定的格式输出。例如，输出整型变量的值，代码如下：

```
printf("%d,%d",a,b);                /*输出变量a和b的值*/
```

其中，第1个%d 控制输出列表中的 a 以整型形式输出，第2个%d 控制输出列表中的 b 以整型形式输出。输出列表中的两个变量 a 和 b 以逗号分隔开。格式说明符与输出列表中的数据的关系如图 3-5 所示。

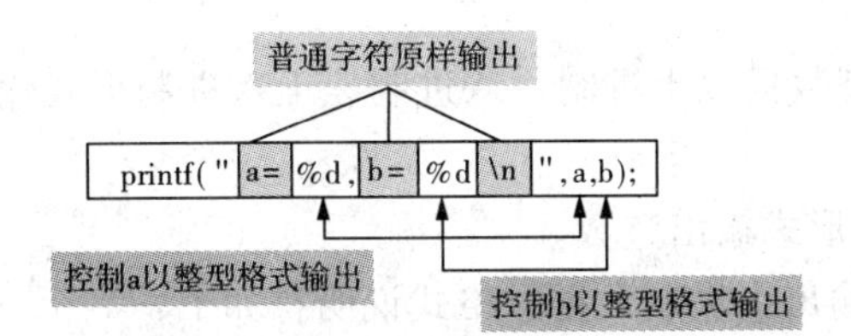

图 3-5　格式说明符与输出列表的对应关系

printf 函数的格式说明符如表 3-1 所示。

表 3-1　格式说明符及说明

格式说明符	含　　义
d	以带符号的十进制格式输出整数
u	无符号的十进制格式输出整数
o	以八进制无符号格式输出整数
x，X	以十六进制无符号格式输出整数，用 x 表示十六进制的 a～f 以小写形式输出，用 X 表示用大写输出
c	以字符格式输出，只输出一个字符

（续表）

格式说明符	含　　义
s	输出字符串
f	以小数格式输出浮点数，隐含输出7位有效数字
e，E	以指数格式输出浮点数，e表示用小写，E表示用大写
g，G	选用%f或者%e格式中宽度较短的一种格式，不输出无意义的0，g表示用小写，G表示用大写

在格式说明中，%和上述格式字符之间还可以再插入几种附加格式说明符（修饰符）。如表3-2所示。

表3-2　附加格式说明符及说明

字　符	说　　明
l，L	用于长整型，可以加在格式符d、o、x、X、u的前面
M（N正整数）	数据的最小宽度
M.N（M，N正整数）	对浮点数，表示输出N位小数，对字符串，表示截取的字符个数
－	输出的数字或者字符在域内左对齐
＋	输出的数字或者字符在域内右对齐（默认为右对齐）

下面我们对表中所列出的格式说明符作进一步的介绍。

1. 整型数据的输出

在C语言中，整型数据以十进制、八进制、十六进制形式输出。

(1)%d

%d表示以十进制形式输出整数。

● 按照实际宽度输出十进制数据，格式说明符如下：

```
%d
```

例如：

```
printf("a = %d,b = %d\n",a,b);
```

如果a=7，b=3，则输出结果如下：

```
a = 7,b = 3
```

其中，“a=”、“,”、“b=”、“\n”按照原样输出。

● 按照指定宽度输出十进制数据，格式说明符如下：

```
%md
```

其中，m表示输出数据的宽度。如果要输出的数据位数小于m，则将数据的左端补上空格；否则，则数据以实际位数输出。例如：

```
printf("a = %5d,b = %4d\n",a,b);
```

如果 a=56，b=12345，则输出结果如下：

```
a =    56, b = 12345
```

因为 a 是两位数，所以左端补上 3 个空格。因为 b 有 5 位数，大于 4，所以以实际宽度输出。

● 输出长整型数据。格式说明符如下：

```
%ld
```

使用%ld 可以输出更大范围的数据。例如，要输出一个长整型数据 876521，代码如下：

```
long int a = 876521;
printf("ld\n",a);
```

在 Turbo C 2.0 中，整型数据的表示范围是－32768～32767，而要输出的数据是 876521。如果使用%d 输出 x 就会因为超出整数表示范围而输出错误数据。因此，为了正确输出长整型数据，需要使用格式说明符%ld。

● 按照指定的宽度输出长整型数据，格式如下：

```
%mld
```

即在 ld 前面增加一个字符 m 即可。例如，输出长整型数 567890 的代码如下：

```
long int x = 567890;
printf("9ld\n",x);
```

输出结果如下：

```
567890
```

(2)%o

%o 表示将整数以八进制形式输出。以八进制形式输出整数的格式说明符有以下几种：%o、%lo、%mo 和%mlo。

由于是将内存单元中的各位的值（0 或 1）以八进制形式输出，因此，输出的数值不带符号，即将符号位也作为八进制的一部分一起输出。例如：

```
int x = -1;
printf(" %d, %o",x,x);
```

－1 在内存中的存放形式如图 3-6 所示。

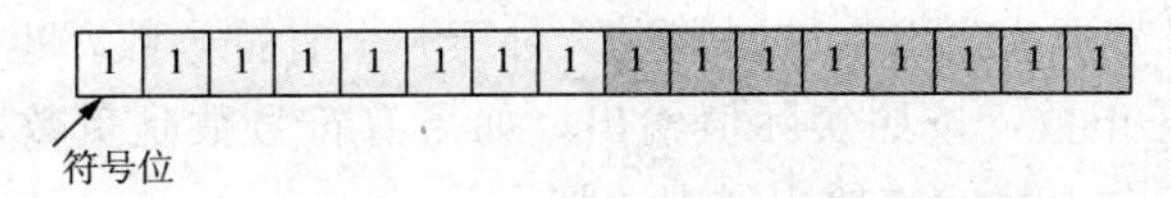

图 3-6　－1 在内存中的存放形式

输出结果如下：

```
-1,177777
```

(3)%x

%x表示将整数以十六进制形式输出。以十六进制形式输出整数的格式说明符有以下几种：%x、%lx、%mx和%mlx。如果以大写字母输出十六进制数的格式说明符有以下几种：%X、%lX、%mX和%mlX。

与八进制一样，以十六进制形式也不能输出带负号的整数。例如，以十六进制形式输出-2的代码如下：

```
int a = -2;
printf("a = %x,a = %X\n",a,a);
```

输出结果如下：

```
a = fffe,a = FFFE
```

【例3-3】 用十六进制输出整数。

```
#include<stdio.h>
void main()
{
    int a,b;
    a = 22;
    b = -1;
    printf("%x\n",a);
    printf("%x\n",b);
}
```

程序运行结果如图3-7所示。

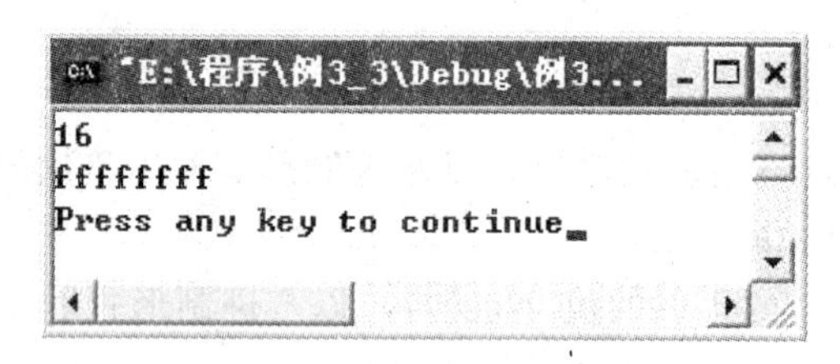

图3-7 程序运行结果

为了输出长整型数据，同样需要使用说明符%lx。也可以使用%mx或%mlx指定输出数据的宽度。

(4)%u

%u表示以无符号形式输出十进制整数。对于一个有符号数，也可以用%u格式输出，如果有符号数是正数，按照实际值输出；如果有符号数是负数，则在输出时，符号位会被看做是数值位，这时将输出错误数据。

【例3-4】 用%u输出有符号整数。

```
#include<stdio.h>
void main()
```

```
{
    int a,b;
    a = 1;
    b = - 1;
    printf(" % u\n",a);
    printf(" % u\n",b);
}
```

程序运行结果如图 3 - 8 所示。

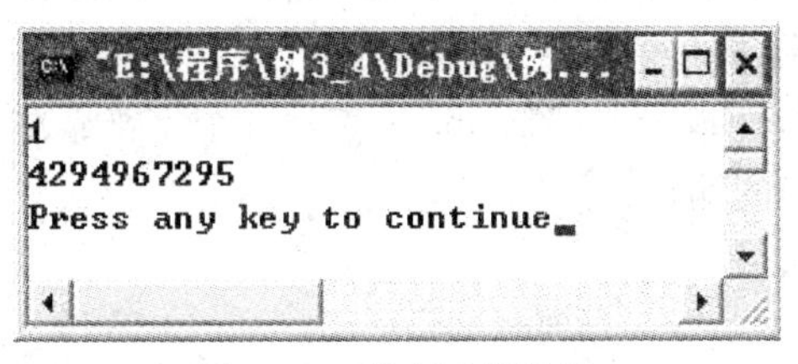

图 3 - 8　程序运行结果

这是在 Visual C++6.0 开发环境中运行的结果。−1 在内存中是以补码的形式存放（占用 32 位）：1111 1111 1111 1111 1111 1111 1111 1111。如果以%u 输出，则将该数看做是无符号数，将输出 4294967295，即 $2^{32}-1$。

(5)%c

如果要输出字符，需要使用%c。对于 0～127 之间的整数，若使用%c，将输出 ASCII 码对应的字符。

【例 3 - 5】　字符的输出。

```
#include<stdio.h>
void main()
{
    int x = 97;
    char y = 'b';
    printf(" % d, % c\n",x,x);
    printf(" % d, % c\n",y,y);
}
```

程序运行结果如图 3 - 9 所示。

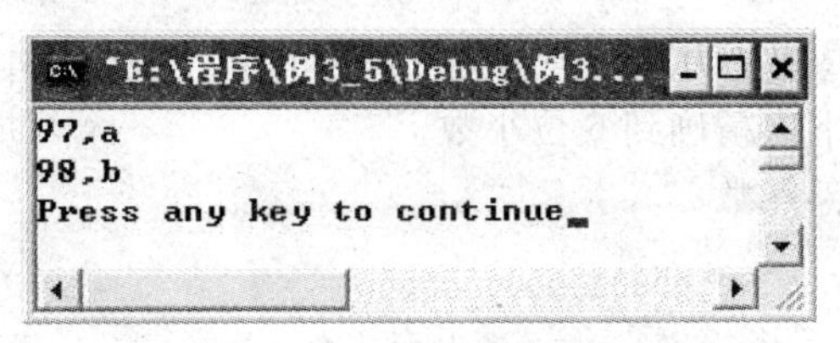

图 3 - 9　程序运行结果

说明：输出一个字符时，也可以指定输出字符的宽度。

(6)%s

输出字符串时，要使用格式说明符%s。使用%s 可以输出连续的多个字符，使用格式主要有以下几种：

● %s：按照实际宽度输出字符串。

● %ms：按照指定的宽度输出字符串，其中，m 表示输出的宽度。如果字符串实际宽度小于 m，则左端补上空格。否则，按照实际宽度输出。

● %－ms：与%ms 类似，只是%－ms 靠左端输出，即如果字符串实际宽度小于 m，则右端补上空格。

● %m. ns：输出的数据占用 m 列，但是只将字符串数据左端的 n 个数据输出。n 个字符靠右端输出，左端补上空格。

● %－m. ns：与%m. ns 类似，%－m. ns 表示 n 个字符靠左端输出，右端补上空格。

【例 3 - 6】 字符串的输出。

```
#include<stdio.h>
void main()
{
    printf("%s\n","www.nwu.edu.cn");
    printf("%26s\n","www.dangdangbook.net");
    printf("%-26s\n","Welcome to www.dangdangbook.net");
    printf("%26.7s\n","Welcome to www.nwu.edu.cn");
    printf("%-26.7s\n","Welcome to www.nwu.edu.cn");
}
```

程序运行结果如图 3 - 10 所示。

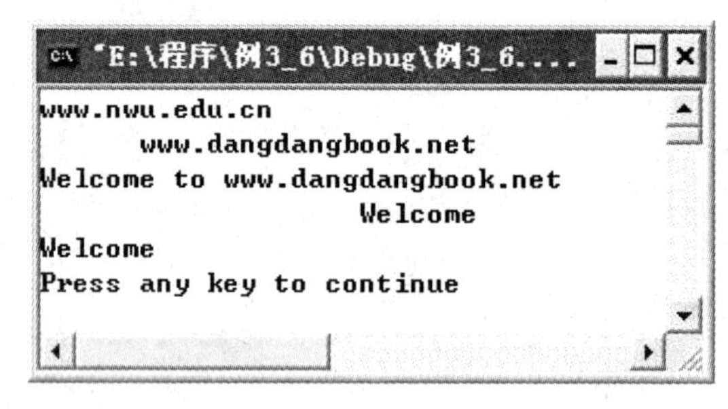

图 3 - 10 程序运行结果

(7)%f

格式说明符%f 包括以下几种形式：%f、%m. nf 和－%m. nf。

● %f：默认情况下，精确到 6 位小数。

【例 3 - 7】 输出浮点数。

```
#include<stdio.h>
void main()
{
    float x = 123456.67,y = 11111.123;        /*定义两个浮点型变量 x 和 y 并赋初值*/
    printf("x = %f,y = %f\n",x,y);            /*输出 x 和 y 的值*/
```

```
    printf("x+y=%f\n",x+y);                 /*输出x与y的和*/
}
```

程序运行结果如图 3-11 所示。

图 3-11 程序运行结果

> **注意：**
> 以%f输出浮点数时，默认输出小数点后6位数。而float型浮点数只有7位有效数字，因此，后面的数字并不准确。

● %m.nf 和%-m.nf：按照指定的列数输出浮点数。其中，m表示输出数据占用的位数（包括整数部分、小数点和小数位数n），n表示小数点后数据的位数。“-”表示靠左端输出，右端补上空格；没有“-”时，靠右端输出，左端补上空格。

【例 3-8】 按照指定列数输出浮点数。

```
#include<stdio.h>
void main()
{
    float x = 59.58, y = 567.125;                                /*定义变量并初始化*/
    printf("x=%f,x=%10.5f,x=%-10.5f,x=%.3f\n",x,x,x,x);  /*按照指定宽度输出变量x的值*/
    printf("y=%f,y=%10.2f,y=%-10.2f,y=%.2f\n",y,y,y,y);  /*按照指定宽度输出变量y的值*/
}
```

程序运行结果如图 3-12 所示。

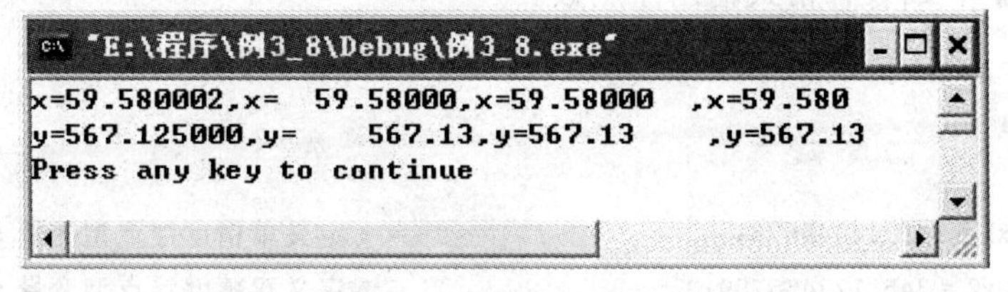

图 3-12 程序运行结果

注意：
在输出数据总位数中，小数点也占用1位。

(8)%e

%e表示以指数形式输出浮点数，使用方法与%f类似。

● %e：不指定输出数据的宽度和小数位数。默认情况下，输出6位小数、5位指数。如e+005，e占用1位，+占用1位，005占用3位。例如：

```
printf("%e\n",214.32);
```

输出结果如下：

```
2.143200e+002
```

注意：
以指数形式输出浮点数时，小数点前面必须只有1位非0数字。

● %m.ne和%-m.ne：按照指定的列数以指数形式输出浮点数。其中，m、n、"-"的含义与前面%-m.nf中介绍的含义相同。例如：

```
printf("%e,%10.2e,%-10.2e,%.2e\n",f,f,f,f);
```

如果f=567.234，则输出结果如下：

```
5.672340e+002, 5.67e+002,5.67e+002 ,5.67e+002
```

● %g

%g表示从%f和%e中选择较短的格式输出浮点数。例如：

```
printf("%f,%e,%g\n",f,f,f);
```

如果f=345.432，则输出结果如下：

```
345.432000,3.454320e+002,345.432
```

因为以%f格式输出f需要占用10位，以%e输出f需要占用13位，所以%g选择以%f形式输出。在以%g输出浮点数时，不输出无意义的0。

【例3-9】 以各种格式输出浮点数。

```
#include<stdio.h>
void main()
{
    float x1=345.12345678;                       /*定义单精度浮点型变量x1并初始化*/
    double x2=345.123456789;                     /*定义双精度浮点型变量x2并初始化*/
    printf("%20.9lf,%e,%g\n",x1,x1,x1);          /*输出x1的值*/
    printf("%20.10lf,%e,%g\n",x2,x2,x2);         /*输出x2的值*/
```

```
}
```

程序运行结果如图 3-13 所示。

```
"E:\程序\例3_9\Debug\例3_9.exe"
     345.123443604,3.451234e+002,345.123
    345.1234567890,3.451235e+002,345.123
Press any key to continue
```

图 3-13 程序运行结果

3.4.2 scanf 函数（格式化数据的输入）

与格式化输出函数 printf 配合使用的是格式化输入函数 scanf。

1. scanf 函数的一般形式

scanf 函数的一般形式如下：

```
scanf("格式控制",地址列表);
```

格式控制与 printf 函数中格式控制的含义相同，地址列表是变量的地址或字符串的首地址。

【例 3-10】 用 scanf 函数接受输入的数据。

```
#include<stdio.h>
void main()
{
    int a,b;
    scanf("%d%d",&a,&b);
    printf("%d %d\n",a,b);
}
```

程序运行结果如图 3-14 所示。

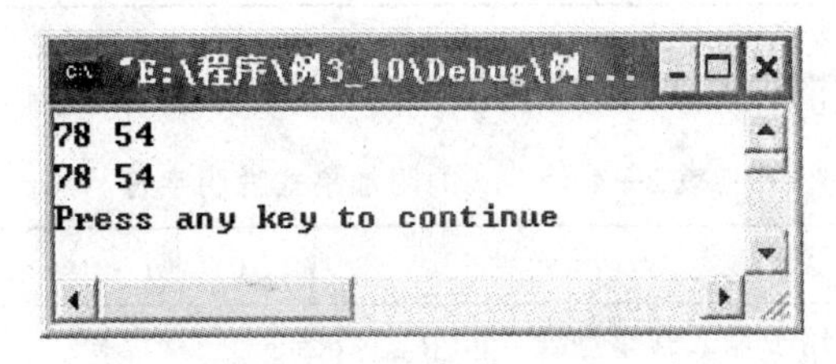

图 3-14 程序运行结果

其中，&a 和 &b 中的"&"是指地址运算符，&a 表示取变量 a 的地址，各变量地址之间用逗号分隔开。地址运算符在 scanf 函数中的作用是根据 a 和 b 的地址将输入的 78 和 54 分别存放到 a 和 b 中。

scanf 函数中的"%d%d"表示按十进制整数形式输入 2 个整数。输入数据时，在两个数据之间以一个或多个空格间隔，也可以用回车键、Tab 键分隔。下面的输入形式都是合法的：

① 78 ␣␣ 54 ↙

② 78 ␣␣␣ 54 ↙

③ 78 ␣␣␣␣ 54 ↙

④ 78 (Tab)键 54 ↙

⑤ 78 ↙
54 ↙

但是，用"%d%d"格式接受输入的数据时，不能将逗号作为分隔符。下面的输入形式是不合法的：

```
78,54↙
```

2. 格式说明

scanf 函数的格式说明符如表 3-3 所示。

表 3-3 scanf 的格式字符

格式字符	说明
d	用来输入有符号的十进制数
u	用来输入无符号的十进制数
o	用来输入无符号的八进制数
x，X	用来输入无符号的十六进制数
c	用来输入单个字符
s	用来输入字符串，将字符串保存到一个字符数组中
f	用来输入浮点数，可以以小数格式或者指数格式
e，E，g，G	与 f 作用相同

scanf 函数的附加格式说明符如表 3-4 所示。

表 3-4 scanf 的附加格式说明字符

字符	说明
l	用于输入长整型及 double 型数据
域宽	指定输入所占宽度，域宽应为正整数
*	表示输入项在读入后不赋给相应的变量

使用 scanf 函数应注意的问题：

(1) 对于无符号型数据，可以使用%u、%d、%o、%x 或%X 格式说明符来接受数据的输入。

（2）scanf函数中的格式说明符在个数、顺序及类型上与地址列表中的变量必须一一对应。

（3）scanf函数中的地址列表应该是变量的地址，而不是变量名。例如，下面的书写是不合法的：

```
scanf("%d,%d",a,b);                    /*错误！a和b不应该是变量名*/
```

这是非常常见的错误。正确的写法如下：

```
scanf("%d,%d",&a,&b);                  /*正确！&a和&b前面应该有取地址运算符*/
```

（4）在使用scanf函数时，可以指定输入数据的宽度。但是，应尽量避免指定宽度，因为这样容易造成输入数据出现错误。例如，在下面的代码中：

```
scanf("%3d",&a);
```

如果输入以下数据：

```
12345
```

这时，系统只会将123存放在变量a中，也就是截取了数据的前3位。如果将整个数据存放在变量a中，正确的代码如下：

```
scanf("%d",&a);
```

即不指定数据的宽度。

（5）输入数据时，不能指定精度。例如：

```
scanf("%7.3f",&a);
```

以上写法是不合法的。

（6）如果在格式控制中有除了格式说明符以外的字符，那么在输入数据时应输入这些字符。例如，在下面的输入语句中：

```
scanf("%d %d",&a,&b);                  /*格式控制中两个%d之间有一个空格符*/
```

因为在格式说明符%d之间有一个空格符，所以输入两个数据时应该用空格分开，正确的输入格式如下：

```
6 20
```

这里，输入的6和20用一个空格符分隔开。如果用逗号或其他符号分隔，则是错误的，例如：

```
6,20
```

如果有以下的输入语句：

```
scanf("%d,%d",&a,&b);                  /*格式控制中两个%d之间有一个逗号分隔*/
```

则在输入时应使用一个逗号分隔，正确的输入格式如下：

```
6,20
```

此时，如果使用空格分隔就是错误的，例如：

```
6 20
```

（7）如果在%后使用“*”，则对应的数据被跳过从而不被接受。例如，在下面的输入语句中：

```
scanf("%d,%*d,%d",&a,&b);
```

如果按照以下格式输入数据：

```
20,432,87
```

则 20 被存放在变量 a 中，87 被存放在变量 b 中，中间的 432 被忽略掉。

（8）在用%c 格式输入字符时，空格和转义字符都是有效的输入。例如：

```
scanf("%c%c",&ch1,&ch2);
```

如果按以下形式如下：

```
a,b
```

则字符'a'被赋给变量 ch1，但是，是将字符'a'后面的空格符赋给了变量 ch2，而不是字符'b'。所以在使用%c 输入时一定要仔细，否则将会出错。

3.5 顺序结构程序设计

顺序结构的程序是由一组顺序执行的语句组成。顺序结构的程序是最简单的程序。

3.5.1 顺序结构程序设计的特点

所谓顺序结构程序设计，就是从代码的第 1 行依次执行到最后一行，其中，所有的代码都要执行一遍。我们以一个例子来说明。一个人从早起到上班可能要做的事分别是：起床、刷牙、洗脸、跑步、吃早饭、上班。每天从起床到上班都按照这个顺序做事，不会跳过其中一个环节。这样按顺序做事的方法就是顺序结构程序设计思想的来源。顺序结构程序设计就是按照顺序执行，从第一个语句到最后语句，不能跳过任何一个语句。

顺序结构的程序可以用如图 3-15 所示来描述。如果程序中包括 6 个语句，那么从第 1 个语句开始，自上而下依次执行，直到最后一个语句为止，此时整个程序结束。

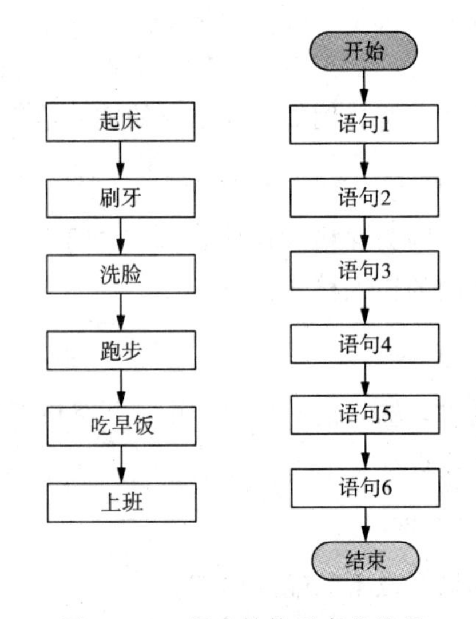

图 3-15 顺序结构程序的流程

3.5.2 顺序结构程序设计应用举例

【例3-11】 通过键盘输入一个圆的半径，求出圆的面积并输出。

分析： 圆的面积公式是 $s=\pi r^2$，其中 π 是一个固定值为3.1415926，r 是圆的半径。编写顺序结构的程序需要以下几个步骤。

第1步：定义变量和常量。根据圆的面积公式 $s=\pi r^2$ 求圆的面积时，必须要知道圆的半径。因为圆的半径未知，所以在程序设计中将半径定义为变量。而圆周率 π 是一个固定值，因此将 π 定义为常量PI。另外定义一个变量s，用来存放得到的面积。定义常量和变量的代码如下：

```
const float PI = 3.1415926;              /*定义常量,PI表示圆周率*/
    float r,s;                           /*定义变量,r代表半径,s代表面积*/
```

第2步：利用算术表达式PI*r*r求出圆的面积并赋值给s。由scanf函数输入半径r，代码如下：

```
scanf("%f",&r);                          /*输入半径r*/
```

然后根据面积公式 πr^2 求出圆的面积，并赋值给变量s，即s=PI*r*r。代码如下：

```
s = PI*r*r;                              /*求出圆的面积s*/
```

这里，s中的值就是圆的面积。

第3步：输出圆的面积。利用printf函数输出圆的面积，即输出s的值。代码如下：

```
printf("%.5f\n",s);                      /*输出圆的面积s*/
```

第4步：完善代码。为了使程序更加人性化，从而方便用户的理解，可以在输入半径之前增加一个提示信息，用来提示用户应该做什么。代码如下：

```
    printf("请输入半径r的值:\n");        /*提示信息,提示用户输入半径*/
    scanf("%f",&r);                      /*输入半径r*/
```

在输出圆的面积时，也可以增加一些信息说明输出的数据是什么，如“圆的面积”，代码如下：

```
printf("圆的面积是:%.5f。\n",s);               /*输出圆的面积s*/
```

完整的求圆面积的程序代码如下：

```
#include<stdio.h>
void main()
{
        const float PI = 3.1415926;            /*将PI定义为常量,PI表示圆周率*/
        float r,s;                             /*定义变量,r代表半径,s代表面积*/
        printf("请输入半径r的值:\n");          /*提示输入半径*/
```

```
        scanf("%f",&r);                          /*输入半径r*/
        s=PI*r*r;                                /*求出圆的面积s*/
        printf("圆的面积是:%.5f。\n",s);          /*输出圆的面积s*/
    }
```

程序运行结果如图 3-16 所示。

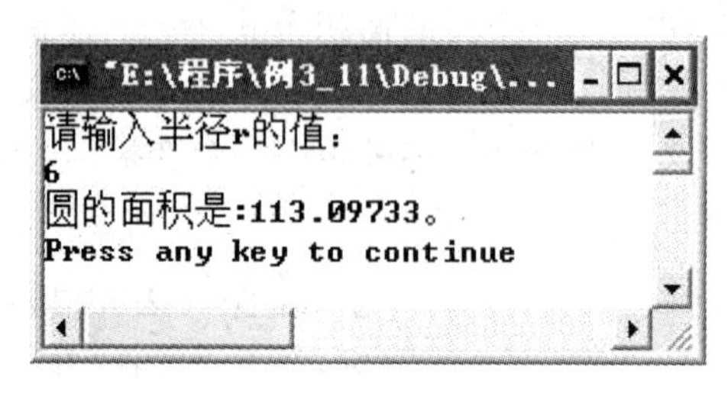

图 3-16 程序运行结果

下面利用这个求圆的面积的程序来分析 C 语言的程序结构。

(1) 程序的执行顺序

程序的执行顺序是先找到程序的入口点 void main (),然后开始依次执行每一条语句,直到最后一条语句,这就是顺序结构的程序。顺序结构的程序不会跳过而不执行中间的代码。

(2) 程序的结构

程序的组织结构如图 3-17 所示。

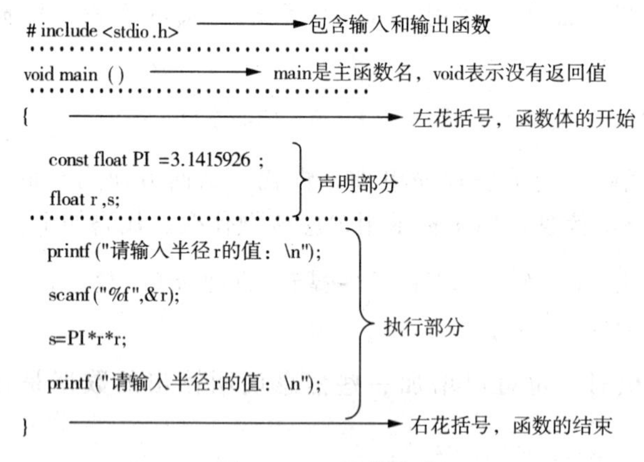

图 3-17 程序说明

一个基本程序包括两个部分:main 函数的首部和函数体。其中,main 函数的首部主要包括名字 main、返回值、参数等,这些会在后面的章节进行详细地讲解。

一个基本程序的函数体包括声明部分和执行部分。声明部分主要包括变量、常量的定义。在该程序中,const float PI=3.1415926;是常量的定义,float r,s;是变量的定义。执行部分主要包括各种表达式语句、函数调用语句、空语句等。例如,printf("请输入半径 r 的值:\n");就是函数调用语句,它是 C 语言提供的输出函数。而 s=PI*r*r;是赋值表达式语句。

【例 3－12】 请输入3个数据 a、b、c，求一元二次方程 $ax^2+bx+c=0$（$a\neq0$）的根，并输出方程的根。

分析：一元二次方程 $ax^2+bx+c=0$（$a\neq0$）的根有两个，分别可以表示为 $x_1=\frac{-b+\sqrt{b^2-4ac}}{2a}$ 和 $x_2=\frac{-b-\sqrt{b^2-4ac}}{2a}$。特别地，当 $b^2-4ac=0$ 时，两个根相等，即 $x_1=x_2$。其中，可以将 b^2-4ac 记作 Δ，即 $\Delta=b^2-4ac$。

从一元二次方程的根 $x_1=\frac{-b+\sqrt{b^2-4ac}}{2a}$ 和 $x_2=\frac{-b-\sqrt{b^2-4ac}}{2a}$ 中可以看出，需要定义变量 a、b、c、x_1 和 x_2。其中，x_1 和 x_2 分别用来存放两个根。另外，为了方便，可以设置一个变量 delta 存放 b^2-4ac 的值。因此，在程序的开始，需要定义的6个变量分别是 a、b、c、x_1、x_2 和 delta。代码如下：

```
float a,b,c,x1,x2,delta;      /* 定义变量,a、b、c 代表系数,x1 和 x2 代表两个根,delta 代表
                                 Δ*/
```

根据输入的 a、b、c 的值，先求出表达式 b * b－4 * a * c 的值，并赋值给 delta，即 delta＝b * b－4 * a * c。代码如下：

```
delta = b * b - 4 * a * c;                        /* 求出 Δ*/
```

然后，根据求根公式得到两个根，代码如下：

```
x1 = ( - b + sqrt(delta))/(2 * a);               /* 求出第一个根 */
x2 = ( - b - sqrt(delta))/(2 * a);               /* 求出第二个根 */
```

求一元二次方程的根的完整程序如下所示：

```
#include<stdio.h>
#include<math.h>
void main()
{
    float a,b,c,x1,x2,delta;                      /* 定义变量,a、b、c 代表系数,x1
                                                     和 x2 代表两个根,delta 代表
                                                     德尔塔 Δ*/
    printf("请输入 a、b 和 c 的值(a 不能为 0):\n");   /* 提示信息 */
    scanf("%f%f%f",&a,&b,&c);                     /* 输入 3 个数据,a 不能为 0 */
    delta = b * b - 4 * a * c;                    /* 求出 Δ*/
    x1 = ( - b + sqrt(delta))/(2 * a);            /* 求出第一个根 */
    x2 = ( - b - sqrt(delta))/(2 * a);            /* 求出第二个根 */
    printf("%.2f * x * x + %.2f * x + %.2f = 0 的两个根分别是:%.2f 和%.2f。\n",a,b,c,x1,x2);
                                                  /* 输出根 */
}
```

程序的运行结果如图 3－18 所示。

```
"E:\程序\例3_12\Debug\例3_12.exe"
请输入a、b和c的值(a不能为0):
1 -5 6
1.00*x*x+-5.00*x+6.00=0的两个根分别是:3.00和2.00。
Press any key to continue
```

图 3-18 程序运行结果

上面的程序有两个文件包含命令。也就是说，除了#include<stdio.h>之外，还有一个#include<math.h>，而后者主要包含了一些数学函数。这是因为在程序中用到了一个数学函数 sqrt (delta)，所以要将 math.h 文件包含进来。

【例 3-13】 请输入一个小写的英文字母，将该小写字母转换为相应的大写字母并输出。

```
#include<stdio.h>
void main()
{
    char c1,c2;                                    /*定义两个字符变量c1和c2*/
    printf("请输入一个小写字母(a~z):\n");          /*提示输入小写字母c1*/
    scanf("%c",&c1);                               /*输入小写字母c1*/
    c2=c1-32;                                      /*求出大写字母c2,大写字母的
                                                     ASCII码比小写字母小32*/
    printf("小写字母是%c,ASCII码是%d。\n",c1,c1);        /*输出小写字母及
                                                          ASCII码*/
    printf("%c的大写字母是%c,ASCII码是%d。\n",c1,c2,c2);  /*输出大写字母及
                                                          ASCII码*/
}
```

程序的运行结果如图 3-19 所示。

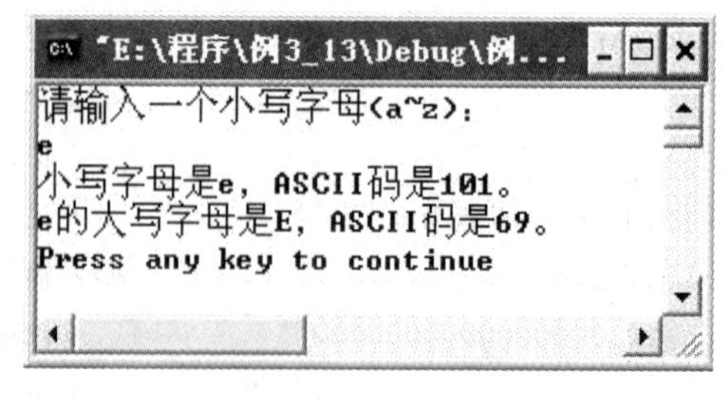

图 3-19 程序运行结果

注意：大写英文字母与对应的小写英文字母相差 32。

说明：

每一个字符都与ASCII码一一对应。大写英文字母与小写英文字母其实都是整型数据，它们之间存在着对应关系。大小写英文字母正是通过ASCII码联系起来的。小写英文字母的ASCII码比对应大写英文字母的ASCII码大32。例如，大写英文字母'A'的ASCII码是65，'a'的ASCII码是97；大写英文字母'N'的ASCII码是78，'n'的ASCII码是110。

本章小结

本章主要介绍了C语句和各种数据的输入与输出。C程序通过语句命令计算机完成相应的任务，同时，C程序也正是由一条条语句构成的。在C语言中，最为常见的语句是赋值语句，它的功能就是将数据存放到变量中。

C库函数提供的scanf函数和printf函数分别是格式化数据的输入与输出函数，可以对任何类型的数据进行输入与输出。需要注意的是，在使用scanf函数时，地址列表不能是变量名，必须是变量地址。对于字符数据的输入与输出，还可以使用专门的字符输入输出函数：getchar函数：和putchar函数，这样输入输出字符更加方便。

程序结构中，顺序结构是最简单的程序结构，它的特点是按照自上而下的顺序依次执行每一条语句。

练　习　题

选择题

1. 有以下程序：

```
#include <stdio.h
>main()
{  int a,b,c=246;
   a=c/100%9;
   b=(-1)
&&(-1);    printf("%d,%d\n",a,b);
}
```

输出结果是（　　）。

A. 2，1　　B. 3，2　　C. 4，3　　D. 2，−1

2. 数字字符0对应的ASCII值为48，若有以下程序：

```
main()
{ char a='1',b='2';
   printf("%c,",b++);
   printf("%d\n",b-a);
}
```

程序运行后的输出结果是（　　）。

A. 3，2　　B. 50，2　　C. 2，2　　D. 2，50

3. 有以下程序：

```
main()
{ char a[7] = "a0\0a0\0"; int i,j;
   i = sizeof(a);    j = strlen(a);
   printf(" %d %d\n",i,j);
}
```

程序运行后的输出结果是（　　）。

A. 2 2　　B. 7 6　　C. 7 2　　D. 6 2

4. 有以下程序：

```
main()
{   int c = 35;    printf(" %d\n",c&c);    }
```

程序运行后的输出结果是（　　）。

A. 0　　B. 70　　C. 35　　D. 1

5. 有以下程序：

```
point(char *p){p+ = 3;}
main()
{   char b[4] = {'a','b','c','d'}, *p = b;
   point(p);printf(" %c\n", *p);
}
```

程序运行后的输出结果是（　　）。

A. a　　B. b　　C. c　　D. d

6. 设有如下定义：

int a=1，b=2，c=3，d=4，m=2，n=2；

则执行表达式（m=a>b）&&（n=c>d）后，n 的值为（　　）。

A. 1　　B. 2　　C. 3　　D. 0

填空题

1. 以下程序运行时，若从键盘输入：10 20 30<回车>. 输出结果是______。

```
#include main() { int i = 0,j = 0,k = 0; scanf(" %d% *d%d",&i,&j,&k);printf(" %d%d%d
\n",i,j,k); }
```

2. 以下程序运行后的输出结果是______。

```
#define S(x) 4*x*x+1 main() { int i = 6,j = 8; printf(" %d\n",S(i+j)); }
```

3. 以下程序运行后的输出结果是______。

```
main() { int a,b,c;
   a = 10;b = 20;c = (a%b<1)||(a/b>1);
   printf(" %d %d %d\n",a,b,c);
}
```

4. 以下程序运行后的输出结果是______。

```
main()
{char c1,c2;
for(c1 = '0',c2 = '9';c1printf("\n");
```

```
}
```

5. 已知字符'A'的 ASCII 代码值为 65，以下程序运行时，若从键盘输入：B33<回车>. 则输出结果是______。

```
#include
main()
{   char a,b;
    a = getchar();      scanf("%d",&b);
    a = a - 'A' + '0';      b = b * 2;
    printf("%c %c\n",a,b);
}
```

6. 以下程序的输出结果是______。

```
main()
{ int a = 1, b = 2;
a = a + b; b = a - b; a = a - b;
printf("%d,%d\n", a, b );
}
```

7. 下列程序的输出结果是 16.00，请填空。

```
main()
{ int a = 9, b = 2;             float x = ______, y = 1.1,z;
z = a/2 + b * x/y + 1/2;        printf("%5.2f\n", z );
}
```

8. 语句：x++;? ++x; x=x+1;? x=l+x;，执行后该语句都使变量 x 中的值增 1，请写出一条同一功能的赋值语句（不得与列举的相同）；______。

编程题

1. 输入 3 个整数，求它们的和及平均值。

2. 设圆的半径 $r=1.5$，圆柱高 $h=3$，编写程序求圆周长、圆面积、圆球表面积、圆柱体积。用 scanf 函数输入数据，输出计算结果，输出时要有文字说明。(取小数点 2 位数字。)

3. 编写程序，求三角形的面积。(提示：三角形面积 $s=\sqrt{l\ (1-a)\ (1-b)\ (1-c)}$，其中 a、b、c 分别是三角形的 3 个边长，$l=\dfrac{a+b+c}{2}$。)

第4章 选择结构程序设计

■ **本章导读**

在实际生活中，我们经常会面临一些选择性的问题。例如，从A地到达B地有多条路径，可以选择其中一条；某地发生重大事故，急需救援，救援的方案有多个，需要选择一个最佳的方案。这些问题都是选择程序设计在生活中的体现。在C语言中，根据判断的结果选择一个语句执行，这样的程序被称为选择结构程序设计或分支结构程序设计。C语言中的选择结构分为两种：if选择结构和switch选择结构。

■ **学习目标**

(1) 掌握if语句的3种形式；

(2) 理解switch语句的语法结构；

(3) 学会break和continue的作用与使用方法。

4.1 if语句

if语句是用来判断所给的条件是否满足，然后根据判断的结果来决定要执行给出的两种操作中的哪一种。由if语句构成的程序一般分成3种结构：单分支选择结构、双分支选择结构和多分支选择结构。

4.1.1 if语句

if语句的单分支选择结构的一般形式如下：

```
if(表达式)
语句A;
```

其中，表达式可以是逻辑表达式或关系表达式。如果表达式的值为真，则执行语句A；否则，不执行。语句A是一个复合语句时，需要使用一对花括号将其括起来。如果语句A是一个简单语句，则不需要使用花括号。

if选择结构的流程图如图4-1所示。

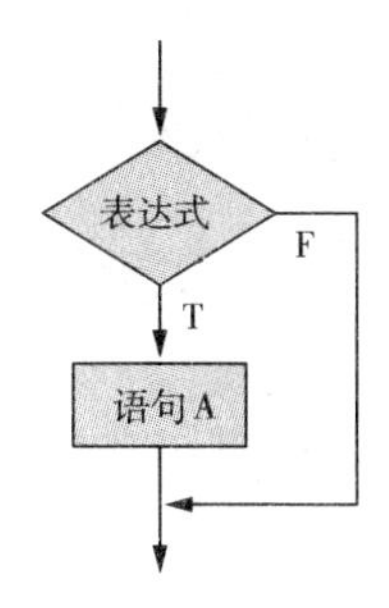

图 4-1 if 选择结构程序流程图

在图 4-1 中，使用菱形框作为判断条件，长方形框作为一般语句。T 表示满足判定条件即表达式为真，F 表示表达式为假。当表达式为真时，执行语句 A；当表达式为假时，跳过语句 A 继续执行其后语句。

例如，

```
if(x<y)                                 /* 如果 x<y */
    printf("%d\n",x);                   /* 则输出 x */
```

这里，if 相当于汉语中的“如果”。上面的代码可以理解为：如果 x 小于 y，就输出 x。

【例 4-1】 通过键盘输入两个不同实数，按照从小到大的顺序输出这两个数。

分析： 输入两个数，可以先存放到变量 x 和 y 中。按照顺序输出两个数方法有两种：一种是不改变 x 和 y 的值，使用两个输出语句；另一种是交换 x 和 y 的值，使用一个输出语句。

(1) 第一种实现方法

要想按照从小到大的顺序输出这两个数，需要用 if 进行两次判断：

① x<y，先输出 x，然后输出 y。

```
if(x<y)                                 /* 如果 x<y */
    printf("%f,%f\n",x,y);              /* 先输出 x 后输出 y */
```

上面的代码可以理解为：如果 x<y，则先输出 x，然后输出 y。

② x>y，先输出 y，然后输出 x。

```
if(x>y)                                 /* 如果 x>y */
    printf("%.2f,%.2f\n",y,x);          /* 先输出 y 后输出 x */
```

上面的代码可以理解为：如果 x>y，则先输出 y，然后输出 x。

相应的流程图如图 4-2 所示。

根据流程图，很容易得到相应的程序。代码如下：

```
#include<stdio.h>
void main()
{
    float x,y;                              /* 定义了 2 个浮点数 */
    printf("请输入两个数(逗号分隔):\n");    /* 输入提示信息 */
    scanf("%f,%f",&x,&y);                   /* 输入两个浮点数 x 和 y */
```

```
    if(x<y)                                                   /*如果x<y,先输出x后输出y*/
        printf("从小到大的顺序输出:%.2f,%.2f\n",x,y);          /*按照从小到大的顺序输出
                                                                 x和y*/
    if(x>y)                                                   /*如果x>y,先输出y后输
                                                                 出x*/
        printf("从小到大的顺序输出:%.2f,%.2f\n",y,x);          /*按照从小到大的顺序输出
                                                                 y和x*/
}
```

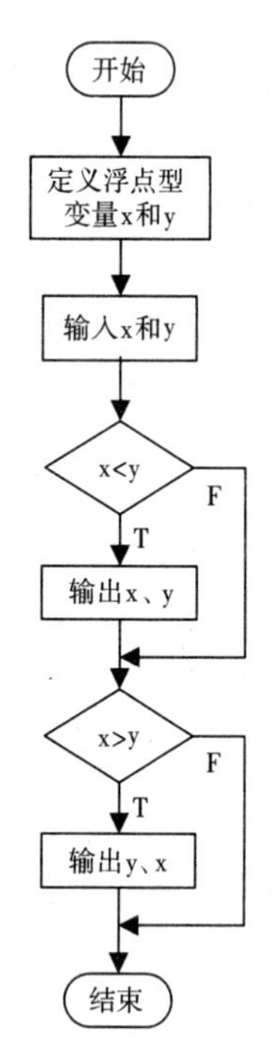

图 4-2 按照从小到大的顺序输出 x 和 y 的流程图

程序的运行结果如图 4-3 所示。

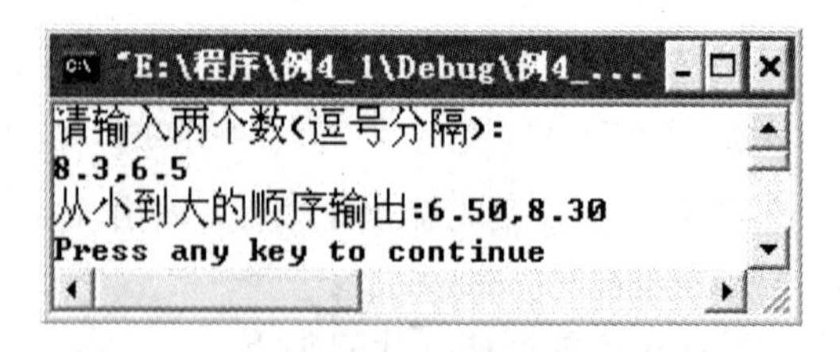

图 4-3 程序运行结果

上面的程序是根据两个数的大小，通过使用两个输出语句来实现的，其间并没有改变变量 x 和 y 的值。

(2) 第二种实现方法

具体方法是通过 if 语句判断 x 和 y 的大小。如果 x>y，需要交换 x 和 y 的值；否则，不交换，直接输出 x 和 y 的值。例如，输入 8.3，6.5，因为 8.3>6.5，所以需要

交换 x 和 y 的值。交换前 x 的值是 8.3，y 的值是 6.5；交换后 x 的值是 6.5，y 的值是 8.3。在程序设计中经常会交换两个变量的值，同时还需要定义一个临时变量 temp 用来保存交换过程中的数据。具体的交换过程代码如下：

```
temp = x;                     /* 第 1 步,将 x 存入到临时变量 temp 中 */
x = y;                        /* 第 2 步,将 y 存放到变量 x 中 */
y = temp;                     /* 第 3 步,将 temp 中的值存入到变量 y 中 */
```

交换两个数一定是按照下面两个步骤完成的：

① 将第 2 个数（y 的值）存入到第 1 个变量 x 中。

② 将第 1 个变量 x 中的值存入到变量 y 中。

注意：将第 2 个数存入到变量 x 中时，x 中原来的值即第 1 个数就不存在了。因此，若不使用临时变量 temp，就无法完成第 2 步，即将 x 中的值存放到变量 y 中。

实现交换 x 和 y 的过程如图 4-4 所示。

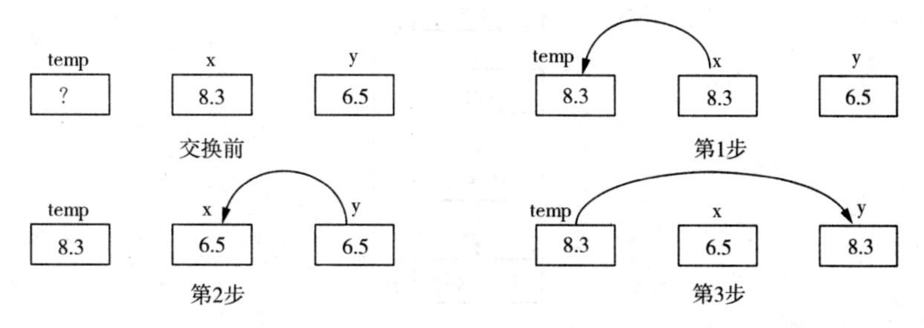

图 4-4　交换 x 和 y 的过程

同时还要注意的是，不能直接使用下面两个赋值语句来实现交换 x 和 y：

```
x = y;                        /* 第 1 步,将 y 存入到临变量 x 中 */
y = x;                        /* 第 2 步,将 x 存放到变量 y 中 */
```

通过交换 x 和 y 两个数，按照从小到大的顺序输出这两个数的程序流程图如图 4-5 所示。

程序的具体实现代码如下：

```
#include<stdio.h>
void main()
{
    float x,y,temp;                          /* 定义了 3 个浮点数 */
    printf("请输入两个数(逗号分隔):\n");     /* 输入提示信息 */
    scanf("%f,%f",&x,&y);                    /* 输入两个浮点数 x 和 y */
    if(x>y)                                  /* 如果 x>y,需要交换两个数据 */
    {
        temp = x;                            /* 先将 x 存入到临时变量 temp 中 */
        x = y;                               /* 然后将 y 存放到变量 x 中 */
        y = temp;                            /* 最后将 temp 中的值存入到变量 y 中 */
    }
```

```
    printf("从小到大的顺序输出：%.2f，%.2f\n",x,y);      /*按照从小到大的顺序输出 x 和
                                                        y*/
}
```

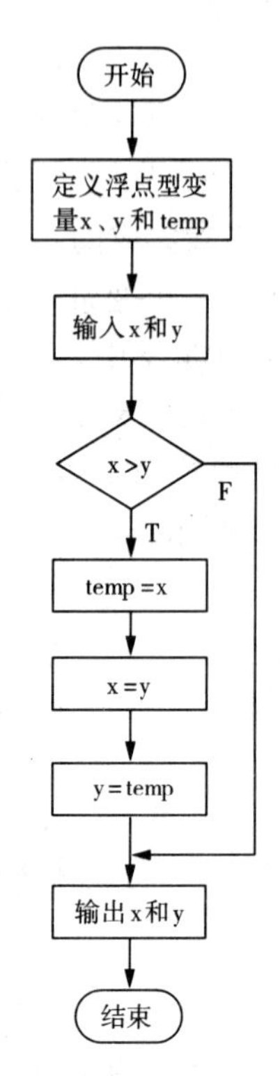

图 4-5　通过交换 x 和 y，按照从小到大的顺序输出两个数的流程图

程序的运行结果如图 4-6 所示。

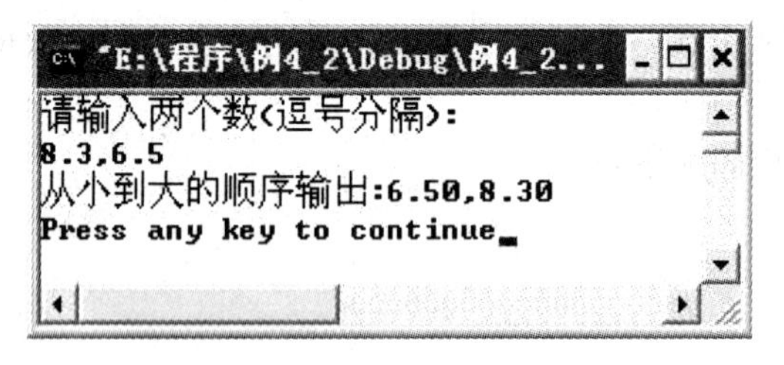

图 4-6　程序运行结果

4.1.2　if-else 语句

if 选择结构是一个单分支选择结构，而 if-else 是一个双分支选择结构。if-else 语句的一般形式如下：

```
if(表达式)
语句 A;
else
```

```
    语句 B;
```

如果表达式的值为真，则执行语句 A；否则执行语句 B。

例如，if 中的表达式是 x＞30，则 else 就表示 x＜＝30。根据表达式的值，选择其中一个语句执行，因此，if－else 是一个双分支的选择语句。值得注意的是，if－else 语句是一个整体，不能只有 else 而没有 if。

if－else 语句的执行流程如图 4－7 所示。

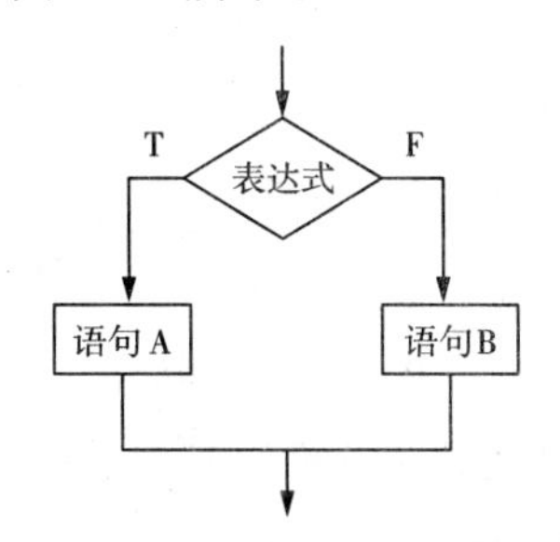

图 4－7　if－else 语句的流程图

【例 4－2】　通过键盘输入两个不同实数，按照从小到大的顺序输出这两个数。

分析：为了说明 if－else 选择语句的使用情况，我们仍然采用第一种方法，即不修改 x 和 y 中的值，按照从小到大的顺序输出这两个数。使用 if 判断 x 和 y 的大小，如果 x＜y，则先输出 x 然后输出 y；否则，先输出 y 然后输出 x。相应的代码如下：

```
if(x<y)                                /* 如果 x<y */
    printf("%.2f,%.2f\n",x,y);         /* 先输出 x 后输出 y */
else                                   /* 否则,即当 x>y */
    printf("%.2f,%.2f\n",y,x);         /* 先输出 y 后输出 x */
```

程序的流程图如图 4－8 所示。

使用 if－else 选择结构的程序如下所示：

```
#include<stdio.h>
void main()
{
    float x,y;                                  /* 定义了 2 个浮点数 */
    printf("请输入两个数(逗号分隔):\n");          /* 输入提示信息 */
    scanf("%f,%f",&x,&y);                       /* 输入两个浮点数 x 和 y */
    if(x<y)                                     /* 如果 x<y,先输出 x 后输出 y */
        printf("从小到大的顺序输出:%.2f,%.2f\n",x,y);   /* 按照从小到大的顺序输出
                                                          x 和 y */
    else                                                /* 否则,即 x>y,先输出 y 后
                                                          输出 x */
        printf("从小到大的顺序输出:%.2f,%.2f\n",y,x);   /* 按照从小到大的顺序输出
                                                          y 和 x */
}
```

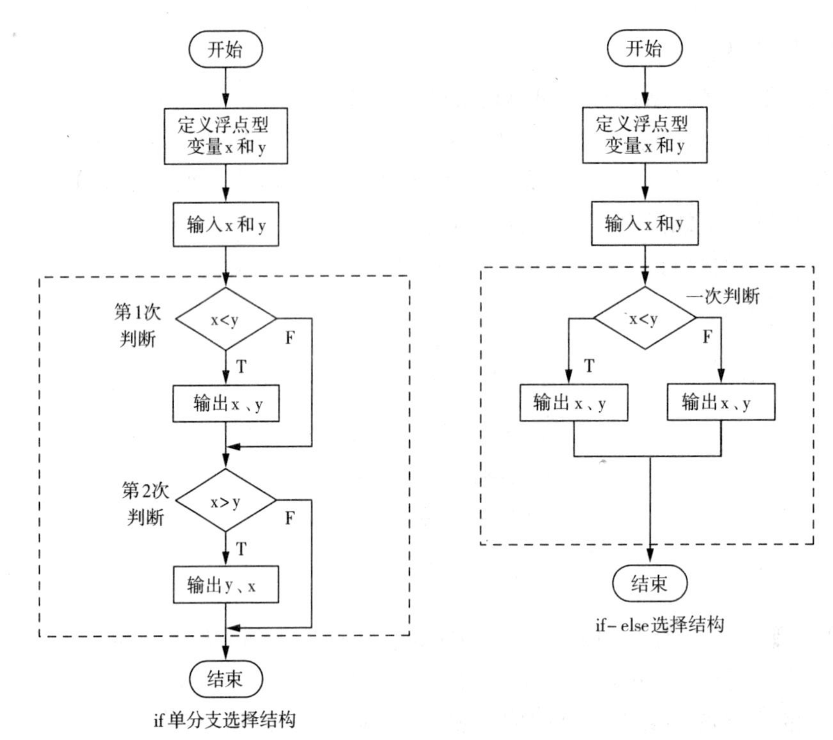

图 4－8　if 选择结构与 if－else 选择结构程序流程图

程序的运行结果如图 4－9 所示。

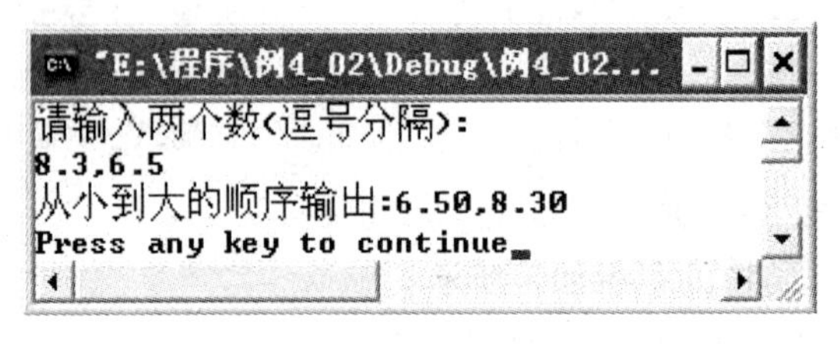

图 4－9　程序运行结果

4.1.3　if－else if－…－else 选择语句

if－else if－…－else 是多分支选择结构，它的一般形式如下：

```
if(表达式 1)
语句 1;
else if(表达式 2)
    语句 2;
else if(表达式 3)
    语句 3;
…
else if(表达式 n)
    语句 n;
```

```
else
    语句n+1;
```

例如：

```
if(x<1)                          /*如果x<1*/
    y=x+4;                       /*y=x+4*/
else if(x<=4)                    /*如果1≤x≤4*/
    y=6*x-1;                     /*y=6x-1*/
else                             /*如果x>4*/
    y=4*x*x-41;                  /*y=4x²-41*/
```

第1个else表示与前面的if中的x<1相反，暗指x≥1，而后面的if（x<=4）是第2个表达式的条件。将else与if放在一块，else if（x≤4）则表示1≤x≤4。最后的else表示与前面else if中的条件相反，即表示x>4。

if—else if—…—else多分支选择结构（假设有4个条件）的流程图如图4-10所示。

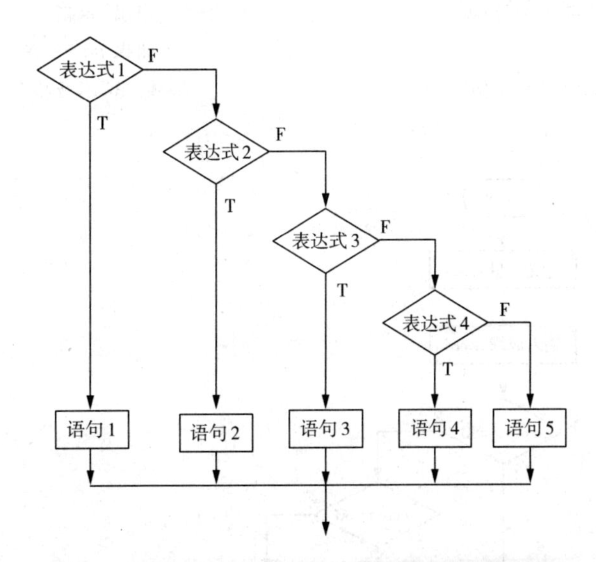

图4-10 if—else if—…—else选择结构的流程图

【例4-3】 使用if—else if—…—else多分支选择结构编写程序，对输入的学生成绩按照90～100为优秀，80～90（不包括90）为良好，70～80（不包括80）为一般，60～70（不包括70）为及格，0～60（不包括60）为不及格进行划分等级。

分析： 假设score表示成绩，需要将成绩划分为以下几个分数段：score>=90、score>=80&&score<90、score>=70&&score<80、score>=60&&score<70、score<60。具体步骤如下：

程序流程图如图4-11所示。

相应的程序如下所示：

```
#include<stdio.h>
```

```
void main()
{
    float score;                            /* 定义变量 score 表示成绩 */
    printf("请输入一个学生成绩(0～100)\n");
    scanf("%f",&score);                     /* 输入成绩赋给 score */
    if(score>=90)                           /* 如果 score>=90 */
        printf("优秀\n");                   /* 输出"优秀" */
    else if(score>=80)                      /* 如果 score 在 80～90(不包括 90)之
                                               间 */
        printf("良好\n");                   /* 输出"良好" */
    else if(score>=70)                      /* 如果 score 在 70～80(不包括 80)之
                                               间 */
        printf("一般\n");                   /* 输出"一般" */
    else if(score>=60)                      /* 如果 score 在 60～70(不包括 70)之
                                               间 */
        printf("及格\n");                   /* 输出"及格" */
    else                                    /* 如果 score 在 60 以下 */
        printf("不及格\n");                 /* 输出"不及格" */
}
```

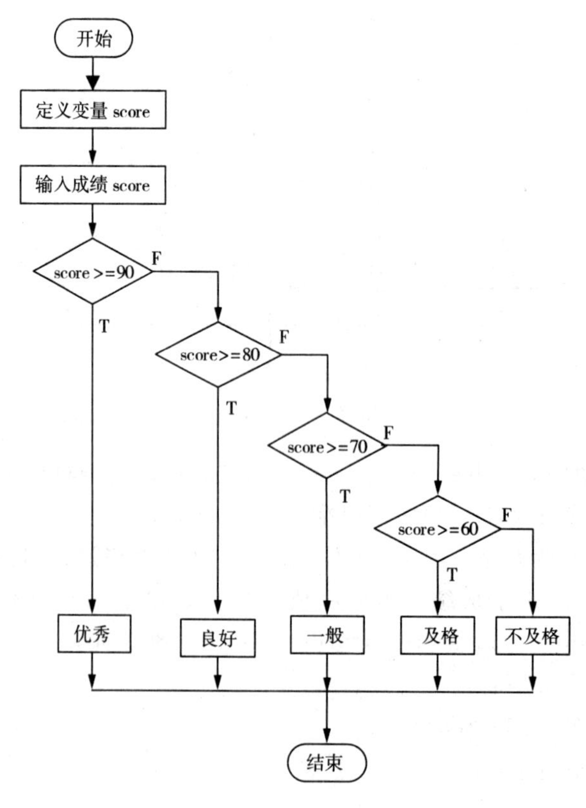

图 4-11　划分学生等级程序流程图

程序运行结果如图4-12所示。

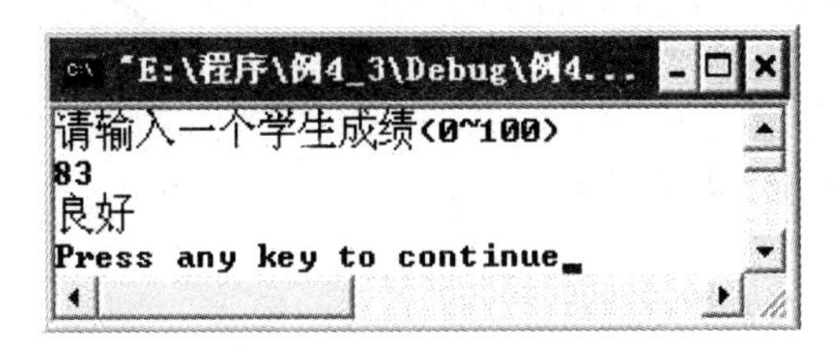

图4-12　程序运行结果

4.1.4　if语句的嵌套

对于更为复杂的程序，需要对if语句进行嵌套。if语句的嵌套就是在if语句里面仍然有if语句。if选择语句的嵌套格式如下：

```
if(表达式1)
if(表达式2)
语句1;
else
语句2;
else
if(表达式3)
        语句3;
else
        语句4;
```

在嵌套的if语句中，else总是与最近的前面if配对使用。嵌套形式if语句的配对关系如图4-13所示。

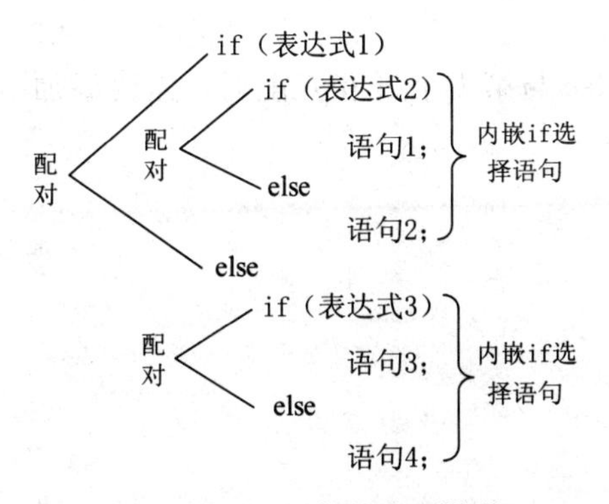

图4-13　if语句的嵌套说明

例如，求a、b、c三者中的最大者，代码如下：

```
if(a<b)
    if(b<c)
        printf("最大者是:%d\n",c);
```

```
        else
            printf("最大者是：%d\n",b);
    else
        if(a<c)
            printf("最大者是：%d\n",c);
        else
            printf("最大者是：%d\n",a);
```

其中，代码的第1行的if与第6行的else相互配对，第2行的if与第4行的else相互配对，第7行的if与第9行的else相互配对。

注意：

一般情况下，将相互配对的if和else放在同一列。这样，程序的结构就会很清晰。

但并不是说，将if与else放在同一列时它们就相互配对。例如，在下面的代码中，尽管将第1个else与第1个if放在同一列，希望它们配对。但实际上，第1个else与第2个if相互配对，这是因为第2个if是它前面最近的if。

```
if(表达式1)
if(表达式2)
语句1;
else
if(表达式2)
        语句2;
else
        语句3;
```

如果仍希望第1个else与第1个if相互配对，需要添加一对花括号来实现想要的配对方式。

```
if(表达式1)
{
if(表达式2)
语句1;
}
else
{
if(表达式2)
        语句2;
else
        语句3;
}
```

这样，花括号外面的第1个else就与第1个if相互配对了。

【例4-4】 通过键盘输入一个年份，判断是否是闰年。

分析：判断是否是闰年的程序流程图如图4-14所示。

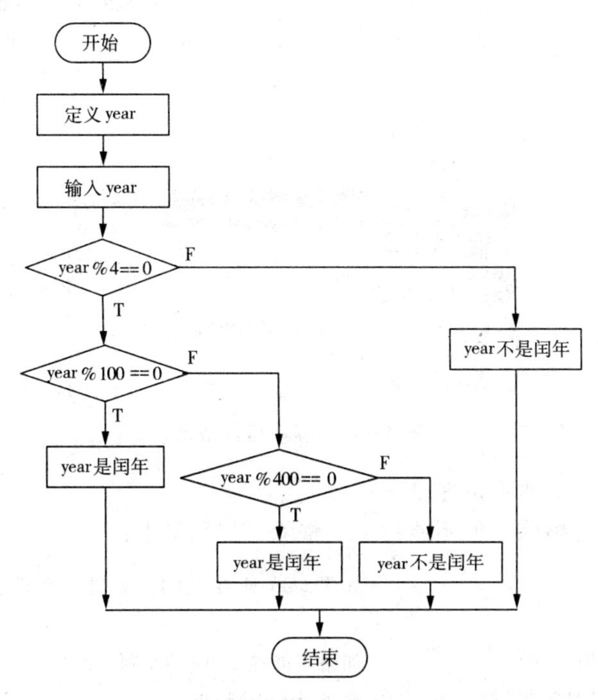

图4-14 判断是否是闰年的程序流程图

相应的程序如下所示：

```
#include<stdio.h>
void main()
{
    int year;                                /*定义变量year表示年份*/
    printf("请输入1个年份:\n");
    scanf("%d",&year);                       /*输入年份*/
    if(year%4==0)                            /*如果year能被4整除,需要继续判
                                               断是否能被100整除*/
    {
        if(year%100!=0)                      /*如果year不能被100整除*/
            printf("%d年是闰年。\n",year);    /*year是闰年*/
        else                                 /*如果year能被100整除,还需要判
                                               断是否能被400整除*/
        {
            if(year%400==0)                  /*如果year能被400整除*/
                printf("%d年是闰年。\n",year); /*year是闰年*/
            else                             /*如果year不能被400整除*/
```

```
                printf("%d年不是闰年。\n",year);   /* year 不是闰年 */
            }
        }
        else                                        /* 如果 year 不能被 4 整除 */
            printf("%d年不是闰年。\n",year);       /* year 不是闰年 */
}
```

程序的运行结果如图 4-15 所示。

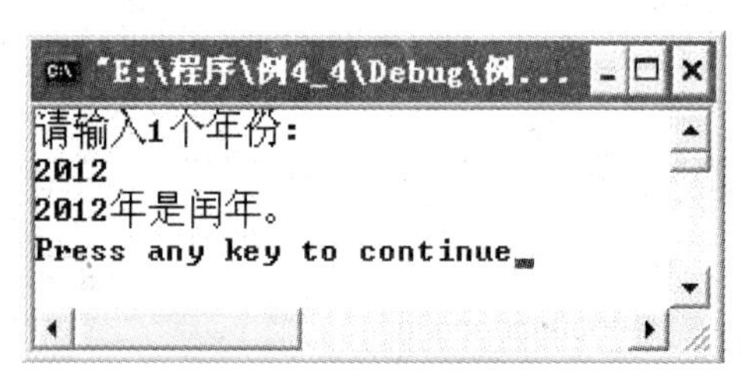

图 4-15 程序运行结果

闰年必须满足以下两个条件之一：

(1) year 能被 4 整除，但不能被 100 整除。代码如下：

```
if(year%4==0)                  /* 如果 year 能被 4 整除,则继续判断是否能被 100 整除 */
{
    if(year%100!=0)            /* 如果不能被 100 整除,则是闰年 */
        printf("是闰年");       /* 输出 year 是闰年 */
    else                       /* 如果能被 100 整除,则不一定是不是闰年 */
        printf("还需要继续判断是否能被 400 整除");
}
else                           /* 如果 year 不能被 4 整除,则 year 不是闰年 */
    printf("不是闰年");         /* 输出 year 不是闰年 */
```

(2) year 能被 4 整除，也能被 400 整除。代码如下：

```
if(year%4==0)                  /* 如果 year 能被 4 整除,则继续判断是否能被 400 整除 */
{
    if(year%400==0)            /* 如果也能被 400 整除,则是闰年 */
        printf("是闰年");       /* 输出 year 是闰年 */
    else                       /* 如果不能被 400 整除,则不是闰年 */
        printf("不是闰年");     /* 输出 year 不是闰年 */
}
else                           /* 如果 year 不能被 4 整除,则 year 不是闰年 */
    printf("不是闰年");         /* 输出 year 不是闰年 */
```

将上面两个代码重复的部分进行合并。合并后的代码如下所示：

```
if(year%4==0)                  /* 如果 year 能被 4 整除,则继续判断是否能被 100 整除 */
{
```

```
    if(year % 100! = 0)            /* 如果不能被 100 整除,则是闰年 */
        printf("是闰年");          /* 输出 year 是闰年 */
    else                           /* 如果能被 100 整除,需要继续判断是否能被 400 整除 */
    {
        if(year % 400 = = 0)
            printf("是闰年");      /* 输出 year 是闰年 */
        else
            printf("不是闰年");    /* 输出 year 不是闰年 */
    }
}
else                               /* 如果 year 不能被 4 整除,则 year 不是闰年 */
    printf("不是闰年");            /* 输出 year 不是闰年 */
```

在上面的程序中，每经过一次判断，就输出相应的结果。即在每一个 if 和 else 判断条件的后面，都要有一个输出语句。在程序设计中，如果遇到这种情况，往往可以设置一个变量作为标记，称为标志变量。设置标志变量的好处：只需要在程序的最后输出判断结果；减少调用输出语句的次数。

通过在程序中增加标志变量 flag，可以将以上程序修改如下：

```
#include<stdio.h>
void main()
{
    int year,flag;                     /* 定义变量,year 表示年份,flag 表示闰年的标
                                          志 */
    printf("请输入 1 个年份:\n");
    scanf("%d",&year);                 /* 输入年份 */
    if(year % 4 = = 0)                 /* 如果 year 能被 4 整除,需要继续判断是否能被
                                          100 整除 */
    {
        if(year % 100! = 0)            /* 如果 year 不能被 100 整除 */
            flag = 1;                  /* 标志变量 flag 置为 1 */
        else                           /* 如果 year 能被 100 整除,还需要判断是否能被
                                          400 整除 */
        {
            if(year % 400 = = 0)       /* 如果 year 能被 400 整除 */
                flag = 1;              /* 标志变量 flag 置为 1 */
            else                       /* 如果 year 不能被 400 整除 */
                flag = 0;              /* 标志变量 flag 置为 0 */
        }
    }
    else                               /* 如果 year 不能被 4 整除 */
        flag = 0;                      /* 标志变量 flag 置为 0 */
    if(flag = = 1)                     /* flag 为 1,表示闰年 */
```

```
        printf("%d年是闰年。\n",year);   /*year是闰年*/
    else                                 /*flag为0,表示不是闰年*/
        printf("%d年不是闰年。\n",year); /*year不是闰年*/
}
```

程序运行结果如下：

```
2012<回车>
2012年是闰年。
```

常见错误：

在上面程序中，if（flag==1）不可以写成if（flag=1）。因为flag=1是一个赋值表达式，也就是说，不管输入什么数据，if（flag=1）都为真，所以总会执行printf("%d年是闰年。\n",year);语句。

在判断year是否是闰年的过程中，也可以使用一个逻辑表达式进行判断。这样程序会变得更加简洁，代码如下：

```
if((year%4==0&&year%100!=0)||(year%400==0))  /*通过一个逻辑表达式判断是否是
                                                闰年*/
    flag=1;                                   /*flag置为1,表示闰年*/
else
    flag=0;                                   /*flag置为0,表示不是闰年*/
```

4.1.5 条件运算符

在if语句中，若无论表达式的值为“真”或“假”都要执行一个赋值语句且向同一个变量赋值时，可以用一个条件运算符来处理。

例如，有以下if语句：

```
if(a>b)
    max=a;
else
    max=b;
```

当a>b时，将a的值赋给max；当a≤b时，将b的值赋给max。无论a>b是否满足，都要对同一个变量赋值。以上语句可用条件运算符实现：

```
max=(a>b)?a:b;
```

其中，“max=（a>b)？a：b”就是一个条件表达式。如果a>b的值为真，则条件表达式的值为a，否则，条件表达式的值为b。

条件表达式由条件运算符构成。条件运算符要求有3个操作对象，它是唯一的三目运算符，是C语言中比较特殊的运算符。

条件表达式的一般形式如下：

```
表达式 1? 表达式 2:表达式 3
```

条件表达式中运算符的执行顺序是：先求表达式 1 的值，如果表达式 1 的值为真（非 0），则求解表达式 2，这时，表达式 2 的值就是整个条件表达式的值。如果表达式 1 的值为假（为 0），则求解表达式 3，这时，表达式 3 的值就是整个条件表达式的值。条件表达式的执行过程如图 4-16 所示。

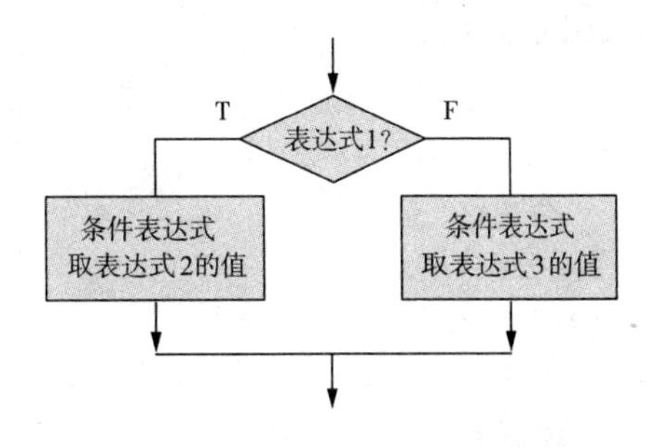

图 4-16　条件表达式的执行过程

例如：

```
min = a<b? a:b;
```

假设 a=7，b=8。先求表达式 1，即 a<b 的值。由 a=7，b=8，可知 a<b 的值为真。故表达式 2 的值就是条件表达式的值，即条件表达式的值就是 7。

【例 4-5】　输入整型变量 a、b、c 的值，求出 a、b、c 三者中的最大的一个，并输出。

```
#include<stdio.h>
void main()
{
    int a,b,c,max;                              /*定义变量 a、b、c 和 max*/
    printf("输入 a、b、c 的值:\n");
    scanf("%d,%d,%d",&a,&b,&c);                 /*输入变量 a、b、c 的值*/
    max = c>(a>b? a:b)? c:(a>b? a:b);           /*求 a、b、c 的最大的一个赋值
                                                  给 max*/
    printf("max = %d\n",max);                   /*输出 max*/
}
```

程序运行结果如图 4-17 所示。

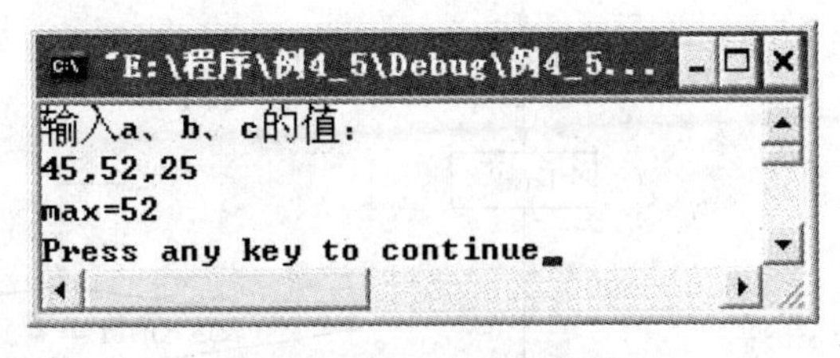

图 4-17　程序运行结果

4.2　switch 语句

switch 语句是一种多分支选择语句。在实际问题中，如果分支过多，使用 if 选择语句的程序会很冗长，可读性也相应降低。在这种情况下，通过选择 switch 语句，程序的结构就会很清晰。

switch 语句的一般形式如下：

```
switch(表达式)
{
case  常数表达式 1：
      语句 1；
      break；
case  常数表达式 2：
      语句 2；
      break；
…
case  常数表达式 n：
      语句 n；
      break；
default：
      语句 n + 1；
      break；
}
```

例如，6、3+4、5—6、'X'—'D'都是常数表达式。另外，最后一个 break 可以省略。switch 语句后面的表达式可以是任意类型的表达式，而 case 后面的常数表达式则是 switch 后面表达式可能取的值。

switch 语句的程序流程图如图 4 - 18 所示。

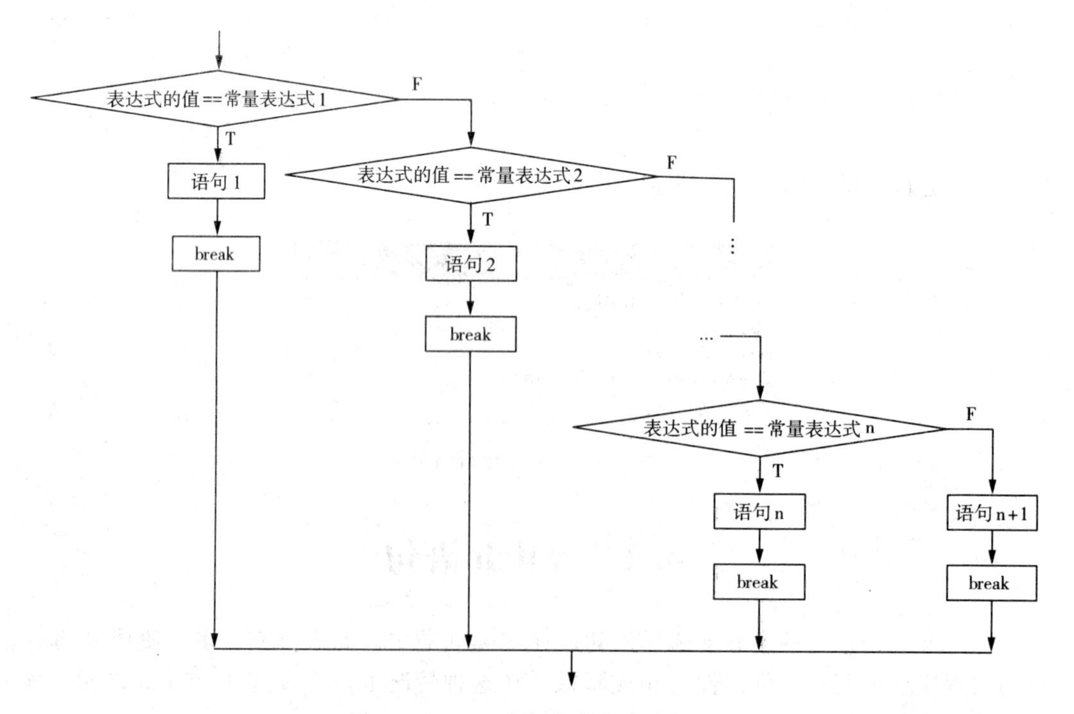

图 4 - 18　switch 语句的程序流程图

其中，break 语句的作用就是当执行完某一个 case 语句之后，跳出 switch 结构，不再执行其后的 case 语句。下面对 switch 进行一些说明：

● 当表达式的值与花括号中某一个 case 后面的常数表达式的值相等时，就执行此 case 后面的语句。

● 如果所有 case 后面的常数表达式的值都不与 switch 语句中表达式的值相等，则执行最后 default 后面的语句。

● 各个 case 和 default 的出现次序可以是任意的，不影响执行结果。

● 在每一个 case 和 default 后面的语句最后，都有一个 break 语句。它表示当执行完当前的 case 语句之后，不再执行其后的 case 语句。

● case 后面的常数表达式必须是整型、字符型、枚举类型。注意，不可以是浮点类型。

【例 4-6】 通过键盘输入一个学生的成绩（0～100），按照以下规则对学生成绩划分等级。

学生成绩≥90，等级为‘A’

80≤学生成绩<90，等级为‘B’

70≤学生成绩<80，等级为‘C’

60≤学生成绩<70，等级为‘D’

学生成绩<60，等级为‘E’。

分析： 下面我们使用 switch 语句处理该多分支的情况。先定义浮点型变量 score 和整型变量 grade。其中，score 表示输入的学生成绩，grade 作为 switch 后面的表达式判断条件。在用 switch 语句之前，需要先将 score 除以 10 并取整，即 grade＝（int）(score/10)。

● 为什么将 score 除以 10

这是因为 score 的数值范围是 0～100 之间的所有浮点数，而我们只需要知道 score 在哪一个区间就可以判断出该成绩的等级，不需要知道具体的成绩。

学生成绩的等级按照区间 90≤score<100、80≤score<90、70≤score<80、60≤score<70、0≤score<60 进行划分，每一个区间都有 10 个整数（除了区间 90≤score<100 和 0≤score<60）。如果将 score 除以 10，那么就可以将要处理的数据缩小在一个小的区间内，从而减少处理的范围。将 score 除以 10 后，得到的区间就是 [9 10)、[8 9)、[7 8)、[6 7)、[0 6)。

这样，任何一个 0～100 之间的浮点数，都会落在上面的某一个区间内。不会出现一个数位于两个或多个区间。例如，78.5 经过处理后在 [7 8) 中，50.6 经过处理位于 [0 6) 中。

● 为什么要取整

这是因为 case 后的常数表达式必须是整型、字符型、枚举类型，而不能是浮点型，所以要取整处理。如果将 score/10 取整后，将得到整型数据 10、9、8、7、6、5、4、3、2、1、0。因此，我们只需要对这 11 个整数进行处理就可以了。

经过分析，得到如图 4-19 所示的程序流程图。

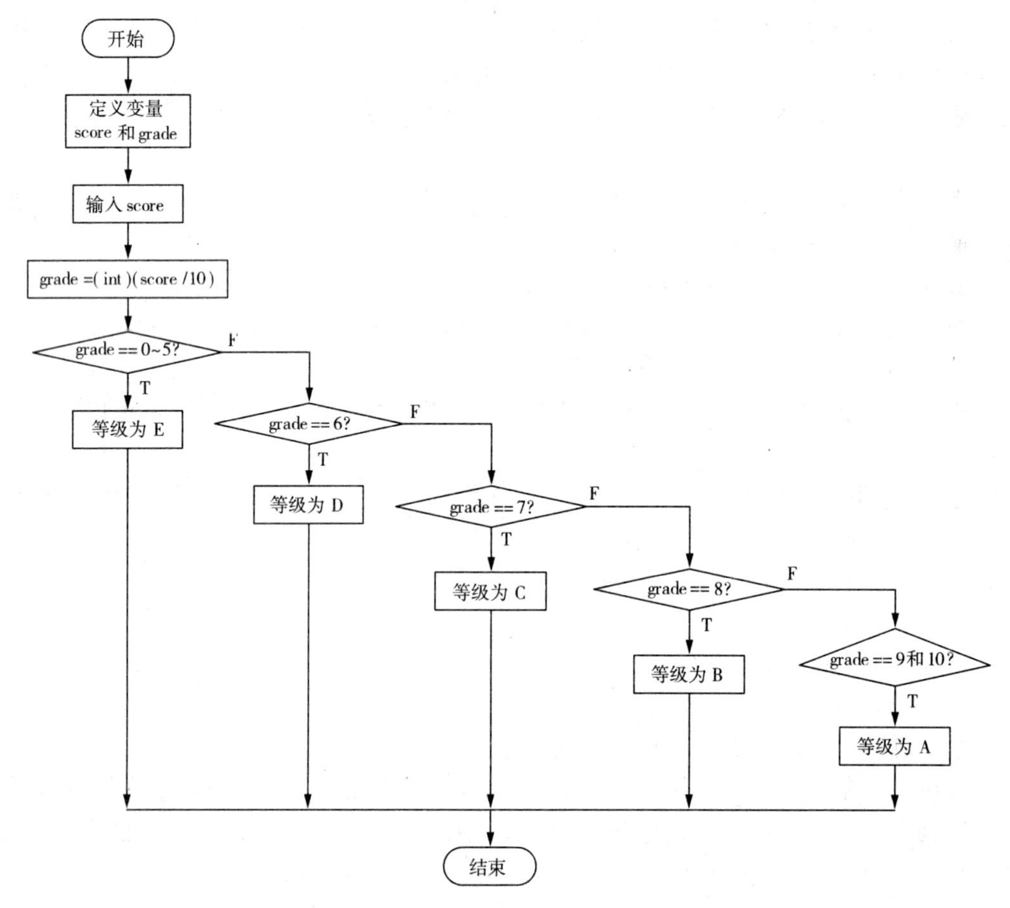

图 4-19　使用 switch 语句划分成绩等级的程序流程图

完整处理学生成绩等级的程序如下。

```
#include<stdio.h>
void main()
{
    float score;
    int grade;
    printf("请输入一个学生成绩:\n");
    scanf("%f",&score);
    grade = (int)(score/10);
    switch(grade)
    {
    case 0:                    /* 成绩在 10 分以下 */
    case 1:                    /* 成绩在 20 分以下 */
    case 2:                    /* 成绩在 30 分以下 */
    case 3:                    /* 成绩在 40 分以下 */
    case 4:                    /* 成绩在 50 分以下 */
    case 5:                    /* 成绩在 60 分以下 */
```

```
        printf("等级为 E.\n");
        break;
    case 6:                         /* 成绩在 60 分以上 70 分以下,包括 60 分 */
        printf("等级为 D.\n");
        break;
    case 7:                         /* 成绩在 70 分以上 80 分以下,包括 70 分 */
        printf("等级为 C.\n");
        break;
    case 8:                         /* 成绩在 80 分以上 90 分以下,包括 80 分 */
        printf("等级为 B.\n");
        break;
    case 9:                         /* 成绩在 90 分以上,包括 90 分 */
    case 10:                        /* 成绩为 100 分 */
        printf("等级为 A.\n");
    break;
    }
}
```

程序的运行结果如图 4-20 所示。

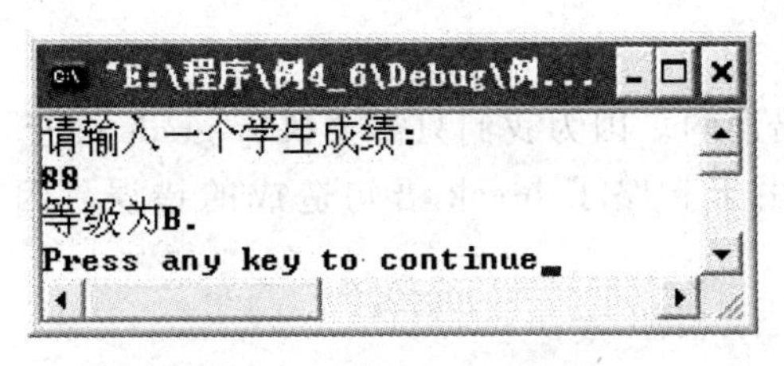

图 4-20 程序运行结果

注意，虽然 0、1、2、3、4、5 是连续的 6 个数，但是不能写成下面的代码形式：

```
case 0,1,2,3,4,5:
    printf("等级为 E.\n");
    break;
```

在 switch 选择结构中，每一个 case 语句的后面都有一个 break 语句。break 语句是不可以省略的，它的作用是跳出 switch 语句，使其后的 case 不再执行。如果省略了 break 语句，上面的程序会变成如下形式：

```
switch(grade)
    {
    case 0:
    case 1:
    case 2:
    case 3:
    case 4:
```

```
    case 5:
        printf("等级为 E.\n");
    case 6:
        printf("等级为 D.\n");
    case 7:
        printf("等级为 C.\n");
    case 8:
        printf("等级为 B.\n");
    case 9:
    case 10:
        printf("等级为 A.\n");
    }
```

这时，如果输入的 score 是 63，则执行 case 6 后的语句。但当输出“等级为 D”后，由于没有 break 语句，程序会继续执行下一行代码，即第 12 行的 case 7 后面的语句。此时，不再进行判断，后面的语句都会执行。执行的结果如下：

```
等级为 D.
等级为 C.
等级为 B.
等级为 A.
```

这个结果显然是错误的。因为我们只需要执行 grade 等于 6 的情况，不需要执行后面的语句。这就是由于省略了 break 语句造成的错误。因此，不可以省略 break 语句。

4.3 程序举例

【例 4-7】 编写一个程序，实现对某天为当年第几天的计算。时间由键盘随意以年月日的格式输入。如果输入的格式不正确，则显示结果为第 0 天。

分析：应用 if 语句判断当年是闰年与平年。如果输入的是闰年，2 月的天数为 29 天。否则，2 月天数为 28 天。

程序代码如下：

```
#include<stdio.h>
void main()
{
    int year, month, day, num = 0;                    /*定义整型变量,用于存储日期*/
    printf("输入日期:(2000 12 13):");
    scanf("%d%d%d", &year, &month, &day);             /*输入年、月、日*/
    if ((year % 4 == 0 && year % 100 != 0) || (year % 400 == 0))
    {
        switch (month)
```

```
            {
            case 1: num = day;break;
            case 2: num = 31 + day;break;
            case 3: num = 31 + 29 + day; break;
            case 4: num = 31 + 29 + 31 + day;break;
            case 5:num = 31 + 29 + 31 + 30 + day;break;
            case 6: num = 31 + 29 + 31 + 30 + 31 + day;break;
            case 7:num = 31 + 29 + 31 + 30 + 31 + 30 + day;break;
            case 8: num = 31 + 29 + 31 + 30 + 31 + 30 + 31 + day;break;
            case 9: num = 31 + 29 + 31 + 30 + 31 + 30 + 31 + 31 + day;break;
            case 10: num = 31 + 29 + 31 + 30 + 31 + 30 + 31 + 31 + 30 + day;break;
            case 11: num = 31 + 29 + 31 + 30 + 31 + 30 + 31 + 31 + 30 + 31 + day;break;
            case 12: num = 31 + 29 + 31 + 30 + 31 + 30 + 31 + 31 + 30 + 31 + 30 + day;break;
            default: break;
        }
        printf("这一天为当年的第 %d 天\n", num);
    }
else
{
        switch (month)
            {
            case 1: num = day;break;
            case 2: num = 31 + day;break;
            case 3: num = 31 + 28 + day;break;
            case 4: num = 31 + 28 + 31 + day;break;
            case 5:num = 31 + 28 + 31 + 30 + day;break;
            case 6: num = 31 + 28 + 31 + 30 + 31 + day;break;
            case 7:num = 31 + 28 + 31 + 30 + 31 + 30 + day;break;
            case 8: num = 31 + 28 + 31 + 30 + 31 + 30 + 31 + day; break;
            case 9: num = 31 + 28 + 31 + 30 + 31 + 30 + 31 + 31 + day; break;
            case 10: num = 31 + 28 + 31 + 30 + 31 + 30 + 31 + 31 + 30 + day;break;
            case 11: num = 31 + 28 + 31 + 30 + 31 + 30 + 31 + 31 + 30 + 31 + day;break;
            case 12: num = 31 + 28 + 31 + 30 + 31 + 30 + 31 + 31 + 30 + 31 + 30 + day;break;
            default: break;
        }
         printf("这一天为当年的第 %d 天\n", num);
    }
}
```

程序运行结果如图4-21所示。

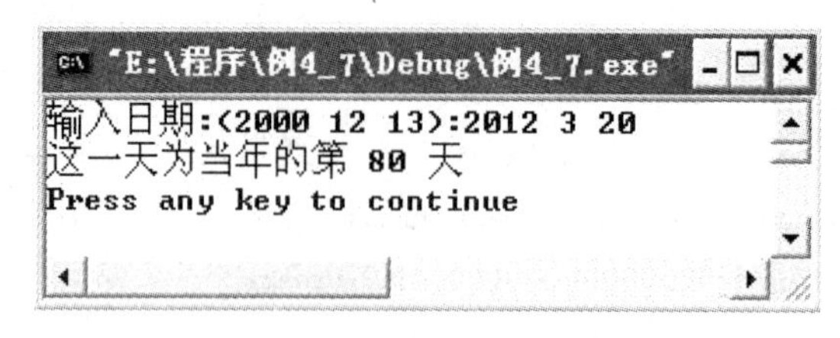

图 4-21 程序运行结果

【例 4-8】 运输公司根据路程的远近对用户计算运费。路程（s）越远，每千米运费就越低。标准如下：

$s<250$km	没有折扣
$250\leqslant s<500$	2%的折扣
$500\leqslant s<1000$	5%的折扣
$1000\leqslant s<2000$	8%的折扣
$2000\leqslant s<3000$	10%的折扣
$3000\leqslant s$	15%的折扣

设每千米每吨货物的基本运费为 p，货物重为 w，距离为 s，折扣为 d，则总运费 f 的计算公式为：

$$f=p\times w\times s\times(1-d)$$

分析：我们注意到，折扣的变化点都是 250 的倍数，利用这一点，我们可以用 c=s/250 来表示这一倍数。

程序代码如下：

```
#include <stdio.h>
void main()
{
int c,s;
double p,w,d,f;
scanf("%lf %lf %d",&p,&w,&s);
if(s>=3000)
c=12;
else
          c=s/250;
switch(c)
{
case 0:
          d=0;
          break;
    case 1:
          d=2;
          break;
    case 2:
```

```
case 3:
        d=5;
       break;
case 4:
case 5:
case 6:
case 7:
       d=8;
       break;
case 8:
case 9:
case 10:
case 11:
       d=10;
       break;
case 12:
        d=15;
       break;
}
f=p*w*s*(1-d/100.0);
printf("总费用:%f\n",f);
}
```

程序运行结果如图 4-22 所示。

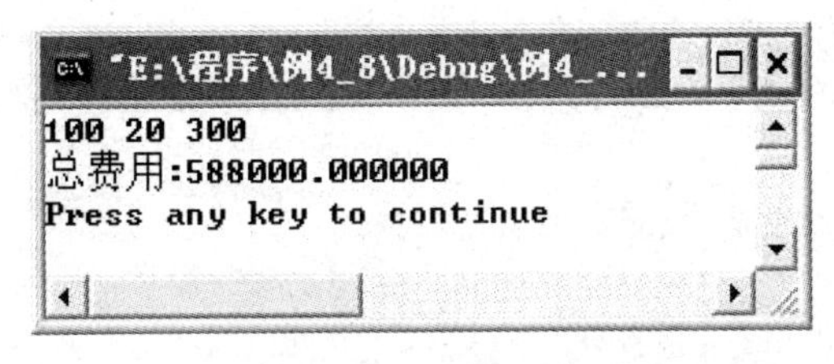

图 4-22 程序运行结果

本章小结

选择结构的程序分为两种:if 选择结构和 switch 选择结构。if 选择结构可以分为单分支选择结构、双分支选择结构和多分支选择结构。switch 选择结构是多分支选择结构。当分支过多时,一般采用 switch 选择结构比较合适。这是因为使用 switch 选择结构,写出的程序比较清晰,程序可读性强且执行效率高。在使用 switch 选择结构时,需要注意 switch 语句中 case 后面的表达式是常量表达式,可以是整型常量或字符型常量,但不能为浮点型常量。

练 习 题

选择题

1. 设 int a = 9，b = 8，c = 7，x = 1；则执行语句 if (a>7) if (b>8) if (c>9) x=2 ；else x = 3；后 x 的值是（　　）。

   A. 0　　B. 2　　C. 1　　D. 3

2. 与 y= (x>0? 1：x<0? -1：0)；的功能相同的 if 语句是（　　）。

   A.
```
if (x>0) y = 1;
else if(x<0)y = -1;
else y = 0;
else y = 0;
```
   B.
```
if(x)
if(x>0)y = 1;
else if(x<0)y = -1;
```
   C.
```
y = -1
if(x)
if(x>0)y = 1;
else if(x = = 0)y = 0;
else y = -1;
```
   D.
```
y = 0;
if(x> = 0)
if(x>0)y = 1;
else y = -1;
```

3. 若有定义：float w；int a，b；则合法的 switch 语句是（　　）。

   A.
```
switch(w)
{ case 1.0: printf(" * \n");
case 2.0: printf(" * * \n");
}
```
   B.
```
switch(a);
{ case 1 printf(" * \n");
case 2 printf(" * * \n");
}
```
   C.
```
switch(b)
{ case 1: printf(" * \n");
default: printf("\n");
case 1 + 2: printf(" * * \n");
}
```
   D.
```
switch(a + b);
{ case 1: printf(" * \n");
case 2: printf(" * * \n");
default: printf("\n");
}
```

4. 以下程序段的执行结果是（　　）。

```
int a, y;
    a = 10;
    y = 0;do
{   a + = 2;   y + = a;
    printf("a = % d y = % d\n",a,y);
    if(y>28) break;
    } while(a< = 16);
```

   A.
```
a = 12   y = 12
a = 14   y = 16
a = 16   y = 20
```
   B.
```
a = 12   y = 12
a = 14   y = 26
a = 16   y = 42
```
   C.
```
a = 12   y = 12
a = 14   y = 26
a = 16   y = 44
```
   D.
```
a = 12   y = 12
```

5. 有如下程序：

```
main()
{ int x = 1,a = 0,b = 0;
switch(x){
case 0: b+ + ;
case 1: a+ +
case 2: a+ + ;b+ +
}
printf("a = %d,b = %d\n",a,b);
}
```

该程序的输出结果是（　　）。

A. a=2，b=1　　B. a=1，b=1

C. a=1，b=0　　D. a=2，b=2

6. 以下不正确的语句为（　　）。

A. if(x>y);

B. if (x=y) && (x! =0) x+=y;

C. if (x! =y); else scanf ("%d", & y);

D. if (x<y) {x++; y++}

7. 以下程序的运行结果为（　　）。

```
#include"stdio. h"
void delch(char * s)
{int i,j;
char * a;
a = s;
for(i = 0 j = 0;a[i]! = '\0';i + + )
if(a[i]> = '\0' &&a[i]< = '9')  {s[j] = a[i];j + + }
s[j] = '\0';
}
main()
{char * item = "a34bc";
delch(item);printf(" %s\n",item);
}
```

A. abc　　B. 34　　C. a34　　D. a34bc

8. 以下程序的运行结果为（　　）。

```
#include"stdio. h"
main()
{  int n = 0;
while(n<8)
{  switch(n%3)
    {case 2: putchar('2');
    case 1:  purchar('i');break;
    case 0:  putchar('H');
    }
```

```
    n+ +;
  }
}
```

A. Hi2Hi2Hi　　B. Hi2　　C. Hi2iHi2i　　D. Hi2iHi2iHi

9. 有以下程序，执行后输出结果是（　　）。

```
main()
{  int I;
for(i=0;i<3;i+ +)
    switch(i)
    {   case 1: printf(" % d",i);
        case 2: printf(" % d",i);
        default: printf(" % d",i);
    {
}
```

A. 011122　　B. 012　　C. 012020　　D. 120

填空题

1. 以下程序的运行结果是______。

```
# include    <stdio.h>
        main()
        {   int x = 1,a = 0,b = 0;
                switch(x){
                  case  0; b + +;
                  case  1; a + +;
                  case  2; a + +;b + +;
}
              printf ("a =  % d ,b =  % d \n",a,b);
        }
```

2. 以下程序对输入的两个整数，按从大到小的顺序输出。请在______内填入正确内容。

```
main()
    {  int x,y,z;
        scanf(" % d, % d",&x,&y);
        if(______)
        {  z = x;______ }
        printf(" % d, % d",x,y);
    }
```

3. 以下程序的运行结果是______。

```
    main()
    {   int a,b,c;
        int s,w,t;
        s = w = t = 0;
        a = -1; b = 3; c = 3;
```

```
    if(c>0) s = a + b;
    if(a< = 0)
    {
      if(b>0)
        if(c< = 0) w = a - b;
    }
    else if(c>0) w = a - b;
    else t = c;
    printf(" %d %d %d",s,w,t);
}
```

4. 以下程序的运行结果是______。

```
main()
{   int a,b,c,d,x;
    a = c = 0;
    b = 1;
    d = 20;
    if(a) d = d - 10;
    else if(! b)
         if(! c) x = 15;
    else x = 25;
    printf(" %d\n",d);
}
```

5. 以下程序的运行结果是______。

```
#include <stdio.h>
void main(void)
{   int x,y = 1,z;
    if(y!  = 0) x = 5;
    printf("\t%d\n",x);
    if(y =  = 0) x = 4;
    else x = 5;
    printf("\t%d\n",x);
    x = 1;
    if(y<0)
        if(y>0) x = 4;
        else x = 5;
    printf("\t%d\n",x);
}
```

6. 以下程序的功能是判断输入的年份是否是闰年。请在______内填入正确内容。

```
main()
{   int y,f;
    scanf(" %d",&y);
    if(y%400 = = 0) f = 1;
```

```
        else if(____) f = 1;
        else ____;
        if(f) printf("%d is",y);
        else    printf("%d is not",y);
        printf("a leap year\n");
    }
```

7. 以下程序的运行结果是______。

```
    main()
    {   int a = 2,b = 3,c;
        c = a;
        if(a>b) c = 1;
        else if(a = = b) c = 0;
        else c = -1;
        printf("%d\n",c);
    }
```

8. 以下程序的运行结果是______。

```
    main()
    {   int x = 1,y = 1,z = 1;
        y = y + z;          x = x + y;
        printf("%d,",x<y? y:x);
        printf("%d,",x<y? x+ +:y+ +);
        printf("%d,%d",x,y);
    }
```

9. 若运行时输入：−2<回车>，则以下程序的输出结果是______。

```
    main()
    {   int a,b;
        scanf("%d",&a);
        b = (a> = 0)? a:-a;
        printf("b = %d",b);
    }
```

编程题

1. 有一函数：

$$y=\begin{cases}x & (x<1)\\2x-1 & (1\leqslant x<10)\\3x-11 & (x\geqslant 10)\end{cases}$$

写一程序，输入 x，输出 y。

2. 输入4个数，要求按从小到大的顺序输出。

3. 根据输入的三角形边长，判断是否能组成三角形，若可以则输出它的面积和三角形的类型（等腰，等边，直角，普通）。

4. 有4个圆塔，圆心分别为（2，2），（−2，2），（−2，−2），（2，−2），圆半径为1。这4个塔的高度分别为5m，7m，10m，18m，塔外无建筑物，编写程序，输入一点的坐标，输出高度。

5. 给出一个5位数，判断它是不是回文数。例如，12321是回文数，个位与万位相同，十位与千位相同。

6. 从键盘输入年号和月号，计算这一年的这个月共有几天。

7. 从键盘输入年月，打印该月的天数。

8. 编写给学生打评语的程序。若学生成绩在60～80（不包括80），打印“pass”；若成绩在80～90（不包括90），则打印“good”；若成绩在90～100，打印“excellent”；60分以下打印“fail”。

第5章 循环结构程序设计

■ 本章导读

在日常生活中，许多事情都是重复进行的。例如，我们早上起床、刷牙、洗脸、吃饭、上班、下班……每天都在不断地重复着。在C程序中，也有许多重复性的工作需要完成。像这种重复进行一系列地操作的过程就是循环。使用循环方式进行的程序设计被称为循环程序设计。在C语言中，循环程序设计主要由以下3种语句实现：for循环语句、while循环语句和do while循环语句。

■ 学习目标

（1）理解while语句、do while语句和for语句的用法；

（2）领会while语句和do-while语句的区别与联系；

（3）灵活使用for语句；

（4）掌握break语句和continue语句的区别与联系；

（5）学会编写多重循环语句。

5.1 goto语句

goto语句是无条件转向语句，可以向前跳转，也可以向后跳转。它的一般形式如下：

```
goto 语句标号;
```

其中，语句标号是一个标识符。

（1）如果向后跳转，goto语句与跳转标号之间的语句将不执行。例如，在下面的代码中：

```
goto L1;                    /*跳转到第4行执行,第2行和第3行不执行*/
a+ =3;
b- =2;
```

```
L1: printf("a = %d,b = %d\n",a,b);      /* 标号 L1,用来使用 goto 语句跳转 */
```

其中，L1是标号，后面添加冒号。goto L1 就是要跳转到 L1 的位置执行。

（2）如果向前跳转，就会构成循环结构，使语句重复执行。

【例 5-1】 用 goto 语句求 1～10 之间自然数的和。

```
#include<stdio.h>
void main()
{
    int i = 1,s = 0;              /* 定义变量并初始化 */
    loop:                         /* 定义标号 */
        if(i<=10)                 /* 判断 i 是否小于等于 10 */
        {
            s = s + i;            /* 求和 */
            i++;                  /* i 增 1 */
            goto loop;            /* goto 语句,跳转到代码的第 5 行即标号 loop 处 */
        }
        printf("s = %d\n",s);
}
```

程序运行结果如图 5-1 所示。

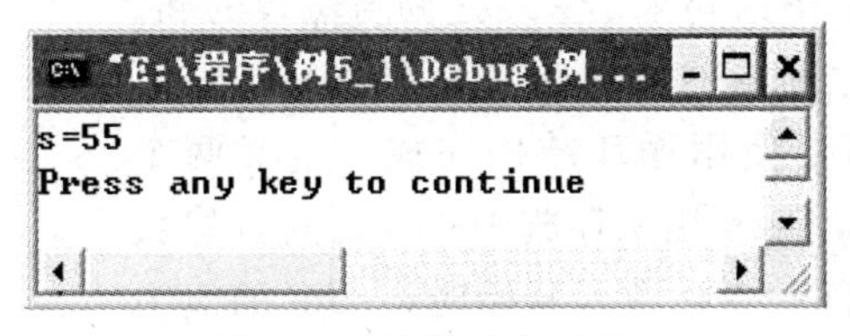

图 5-1　程序运行结果

程序执行流程如图 5-2 所示。

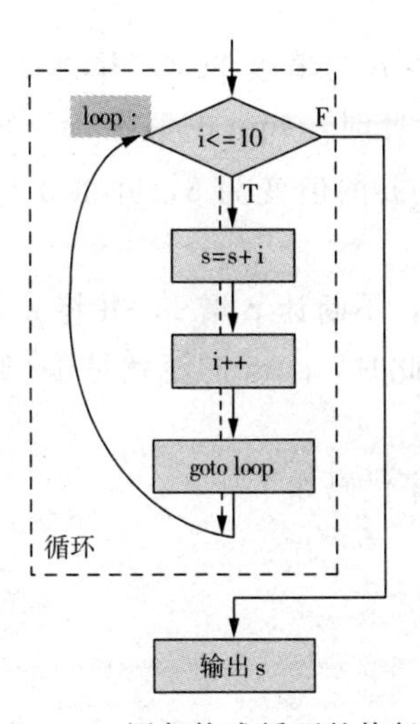

图 5-2　goto 语句构成循环的执行过程

在图 5－2 中，虚线部分的执行过程构成了一个循环。通常将这种构成一个重复执行过程的语句称为循环语句，处于循环中的语句一般执行多次。

注意：

虽然 goto 语句可以实现循环，但是由于它任意跳转使程序看起来很混乱。因此，我们并不提倡使用 goto 语句。

5.2 while 语句

C 语言常用的循环语句有：while 语句、do-while 语句、for 语句。本节主要介绍 while 语句——它可以实现当型循环结构。

while 语句的一般形式如下：

```
while(表达式)
语句 A;
```

当表达式的值为真（非 0）时，执行语句 A；否则，不执行语句 A。

while 循环结构的流程图如图 5－3 所示。

【例 5－2】 用 while 语句求 1～10 之间自然数的和。

分析： 求 1 到 10 之间自然数的和是一个重复计算两个数和的问题，因此需要使用循环结构完成。定义两个变量：sum 和 n。其中，sum 用来存放 1～10 之间自然数的和，n 表示 1～10 之间的自然数。开始时，sum 的值为 0。求 1～10 之间自然数和的过程如下：

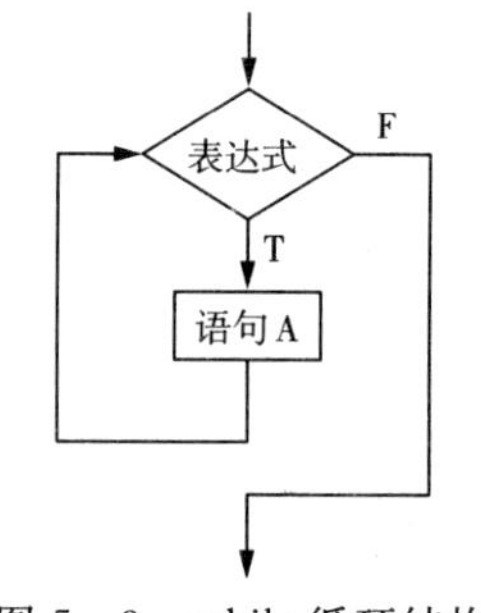

图 5－3 while 循环结构程序流程图

（1）n 从 1 开始，将 1 与 sum 相加，即 sum＝sum＋1。此时，sum 的值为 1。

（2）让 n 加 1，即 n＋＋，n 的值变为 2，并将 2 与 sum 相加，即 sum＝sum＋2。此时，sum 的值是 3。

（3）让 n 加 1，即 n＋＋，n 的值变为 3，并将 3 与 sum 相加，即 sum＝sum＋3。此时，sum 的值是 6。

依此类推，重复以上步骤，不断让 n 增 1，并将 n 与 sum 相加。直到 n＝11，因为 11＞10，不再执行循环语句。此时，sum 的值就是 1～10 之间自然数的和。

程序流程图如图 5－4 所示。

1～10 之间自然数和的程序代码如下：

```
#include<stdio.h>
void main()
{
int n,sum = 0;
```

```
n = 1;
while(n< = 10)
{
        sum + = n;
        n+ + ;
}
printf("自然数 1～10 的和是：% d\n",sum);
}
```

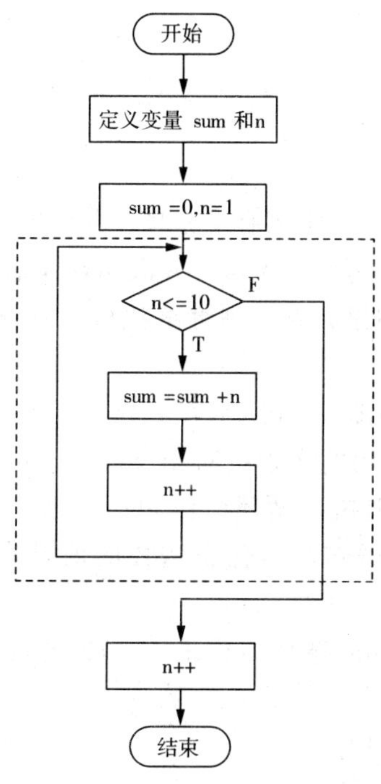

图 5-4 求 1～10 之间自然数和的程序流程图

程序的运行结果如图 5-5 所示。

图 5-5 程序运行结果

注意：

在循环体中应有使循环趋于结束的语句。例如，在本例中循环结束条件是 n >10，因此在循环体中应该有使 n 增加从而导致 n>10 的语句。这里用 n++来达到此目的。如果没有该语句，则 n 的值始终保持不变，循环将永不结束，最终导致死循环。

5.3 do-while 语句

do-while 语句的特点是先执行循环体，然后判断循环条件是否成立，do-while 循环也称为直到型循环。

5.3.1 do-while 语句

do-while 语句的一般形式如下：

```
do
循环体语句
while(表达式);
```

注意，在 while（）的后面一定要有个分号。do-while 语句的执行过程如下：

（1）不管表达式的值是真是假，先执行一次循环体语句；

（2）判断表达式的值，如果为真，则继续执行循环体语句；否则，不执行循环体语句。

do-while 语句的流程图如图 5－6 所示。

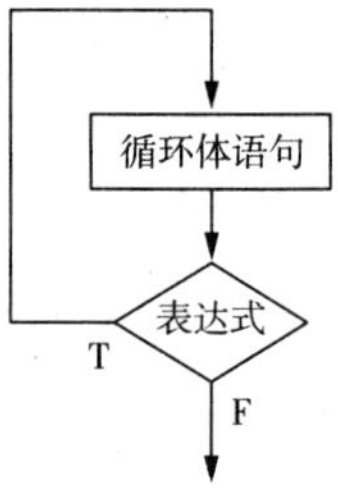

while 语句与 do-while 语句的区别：对于 while 语句，先判断表达式的值，如果为真，则执行循环体语句；否则，不执行循环体语句。对于 do-while 语句，不管表达式的值是真是假，都要先执行一次循环体语句。

循环体语句
表达式
T
F

图 5－6 do-while 语句的流程图

【例 5－3】 使用 do-while 循环结构求 1～10 之间自然数的和。

程序的流程图如图 5－7 所示。

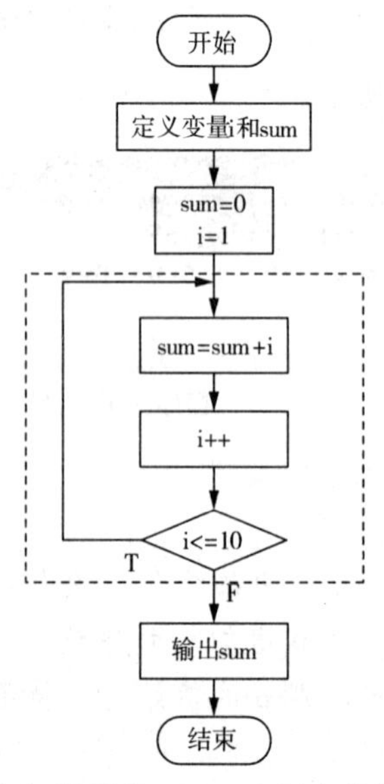

图 5－7 用 do-while 循环求 1～10 之间自然数和的程序流程图

相应的程序代码如下：

```
#include<stdio.h>
void main()
{
    int sum,i;                    /*定义变量sum和i,分别表示自然数的和以及1~10之间的
                                    自然数*/
    sum=0;
    i=1;                          /*为变量i赋值为1*/
    do
    {
        sum=sum+i;                /*将i加到sum中*/
        i++;                      /*将i+1,得到下一个自然数*/
    }while(i<=10);                /*判断条件i是否小于等于10,如果小于等于10,继续求和*/
    printf("sum=%d\n",sum);       /*输出sum的值*/
}
```

程序的运行结果如图5-8所示。

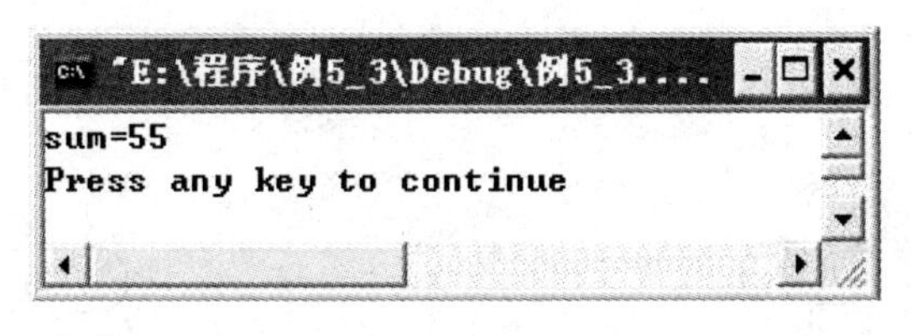

图5-8　程序运行结果

5.3.2　比较while和do-while循环结构

while循环结构与do-while循环结构都是循环结构，区别在于前者是先判断条件，后者是后判断条件。这个区别可能会导致出现以下情况：

- 当条件不成立时，对于while语句来说，循环体一次也不执行。而对于do-while语句来说，循环体至少执行一次。
- 一般情况下，如果while循环结构和do-while循环结构的循环体结构相同，它们的执行结果也是相同的。

【例5-4】　输入一个自然数n，分别使用while循环结构和do-while循环结构求n到20之间自然数的和。

分析：求n~20之间自然数的和，可以使用while循环结构和do-while循环实现。分别使用while循环和do-while循环结构的程序流程图如图5-9所示。

while循环结构的程序如下：

```
#include<stdio.h>
void main()
{
```

```
    int n,s;                          /*定义变量n和s*/
    s=0;                              /*s赋初值为0*/
    printf("请输入一个数:\n");
    scanf("%d",&n);                   /*输入n的值*/
    while(n<=20)                      /*判断n是否小于等于20*/
    {
        s=s+n;                        /*求和*/
        n++;                          /*n增1*/
    }
    printf("s=%d\n",s);               /*输出s的值*/
}
```

第一次程序运行结果如下：

```
请输入一个数:
1<回车>
s=210
```

第二次运行程序，结果如下：

```
请输入一个数:
10<回车>
s=165
```

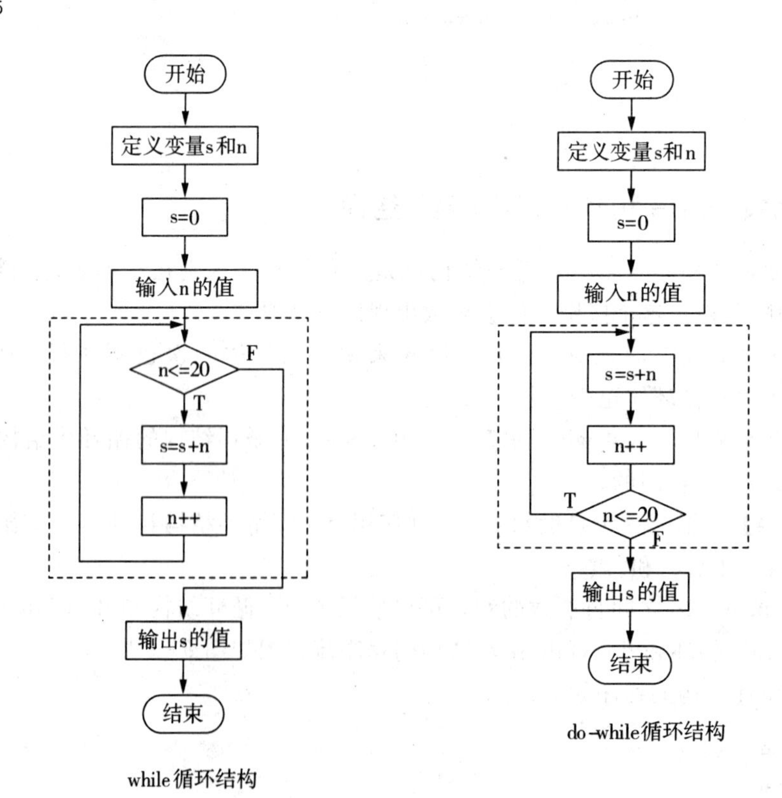

图5-9 while和do-while循环结构程序流程图

第三次运行程序，结果如下：

```
请输入一个数：
21<回车>
s = 0
```

第三次输入21，因为21>20，所以不执行循环体中的语句，直接执行循环体后面的输出语句。输出s的值，即输出0。

do-while循环结构的程序如下：

```
#include<stdio.h>
void main()
{
    int n,s;                            /*定义变量*/
    s = 0;
    printf("请输入一个数:\n");
    scanf("%d",&n);                     /*输入n的值*/
    do
    {
        s = s + n;                      /*求和*/
        n++;                            /*n增1*/
    }while(n<=20);                      /*判断n是否小于等于20*/
    printf("s=%d\n",s);                 /*输出s的值*/
}
```

第一次程序运行结果如下：

```
请输入一个数：
1<回车>
s = 210
```

第二次程序运行结果如下：

```
请输入一个数：
10<回车>
s = 165
```

第三次程序运行结果如下：

```
请输入一个数：
21<回车>
s = 21
```

对于第三次程序运行，因为在do-while循环结构中，不管条件是否成立，一定会执行一次循环体语句，所以计算s=s+n，得到s=21，输出s=21。

从以上两段代码中可以看出：当输入n的值小于等于20时，while循环结构和do-while循环结构的执行结果相同；当输入n的值大于20时，while语句不执行，do-while 语句执行了一次。由此，得出结论：当表达式的值为真时，两个循环体语句得到的结果相同；当表达式的值为假时，while 循环体中的语句不执行，do-while 循环体中的语句执行一次，结果不同。

> **注意：**
> 使用循环语句时，要注意 while 循环和 do-while 循环中表达式的条件，如果表达式永远真，则会导致死循环。另外，在 do-while 语句的 while 后不要忘记使用分号作为语句的结束。

5.4 for 语句

for 语句是另一种循环控制结构。for 循环语句是三种循环语句中最为灵活的一种。它与 while、do-while 语句可以相互替换。

5.4.1 for 语句

for 语句的一般形式如下：

```
for(表达式 1;表达式 2;表达式 3)
语句 A;
```

其中，表达式 1、表达式 2 和表达式 3 可以是任意类型。

> **注意：**
> 表达式 1、表达式 2、表达式 3 之间用分号隔开，但是在表达式 3 的后面没有分号。

下面通过一段代码来说明 for 循环语句的执行过程：

```
s = 0;                          /* s 赋初值为 0 */
for(i = 1;i< = 5;i + + )        /* for 循环包括 3 个表达式 */
    s = s + i;                  /* 语句 A */
```

其中，加粗显示的部分是 for 语句。for 语句包括 3 个表达式和一个简单语句。i=1 是表达式 1，i<=5 是表达式 2，作为判断条件，i++是表达式 3，而 s=s+i；是语句 A。

以上代码是求 1～5 之间自然数的和。它的执行过程如下：

(1) 先求表达式 1 的值，即执行 i=1，将 1 赋值给 i；

(2) 求表达式 2 的值。判断 i<=5 是否成立，如果为真，则求语句 A 的值，即求 s=s+i 的值。如果为假，则退出 for 语句。在这里因为 1<=5，所以由 s=s+i 得到 s

=1。

(3) 求表达式3的值。因为i=1，执行i++后，得到i=2。

(4) 继续求表达式2的值。直到表达式2的值为假时，退出for循环不再执行。

通过以上几个步骤就得到了1～5之间自然数的和。由此，for语句的一般执行过程如下：

(1) 先求解表达式1。

(2) 求解表达式2的值。如果表达式2的值为真，则执行for循环中的语句A；否则，退出for循环，执行第(5)步。

(3) 求解表达式3的值。

(4) 回到第(2)步继续执行。

(5) 执行for循环之后的语句B。

for语句的流程图如图5-10所示。

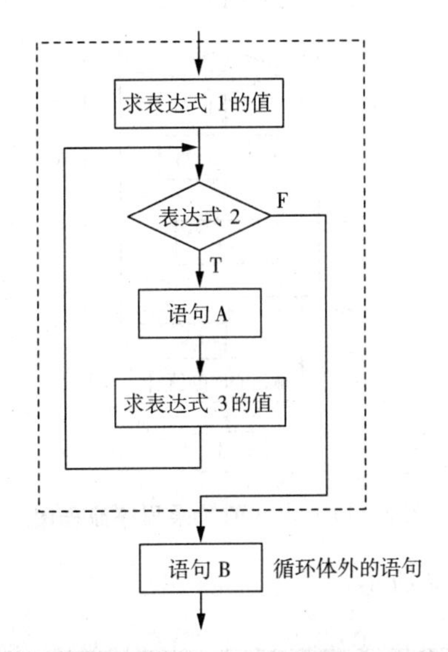

图5-10 for语句的流程图

一般，for语句中的3个表达式分别是：循环变量赋初值、循环条件、循环变量增值。因此，for语句还可以写成如下形式：

```
for(循环变量赋初值;循环条件;循环变量增值)
语句A;
```

【例5-5】 输入一个正整数，求该正整数的阶乘。

求n的阶乘程序流程图如图5-11所示。

求n的阶乘程序代码如下所示：

```
#include<stdio.h>
void main()
{
    int fact = 1,n,i;                    /*定义变量fact、n和i*/
```

```
    printf("求 n 的阶乘,请输入一个正整数 n 的值:\n");
    scanf(" %d",&n);                        /* 输入 n 的值 */
    for(i = 1;i< = n;i + + )                /* for 循环判断 i 是否小于等于 n,并使 i + + */
        fact = fact * i;                    /* 求 n 的阶乘 */
    printf(" %d 的阶乘为 %d\n",n,fact);     /* 输出 n 的阶乘 */
}
```

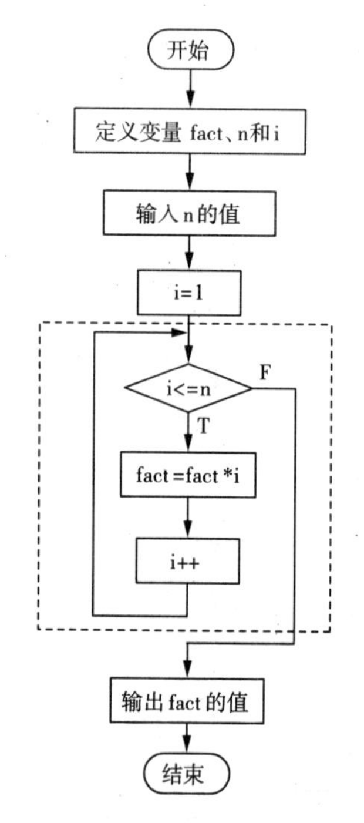

图 5-11　求 n 的阶乘程序流程图

程序运行结果如图 5-12 所示。

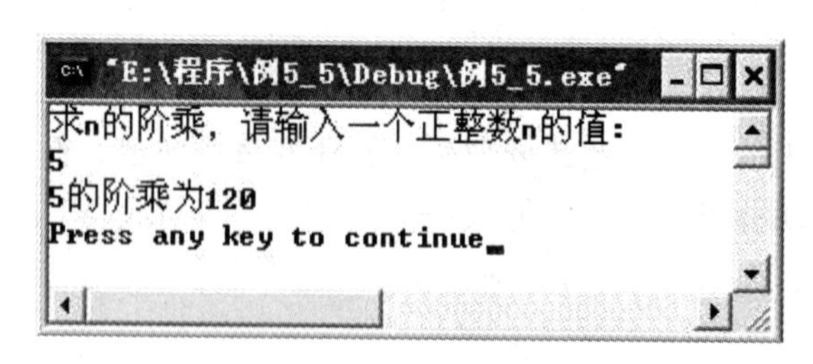

图 5-12　程序运行结果

while 语句能够完成的工作，for 语句同样可以完成。而对于 for 语句，也可以写成如下的 while 循环形式。

```
表达式 1;
while(表达式 2)
{
语句 A;
```

```
表达式 3;
}
```

表达式 1、表达式 2、表达式 3、语句 A 分别与 for 语句中的一一对应。因此，for 语句与 while 语句可以相互替代。例如，求 n 的阶乘用 while 语句实现的代码如下：

```
#include<stdio.h>
void main()
{
    int fact = 1,n,i;                          /* 定义变量 fact、n 和 i */
    printf("求 n 的阶乘,请输入一个正整数 n 的值:\n");
    scanf("%d",&n);                            /* 输入 n 的值 */
    i = 1;                                     /* 对应于 for 循环中的表达式 1 */
    while(i<=n)                                /* 对应于 for 循环中的表达式 2,作为判
                                                  断条件 */
    {
        fact = fact * i;                       /* 对应于 for 循环中的语句 A */
        i++;                                   /* 对应于 for 循环中的表达式 3 */
    }
    printf("%d的阶乘为%d\n",n,fact);          /* 输出 n 的阶乘 */
}
```

加粗部分的代码分别对应于 for 语句中的表达式 1、表达式 2、表达式 3。

5.4.2 for 语句的灵活性

for 语句的使用非常灵活，下面我们主要介绍 for 语句的使用方法。

1. 提前表达式 1

在 for 语句中，表达式 1 可以省略，但是需要在 for 语句的前面对 for 语句中的变量赋初值。值得注意的是，表达式 1 和表达式 2 之间的分号不可以省略。例如，求 n 的阶乘程序代码还可以写成如下形式：

```
i = 1;                          /* 对应于 for 循环中的表达式 1 */
for(;i<=n;i++)                  /* 省略了表达式 1,但是分号不能省略 */
    fact = fact * i;
```

表达式 1 可以提前到初始化部分与 for 语句之间的任何位置。

2. 省略表达式 2

如果将表达式 2 省略，也就是说没有循环判断条件，即认为表达式 2 的值永远为真，那么循环会一直持续下去。同样，不能省略表达 2 后面的分号。在这种情况下，程序流程图如图 5-13 所示。

例如，在求 n 的阶乘的 for 语句中，如果省略了表达式 2，即 i<=n，代码如下：

```
for(i = 1;;i++)                     /* 省略了表达式 2,但是之后的分号不能省略 */
    fact = fact * i;
```

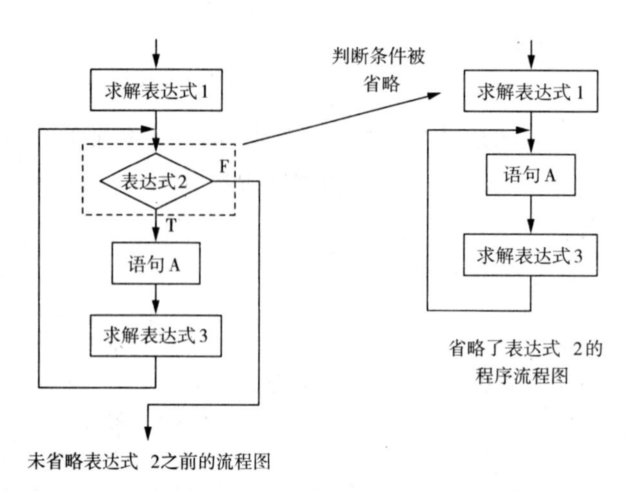

图 5-13　未省略表达式 2 和省略了表达式 2 的 for 语句流程图

如果省略了表达式 2，也就是没有了判断条件，语句 A 会一直执行下去。这段代码会永远没有停止，变成一个死循环。将以上代码写成 while 语句的形式，代码如下：

```
i = 1;                          /* 对应于 for 语句中的表达式 1 */
while(1)                        /* 判断条件永远为真 */
{
    fact = fact * i;            /* 对应于 for 语句中的语句 A */
    i++;                        /* 对应于 for 语句中的表达式 3 */
}
```

其中，第 2 行代码 while（1）中的 1 表示条件永远为真（因为 1 是一个非 0 值）。另外，while（1）也可以写成 while（2）、while（3），也就是说，while 中的条件只要是非 0 值即可。

3. 省略表达式 3

for 循环中的表达式 3 也可以省略，放在循环体中。例如，求 n 的阶乘代码可写成如下形式：

```
for(i = 1;i <= n;)          /* 省略了表达式 3,之前的分号不可以省略 */
{
    fact = fact * i;        /* 语句 A */
    i++;                    /* 将 i++放在这里与放在 for 循环中表达式 3 的位置效果一样 */
}
```

注意，省略表达式 3，但是表达式 3 前面的分号不可以省略。将表达式 3 放在循环体语句中与放在 for 循环中表达式 3 的位置效果一样。

4. 省略表达式 1 和表达式 3

在 for 语句中，可以将表达式 1 和表达式 3 同时省略，只剩下表达式 2。在这种情况下，for 语句与 while 语句很相似。现仍以求 n 的阶乘为例，省略了表达式 1 和表达式 3 的代码如下：

```
i = 1;
for(;i<=n;)                    /* 省略了表达式1和表达式3 */
{
    fact = fact * i;           /* 语句A */
    i++;                       /* 将i++放在这里与放在for循环中表达式3位置的效
                                  果一样 */
}
```

以上代码如果用while语句实现，代码如下：

```
i = 1;                         /* 对应于for循环中的表达式1 */
while(i<=n)                    /* 对应于for循环中的for(;i<=n;) */
{
    fact = fact * i;           /* 语句A */
    i++;                       /* 对应与for的表达式3 */
}
```

5. 省略表达式1、表达式2和表达式3

更为特殊的是，将for循环中的3个表达式都省略。这相当于while循环条件永远为真的情况。省略表达式1、表达式2和表达式3的for语句代码形式如下：

```
for(;;)                        /* 省略了3个表达式 */
语句A
```

它等价于以下的while语句代码形式：

```
while(1)                       /* 条件永远为真 */
语句A
```

例如，以下代码就是不停地输出“Tsinghua”。

```
for(;;)                        /* 省略了3个表达式 */
    printf("Tsinghua\n");
```

它等价于以下的while语句：

```
while(1)                       /* 条件永远为真 */
    printf("Tsinghua\n");
```

以上两段代码是等价的。因为条件为真，所以程序不会停止。但是在编写程序时，一般不允许出现这种情况。

6. 表达式1的多样性

for语句中的表达式1既可以是赋值表达式，也可以是逗号表达式。同时，表达式1可以是与循环条件有关的变量，也可以是与循环条件无关的变量。

● 表达式1可以是与循环条件有关的变量。例如，以下代码中的i就是与循环条件有关的变量，因为在表达式2中有i<=n。

```
for(i = 1;i<=n;i++)            /* i是与循环条件有关的变量 */
```

● 表达式1还可以是与循环条件无关的变量。例如，以下代码中的fact就是与循环条件无关的变量。

```
for(fact = 1;i< = n;i + + )          /* fact是与循环条件无关的变量 */
    fact = fact * i;
```

● 表达式1一般是赋值表达式，表达式3一般是自增或自减表达式。例如，下面的代码中：

```
for(i = 1;i< = 10;i + + )          /* i = 1是一个赋值表达式,i + + 是一个自增表达式 */
```

其中，表达式1是一个赋值表达式，表达式3是一个自增表达式。

● 表达式1和表达式3还可以是逗号表达式，代码如下：

```
for(i = 1,s = 0;i< = 10;i + + )      /* i = 1,s = 0是逗号表达式,i + + 是一个自增表达式 */
    s = s + i;
```

其中，表达式1是一个逗号表达式，由两个赋值表达式构成。表达式3是一个自增表达式。

在如下的代码中：

```
for(i = 0,j = 10;i< = j;i + + ,j - - )   /* i = 1,j = 0是逗号表达式,i + + ,j - - 也是逗号表达式 */
    s = i + j;
```

其中，表达式1和表达式3都是逗号表达式。表达式1是由两个赋值表达式构成，而表达式3分别使两个变量发生改变。以上代码的程序流程图如图5－14所示。

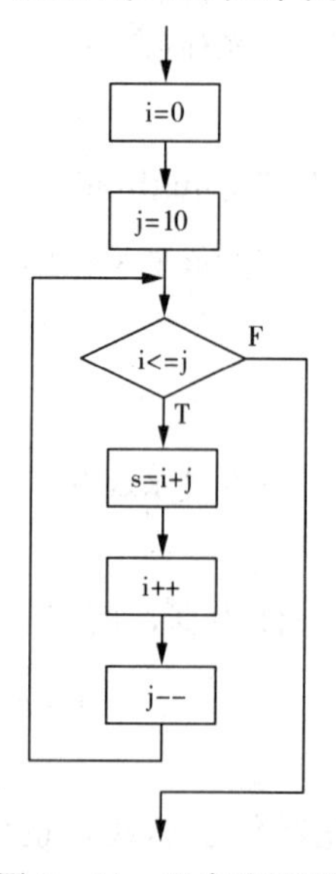

图5－14 程序流程图

逗号表达式中的i=0，j=10和i++，j--按照从左到右分别进行求解。逗号表达式的值为最右边的表达式的值，但是在这里主要是求逗号表达式中每个表达式的值，而逗号表达式的值没有实际意义。

7. 表达式2的多样性

在for语句中，表达式2一般是作为循环判断的条件。因此，表达式2一般是关系表达式或者是逻辑表达式。例如，在以下代码中：

```
for(i=1;i<=n;i++)                    /*i<=n是关系表达式*/
```

其中，表达式2即i<=n是关系表达式。

在下面的代码中：

```
for(i=1,j=1;i<=n&&j<=m;i++,j++)      /*i<=n&&j<=m是逻辑表达式*/
```

其中，表达式2即i<=n&&j<=m是逻辑表达式。

注意：表达式2作为循环的判断条件，只要表达式的值是非0，就会执行循环体。因此，表达式2也可以是算术表达式或赋值表达式等。例如，以下代码也是正确的：

```
for(i=1;i=5;i++)                     /*i=5是赋值表达式*/
```

8. 省略语句A

for循环中的语句A也可以为空。如果语句A为空，则表示什么都不做。例如，代码如下：

```
for(k=1;(c=getchar())!='\n';k+=c)    /*输入的如果是回车符,则退出循环*/
    ;                                /*空语句,什么都不做*/
```

以上代码表示：如果输入的不是回车符，则什么都不做（因为语句A为空），然后执行k+=c；如果输入的是回车符，则退出循环。其中，表达式2是条件表达式，getchar()是用来接受键盘输入字符的函数，它的功能与scanf("%d", &c)相同。

以上代码其实是将语句A放在了表达式2的位置上。它与以下代码是等价的：

```
c=getchar();                         /*接受一个字符赋值给c*/
for(k=1;c!='\n';k+=c)                /*判断c是否是回车符*/
    c=getchar();                     /*如果不是回车符,继续接受输入的字符*/
```

从以上可以看出，for循环语句的使用非常灵活。

【例5-6】 输入一个正整数n，使用for语句求前n个自然数的和。

```
#include<stdio.h>
void main()
{
    int i,n,s;                           /*定义变量i、n和s*/
    printf("请输入n的值(0~10000):\n");
    scanf("%d",&n);                      /*输入n的值*/
    for(s=0,i=1;i<=n;i++)                /*表达式1是一个逗号表达式*/
        s+=i;
    printf("s=%d\n",s);                  /*输出s的值*/
}
```

程序运行结果如图5-15所示。

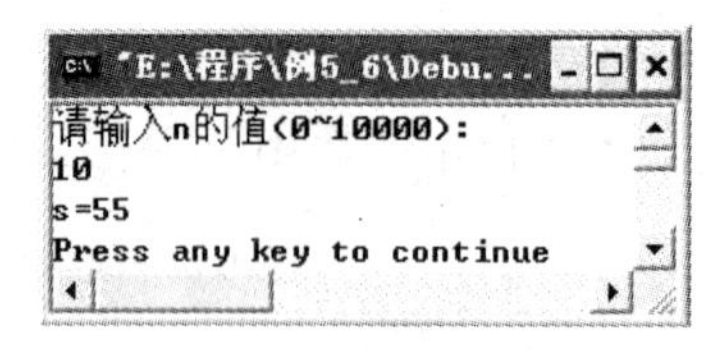

图5-15 程序运行结果

5.4.3 几种循环语句的比较

对于同一个问题，可以使用四种循环语句（goto语句、while语句、do-while语句和for语句）中的任何一个来实现。但是，如果goto语句使用不当会造成错误，而且不容易阅读，因此不提倡使用goto语句。

while语句和do-while语句的区别：对于while语句，要先判断表达式是否成立。若条件成立，则执行循环体语句；否则，不执行。对于do-while语句，要先执行一次循环语句，然后再判断表达式是否成立。

for语句最为灵活。一般情况下，for语句中的表达式1是赋值语句，表达式2是关系表达式或者逻辑表达式，表达式3则控制循环变量的增减。这3个表达式都可以省略，同时，循环语句也可以省略。

5.5 break语句

break语句不仅可以在switch中使用，还可以在while语句、do-while语句和for语句中使用。

break语句在while语句中的形式如下：

```
while(表达式 A)
{
    if(表达式 B)
        break;
语句 A;
}
语句 B;
```

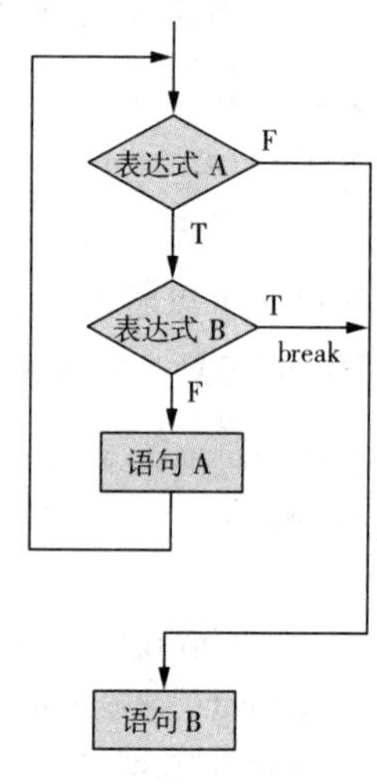

图5-16 具有break语句的while循环语句执行流程图

其中，表达式A是While循环语句中的表达式，表达式B是循环体语句中if语句的表达式。如果if中的条件成立，则执行break语句，退出循环，后面的语句A就不再执行，直接从循环体后面的语句B开始执行。相应的执行流程如图5-16所示。

下面先来看一段代码：

```
i=1;
while(i<=50)
```

```
{
    s+=i;
    if(s>100)
        break;
    i++;
}
```

以上代码是求1～50之间自然数的和。如果和s大于100，则停止计算。其中：

```
if(s>100)                          /*判断s是否大于100*/
    break;                         /*break语句,跳出循环体*/
```

这两行代码表示求出当前的s值后，判断s是否大于100。如果大于100，则执行break语句，即退出循环体。上面的代码执行过程如图5-17所示。

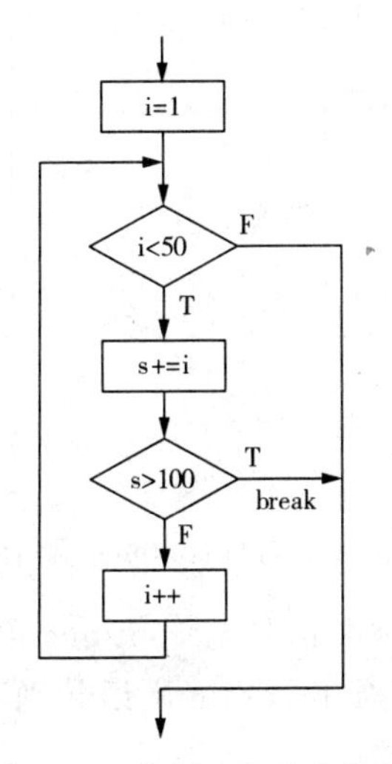

图5-17　求1～50之间自然数和的程序流程图

如果上面的代码使用for循环语句实现，代码如下：

```
for(i=1;i<=50;i++)                 /*i++被移动到for语句中*/
{
    s+=i;                          /*求前50个自然数的和*/
    if(s>100)                      /*判断s是否大于100*/
        break;                     /*break语句,跳出循环体*/
}
```

5.6　continue语句

continue语句与break语句的作用有些类似，也可以用在while循环结构、do-while循环结构和for循环结构中。

continue语句在while循环结构中的一般形式如下：

```
while(表达式 A)
{
    if(表达式 B)
        continue;
语句 A;
}
语句 B;
```

break 语句与 continue 语句的执行流程如图 5－18 所示。

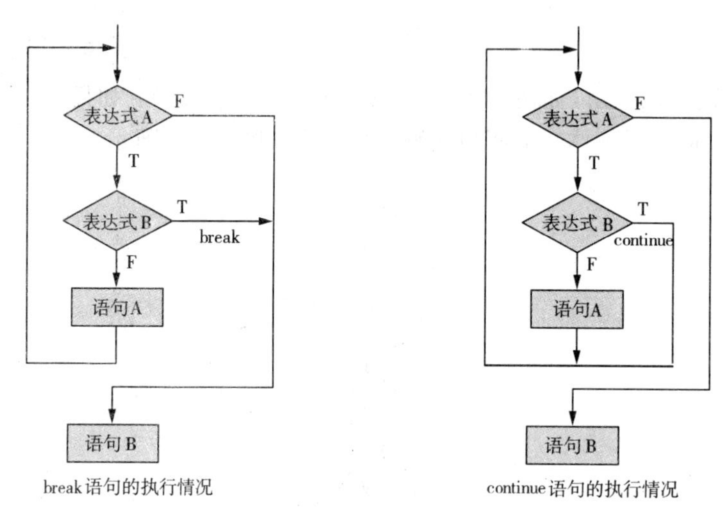

图 5－18　break 语句与 continue 语句的执行流程图

由图 5－18 中可以看出，break 语句与 continue 语句的区别在于：break 语句终止循环，执行循环体后的语句 B，对于 continue 语句则不执行循环体中其后的语句，而是重新转入下一次循环继续执行。

【例 5－7】　输出 100～200 之间能被 13 整除的自然数。

程序流程图如图 5－19 所示。

求 100～200 之间自然数能被 13 整除的程序如下所示：

```
#include<stdio.h>
void main()
{
    int i;
    for(i=100;i<=200;i++)        /*控制自然数的范围在 100～200 之间，通过使用 i++ 得
                                    到下一个自然数*/
    {
        if(i%13!=0)              /*判断当前的自然数是否能被 13 整除*/
            continue;            /*如果不能被 13 整除，则不执行后面的语句，而是进行下
                                    一轮循环*/
        printf("%5d",i);         /*如果能被 13 整除，则输出当前的自然数 i*/
    }
```

```
printf("\n");
}
```

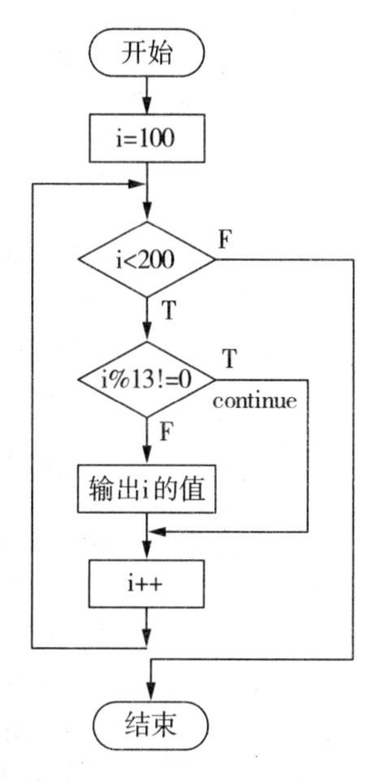

图 5-19 求能被 13 整除的 100～200 之间自然数的程序流程图

程序运行结果如图 5-20 所示。

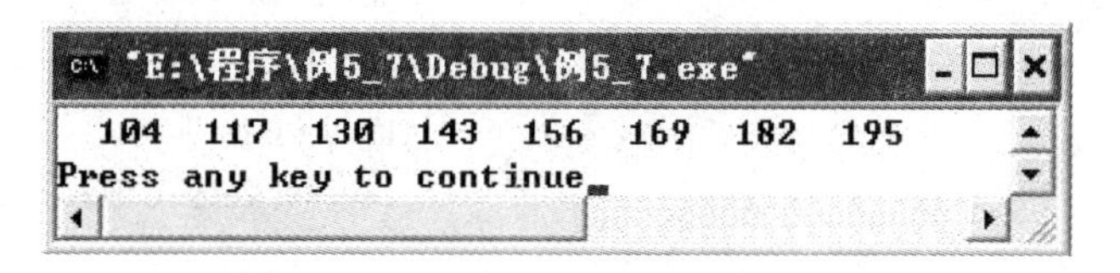

图 5-20 程序运行结果

5.7 多重循环程序设计

与 if 选择语句类似，循环结构也可以嵌套。所谓嵌套，就是指在循环语句中含有另一个循环语句，也就是多重循环。

while 语句、do-while 语句和 for 语句之间可以相互嵌套。也就是说，在 while 语句中可以有 for 语句、while 语句、do-while 语句。同样，for 语句中可以有 for 语句、while 语句、do-while 语句。而 do-while 语句中也可以有 do-while 语句、while 语句和 for 语句。如果循环结构有两层，那么就有 9 种嵌套格式。例如，下面都是正确的循环语句嵌套形式：

```
/*第1种嵌套形式*/
while(表达式A)
{
```

```
/*第2种嵌套形式*/
while(表达式A)
{
```

```
…
while(表达式B)
{
    语句A;
}
…
}
/*第3种嵌套形式*/
while(表达式A)
{
…
do
{
    语句A;
}while(表达式B);
…
}
/*第5种嵌套形式*/
for(表达式1;表达式2;表达式3)
{
…
while(表达式B)
{
    语句A;
}
…
}
```

```
…
for(表达式1;表达式2;表达式3)
{
语句A;
}
…
}
/*第4种嵌套形式*/
do
{
…
while(表达式B)
{
语句A;
}
…
}while(表达式B);
/*第6种嵌套形式*/
for(表达式1;表达式2;表达式3)
{
…
do
{
语句A;
}while(表达式B);
…
}
```

下面，我们介绍一个两层循环结构的具体代码：

```
for(i=1;i<=3;i++)                    /*外层循环*/
{
    for(j=1;j<=i;j++)                /*内层循环*/
        printf("%c",'*');            /*输出字符'*'*/
    printf("\n");                    /*输出换行符*/
}
```

上面代码的输出结果如下：

```
*
**
***
```

上面代码的外层循环和内层循环都是由for语句构成的。外层循环中的变量i表示输出的行数，而内层循环中的变量j则表示每行输出*的个数。例如，当i=2时，因为j的范围是1～i，所以j中的值是1、2。故在第2行输出两个*号。当i=3时，j的取值是1、2、3，输出3次，因此第3行输出3个*号。

以上代码的程序流程如图5-21所示。

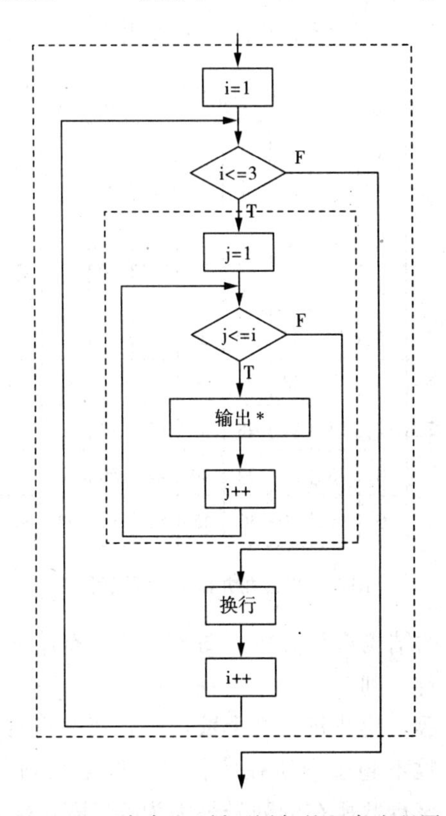

图5-21　嵌套for循环语句的程序流程图

下面具体讲解以上两层for循环的执行情况：

（1）开始时，执行外层循环中的表达式1，即将1赋值给变量i，此时i=1。

（2）求解表达式2的值，判断i是否小于等于3。因为i=1，所以i<=3的值为真。因此执行循环体中的语句。

（3）循环体又包括了一个for循环语句，即：

```
for(j = 1;j< = i;j + + )              /* 内层循环 */
    printf(" %c",'*');                /* 输出字符'*' */
```

在内层循环中，首先同样执行for语句中的表达式1，即将1赋值给j，然后判断j<=i。因为i=1，所以j<=i的值为真。执行第4行的输出语句，即输出一个'*'号。接着需要执行表达式3，即j++，此时j的值为2。求解内层for语句中表达式2的值，由于j<=i不成立，故退出内层for循环语句。

（4）执行外层for循环中的语句，即第5行代码：

```
printf("\n");            /* 输出换行符 */
```

输出一个换行符。

（5）执行 i++，i 的值为 2。即表示要输出第 2 行的字符。

（6）求解外层 for 语句中的表达式 2 的值，即 i<=3 的值，i<=3 的值为真。按照上面的方法重复执行内层循环体中的语句。

【例 5-8】 输出如图 5-22 所示的九九乘法表：

	1	2	3	4	5	6	7	8	9
1	1								
2	2	4							
3	3	6	9						
4	4	8	12	16					
5	5	10	15	20	25				
6	6	12	18	24	30	36			
7	7	14	21	28	35	42	49		
8	8	16	24	32	40	48	56	64	
9	9	18	27	36	45	54	63	72	81

图 5-22 九九乘法表示意图

分析：先对图 5-22 的结构进行分析。图 5-22 具有以下特征：

（1）该乘法表共有 9 行 9 列。

（2）第 1 行只有一个数，第 2 行有 2 个数，…，第 9 行有 9 个数。

（3）每一行数字的个数不超过它所在的行号，即最大列号不超过所在的行号。例如，第 5 行只有 5 个数，该行数所在的列号最大为 5。第 8 行只有 8 个数，该行数所在的列号最大为 8。

（4）第 1 行第 1 列对应的数是 1×1，第 2 行第 1 列对应的数是 2×1，第 2 行第 2 列对应的数是 2×2。可以推广到第 i 行第 j 列对应的数是 i×j。

九九乘法表程序流程图如图 5-23 所示。

九九乘法表的完整的程序如下：

```
#include<stdio.h>
void main()
{
    int i,j;                          /*定义变量 i 和 j*/
    for(i=1;i<=9;i++)                 /*外层循环开始,表示输出多少行*/
    {
        for(j=1;j<=i;j++)             /*内层循环开始:控制输出每一行多少个数*/
            printf("%3d",i*j);        /*输出行号和列号的乘积。内层循环结束*/
        printf("\n");                 /*每输出一行,就换行一次*/
    }                                 /*内层循环结束*/
}                                     /*外层循环结束*/
```

程序运行结果如图 5－24 所示。

开始
定义变量i和j
i=1
i<=9
F
T
j=1
j<=i
F
T
输出 i*j的值
j++
换行
i++
结束

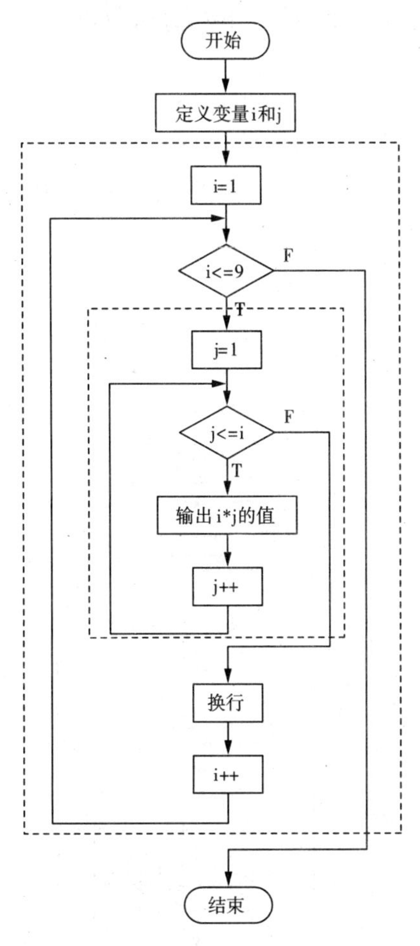

图 5－23　九九乘法表程序流程图

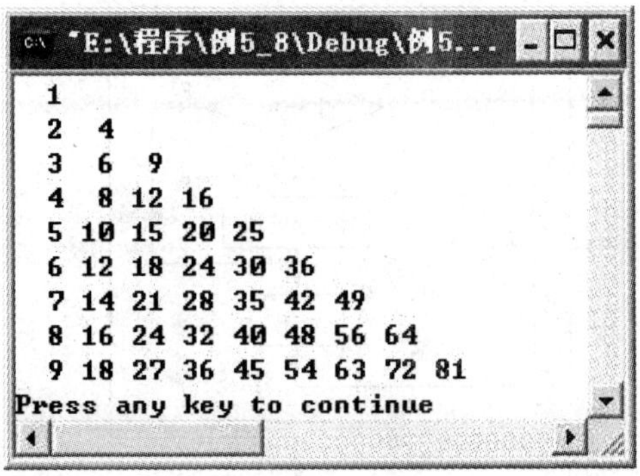

"E:\程序\例5_8\Debug\例5...
1
2 4
3 6 9
4 8 12 16
5 10 15 20 25
6 12 18 24 30 36
7 14 21 28 35 42 49
8 16 24 32 40 48 56 64
9 18 27 36 45 54 63 72 81
Press any key to continue

图 5－24　程序运行结果

5.8 应用举例

【例 5-9】 求 101～200 之间所有的质数。

分析：质数就是只能被 1 和自身整除的自然数，也就是说质数不能被 2～n－1 之间的其他整数整除（n 为欲判断是否是质数的整数）。假设当前要判断的数是 n，可以让 n 对 2～n－1 之间每一个自然数依次求余。如果当前的数 n 都不能被 2，3，4，…，n－1 整除，说明 n 是质数，输出 n 即可。否则，说明 n 不是质数。程序流程图如图 5-25 所示。

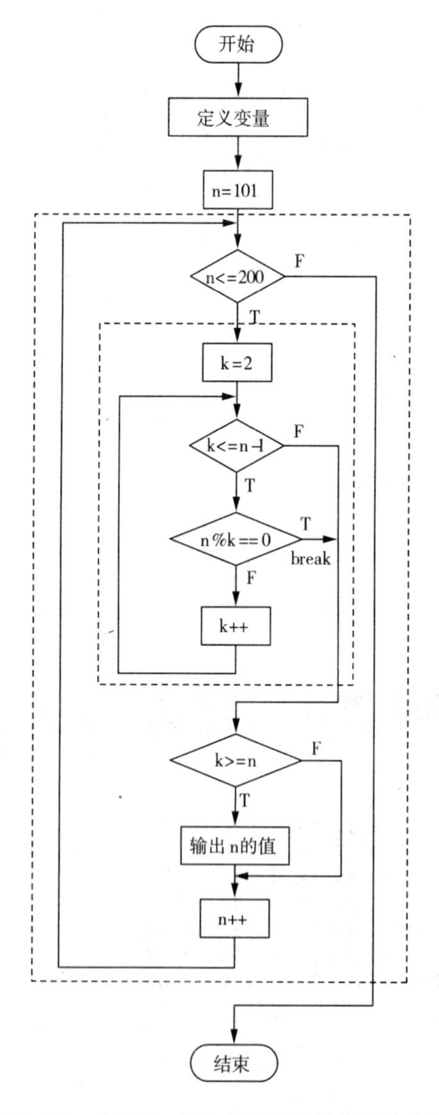

图 5-25 求 101～200 之间质数的程序流程图

求 101～200 之间质数的程序代码如下所示：

```
#include<stdio.h>
#include<math.h>                        /*因为程序中包含了数学函数,所以需要包含文
                                          件 math.h*/

void main()
{
    int k,n,count=0;
    for(n=101;n<=200;n++)               /*控制 n 的范围 101~200*/
    {
        for(k=2;k<=n-1;k++)             /*将 2~n-1 之间的数作为除数对 n 求余*/
            if(n%k==0)                  /*如果 n%k 的值是 0*/
                break;                  /*则退出内层循环*/
        if(k>=n)                        /*如果 k 大于等于 n,则说明 n 是质数,输出 n 的
                                          值*/
        {
            printf("%4d",n);
            count++;
        }
     if(count%10==0)                    /*如果每一行输出了10个数,则输出换行符*/
          printf("\n");
    }
          printf("\n");
}
```

程序运行结果如图 5-26 所示。

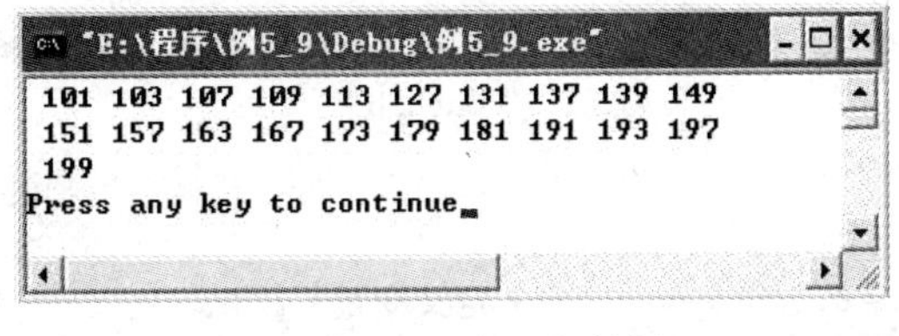

图 5-26　程序运行结果

其中：

```
if(count%10==0)        /*判断 count 是否能被 10 整除,一行满 10 个数时,就输出换行符*/
   printf("\n");
```

是为了控制每行输出数的个数，保证每行输出 10 个数。

为了减少运算次数，同时按照规定的格式输出，可以将以上的程序进行改进。

（1）减少运算次数——偶数不需要参与计算

在 101～200 之间的整数分为奇数和偶数。其中偶数一定能被 2 整除，肯定不是质数。因此偶数不需要对 2～n－1 之间自然数进行求余运算，而只需要将奇数对 2～n－1 之间自然数求余即可。我们可以将外层的循环代码：

```
for(n=101;n<=200;n++)
```

修改为如下代码：

```
for(n = 101;n< = 200;n + = 2)
```

其中，将表达式 3 中的 n++修改为 n+=2，这样 n 就只是奇数了。

（2）减少求余的次数——2～n−1 修改为 2～$\sqrt{n}$

如果 n 不是质数，一定可以被 2～n−1 之间的某个数整除。而能被 n 整除的数至少两个，也就是说有两个因子 x 和 y 使得 x×y=n。例如，102 能被 2 和 51 整除，即 2×51=102。在判断 102 是否能够被 2～101 之间的数整除时，只需要判断 102 被 2 整除就可以了，不需要再判断 102 能否被 101 整除。这主要是因为如果一个数有因子存在，则一定是成对出现的。因此只需要判断前面一段的数即 2～$\sqrt{n}$能否被整除就可以了。在下面的代码中：

```
for(k = 2;k< = n - 1;k + + )          /* 内层循环,对 2～n - 1 范围的整数求余 */
    if(n % k = = 0)
        break;
```

需要修改如下：

```
for(k = 2;k< = sqrt(n);k + + )        /* 内层循环,对 2～√n范围的整数求余 */
    if(n % k = = 0)
        break;
```

通过以上修改，程序可以免去好多不必要的计算。

改进后的程序如下所示：

```
#include<stdio.h>
#include<math.h>                      /* 因为程序中包含了数学函数,所以需要包含文件
                                         math.h */
void main()
{
    int k,m,n,count = 0;              /* 定义变量 */
    for(n = 101;n< = 200;n + = 2)     /* 控制 n 的范围 101～200,增量为 2,保证每个数是奇
                                         数 */
    {
        m = sqrt(n);                  /* 求 n 的开平方 m */
        for(k = 2;k< = m;k + + )      /* 控制求余范围 2～√n */
            if(n % k = = 0)           /* 如果 n % k 的值是 0,则退出内层循环 */
                break;
        if(k> = m + 1)                /* 如果 k 大于 m 则,输出 n 的值,并使 count 加 1 */
        {
            printf(" % 4d",n);
            count + + ;
        }
        if(count % 10 = = 0)          /* 如果一行输出了 10 个数,则输出换行符 */
```

```
        printf("\n");
    }
}
```

【例 5-10】 用二分法求方程 $2x^3-3x^2+4x-12=0$ 在区间（-10，10）中的根。

分析：假设函数 $f(x)=2x^3-3x^2+4x-12$，二分法就是先给定一个区间（x_1，x_2），且有 $f(x_1)f(x_2)<0$。然后将区间不断地缩小，当这个区间非常小无限接近零点时，x_1 或 x_2 的取值就是方程 $f(x)=0$ 的根。所谓零点，就是说当 $x=c$ 时，有 $f(c)=0$，那么就称 c 是 $f(x)$ 的零点，即 $x=c$ 为方程 $f(x)=0$ 的根。

函数 $f(x)=2x^3-3x^2+4x-12$ 的图像如图 5-27 所示。

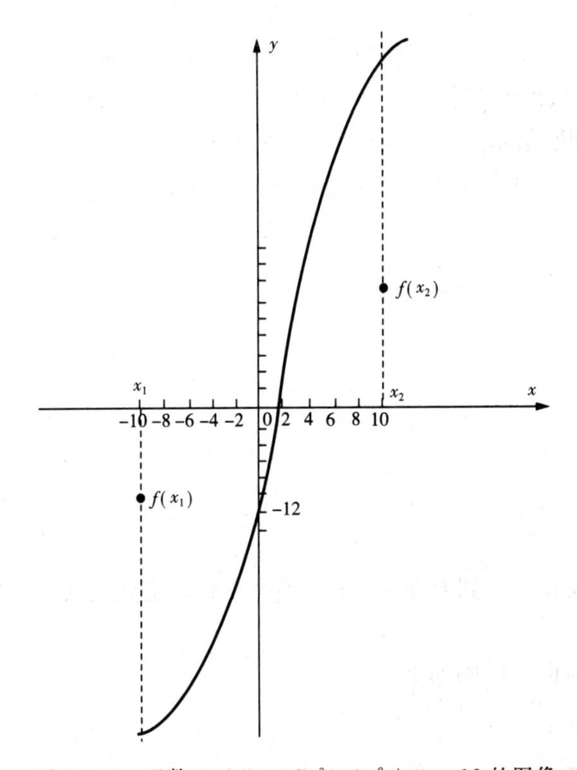

图 5-27　函数 $f(x)=2x^3-3x^2+4x-12$ 的图像

使用二分法求方程 $2x^3-3x^2+4x-12=0$ 的根的具体过程如下：

（1）给定 x_1 和 x_2，使 $f(x_1)f(x_2)<0$，从而可以保证在区间（x_1，x_2）中有根存在。相应的代码如下：

```
do
{
    printf("请输入 x1 和 x2 的值.\n");
    scanf("%f,%f",&x1,&x2);
    fx1 = x1 * ((2 * x1 - 3) * x1 + 4) - 12;
    fx2 = x2 * ((2 * x2 - 3) * x2 + 4) - 12;
```

```
}while(fx1 * fx2>0);
```

以上代码用来保证输入的 x_1 和 x_2 所在的区间（x_1，x_2）存在零点，即有根存在。因开始没有赋值，需要使用 do-while 循环语句。这样当 f（x_1）和 f（x_2）有了值后，再进行判断。

（2）求出 x_1 和 x_2 的中点即 $x_0=$（x_1+x_2）/2，并求出对应的函数值 f（x_0）。代码如下：

```
x0 = (x1 + x2)/2;
fx0 = x0 * ((2 * x0 - 3) * x0 + 4) - 12;
```

（3）判断 f（x_0）与 f（x_1）、f（x_0）与 f（x_2）的符号，如果 f（x_0）f（x_1）<0，则将 x_0 赋值给 x_2，f（x_0）赋值给 f（x_2）。这样就缩小了一半区间，且能保证 f（x_1）f（x_2）<0，从而使零点位于该区间内。否则，也就是 f（x_0）f（x_1）>0，则将 x_0、f（x_0）分别赋值给 x_1、f（x_1），仍然有 f（x_1）f（x_2）<0。代码如下：

```
if(fx0 * fx1<0)                          /* fx0 与 fx1 异号 */
{
    x2 = x0;
    fx2 = fx0;
}
else                                     /* fx0 与 fx1 同号 */
{
    x1 = x0;
    fx1 = fx0;
}
```

重复执行以上操作，直到有 f（x_0）$<1e-6$ 时，也就是无限小时，x_0 就被认为是方程的根。

（4）输出方程的根。代码如下：

```
printf("%f\n",x0);
```

根据以上的分析过程，得到完整的程序代码如下：

```
#include<stdio.h>
#include<math.h>
void main()
{
    const double eps = 1e - 6;                          /* 定义一个常量 */
    float x0,x1,x2,fx0,fx1,fx2;                         /* 定义变量 */
                                       /* 保证输入的 x1 和 x2 使 f(x1) * f(x2)<0 */
    do
    {
        printf("请输入 x1 和 x2 的值.\n");
        scanf("%f,%f",&x1,&x2);
```

```
        fx1 = x1 * ((2 * x1 - 3) * x1 + 4) - 12;
        fx2 = x2 * ((2 * x2 - 3) * x2 + 4) - 12;

    }while(fx1 * fx2>0);
                                                /* 使用二分法求方程的根 */
    do
    {
        x0 = (x1 + x2)/2;                       /* 求 x1 和 x2 中间位置 */
        fx0 = x0 * ((2 * x0 - 3) * x0 + 4) - 12;   /* 求出中间位置 x0 对应的函数值 */
        if(fx0 * fx1<0)                         /* 如果 fx0 与 fx1 异号,则(x1,x0)成为新
                                                   的区间 */
        {
            x2 = x0;
            fx2 = fx0;
        }
        else                                    /* 如果 fx0 与 fx1 同号,则(x0,x2)成为新
                                                   的区间 */
        {
            x1 = x0;
            fx1 = fx0;
        }
    } while(fabs(fx0)> = 1e - 6;
    printf("方程的根为 % f\n",x0);              /* 输出方程的根 x0 */
}
```

程序运行结果如图 5 - 28 所示。

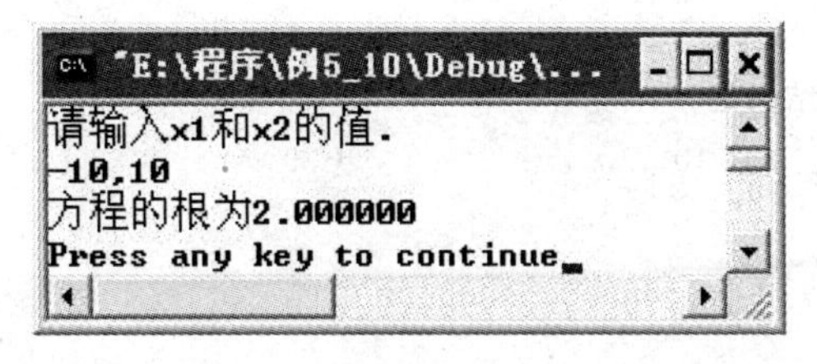

图 5 - 28　程序运行结果

本章小结

循环结构主要包括 while 循环结构、do-while 循环结构和 for 循环结构。这几种循环语句可以相互替换。在使用时，需要注意 while 循环语句与 do-while 循环语句的区别：while 循环语句是先进行条件判断，然后执行循环体；而 do-while 循环语句是先执行一次循环体，然后判断表达式是否成立。for 循环语句是循环语句中最为灵活的一种，使用 while 循环语句完成的工作，for 循环语句同样可以完成。

break 语句和 continue 语句的作用都是退出循环结构，二者的区别在于：break 语

句直接退出循环结构，转到循环结构外的语句执行；continue 语句提前结束本次循环，进入到下一轮循环执行。

练　习　题

选择题

1. 假定 a 和 b 为 int 型变量，则执行以下语句后 b 的值为（　　）。

```
a = 1; b = 10;
do
{  b- = a;   a+ + ;  }while (b- -<0);
```

A. 9　　B. −2　　C. −1　　D. 8

2. 设 j 为 int 型变量，则下面 for 循环语句的执行结果是（　　）。

```
for( j = 10;j3;j- - )
{ if(j%3)j- - ;
- -j; - -j;
printf(" %d ",j);
}
```

A. 6 3　　B. 7 4　　C. 6 2　　D. 7 3

3. 有以下程序：

```
main()
{   int i, j;
    for(j = 10;j<11;j+ + )
    {  for(i = 9;i
         if (! (j%i))break;
         if(i = j - 1) printf(" %d",j);
    }
}
```

程序运行后的输出结果是（　　）。

A. 11　　B. 10　　C. 9　　D. 10 11

4. 有以下程序：

```
main()
{
int a = 1,b;
for(b = 1;b< = 10;b+ + )
{
if(a> = 8) break;
      if(a%2 = = 1) {a+ = 5;continue;}
      a- = 3;
   }   printf(" %d\n",b);
}
```

程序运行后的输出结果是（　　）。

A. 3　　B. 4　　C. 5　　D. 6

5. 有以下程序：

```
#include<stdio.h>
main()
{  int x=1,y=0,a=0,b=0;
switch(x)
{   case 1:   switch(y)
        {  case 0: a++;break;
    case 1: b++;break;
  }
  case 2:  a++;b++;break;
}
printf("a=%d,b=%d\n",a,b);
}
```

程序运行后的输出结果是（　　）。

A. a=2，b=1　　B. a=1，b=1　　C. a=1，b=0　　D. a=2，b=2

6. 有以下程序：

```
#include
#include
main()
{  float x,y,z;
scanf("%f%f",&x,&y,),
z=x/y;
while(1)
{     if(fabs(z)>1.0)
{     x=y; y=z; z=x/y;    }
      else break;
}
printf("%f\n",y);
}
```

若运行时从键盘上输入 3.6 2.4（表示回车），则输出结果是（　　）。

A. 1.500000　　B. 1.600000　　C. 2.000000　　D. 2.400000

7. 执行以下程序后，输出的结果是（　　）。

```
main ()
{    int y=10;
do { y--;} while(--y);
printf("%d\n",y--);
}
```

A. −1　　B. 1　　C. 8　　D. 0

8. 在下列选项中，没有构成死循环的程序段是（　　）。

A.
```
int i=100
  while(1)
  {  i=i%100+1;
```

```
        if(i>100)break;
    }
```

B. for(; ;);

C. int k = 1000;

```
  do{ + +k;} while(k> = 10000);
```

D. int s = 36;

```
  while(s); - - s;
```

9. 执行语句：for（i=l：i++<4:）；后，变量 i 的值是（　　）。

A. 3　　B. 4　　C. 5　　D. 不定

10. 以下叙述正确的是（　　）。

A. do-while 语句构成的循环不能用其他语句构成的循环来代替

B. do-while 语句构成的循环只能用 break 语句退出

C. 用 do-while 语句构成的循环，在 while 后的表达式为非 0 时结束循环

D. 用 do-while 语句构成的循环，在 while 后的表达式为 0 时结束循环

11. 若 i、j 已定义为 int 型，则以下程序段中内循环体的总执行次数是（　　）。

for（i=5；i>0；i——）　　for（j=0；j<4；j++）{…}

A. 20　　B. 24　　C. 25　　D. 30

12. 下面程序的功能是将从键盘输入的一组字符中统计出大写字母的个数 m 和小写字母的个数 n，并输出 m、n 中的较大者，请选择填空。

```
        #include <stdio.h>
        main()
        {   int m = 0,n = 0;     char c;
    while((【1】)! ='\n')
    {
        if(c> ='A'&&c< ='Z') m+ +;
        if(c> ='a'&&c< ='z') n+ +;
    }
    printf("%d\n",m<n? 【2】);
        }
```

（【1】）A. c=getchar（）　B. getchar（）　C. scanf（"%c"，c）　D. char C

（【2】）A. n：m　B. m：n　C. m：m　D. n：n

13. 下面程序的功能是把 316 表示为两个加数的和，使两个加数分别能被 13 和 11 整除。请选择填空。

```
    #include <stdio.h>
    main()
    {  int i = 0,j,k;
        do{ i+ +; k = 316 - 13 * i; }while(______);
        j = k/11;
          printf("316 = 13 * %d + 11 * %d",i,j);
    }
```

A. k/11　　B. k%11　　C. k/11==0　　D. k%11==0

14. 以下叙述正确的是（　　）。

A. continue语句的作用是结束整个循环的执行
B. 只能在循环体内和switch语句体内使用break语句
C. 在循环体内使用break语句或continue语句的作用相同
D. 从多层循环嵌套中退出时，只能使用goto语句

15. 以下叙述正确的是（　　）。
A. continue语句的作用是结束整个循环的执行
B. 只能在循环体内和switch语句体内使用break语句
C. 在循环体内使用break语句或continue语句的作用相同
D. goto语句只能用于退出多层循环

填空题

1. 下面函数pi（）的功能是根据以下公式求π值（直到最后一项小于10^{-5}为止）。请填空。

π /2 = 1 + 1/3 + 1/3 * 2/5 + 1/3 * 2/5 * 3/7 + 1/3 * 2/5 * 3/7 * 4/9……

```
double  pi()
{    double  s = 0.0,t = 1.0; int n;
     for(______);t>=1e-5; n++)
     {      s+=t;t=(______);           }
      return (2.0 * ______);
}
```

2. 下面程序的功能是用“辗转相除法”求两个正整数的最大公约数。请填空。

```
#include <stdio.h>
main()
{   int r,m,n;
     scanf("%d %d",&m,&n);
     if(m<n)__________;
     r=m%n;
     while(r) {   m=n;     n=r;     r=__________;   }
     printf("%d\n",n);
}
```

3. 下面程序的运行结果是__________。

```
#include <stdio.h>
main()
{   int a,s,n,count;
     a=2; s=0; n=1; count=1;
     while(count<=7) { n=n*a; s=s+n; ++count; }
     printf("s=%d",s);
}
```

4. 下面程序段的运行结果是__________。

```
i=1; a=0; s=1;
do{   a=a+s*i;     s=-s;     i++; }while(i<=10);
printf("a=%d",a);
```

5. 下面程序的功能是用do-while语句求1至1000之间满足“用3除余2；用5除余3；用7除余

2”的数，且一行只打印五个数。请填空。

```
#include <stdio.h>
main()
{   int i=1,j=0;
    Do
{   if(____________________)
        {  printf("%4d",i);        j=j+1;
      if(_______________) printf("\n");
        }
        i=i+1;
    }while(i<1000);
}
```

6. 下面程序的功能是统计正整数的各位数字中零的个数，并求各位数字中的最大者。请填空。

```
#include <stdio.h>
main()
{   int n,count,max,t;
    count=max=0;
    scanf("%d",&n);
    do
{   t=__________;
        if(t==0) ++count;
        else if(max<t)__________;
        n/=10;
    }while(n);
    printf("count=%d,max=%d",count,max);
}
```

7. 下面程序的功能是求 1111 的个位、十位、百位上的数字之和。请填空。

```
#include <stdio.h>
main()
{   int i,s=1,m=0;
    for(i=1;i<=11;i++) s=s*11%1000;
    do{ m+=__________;     s=__________; }while(s);
    printf("m=%d\n",m);
}
```

8. 下面程序的功能是计算 1－3＋5－7＋…－99＋101 的值。请填空。

```
#include <stdio.h>
main()
{ int i,t=1,s=0;
    for(i=1;i<=101;i+=2)
    { __________;    s=s+t;    __________; }
    printf("%d\n",s);
}
```

9. 下面程序的功能是求1000以内的所有完全数。请填空。(说明：一个数如果恰好等于它的因子之和(除自身外)，则称该数为完全数，例如6=1+2+3，6为完全数。)

```
#include <stdio.h>
main()
{   int a,i,m;
    for(a=1;a<=1000;a++)
    {   for(__________;i<=a/2;i++) if(!(a%i))   __________;
        if(m==a) printf("%4d",a);
    }
}
```

10. 下面程序的功能是从三个红球、五个白球、六个黑球中任意取出八个球，且其中必须有白球，输出所有可能的方案。请填空。

```
#include <stdio.h>
main()
{   int i,j,k;
    printf("\n hong bai hei \n");
    for(i=0;i<=3;i++)
        for(__________;j<=5;j++)
        {   k=8-i-j;
            if(__________) printf("%3d %3d %3d \n",i,j,k);
        }
}
```

11. 下列程序计算1到100之间所有奇数的和。请填空。

```
main()
{   int  i,__________;
    for(__________)  sum+=i;
        printf("sum=%d\n",sum);
}
```

编程题

1. 输入两个正整数 m 和 n，求它们的最大公约数和最小公倍数。

2. 输入一行字符，分别统计出英文字母、数字、空格和其他字符的个数。

3. 有一分数序列：

$$\frac{2}{1},\ \frac{3}{3},\ \frac{5}{3},\ \frac{8}{5},\ \frac{13}{8},\ \frac{21}{13}$$

求出这个数列的前20项之和。

4. 求 $\sum_{n=1}^{20} n!$，即 $1!+2!+3!+\cdots+20!$

5. 猴子吃桃问题。猴子第一天摘下若干个桃子，当即吃了一半，还不过瘾，又多吃了一个。第二天，又将剩下的桃子吃掉了一半，又多吃了一个。以后每天都吃了前一天剩下的一半零一个。到第10天想在吃桃时，就只剩下一个桃子了。求第一天共摘了多少个桃子。

第6章 数组

■ 本章导读

前面介绍的数据都属于基本数据类型，而在许多情况下，还需要对大量的数据集合进行操作。C语言中的数组就是一种由许多数据元素构成的集合，数组属于构造类型。通过使用数组可以减少变量的使用，从而使编程变得更加容易。

■ 学习目标

（1）一维数组；
（2）二维数组；
（3）字符数组。

6.1 一维数组

数组是由若干个相同数据类型的数据构成的集合。在C语言中，数组按照下标的个数可以分为一维数组和多维数组。

6.1.1 一维数组的定义

数组是由若干个相同数据类型的元素构成的。因此，数组中所有元素的数据类型都是相同的。一维数组的定义格式如下：

```
类型说明符　数组名[常量表达式]；
```

数组的定义格式包括：类型说明符、数组名、方括号、常量表达式。其中，类型说明符表示数组中元素的数据类型。

例如：

```
int a[10]；
```

定义了一个整型数组a。其中，int是类型说明符，表示元素的类型是整型，a是数组名，10是常量，又称为下标，表示该数组包含10个元素。

数组名与变量名的命名规则相同，只能由字母、数字和下划线组成。例如，在以下数组的定义中：

```
int a[10];
char ab2[20];
float _cd3[15];
double a_b33[20];
```

数组名都是合法的。它们可以是字母、数字和下划线的任意组合。

在一维数组的定义中，常量表达式的数值表示元素的个数，称为数组长度。例如数组 a[10]，数组长度是 10，即包含 10 个元素。数组的下标是从 0 开始的，因此数组中的 10 个元素分别是：a[0]，a[1]，a[2]，a[3]，a[4]，a[5]，a[6]，a[7]，a[8] 和 a[9]。注意：a[10] 不属于数组 a[10] 中的元素。

方括号中的常量表达式既可以是整型常量，也可以是整型常量表达式，但不可以是负数和 0 值。例如：

```
int a[2 * 3];
float b[8 - 2];
char c[4 + 2];
```

上面的定义都说明一维数组包含 6 个元素，下标分别是：0、1、2、3、4、5。

数组下标的常量表达式只能是整型常量或整型常量表达式，不可以是浮点类型或其他类型的，也不可以包含变量。例如，以下数组的定义是错误的：

```
int n = 10;
int a[n];
```

注意：

数组的下标从 0 开始。因此，数组中的第一个元素就是数组下标为 0 的元素。

6.1.2 一维数组的引用

引用就是访问或取出数组中的元素。在定义一维数组之后，就可以通过数组的下标访问数组中的任何一个元素。在 C 语言中，只能对数组中的元素逐个进行引用。一维数组的引用形式如下：

数组名[下标]

其中，数组中的下标只能是整型常量或整型常量表达式。

注意：

在数组的定义中，方括号中的常量是数组长度，表示数组中元素的个数。但在引用时，方括号中的常量则与数组中元素的位置相关。

例如，定义一个数组 a[10]。下标 10 表示数组中元素的个数是 10，而 a[0] 表示数组 a 中的第 1 个元素，a[1] 就是数组 a 中的第 2 个元素，…，a[9] 是数组 a 中最后一个元素，即第 10 个元素。因此，若定义一个数组 a 的代码如下：

```
int a[10];     /* 表示数组长度是 10 个,下标是 0~9 */
```

如果引用 a[10]，则是错误的。因为数组中元素的下标是从 0～9，而 10 不在定义的范围内。

如果要对数组 a 中的 10 个元素赋值，可以通过一个 for 循环语句完成操作，例如：

```
for(i=0;i<10;i++)
    a[i]=i+1;
```

同样，如果输出数组 a 中的 10 个元素，则利用以下代码实现：

```
for(i=0;i<10;i++)
    printf("%3d",a[i]);
```

输出结果为：

```
 1  2  3  4  5  6  7  8  9  10
```

6.1.3 一维数组的初始化

一维数组的初始化通常有以下几种方法：

1. 定义、初始化同时进行

在对一维数组定义的同时可以对数组进行初始化。例如：

```
int a[10]={10,20,30,40,50,60,70,80,90,100};
```

其中，在定义一个包含 10 个元素数组 a 的同时，对数组 a 中的元素赋初值，使得 a[0] =10、a[1]=20、a[2] =30、a[3] =40、a[4] =50、a[5] =60、a[6] =70、a[7] =80、a[8] =90 和 a[9] =100。

2. 先定义，后初始化

在定义了一个一维数组之后，还可以在后面对该数组进行初始化。例如：

```
int a[10];
for(i=0;i<10;i++)
   a[i]=(i+1)*10;
```

对数组的元素进行赋值时，必须逐个赋值，不能通过使用花括号的赋值方法来对数组进行赋值。例如，以下赋值方法是错误的：

```
int a[10];
a[10]={10,20,30,40,50,60,70,80,90,100};
```

3. 通过初始化确定数组大小

在定义一维数组并且对数组进行初始化时，可以不指定数组长度。在这种情况下，数组的大小是由花括号中元素的个数来确定的。例如：

```
int a[] = {10,20,30,40,50,60,70,80,90,100};
```

因为这里花括号中有10个元素，所以将自动定义一维数组长度为10。

4. *只初始化部分*

在一个定义语句中，还可以只对数组中的一部分元素初始化，即只给数组中前若干个元素赋初值，剩下的初始化工作交由系统完成。例如：

```
int a[10] = {10,20,30,40,50,60};
```

其中，定义一个包含10个元素的数组a，但只初始化了前6个元素，即a[0]＝10，a[1]＝20，a[2]＝30，a[3]＝40，a[4]＝50，a[5]＝60。那么，后4个元素的值都为0，即a[6]＝0，a[7]＝0，a[8]＝0，a[9]＝0。如果要对后面6个元素进行赋值，则不能省略对前面4个元素赋初值，可以将其都赋值为0，代码如下：

```
int a[10] = {0,0,0,0,0,10,20,30,40,50,60};
```

5. *初始化相同的值*

在有些情况下，需要将数组先初始化为0或者其他值。例如，当数组作为一个计数器时，需要将数组中的元素都赋值为0。即

```
int a[10] = {0,0,0,0,0,0,0,0,0,0};
```

其中，花括号中的元素值与数组a中的元素是一一对应的，但不能对数组a进行整体赋值。例如，以下初始化方法是错误的：

```
int a[10] = {0 * 10};
int a[10] = {0};
```

6. *通过键盘输入初始化数组*

除了以上各初始化方法外，还可以通过键盘输入对数组初始化。例如：

```
int a[5];                      /* 定义一个大小为5的数组 */
printf("请输入5个整数\n");      /* 输入提示信息 */
for(i = 0;i<5;i + + )          /* 输入5个整数,并保存在数组a[5]中 */
     scanf(" % d",&a[i]);
```

数组的初始化方法是多种多样的，可以根据具体情况选择合适的方法。

> **注意：**
>
> 数组的初始化及引用都是一一对应的，不能整体进行。在对数组进行初始化和引用时可以使用for循环等。

6.1.4　一维数组的应用举例

【例6-1】　编写一个冒泡排序的程序，实现对10个整数36，69，30，16，44，

87，21，8，27，53 进行从小到大的排序，最后输出排序后的结果。

分析：为了对这 10 个数进行排序，首先需要利用数组 a[10] 将这 10 个数保存起来。冒泡排序是一种常用的排序方法，其主要思想是：将相邻的两个整数进行比较，然后将较小的数放在前面，较大的数放在后面。首先比较 a[0] 与 a[1]，如果 a[0] >a[1]，则交换 a[0] 与 a[1] 的值。然后比较 a[1] 与 a[2]，如果 a[1] >a[2]，则交换 a[1] 与 a[2] 的值。依次比较下去，最后比较 a[8] 与 a[9]，如果 a[8] >a[9]，则交换 a[8]与 a[9] 的值。经过以上 9 次比较之后，数组 a[10] 中的 10 个数里最大的数被移动到最后，即最大的数被保存在 a[9] 中。将以上经过 9 次比较并将最大的数移动到最后的过程称为第一趟排序。

第一趟排序需要进行 9 次比较，过程如图 6－1 所示。

数组下标	比较a[0]和a[1]	比较a[1]和a[2]	比较a[2]和a[3]	比较a[3]和a[4]	比较a[4]和a[5]	比较a[5]和a[6]	比较a[6]和a[7]	比较a[7]和a[8]	比较a[8]和a[9]	初次排序结果
0	36	36	36	36	36	36	36	36	36	36
1	69	30	30	30	30	30	30	30	30	30
2	30	69	16	16	16	16	16	16	16	16
3	16	16	69	44	44	44	44	44	44	44
4	44	44	44	69	69	69	69	69	69	69
5	87	87	87	87	87	21	21	21	21	21
6	21	21	21	21	21	87	8	8	8	8
7	8	8	8	8	8	8	87	27	27	27
8	27	27	27	27	27	27	27	87	53	53
9	53	53	53	53	53	53	53	53	87	87
	第1次比较	第2次比较	第3次比较	第4次比较	第5次比较	第6次比较	第7次比较	第8次比较	第9次比较	排序后最大的数沉底

图 6－1　初次排序过程

其中，图 6－1 中的空心箭头表示数组中相邻的两个元素满足前者小于后者的条件，因此不需要交换。例如，在第 1 次和第 5 次比较的时候，不需要交换。经过 9 次的比较和交换之后，最大的数 87 被排在最后。

经过第一趟排序后，最大的数已经放到正确的位置。在下一趟排序过程中，即第二趟排序过程中，需要对剩下的 9 个数进行排序。这时，仍然从第 1 个元素开始，比较相邻两个元素的大小。将较小的放在前面，较大的放在后面。经过 8 次比较后，次大的元素被移动到 a[8] 中。依次类推，经过 9 趟排序后，完成了整个排序的过程。每趟排序的结果如图 6－2 所示。其中，图中阴影部分表示元素已经被排在正确的位置。

对 10 个数进行排序需要经过 9 趟排序，每一趟排序又分别进行 9、8、7、6、5、4、3、2、1 次比较。假设对 n 个数排序，则需要进行 n－1 趟排序。在第 i 趟排序中，又需要进行 n－i 次比较。

在排序的过程中，较小的数上浮，较大的数下沉，这类似于气泡的上升与下降。因此将这种排序方法称为冒泡排序，也称为气泡排序。

数组下标	0	1	2	3	4	5	6	7	8	9	
第一趟排序结果	36	30	16	44	69	21	8	27	53	87	经过9次比较
第二趟排序结果	30	16	36	44	21	8	27	53	69	87	经过8次比较
第三趟排序结果	16	30	36	21	8	27	44	53	69	87	经过7次比较
第四趟排序结果	16	30	21	8	27	36	44	53	69	87	经过6次比较
第五趟排序结果	16	21	8	27	30	36	44	53	69	87	经过5次比较
第六趟排序结果	16	8	21	27	30	36	44	53	69	87	经过4次比较
第七趟排序结果	8	16	21	27	30	36	44	53	69	87	经过3次比较
第八趟排序结果	8	16	21	27	30	36	44	53	69	87	经过2次比较
第九趟排序结果	8	16	21	27	30	36	44	53	69	87	经过1次比较
最终排序结果	8	16	21	27	30	36	44	53	69	87	

图 6－2　冒泡排序的每趟结果

冒泡排序的程序流程图如图 6－3 所示。

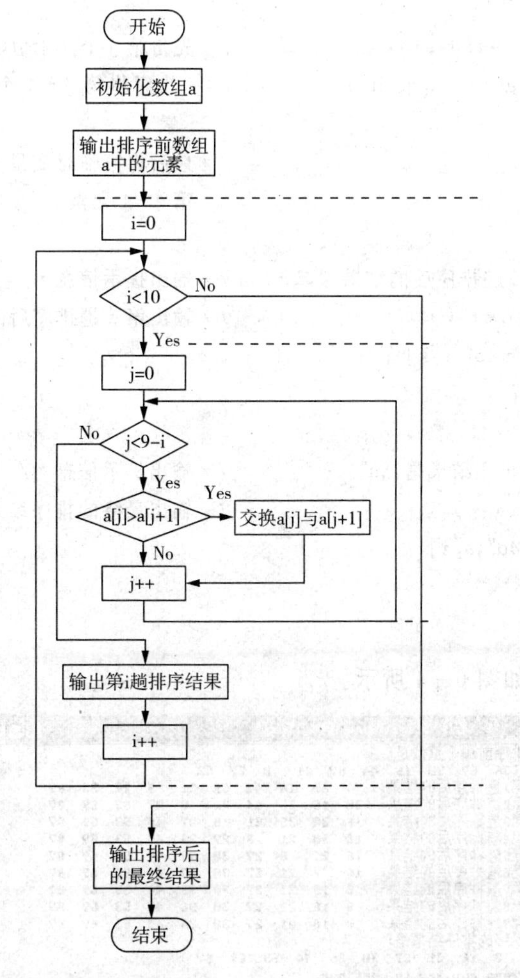

图 6－3　冒泡排序的程序流程图

冒泡排序的程序代码如下所示：

```
#include <stdio.h>
void main()
{
    int a[10] = {36,69,30,16,44,87,21,8,27,53},i,j,k,t,n = 10;
    printf("排序前 10 个整数是:\n");          /* 输出排序前的数组元素 */
    for(i = 0;i<n;i++)
       printf("%4d",a[i]);
    printf("\n");
    for(i = 0;i<=n-2;i++)                     /* 对数组中的元素进行第 i 趟排序,总共需要
                                                 进行 n-1 趟排序 */
    {
       for(j = 0;j<=n-i-2;j++)                /* 第 i 趟排序需要进行 n-i 次比较 */
            if(a[j]>a[j+1])                   /* 如果 a[j]>a[j+1],则交换两者 */
            {
                  t = a[j];                   /* 先将第 j 个元素值赋值给临时变量 t */
                  a[j] = a[j+1];              /* 然后将第 j+1 个元素值赋值给第 j 个元
                                                 素 */
                  a[j+1] = t;                 /* 最后将第临时变量 t 即第 j 个元素值赋值给
                                                 第 j+1 元素 */
            }
      printf("第%d趟排序后的结果:",i+1);     /* 输出提示信息 */
      for(k = 0;k<n;k++)                      /* 输出第 i 趟排序后的结果 */
          printf("%4d",a[k]);
      printf("\n");
    }
    printf("最终的排序结果是:\n");            /* 输出提示信息 */
    for(i = 0;i<n;i++)                        /* 输出最终的排序结果 */
        printf("%4d",a[i]);
    printf("\n");
}
```

程序的运行结果如图 6-4 所示。

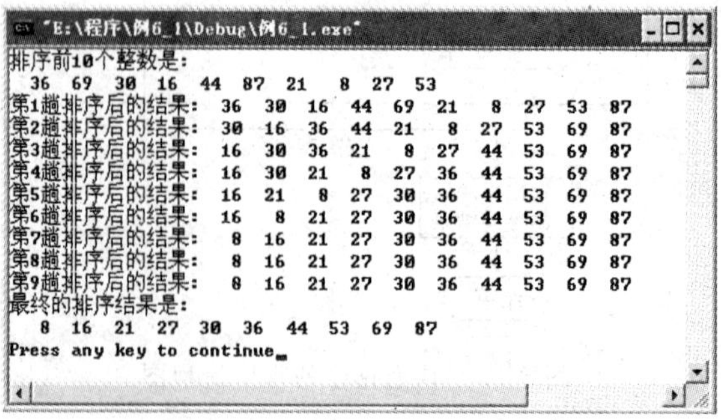

```
"E:\程序\例6_1\Debug\例6_1.exe"
排序前10个整数是:
  36  69  30  16  44  87  21   8  27  53
第1趟排序后的结果:  36  30  16  44  69  21   8  27  53  87
第2趟排序后的结果:  30  16  36  44  21   8  27  53  69  87
第3趟排序后的结果:  16  30  36  21   8  27  44  53  69  87
第4趟排序后的结果:  16  30  21   8  27  36  44  53  69  87
第5趟排序后的结果:  16  21   8  27  30  36  44  53  69  87
第6趟排序后的结果:  16   8  21  27  30  36  44  53  69  87
第7趟排序后的结果:   8  16  21  27  30  36  44  53  69  87
第8趟排序后的结果:   8  16  21  27  30  36  44  53  69  87
第9趟排序后的结果:   8  16  21  27  30  36  44  53  69  87
最终的排序结果是:
   8  16  21  27  30  36  44  53  69  87
Press any key to continue
```

图 6-4　程序运行结果

注意：

在排序的过程中，经常会选择数组作为存储数据的变量。这样就可以利用数组的下标引用数组中的元素，从而使程序的编写变得非常方便。对于数组，需要我们灵活地使用其下标来引用变量。

6.2　二维数组

尽管一维数组为解决问题带来了极大的方便，但在有些情况下，仅依赖一维数组还是不够的，仍需要使用多维数组。其中，多维数组中最为常用的是二维数组。例如，要计算学生多门课程的平均成绩，就需要使用二维数组。

6.2.1　二维数组的定义

二维数组的定义格式如下：

```
类型标识符 数组名[常量表达式][常量表达式]；
```

容易看出，二维数组比一维数组多了一个方括号和一个常量表达式。若二维数组定义如下：

```
int a[3][6]；
```

可以看出，这是一个元素类型为整型的二维数组，包含3×6=18个元素。它有两个下标：第一个是3，第二个是6。在二维数组中，第一个下标表示行数，第二个下标表示列数。因此，二维数组的第一个下标称为行下标，第二个下标称为列下标。这就像总共有18个学生，排成3行，每行有6个。其实，这个二维数组表示的是18个变量，C语言利用二维数组的下标为这些数组元素进行编号，从而区分它们。二维数组a[3][6]的编号情况如图6-5所示。实际上，二维数组就是一个矩阵。只不过，在C语言中我们称它为二维数组。

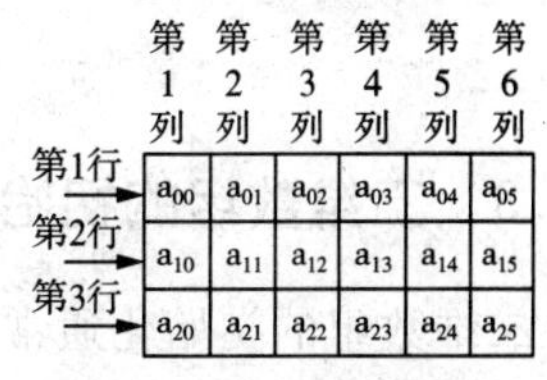

图6-5　二维数组a[3][6]的编号

二维数组中行数与列数的乘积就是元素的个数。例如，在二维数组a[10][6]中，元素个数是10×6=60。数组a[10][6]有10行，每一行6列。其中，第1行的6个元素分别是：a[0][0]，a[0][1]，a[0][2]，a[0][3]，a[0][4]，a[0][5]；第2行的6个元素分别是：a[1][0]，a[1][1]，a[1][2]，a[1][3]，a[1][4]，a[1][5]。

注意：

二维数组每一行元素的行下标都是相同的，对应的列下标则都是从0开始的。

6.2.2 二维数组的引用

二维数组的引用与一维数组的引用类似。在定义二维数组之后，即可通过二维数组的两个下标访问数组中的任何一个元素。在C语言中，只能逐个地对二维数组中的元素进行引用。二维数组的引用形式如下：

数组名[下标][下标]

需要注意的是：在二维数组的定义中，行下标和列下标分别表示数组的行数和列数。但在引用时，下标则表示数组中的某一个元素。例如，定义一个数组a[4][6]，表示该二维数组是4行6列。而a[0][0]表示二维数组a中的第一个元素，a[0][1]是二维数组a中的第二个元素，a[3][5]是二维数组a中最后一个元素，即第24个元素。

如果要对二维数组赋值，往往通过两个for循环语句完成赋值操作。例如：

```
int i,j,k = 1;
for(i = 0;i<4;i + + )
    for(j = 0;j<6;j + + )
          a[i][j] = k + + ;
```

注意：

定义数组时下标表示数组各维的大小，但引用时下标则表示数组中的某一个元素。另外，在使用数组时不能超出其下标的范围。例如，定义一个二维数组a[4][6]，如果使用a[4][6]，则下标超过了规定的范围（数组a行下标和列下标范围分别是0～3，0～5），因此是错误的。

6.2.3 二维数组的初始化

二维数组的初始化通常有以下几种方法：

1. 分行赋值

在定义二维数组的同时可以对数组进行初始化。例如，定义一个二维数组a[3][5]，其初始化代码如下：

```
int a[3][5] = {{10,20,30,40,50},{60,70,80,90,100},{110,120,130,140,150}};
```

其中，每行元素用一对花括号隔开。这样，每对花括号内就是一行元素。

通过上面二维数组的定义及初始化之后，数组a的逻辑结构如图6-6所示。

2. 省略花括号

在初始化时，也可以省略那些隔开每行元素的花括号。例如，上面的二维数组a[3][5]在定义并初始化时，可以省略内部的花括号。其初始化代码如下：

```
int a[3][5] = {10,20,30,40,50,60,70,80,90,100,110,120,130,140,150};
```

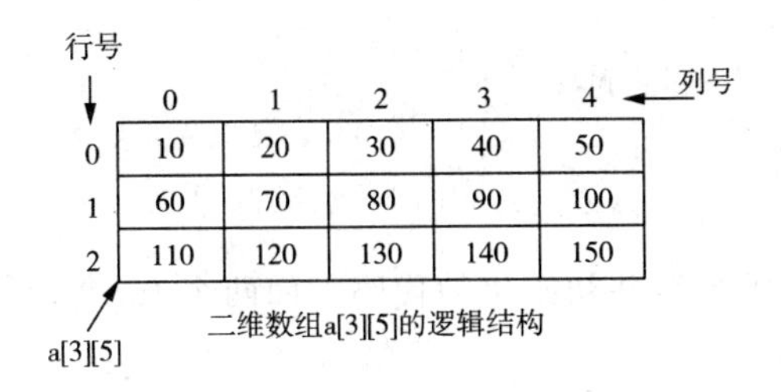

图 6-6　二维数组 a [3][5] 的逻辑结构

这种方法与第一种方法的效果相同，但第一种赋值方法更直观。

3. 省略第一维长度

如果在初始化二维数组时，所有元素都赋初值，那么二维数组的第一维长度可以省略，但是第二维长度不能省略。例如，定义一个二维数组 a[3][5]，可以省略第一维度长度 3，代码如下：

```
int a[][5] = {1,2,3,4,5,6,7,8,9,10,11,12,13,14,15};
```

这种初始化方法与第一种、第二种初始化方法是一样的，即相当于以下的初始化方法：

```
int a[3][5] = {1,2,3,4,5,6,7,8,9,10,11,12,13,14,15};
```

这是因为花括号中有 15 个元素，而二维数组为 5 列，故可以确定二维数组为 3 行。

另外，我们也可以在省略二维数组第一维长度的情况下，只对部分元素赋初值。但是此时只能按行赋初值，因此不能省略内层的花括号。例如，定义一个 3 行 6 列的二维数组并初始化，代码如下：

```
int a[][6] = {{0,6},{},{0,1,2}};
```

那么，得到的二维数组是：

```
0  6  0  0  0  0
0  0  0  0  0  0
0  1  2  0  0  0
```

注意：

初始化时，即使某一行是空行，也不可以省略花括号。

4. 只初始化一部分

在初始化时，也可以只初始化二维数组的一部分。例如，定义一个二维数组 a[3][5]，同时只对一部分元素进行初始化，代码如下：

```
int a[3][5] = {{6},{9},{12}};
for(i = 0;i<3;i++)
{
```

```
        for(j = 0;j<5;j + + )
            printf(" % 3d",a[i][j]);
        printf("\n");
    }
```

其中，第一行是定义二维数组并初始化的代码，而两个 for 循环语句则用于输出二维数组中的元素。

输出结果是：

```
6  0  0  0  0
9  0  0  0  0
12  0  0  0  0
```

从输出结果可以看出，以上的赋值操作只初始化了二维数组中每一行的第 1 列元素，其余元素值则自动为 0。

当然，也可以对数组中的其他列赋初值。例如：

```
int a[3][5] = {{0,3},{6,0,8},{0,0,0,7}};
```

得到的二维数组如下：

```
0  3  0  0  0
6  0  8  0  0
0  0  0  7  0
```

也可以只初始化二维数组中部分行中的元素。例如，初始化前两行的部分元素，其代码如下：

```
int a[3][5] = {{0,6},{9,5}};
```

得到的二维数组如下：

```
0  6  0  0  0
9  5  0  0  0
0  0  0  0  0
```

另外，也可以对上面二维数组的第 1 行和第 3 行赋初值，第 2 行不赋初值。代码如下：

```
int a[3][5] = {{0,6},{},{9,5}};
```

得到的二维数组如下：

```
0  6  0  0  0
0  0  0  0  0
9  5  0  0  0
```

5. 通过键盘输入初始化

同样，C 语言也允许通过键盘输入将二维数组初始化。例如，定义一个二维数组

a[4][6]，然后通过键盘输入进行赋值，代码如下：

```
int a[4][6],i,j;
for(i=0;i<4;i++)
    for(j=0;j<6;j++)
scanf("%d",&a[i][j]);
```

> **注意：**
> 二维数组的初始化与一维数组一样，只能逐个元素进行初始化。不能整体地对二维数组进行初始化及引用。

6.2.4 二维数组应用举例

【例6-2】 编写一个求语文、数学、英语3门课平均成绩的程序。假设语文成绩分别是78、75、65、87、89、97、89、92，数学成绩分别是98、91、96、89、78、87、88、86，英语成绩分别是87、82、85、86、78、67、91、89。求语文、数学、英语3门课的平均成绩并输出。

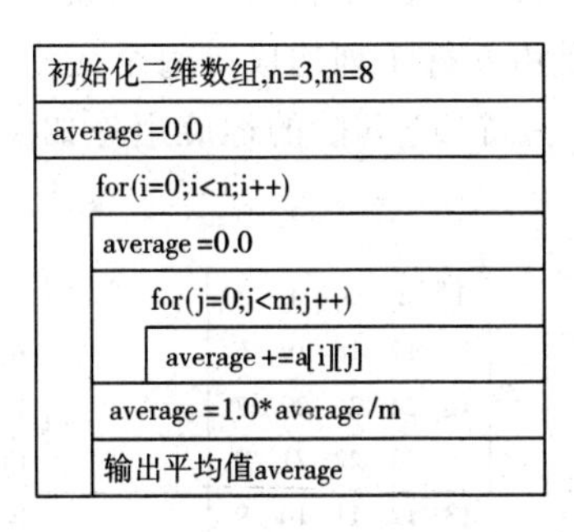

图6-7　求各门课平均成绩的盒图

求各门课平均成绩的盒图如图6-7所示。

各门课平均成绩的代码如下所示：

```
#include<stdio.h>
void main()
{
    int i,j,n=3,m=8;                              /*n和m分别是二维数组的行数和列数*/
    float average=0.0;                            /*初始化平均值为0*/
    int a[][8]={{78,75,65,87,89,97,89,92},
                {98,91,96,89,78,87,88,86},
                {87,82,85,86,78,67,91,89}};       /*将三门功课的成绩存放在二维数组中(分行
                                                    赋初值)*/
    printf("这三门课的平均成绩分别是:");
    for(i=0;i<n;i++)                              /*通过两层循环求各门课的平均成绩*/
    {
        average=0.0;                              /*将平均值置为0*/
        for(j=0;j<m;j++)                          /*内层循环先求各门课的成绩之和*/
          average+=a[i][j];
        average=1.0*average/m;                    /*再求各门课的平均成绩*/
        printf("%7.2f",average);                  /*输出各门课的平均成绩*/
    }
    printf("\n");
```

```
}
```

程序的运行结果如图 6 - 8 所示。

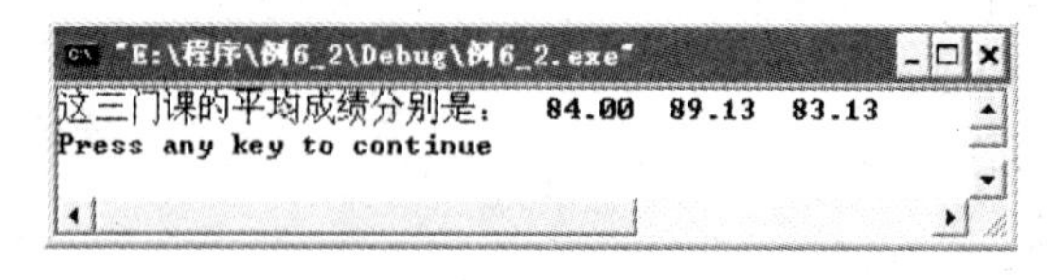

图 6 - 8　程序运行结果

【例 6 - 3】　编写程序，通过输入矩阵的阶数 n，打印 n 阶螺旋矩阵。

分析：矩阵和二维数组的形式其实差不多，可以把矩阵理解为二维数组的逻辑形式。例如，一个 5×4 的矩阵，即矩阵中的元素是由 5 行 4 列构成，每个元素的编号如图 6 - 9 所示。

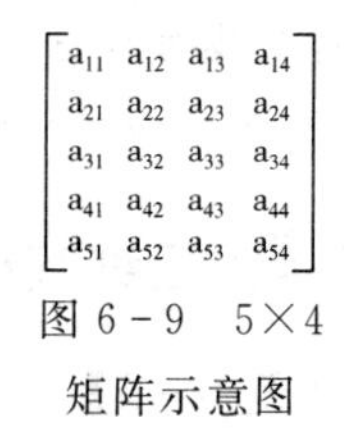

图 6 - 9　5×4 矩阵示意图

一个 5×5 阶的螺旋矩阵如图 6 - 10 所示。

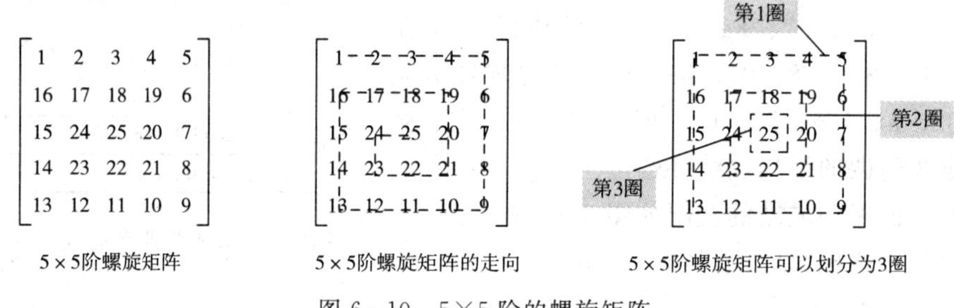

图 6 - 10　5×5 阶的螺旋矩阵

从图 6 - 10 中可以看出，螺旋矩阵中的元素从 1 开始，一直到 25（即 5 * 5）。先从第 1 行最左端开始显示；到达最右端后，继续往下到达最下端；然后从右向左到达最左端；最后再从最底端往上到达最顶端的下一行。重复以上过程，从输出的数据走向上看，类似于螺旋状。

以 5×5 阶矩阵为例。从程序设计的角度出发，可以将 5×5 阶矩阵由外到里划分为 3 圈。其中，第 1 圈可以分为 4 个部分：最上面一行（包括 5 个数 1、2、3、4、5）、最右端一列（包括 4 个数 6、7、8、9）、最下端一行（包括 4 个数 10、11、12、13）、最左端一列（包括 3 个数 14、15、16）。第 2 圈分别由（17、18、19）、（20、21）、（22、23）、（24）构成。第 3 圈只有一个元素 25。也就是说，每一圈由上、右、下、左四个部分构成。

要输出螺旋矩阵中的元素，也就是按照上、右、下、左四个方位分别输出每圈中的元素即可。而实现该程序，则需要两重循环。其中，外层循环控制圈数。假设输入的阶数为 n，那么圈数为 n/2（n 为偶数）或（n+1）/2（n 为奇数）。代码如下：

```
if(n % 2 = = 0)                         /* 如果 n 为偶数 */
      m = n/2;
else                                    /* 如果 n 为奇数 */
```

```
m = n/2 + 1;
```

其中，m 表示圈数。

接下来，按照上、右、下、左四个方向输出矩阵中的每个元素。例如：

（1）输出第 i 圈最上端的一行——列号依次递增，行号不变。

在输出第 i 圈中上面的一行时，需要改变的是列号，行号不变。列号是从 j=i 开始，依次递增，直到 n−i−1 结束。代码如下：

```
for(j = i;j<n - i;j + + )
{
    a[i][j] = k;
    k + + ;
}
```

在每输出一个数后，k 的值增 1，将得到下一个数。

（2）输出第 i 圈最右端的一列——行号依次递增，列号不变。

在输出第 i 圈中最右端的一列时，需要改变的是行号，列号不变。行号是从 i+1 开始，依次递增，到 n−i−1 结束。代码如下：

```
for(j = i + 1;j<n - i;j + + )
{
    a[j][n - i - 1] = k;
    k + + ;
}
```

（3）输出第 i 圈最下端的一行——列号依次递减，行号不变。

在输出第 i 圈中最下端的一行时，需要改变的是列号，行号不变。列号从 n−i−2 开始，依次递减，到 i 结束。代码如下：

```
for(j = n - i - 2;j> = i;j - - )
{
    a[n - i - 1][j] = k;
    k + + ;
}
```

（4）输出第 i 圈最左端的一列——行号依次递减，列号不变。

在输出第 i 圈中最左端的一列时，需要改变的是行号，列号不变。行号是从 n−i−2 开始，依次递减到 i+1 结束。代码如下：

```
for(j = n - i - 2;j> = i + 1;j - - )
{
    a[j][i] = k;
    k + + ;
}
```

最后输出数组中的元素值，就可以得到相应的螺旋矩阵。打印任意阶螺旋矩阵的程序代码如下：

```
#include<stdio.h>
#define N 40
void main()
{
    int i,j,a[N][N],n,m,k=1;              /*定义变量与二维数组,将k赋初值为1*/
    printf("请输入一个正整数:\n");
    scanf("%d",&n);                       /*输入矩阵的阶数*/
    if(n%2==0)                            /*如果n为偶数*/
        m=n/2;
    else                                  /*如果n为奇数*/
        m=n/2+1;
    for(i=0;i<m;i++)                      /*外层循环控制圈数*/
    {
        for(j=i;j<n-i;j++)                /*输出第i圈的最上面一行*/
        {
            a[i][j]=k;
            k++;
        }
        for(j=i+1;j<n-i;j++)              /*输出第i圈的最右端一列*/
        {
            a[j][n-i-1]=k;
            k++;
        }
        for(j=n-i-2;j>=i;j--)             /*输出第i圈的最下端一行*/
        {
            a[n-i-1][j]=k;
            k++;
        }
        for(j=n-i-2;j>=i+1;j--)           /*输出第i圈的最左端一列*/
        {
            a[j][i]=k;
            k++;
        }
    }
    for(i=0;i<n;i++)                      /*输出螺旋矩阵*/
    {
        for(j=0;j<n;j++)
            printf("%4d",a[i][j]);
        printf("\n");
    }
```

```
}
```

程序运行结果如图 6-11 所示。

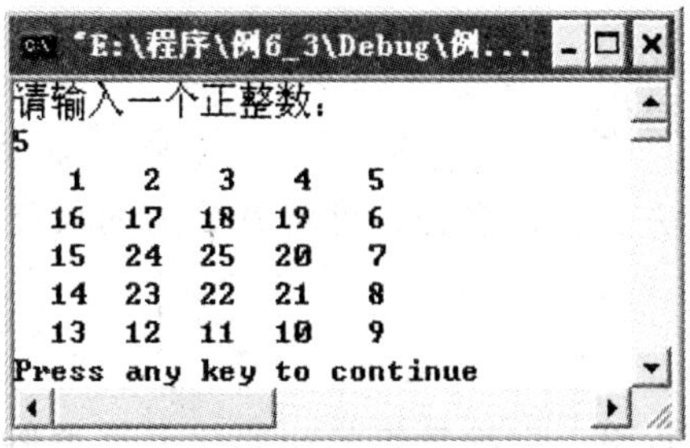

```
"E:\程序\例6_3\Debug\例...
请输入一个正整数:
5
   1   2   3   4   5
  16  17  18  19   6
  15  24  25  20   7
  14  23  22  21   8
  13  12  11  10   9
Press any key to continue
```

图 6-11 程序运行结果

6.3 字符数组

在数组中，还有一类比较特殊，那就是字符数组。顾名思义，字符数组就是专门用来存放字符的数组。

6.3.1 字符数组的定义

字符数组的定义格式如下：

```
类型标识符 数组名[常量表达式];
```

其中，类型标识符必须是 char。其他地方与前面学习过的一维数组相同。

例如：

```
char a[10];
char a2b[12];
char _bc5[20];
char a_b12[25];
char b_d[9+2];
```

以上字符数组的定义都是合法的。

在 C 语言中，字符数组中的元素在内存中也是连续存放的。例如，定义一个字符数组 a[5]，代码如下：

```
char a[5];
a[0]='H';
a[1]='e';
a[2]='l';
a[3]='l';
a[4]='o';
```

因为字符型数据在内存中也是以整型形式存储的，所以，上面字符数组的定义也可以写成如下整型定义的形式：

```
int a[5];
```

6.3.2 字符数组的初始化

字符数组的初始化方法也有许多种，可将其分为两大类：逐个字符初始化和字符串初始化。

1. 逐个字符初始化

这种方法与前面一维数组、二维数组的初始化方法类似，指的是将每个字符作为一个元素赋值给字符数组。例如，定义一个字符类型的数组 a[14]，并将其初始化，其代码如下：

```
char c[14] = {'I','','a','m','','a','','s','t','u','d','e','n','t'};
```

这样的赋值方式类似于一维数组的赋值，将花括号中的每个字符作为元素赋值给数组 c。在赋值时，字符放在一对单引号内，表示元素是字符类型的。如果花括号中字符的个数大于常量表达式，则会出现错误。如果花括号中字符的个数小于常量表达式，那么将这些字符赋值给数组中前面的元素，后面的元素被赋值为'\0'，即空字符。

注意：

空字符'\0'是字符数组的结束标志，而字符''表示一个空格字符。两者之间有区别，不可以混淆。

例如，定义一个字符数组 a[13] 并初始化，其代码如下：

```
char a[13] = {'H','e','l','l','o','','W','o','r','l','d'};
```

那么，数组 a 的状态如图 6-12 所示。

a[0]	a[1]	a[2]	a[3]	a[4]	a[5]	a[6]	a[7]	a[8]	a[9]	a[10]	a[11]	a[12]
H	e	l	l	o		W	o	r	l	d	\0	\0

图 6-12 字符数组 a 的状态

其中，a[5] 中存放的是空格字符，而 a[11] 和 a[12] 中存放的是空字符'\0'。

同样的，字符类型的赋值方法也可以像一维数组一样，省略掉常量表达式。例如，上面字符数组的定义及赋值代码也可以写成如下形式：

```
char c[] = {'I','','a','m','','a','','s','t','u','d','e','n','t'};
```

省略常量表达式时，系统会根据初值个数来确定字符数组的长度。字符数组 c 的状态示意图如图 6-13 所示。

c[0]	c[1]	c[2]	c[3]	c[4]	c[5]	c[6]	c[7]	c[8]	c[9]	c[10]	c[11]	c[12]	c[13]
I		a	m		a		s	t	u	d	e	n	t

图 6-13 字符数组 c 的状态

这种方法当然也可以用来初始化二维字符数组。例如，一个二维字符数组的初始化代码如下：

```
char month[][3] = {{'S','U','N'},{'M','O','N'},{'T','U','E'},{'W','E','D'},{'T','H','U'},{'F',
'R','I'},{'S','A','T'}};
```

month 是二维字符数组名，它的逻辑状态如图 6-14 所示。

month[0]	S	U	N
month[1]	M	O	N
month[2]	T	U	E
month[3]	W	E	D
month[4]	T	H	U
month[5]	F	R	I
month[6]	S	A	T

图 6-14 二维字符数组 month 的逻辑状态

逐个字符初始化字符数组与一维数组、二维数组的初始化方法是一样的。另外，一维数组和二维数组的初始化方法同样可以应用到字符数组的初始化中。

2. 字符串初始化字符数组

与前面一维数组、二维数组初始化方法不同的是，字符数组还有另外一种初始化方法，那就是将字符串直接赋值给字符数组。我们知道，字符串是由一个个字符构成的，C 语言允许将字符串直接赋值给字符数组，代码如下：

```
char a[] = {"Hello World"};
char c[] = {"I am a student"};
char a[] = "Hello World";
char c[] = "I am a student";
```

以上字符数组的初始化方法都是正确的。另外，在上面字符数组的初始化方法中，带花括号的与不带花括号的初始化方法是等价的。例如：

```
char a[] = {"Hello World"};
char a[] = "Hello World";
```

这两种初始化方法是等价的。

3. 两种方法的比较

将字符串直接赋值给字符数组与逐个字符初始化的方法相比有一点区别：对于字

符串直接赋值给数组的方法，系统会在字符串的末尾自动添加一个'\0'作为结束标志。这样做的好处是通过结束标志'\0'就可以判断字符串的长度了。例如：

```
char a[16] = {"Hello World"};
```

花括号中的“Hello World”是 11 个字符，但定义的字符数组是 16 个字符。因此，系统会在字符数组中后面的 5 个元素位置上自动添加'\0'。字符数组 a 的逻辑状态如图 6-15 所示。

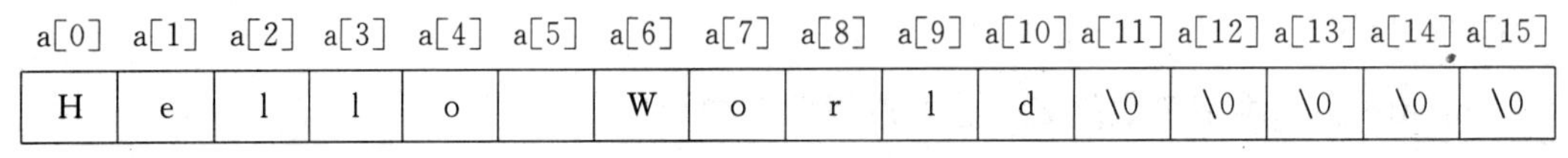

图 6-15　字符数组 a 的逻辑状态

其中，数组 a 中的实际字符个数是 11。但是如果省略常量表达式，字符数组 a 和字符数组 c 的逻辑状态如图 6-16 所示。

a[0]	a[1]	a[2]	a[3]	a[4]	a[5]	a[6]	a[7]	a[8]	a[9]	a[10]	a[11]
H	e	l	l	o		W	o	r	l	d	\0

c[0]	c[1]	c[2]	c[3]	c[4]	c[5]	c[6]	c[7]	c[8]	c[9]	c[10]	c[11]	c[12]	c[13]	c[14]
I		a	m		a		s	t	u	d	e	n	t	\0

图 6-16　字符数组 a 和字符数组 c 的逻辑状态

字符数组 a 和字符数组 c 分别占用的内存单元为 12 和 15。但是，它们的实际长度分别是 11 和 14。通过在字符串后面添加'\0'作为字符数组的结束标志，使得在定义时字符数组的常量表达式就不那么重要了。在程序设计中，往往通过检测字符串最后的结束标志来决定字符数组的长度。

逐个字符初始化和字符串初始化字符数组方式的主要差别在于最后的结束标志'\0'。因此，在逐个字符初始化字符数组时，只要在最后添加一个结束标志'\0'后，就与字符串的初始化方式相同。例如，以下两种初始化方式是等价的：

```
char a[] = {"Hello World"};
char a[] = {'H','e','l','l','o','','W','o','r','l','d','\0'};
```

在以下的逐个字符初始化方法中：

```
char month[][3] = {{'S','U','N'},{'M','O','N'},{'T','U','E'},{'W','E','D'},{'T','H','U'},{'F',
'R','I'},{'S','A','T'}};
```

也完全可以使用字符串初始化的方式，其代码如下：

```
char month[][3] = {{"SUN"},{"MON"},{"TUE"},{"WED"},{"THU"},{"FRI"},{"SAT"}};
```

month 是二维字符数组名，它的逻辑状态 6-17 所示。

month[0]	S	U	N	\0
month[1]	M	O	N	\0
month[2]	T	U	E	\0
month[3]	W	E	D	\0
month[4]	T	H	U	\0
month[5]	F	R	I	\0
month[6]	S	A	T	\0

图 6－17　二维字符数组 month 的逻辑状态

字符数组的引用方法与一维数组、二维数组是完全一样的。

6.3.3　字符数组的连续输出

我们知道，数据的输入与输出分别使用函数 scanf 和 printf 实现。通过使用“%c”一次只能输入和输出一个字符。例如，输出字符数组 a [] =" Hello World" 中的字符，其代码如下：

```
char a[] = "Hello World";
for(i = 0;a[i]! = '\0';i + + )
    printf(" % 3c",a[i]);
```

在 C 语言中，字符串的最后有一个结束标志'\0'。使用 printf 函数输出字符串中的字符时，函数会不停地检测是否到了字符串的结束位置。如果检测到'\0'，就停止输出。通过使用格式符“%s”可以一次性输出字符串的所有字符，不需要使用 for 循环一次输出一个字符。使用格式符“%s”一次性输出字符串或字符数组的代码如下：

```
char a[] = "Hello World";
printf(" % s",a);
```

输出结果为：

```
Hello World
```

输出时，需要注意的是：使用格式符“%s”输出字符串，输出列表项是字符数组名！输出函数的说明如图 6－18 所示。

```
                      输出列表项
printf ("%s\n",a);
输出函数  格式控制
```

图 6－18　格式化输出说明

其中，a 是输出列表项，即要输出的字符串。a 可以是字符串名或字符数组名，但不可以是字符数组中的某个字符元素。例如，以下输出代码是错误的：

```
printf(" % s",a[0]);
printf(" % s",a[0]);
```

在输出字符数组或字符串时，遇到'\0'就会停止。如果一个字符串或字符数组有多个结束标志'\0'，会在遇到第一个'\0'就停止输出。但是输出函数并不会输出结束符'\0'。这是因为结束符'\0'只是一个字符串或字符数组的结束标志，它不是一个可显示的字符。

6.3.4 字符数组的连续输入

同样地，输入函数 scanf 也可以使用格式符"%s"。首先，定义一个字符数组 c[20]，然后通过输入函数 scanf 给字符数组赋值。其代码如下：

```
char c[20];
scanf("%s",c);
```

只需要通过键盘输入：

```
university
```

系统就会自动地在字符串的最后添加一个'\0'，然后存储到数组 c 中。而如果使用格式符"%c" 对字符数组赋值，就需要一个循环语句控制输入，其代码如下：

```
char c[20],ch,i=0;
printf("请输入一个字符串:\n");
scanf("%c",&ch);            /*输入一个字符*/
while(ch!='\n')             /*判断输入的字符不是回车,则继续输入字符*/
{
    c[i++]=ch;              /*将输入的字符赋值给数组c*/
    scanf("%c",&ch);        /*接受下一个输入的字符*/
}
c[i]='\0';                  /*在输入的字符串最后添加'\0'结束标记*/
```

另外，使用格式符“%c”时，除了使用循环，还需要在字符数组的最后人为地添加一个'\0'来表示字符数组的结束。而使用格式符“%s”就简单了许多，其代码如下：

```
char c[20];
printf("请输入一个字符串:\n");
scanf("%s",c);      /*接受一个字符串,并自动添加'\0'结束标记*/
```

如果通过键盘输入多个字符串，只需要通过空格符将各个字符串分隔开来就可以了。代码如下：

```
chara[10],b[10],c[10];
scanf("%s%s%s",a,b,c);
```

输入以下字符串：

```
Welcome to Beijing!
```

上面的字符串被保存在 3 个字符数组中，其状态如图 6-19 所示。

字符数组 a	W	e	l	c	o	m	e	\0		
字符数组 b	t	o	\0							
字符数组 c	B	e	i	j	i	n	g	!	\0	

图 6-19 字符数组的逻辑状态

注意：

在使用 scanf 函数接受输入的字符串时，将数组名作为输入项，因为数组名本身就是数组的起始地址，从而不需要在前面添加取地址符号 &。

6.3.5 常用的字符串处理函数

C 语言还为我们专门提供了其他的字符串操作函数。

1. puts 函数

puts 函数专门用来输出字符数组中存放的字符串。这里，使用 puts（str）将字符串输出，相当于 printf（"%s"，str）。例如，使用 puts 函数输出字符串的代码如下：

```
char str[] = {"How are you!"};
puts(str);            /* 输出字符串 */
```

执行以上语句后，输出结果为：

```
How are you!
```

2. gets 函数

gets 函数的使用与 puts 函数一样简单。例如，定义字符数组 str［20］，通过 gets 函数输入一个字符串赋值给 str，其代码如下：

```
char str[20];
gets(str);            /* 接受输入的字符串 */
```

通过键盘输入：

```
Thank you!
```

这时，字符串 Thank you! 就会保存在指定的字符数组 str 中。在对字符串进行输入与输出时，由于使用了 gets 函数和 puts 函数，因此就不用考虑那么多的格式符了。

3. strcat 函数

如果想将一个字符串连接到另一个字符串的末尾，可以利用循环语句将一个字符串中的每一个字符复制到另一个字符串末尾。例如，代码如下：

```
char s1[100],s2[50];                    /* 定义字符数组 s1 和 s2,用于保存字符串 */
printf("请输入第 1 个字符串:\n");
gets(s1);                               /* 输入字符串 s1 */
```

```
printf("请输入第 2 个字符串:\n");
gets(s2);                          /* 输入字符串 s2 */
for(i = 0;s1[i]! ='\0';i + +);     /* 将下标 i 移动到字符串 s1 的末尾,使其指向结束符
                                      位置 */
    for(j = 0;s2[j]! ='\0';j + +)  /* 将字符串 s2 复制到 s1 的末尾 */
        s1[i + +] = s2[j];
s1[i] = '\0';                      /* 在字符串 s1 的末尾添加一个结束符标志 */
```

显然，以上代码麻烦冗长。那么，是否有其他方法呢？C 语言中的 strcat 函数可以简化以上代码，完成将一个字符串连接到另一个字符串末尾的任务。

strcat 函数的调用格式如下：

```
strcat(字符数组 1,字符数组 2)
```

它的功能是将字符数组 2 连接到字符数组 1 的末尾。使用 strcat 函数完成上面字符串连接的代码如下：

```
char s1[100],s2[50];               /* 定义字符数组 s1 和 s2,用于保存字符串 */
printf("请输入第 1 个字符串:\n");
gets(s1);                          /* 输入字符串 s1 */
printf("请输入第 2 个字符串:\n");
gets(s2);                          /* 输入字符串 s2 */
strcat(s1,s2);                     /* 将字符串 s2 连接到字符串 s1 的最后 */
```

可以看出，只需要使用 strcat（s1，s2）就可以完成上面代码中最后 4 行代码的功能。

如果输入以下字符串：

```
Hello
World
```

这时，" Hello" 就会被保存到 s1 中，而" World" 则被保存到 s2 中。在执行 strcat 函数之后，数组 s1 中的内容就变成：HelloWorld。

在使用 strcat 函数时，需要注意以下问题：

（1）字符数组 1 的长度必须足够大，从而能够容纳复制后的字符串。

（2）在调用 strcat 时，字符数组 1 和字符数组 2 都是字符数组名。

（3）字符数组 2 可以是字符数组名，也可以是字符串常量。例如，strcat（s1，" abcd"）也是正确的调用方法。

4. strcpy 函数

在 C 语言中，另一个很重要的函数是 strcpy 函数——字符串拷贝函数。下面先来介绍 strcpy 函数的用法。strcpy 的调用格式如下：

```
strcpy(字符数组 1,字符数组 2)
```

strcpy 函数的功能是将字符数组 2 复制到字符数组 1 中，其使用方法与 strcat 函数相同。例如，定义两个字符数组 str1 和 str2，将 str2 初始化，然后将 str2 复制到 str1

中，代码如下：

```
charstr1[20],str2[] = {"How are you!"};
strcpy(s1,s2);          /* 将字符串 s2 复制给字符串 s1 */
printf("%s\n",s1);
```

输出结果为：

```
How are you!
```

在使用函数 strcpy 时，也需要注意以下几点：

(1) 字符数组 1 的长度必须足够大，从而能够容纳字符数组 2。

(2) 在调用 strcpy 时，字符数组 1 和字符数组 2 都是字符数组名。

(3) 字符数组 2 可以是字符数组名，也可以是字符串常量。例如，strcpy（s1, "abcd"）也是正确的调用方法。

5. strcmp 函数

在涉及两个字符串时，常常还需要比较这两个字符串。C 语言也提供了字符串比较函数 strcmp。strcmp 函数的调用格式如下：

```
strcmp(字符数组 1,字符数组 2)
```

strcmp 函数的功能是分别从字符数组 1 和字符数组 2 中的第 1 个字符开始，依次按照 ASCII 码比较两个字符数组中的元素，直到两个字符不相等或遇到'\0'为止。

函数的返回值有 3 种：

(1) 如果返回 0，表示字符串 1 与字符串 2 中的长度一样，且字符元素完全相同。

(2) 如果返回一正整数，表示字符串 1 大于字符串 2。

(3) 如果返回一负整数，表示字符串 1 小于字符串 2。

例如，两个字符串大小的比较情况如下：

"a" < "b","abc" < "abcd","Chinese" > "China","Program" < "Programming","Study" > "Student","hello" = "hello","come" > "came"。

使用 strcmp 函数比较两个字符串大小的方法如下：

```
charstr1[] = {"Hello"},str2[] = {"How are you!"};
strcmp(s1,s2);                  /* 比较两个字符串变量 s1 和 s2 的大小 */
strcmp("Chinese","China");      /* 比较两个字符串常量的大小 */
strcmp(str1,"How");             /* 比较字符串变量和字符串常量的大小 */
```

同样的，在使用 strcmp 函数时，也要注意以下问题：

(1) 在调用 strcmp 时，字符数组 1 和字符数组 2 都是字符数组名。

(2) 字符数组 2 可以是字符数组名，也可以是字符串常量。

6. strlen 函数

在使用字符串对数组直接赋值时，系统会自动地在字符串的末尾添加结束标志'\0'。这有什么好处呢？其实，在求字符串或字符数组的长度时，需要使用这个结束标记

'\0'来判断字符串或字符数组是否已经结束。通过判断，我们就会得到相应的长度。例如，定义一个字符数组，同时用字符串初始化数组。那么，求字符串的长度代码如下：

```
char str[] = {"How are you!"};  /*定义一个字符数组并初始化*/
int i;
for(i = 0;str[i]! = '\0';i + + ) /*从数组的第一个字符开始计数,遇到'\0'就停止计数*/
    ;                            /*执行一个空操作*/
return i;                        /*返回数组*/
```

通过以上的语句就可以得到字符串的长度。其实，在C语言中strlen函数也可以用来求字符串的长度。在学习strlen函数之后，就不需要再用上面这种方法了。

strlen函数的调用格式如下：

```
strlen(字符数组)
```

strlen函数的功能是返回字符数组的实际长度，即元素个数。例如，求一个字符串或字符数组实际长度的代码如下：

```
char s[20] = "abcdefg";
printf(" %d\n",strlen(s));
```

输出结果是：

```
7
```

注意：

strlen函数返回的是字符串或字符数组的实际长度，而不是字符串占用的内存单元个数，也不是定义数组时的空间大小。

同样的，在使用strlen函数时，也要注意以下问题：

（1）在调用strlen时，字符数组是字符数组名。

（2）字符数组可以是字符数组名，也可以是字符串常量。

至此，我们已经学习了字符串中最为常用的strcat、strcpy、strcmp、strlen函数。这几个函数既适用于字符数组，也适用于字符串。在许多情况下，应用于字符串与字符数组中是一样的。

6.3.6 字符数组的应用举例

【例6-4】 不使用字符串的连接函数strcat，编写程序将一个字符串连接到另一个字符串的末尾。

分析：如果要将字符串s2连接到字符串s1的末尾，就是要先找到字符串s1的末尾位置，然后将字符串s2中的所有字符依次复制到s1中。值得注意的是：复制完毕后，需要在字符串s1的末尾添加一个结束标志'\0'。

根据以上的思想方法，画出盒图如图 6－20 所示。

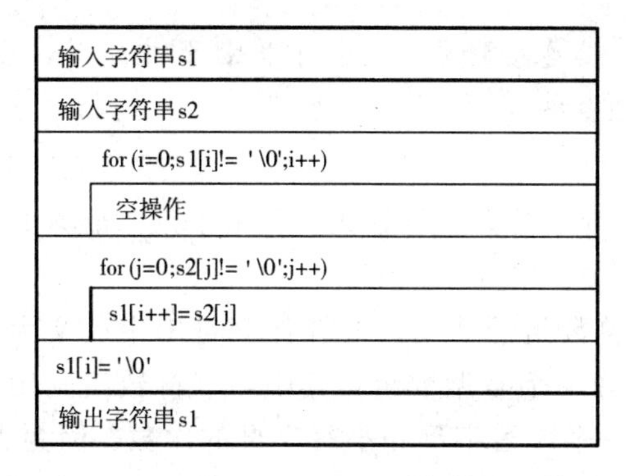

图 6－20 字符串连接操作的盒图

将一个字符串连接到另一个字符串末尾的程序代码如下所示：

```
#include<stdio.h>
void main()
{
    int i,j;
    char s1[100],s2[50];                /*定义字符数组 s1 和 s2,用于保存字符串*/
    printf("请输入第 1 个字符串:\n");
    gets(s1);                           /*输入字符串 s1*/
    printf("请输入第 2 个字符串:\n");
    gets(s2);                           /*输入字符串 s2*/
    for(i=0;s1[i]!='\0';i++);           /*将下标 i 移动到字符串 s1 的末尾,使其指向结束符
                                          位置*/
        for(j=0;s2[j]!='\0';j++)        /*将字符串 s2 复制到 s1 的末尾*/
            s1[i++]=s2[j];
    s1[i]='\0';                         /*在字符串 s1 的末尾添加一个结束符标志*/
    printf("将 s2 连接到 s1 末尾后字符串 s1 为:%s\n",s1);
}
```

程序运行结果如图 6－21 所示：

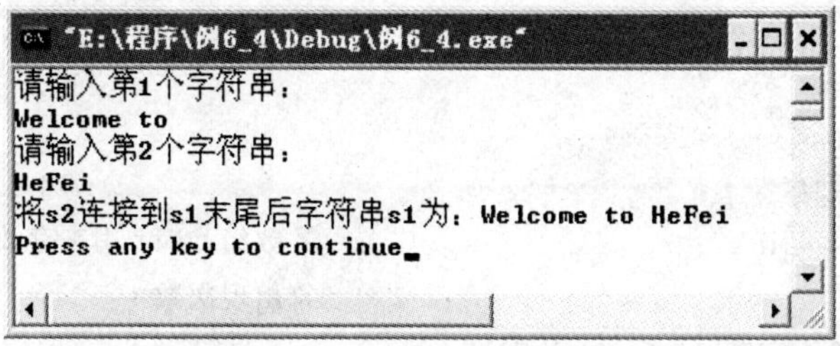

```
"E:\程序\例6_4\Debug\例6_4.exe"
请输入第1个字符串：
Welcome to
请输入第2个字符串：
HeFei
将s2连接到s1末尾后字符串s1为：Welcome to HeFei
Press any key to continue
```

图 6－21 程序运行结果

> **注意：**
>
> 在将一个字符串 s2 连接到另一个字符串 s1 的末尾时，要保证定义的字符数组 s1 足够大，从而能容纳 s1 和 s2 的长度。

【例 6－5】 编写一个程序，统计输入字符串中每一个英文大写字母和小写字母出现的次数。

分析：主要考查字符数组的使用。要统计字符串中英文大小写字母出现的次数，需要定义一个字符数组和一个整型数组。其中，字符数组则用来存放输入的字符串，整型数组则用来存放每一个大写字母和小写字母的次数。因为大写英文字母和小写英文字母的个数都是 26，所以，将整型数组的长度定义为 52。通过一个循环控制语句，从字符数组的第 1 个字符开始判断大小写英文字母，并将其出现的次数存入到相应的整型数组中。

假设整型数组被定义为 count［52］。其中，count［0］用来存放小写英文字母'a'出现的次数，count［1］用来存放小写英文字母'b'出现的次数，…，count［25］则存放小写英文字母'z'出现的次数。相应地，count［26］～count［51］分别存放大写英文字母'A'～'Z'出现的次数。

根据以上的思想方法，先画出相应的盒图如图 6－22 所示。

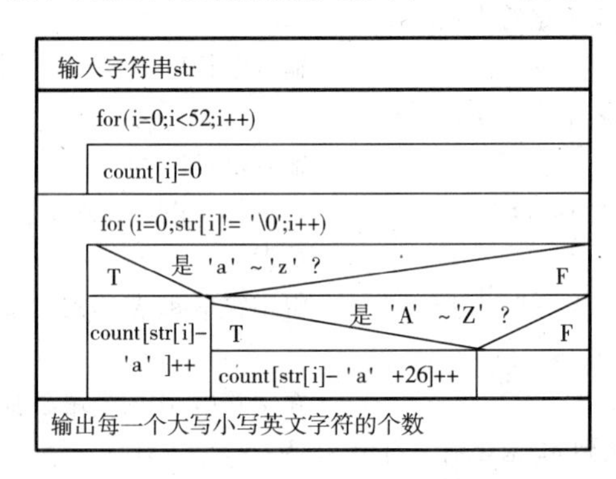

图 6－22 统计字符串中大小写英文字母出现次数的盒图

统计字符串中大小写英文字母出现次数的程序代码如下所示：

```
#include<stdio.h>
void main()
{
    char str[100];
    int i,count[52];                    /*数组 count 用来存放每一个大小写英文字
                                          符出现次数*/
    printf("请输入字符串(<100):\n");
    gets(str);
    for(i=0;i<52;i++)                   /*初始化数组 count*/
```

```
        count[i] = 0;
    for(i = 0;str[i]! ='\0';i+ +)                /* 依次判断字符串中的字符,并统计每一个
                                                   字符的个数 */
        if(str[i]> ='a'&&str[i]< ='z')           /* 如果是小写字符,存入数组 count 的 0~25
                                                     中 */
            count[str[i] - 'a']+ +;
        else if(str[i]> ='A'&&str[i]< ='Z')      /* 如果是大写字符,存入数组 count 的 26~
                                                   51 中 */
            count[str[i] - 'A'+ 26]+ +;
    for(i = 0;i<26;i+ +)                         /* 输出所有小写字符的次数 */
            if(count[i]! =0)
                printf(" %c: %2d\t",'a'+ i,count[i]);
            printf("\n");
    for(i = 26;i<52;i+ +)                        /* 输出所有大写字符的次数 */
        if(count[i]! =0)
            printf(" %c: %2d\t",'A'+ i - 26,count[i]);
    printf("\n");
}
```

程序运行结果如图 6 - 23 所示。

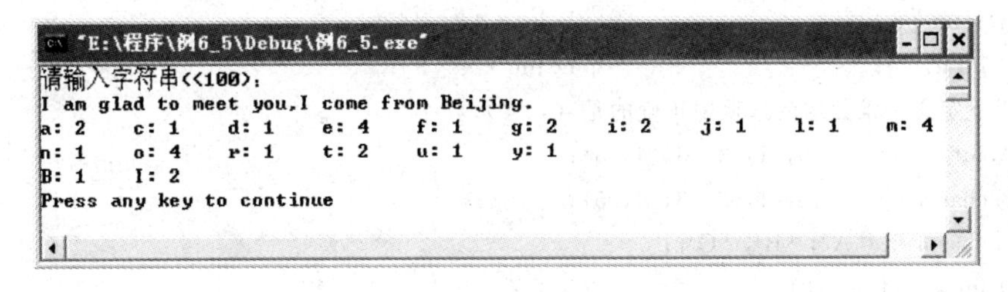

图 6 - 23　程序运行结果

注意:

在使用数组时，一定要小心，避免出现数组越界。数组是一种常用的数据类型，在数据处理过程中，常常把需要处理的数据放在数组中，这样会使操作更加简单。

本章小结

数组不同于以往学习过的基本数据类型。数组是由一系列相同类型的数据元素构成的一种集合。在数组中，每一个元素都属于同一种类型，一个数组包含若干个数据。因此，数组在处理大量的数据时非常有用。

在定义数组时，数组名的后面需要跟一个下标用于表示数组中元素的个数，同时

下标放在方括号内。在一维数组的定义中，方括号中的常量表达式即下标，与数组引用的下标意义是不一样的。在数组的定义中，下标表示数组的长度。而在数组的引用中，下标表示数组中的第几个元素。二维数组有两个下标，第一个表示行下标，第二个表示列下标。因此，通常二维数组用来处理与矩阵有关的问题。字符数组是一种比较特殊的数组。字符数组与字符串许多情况下都是通用的，我们常常将字符串保存在字符数组中。

练 习 题

选择题

1. 给出以下定义：

```
char x[ ] = "abcdefg";
char y[ ] = {'a','b','c','d','e','f','g'};
```

则下面叙述中正确的为（　　）。

A. 数组 X 和数组 Y 等价

B. 数组 X 和数组 Y 的长度相同

C. 数组 X 的长度大于数组 Y 的长度

D. 数组 X 的长度小于数组 Y 的长度

2. 定义一个具有 8 个元素的整型数组，应当使用语句（　　）。

A. int a [8]；　　B. int a [2，4]；

C. int a [ ]；　　D. int * a [8]；

3. 以下定义一维数组的选项中正确的是（　　）。

A. int a [5] = {0，1，2，3，4，5}；

B. char a [] = {0，1，2，3，4，5}；

C. char a= {'A'，'B'，'C'}；

D. int a [5] =" 0123"；

4. 定义：char a [] =" xyz"，b [] = {'x'，'y'，'z'}；，以下叙述中正确的是（　　）。

A. 数组 a 和 b 的长度相同　　B. 数组 a 长度小于数组 b 长度

C. 数组 a 长度大于数组 b 长度　　D. 上述说法都不对

5. 以下叙述中错误的是（　　）。

A. 对于 double 类型数组，不可以直接用数组名对数组进行整体输入或输出

B. 数组名代表的是数组所占存储区的首地址，其值不可改变

C. 当程序执行中，数组元素的下标超出所定义的下标范围时，系统将给出" 下标越界" 的出错信息

D. 可以通过赋初值的方式确定数组元素的个数

6. 有以下程序：

```
main()
{  char s[] = "159", * p;
   p = s;
   printf(" %c", * p+ + );printf(" %c", * p+ + );
}
```

程序运行后的输出结果是（　　）。

A. 15　　B. 16　　C. 12　　D. 59

7. 下面程序的输出结果是（　　）。

```
main()
{   int a[3][4] = {1,3,5,7,9,11,13,15,17,19,21,23};
int( * P)[4] = a,i,j,k = 0;
for(i = 0;i<3;i + + )
for(j = 0;j<2;j + + )
k = k + * ( * (p + i) + j);
printf(" % d\n",k;}
```

A. 60　　B. 68　　C. 99　　D. 108

8. 以下程序运行后，输出结果是（　　）。

```
main()
{ int y = 18,i = 0,j,a[8];
do
{  a[i] = y % 2;     i + + ;        y = y/2;
} while(y> = 1)
for(j = i - 1;j> = 0;j - - ) printf(" % d",a[j]);
printf("\n");
}
```

A. 10000　　B. 10010　　C. 00110　　D. 10100

9. 下面程序段用来输出两个字符串中对应相等的字符。程序中空白处的正确选项是（　　）。

```
char x[] = "programming";
char y[] = "Fortran";             int i = 0;
while(x[i]!  ='\0'&&y[i]!  = '\0')
{  if(x[i] = = y[i]) printf(" % c", ________);
else i + + ;
}
```

A. x [i++]　　B. y [++i]　　C. x [i]　　D. y [i]

10. 下面程序的功能是根据从键盘输入的一行字符，统计其中有多少个单词。这里，单词之间用空格分隔。请选择填空。

```
#include <stdio.h>
main()
{  char s[80],c1,c2 = '';
   int i = 0,num = 0;
   gets(s);
   while(s[i]!  ='\0')
   {  c1 = s[i];
     if(i = = 0) c2 = '';
     else c2 = s[i - 1];
     if(________) num + + ;
```

```
        i++;
    }
    printf("There are %d words.\n",num);
}
```

A. c1=='' && c2==''　　B. c1!='' && c2==''

C. c1=='' && c2!=''　　D. c1!='' && c2!=''

11. 下面程序的运行结果是（　　）。

```
#include <stdio.h>
main()
{   char ch[7]={"12ab56"};
    int i,s=0;
    for(i=0;ch[i]>='0'&&ch[i]<='9';i+=2)
      s=10*s+ch[i]-'0';
    printf("%d\n",s);
}
```

A. 1　　B. 1256　　C. 12ab56　　D. 1

填空题

1. 从键盘上输入一行字符（不多于 40 个，以回车换行符作为输入结束标记），将其中的大写字母改为小写字母，其他字符不变，然后逆向输出。程序代码如下，请填空。

```
main ()
{     char  a[40];
      int  n = 0;
      do
{     scanf ("%c",&a[n]);
            if( ____)
            a[n] += 32;
            n ++;
      } while ( ____!= '\n');
      n= n-2;
      while (n >= 0)
printf ("%c",a[n--]);
}
```

2. 下面程序以每行 4 个数据的形式输出 a 数组。请填空。

```
#define N 20
main()
{  int a[N],i;
   for(i=0;i<N;i++) scanf("%d", ____);
   for(i=0;i<N;i++)
   {  if(________)  ________
      printf("%3d",a[i]);
```

```
    }
    printf("\n");
  }
```

3. 下面程序将二维数组 a 的行和列元素互换后存到另一个二维数组 b 中。请填空。

```
main()
{  int a[2][3] = {{1,2,3},{4,5,6}};
   int b[3][2],i,j;                printf("array a:\n");
   for(i = 0;i< = 1;i + + )
   {  for(j = 0;____;j + + )
      {  printf(" % 5d",a[i][j]);
         ____;
      }
      printf("\n");
   }
   printf("array b:\n");
   for(i = 0;       ;i + + )
   {  for(j = 0;j< = 1;j + + )
        printf(" % 5d",b[i][j]);
     printf("\n");
   }
}
```

4. 下面程序的运行结果是（   ）。

```
main()
{  int a[2][3] = {{1,2,3},{4,5,6}};
   int b[3][2] ,i,j;
   printf("array a:\n");
   for(i = 0;i< = 1;i + + )
   {  for(j = 0;j< = 2;j + + )
      {  printf(" % 5d",a[i][j]);
         b[j][i] = a[i][j];
      }
      printf("\n");
   }
   printf("array b:\n");
   for(i = 0;i< = 2;i + + )
   {  for(j = 0;j< = 1;j + + )
        printf(" % 5d",b[i][j]);
      printf("\n");
   }
}
```

5. 下面程序可求出矩阵a的两条对角线上的元素之和。请填空。

```
main()
{   int a[3][3] = {1,3,6,7,9,11,14,15,17},sum1 = 0,sum2 = 0,i,j;
    for(i = 0;i<3;i + + )
      for(j = 0;j<3;j + + )
        if(i = = j) sum1 = sum1 + a[i][j];
    for(i = 0;i<3;i + + )
      for(____;____;j - - )
        if((i + j) = = 2) sum2 = sum2 + a[i][j];
    printf("sum1 = %d,sum2 = %d\n",sum1,sum2);
}
```

6. 下面程序的运行结果是（　　）。

```
main()
{   int a[5][5],i,j,n = 1;
    for(i = 0;i<5;i + + )
    for(i = 0;i<5;i + + )
      a[i][j] = n + + ;
    printf("The result is:\n");
    for(i = 0;i<5;i + + )
    {   for(j = 0;j< = i;j + + )
          printf(" %4d",a[i][j]);
        printf("\n");
    }
}
```

7. 下面程序可求出矩阵a的主对角线上的元素之和。请填空。

```
main()
{   int a[3][3] = {1,3,5,7,9,11,13,15,17},sum = 0,i,j;
      for(i = 0;i<3;i + + )
        for(j = 0;j<3;j + + )
          if(______) sum = sum + ____;
      printf("sum = %d\n",sum);
}
```

8. 以下程序可求出所有水仙花数（提示：所谓水仙花数是指一个三位正整数，其各位数的立方和等于该正整数。例如，407＝4×4×4＋0×0×0＋7×7×7，故407是一个水仙花数。）。请填空。

```
main()
{   int x,y,z,a[8],m,i = 0;
    printf("The special numbers are(in the arrange of 1000):\n");
    for(______;______; m + + ;)
    {   x = m/100;          y = ______;          z = m%10;
```

```
        if(x * 100 + y * 10 + z = = x * x * x + y * y * y + z * z * z)
        {  ______;  i + + ; }
      }
      for(x = 0;x<i;x + + )
        printf(" % 6d",a[x]);
    }
```

9. 下面程序的功能是生成并输出某数列的前 20 项。其中，该数列第 1，2 项分别为 0 和 1，以后每个奇数项是前两项之和，偶数项是前两项差的绝对值。生成的 20 个数存在一维数组 x 中，并按每行 4 项的形式输出。请填空。

```
main()
{  int x[21],i,j;
   x[1] = 0; x[2] = 1;
   i = 3;
   do
{  x = ______;    x[i + 1] = ______;
      i = ______;
   }while(i<20);
   for(i = 1;i< = 20;i + + )
   {  printf(" % 5d",x[i]);
      if(i % 4 = = 0)
        printf("\n");
   }
}
```

编程题

1. 编写一个打印 n 阶魔方阵的程序。

魔方阵，也叫幻方。在一个 n×n 的矩阵中，如果每一行、每一列和对角线上的和都相等，那么这样的方阵就是 n 阶魔方阵。在这里，要求 n 是奇数。例如，一个 3 阶魔方阵如图 6 - 24 所示。

$$\begin{bmatrix} 8 & 1 & 6 \\ 3 & 5 & 7 \\ 4 & 9 & 2 \end{bmatrix}$$

图 6 - 24　3 阶魔方阵

2. 输入一个字符串，统计该字符串中大写字母字符、小写字母、数字字符、空格字符和其他字符的个数。

3. 编写程序，输入 10 个学生 5 门课程的成绩（可改为 m 个学生 n 门课程），完成以下要求：找出单科成绩最高的学生的序号和课程成绩；找出某科成绩不及格的学生的序号及其各门课程的成绩；求所有学生各门课程的总成绩和平均成绩；求每门课程的平均成绩。

4. 利用随机函数产生一个由 15 个［10，90］之间的奇数组成的数列，将该数列中的数据按从大到小的顺序排列输出。

5. 利用随机函数产生一个 5×5 的矩阵，数据是［22，99］之间的整数，输出该矩阵并求其周边元素之和。

6. 实现将字符串 s2 插入到字符串 s1 的 p 位置上。

7. 求两个矩阵的乘积并输出。

第7章 函数

■ 本章导读

一个较大的C语言程序一般分为若干个程序模块。其中，每个模块用于实现一个特定的功能。在C语言中，通过函数完成模块功能。

函数有两种：库函数和用户自己定义的函数。

库函数，也称为标准函数。它是由C语言系统提供的，用户可以直接使用。例如，常用的scanf输入函数、printf输出函数，还有sqrt、fabs等数学函数。

用户自定义函数是指根据实际需要，由用户自己编写完成的具有某一特定独立功能的程序段。主函数即main()函数，就是一种用户自定义函数，C程序总是从main()函数开始运行的。

本章主要介绍用户自定义函数。

■ 学习目标

(1) 理解函数的概念；
(2) 掌握函数的编写；
(3) 体会函数的递归调用过程；
(4) 领悟参数传递的实质。

7.1 概　述

一个C语言程序包括一个主函数和若干个函数。所谓函数，就是具有特定功能的一段程序代码。

7.1.1 认识函数

先来看下面一段程序：

```
#include<stdio.h>
int add(int a,int b)
```

```
{
    return a + b;
}
void print(int s)
{
    printf(" % d\n",s);
}
void main()
{
    int a,b,sum;
    scanf(" % d, % d",&a,&b);
    sum = add(a,b);
    print(sum);
}
```

程序运行结果如下：

```
3,5<回车>
8
```

上面的程序由一个 main 函数和 add、print 两个函数构成。程序的作用是调用 add 函数计算两个整数的和，然后调用 print 函数输出这两个整数的和。

● 第 2～5 行：

```
int add(int a,int b)
{
    return a + b;
}
```

是 add 函数的代码，其主要功能是实现两个整数的相加运算。

● 第 6～9 行：

```
void print(int s)
{
    printf(" % d\n",s);
}
```

是 print 函数的代码，其主要功能是输出一个整数。

在学习函数的过程中，需要了解以下几点内容：

(1) 一个 C 程序有且只能有一个 main 函数，可以有零个或多个其他函数。

(2) main 函数是程序执行的开始位置。main 函数可以调用其他函数，但其他函数不能调用 main 函数。程序的执行是从 main 函数开始并在 main 函数中结束的。

(3) 一个 C 程序由一个源文件或多个源文件构成。每个源文件是一个编译单位。

(4) 每个函数都是独立的，不依赖于其他任何一个函数。

7.1.2 函数的分类

从不同的角度看，函数有不同的划分方式。

1. 从用户的角度看，函数可以分为库函数和用户自定义函数

● 库函数，也称标准函数。这些函数是由系统提供的，可以直接拿来使用。例如，前面学过的 printf、scanf 分别是系统提供的格式化输出、输入函数，strcpy 是系统提供的字符串拷贝函数。

● 用户自定义函数。这些函数主要是用户根据编写程序的需要，由自己实现的函数。例如，7.1.1 节中 add 和 print 都是用户实现的函数，分别用来将两个整数相加和输出一个整数。

2. 从函数的形式看，函数可以分为无参函数和有参函数

● 无参函数。无参函数是指函数没有参数。例如，前面学过的 getchar、getch 都是无参函数。

● 有参函数。有参函数是指函数带有参数。例如，7.1.1 节中的 add 函数和 print 函数都是有参函数。其中，add 函数有两个参数，print 函数有一个参数。相应的参数分别放在函数名 add、print 后的圆括号内。参数的作用是在调用函数和被调用函数之间传递数据。在 7.1.1 节的例子中，main 函数是调用函数，print 函数和 add 函数是被调用函数。

7.2 函数定义的一般形式

从用户角度可以将函数分为函数库函数和用户自定义函数。本章主要介绍用户自定义函数的定义及调用。通常只有先定义了函数，才能使用该函数。

7.2.1 无参函数的定义

无参函数定义的一般形式如下：

```
类型说明符 函数名()
{
    声明部分;
    执行语句;
}
```

与变量一样，函数也分类型。因此，函数名的前面是类型说明符。函数名的命名规则也同变量一样，都需要遵循标识符的规定。函数名后面紧跟一对圆括号，接下来是函数的实现部分，包括声明部分和执行部分。其中，声明部分指的是变量的定义，执行语句是实现函数功能的具体操作。

例如，一个无参函数定义的代码如下：

```
void print()
```

```
{
    printf("西北大学欢迎您! \n");
}
```

函数的作用是输出一个提示信息“西北大学欢迎您!”。该函数只有执行语句，没有声明部分。其中，void 表示该函数没有返回值，详细内容将在后面讲解。

7.2.2 有参函数的定义

有参函数定义的一般形式如下：

```
类型说明符 函数名(形式参数列表)
{
    声明部分;
    执行语句;
}
```

通过比较无参函数与有参函数定义的形式，可以发现它们之间只有一点区别：对于有参数函数来说，函数名后面的圆括号内是形式参数列表；而无参数函数圆括号内为空。形式参数主要用于接受调用函数传递来的数据。

例如：

```
float add(float x,float y)     /*函数有x和y两个参数*/
{
    float z;                   /*声明部分,定义变量z*/
    z=x+y;                     /*执行语句部分,求x与y的和,赋值给z*/
    return z;                  /*执行语句部分,返回x与y的和z*/
}
```

● 第1行：

```
float add(float x,float y)
```

其中，float 表示函数的类型，add 是函数名，圆括号内有 x 和 y 两个参数，它们都是 float 型，两个参数间使用逗号分隔开。

● 第3行：

```
float z;                       /*声明部分,定义一个变量z*/
```

定义了一个 float 型变量 z，这是函数的声明部分。

● 第5行：

```
return z;                      /*执行语句部分,返回x与y的和z*/
```

这里，返回 x 与 y 的和 z。return 的作用是返回一个值给调用函数，这个值被称为函数的返回值。函数返回值的数据类型必须与函数名前的类型相同。在此例中，函数的类型和 z 的类型都是 float 型。如果函数返回值数据类型与函数的类型不同，系统将自动进行类型转换。

注意：

在定义函数时，如果省略了函数的类型说明，则函数类型被默认为 int 型。

对于有参函数来说，还有另一种写法。可以将参数的类型说明放在函数定义的下一行，而在函数名后仅仅指定参数的名称。例如：

```
float add(x,y)              /*有两个参数x和y*/
float x,float y;            /*说明参数的类型*/
{
    float z;                /*声明部分,定义一个变量z*/
    z=x+y;                  /*执行语句部分,求x与y的和,赋值给z*/
    return z;               /*执行语句部分,返回x与y的和z*/
}
```

以上的定义方式是早期的一种函数定义方式。而一般情况下，在定义函数时常常将参数的说明直接放在函数名后的圆括号内。

在定义函数时，函数的内容可以为空，即什么也不执行。例如，下面的函数定义也是正确的，它表示什么工作也不做：

```
void fun()
{
}
```

说明：

空函数常常是为了占用一个位置，方便以后对该函数的功能进行扩充。

7.3 函数参数与函数返回值

调用函数中的参数称为实际参数，被调用函数中的参数称为形式参数。在函数调用过程中，可以将实际参数的数据传递给形式参数，但形式参数的数据不能传递给实际参数。这种传递方式称为单向传递。为了将被调用函数中的数据传递给调用函数，需要使用 return 语句。

7.3.1 实际参数与形式参数

调用函数中的参数称为实际参数，简称实参。被调用函数中的参数称为形式参数，简称形参。

【例 7-1】 编写一个程序，求两个整数中较小的一个。

```
#include<stdio.h>
```

```
int min(int x,int y)                /*x和y是形参*/
{
    int z;
    if(x<y)                         /*如果x<y*/
      z = x;                        /*将x赋值给z*/
    else                            /*如果x>=y*/
      z = y;                        /*将y赋值给z*/
    return z;                       /*返回z的值*/
}
void main()
{
    int a,b,c;
    scanf("%d,%d",&a,&b);           /*输入两个整数*/
    c = min(a,b);                   /*a和b是实参*/
    printf("min=%d\n",c);           /*输出最小的一个整数*/
}
```

程序运行结果如图 7-1 所示。

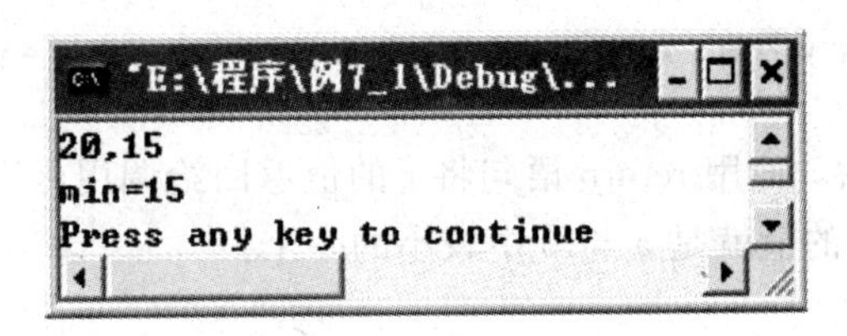

图 7-1　程序运行结果

其中，main 是主调函数，min 是被调用函数。

● 第 15 行：

```
c = min(a,b);        /*a和b是实参*/
```

这里，调用函数 min，而 a 和 b 是实际参数。将 a 和 b 的值分别传递给形式参数 x 和 y。因为 min 有返回值，再将返回值赋给变量 c。

● 第 2 行：

```
int min(int x,int y)        /*x和y是形参*/
```

min 是用户自定义函数名，其函数类型为 int 型。函数的形式参数是 x 和 y，接受实际参数 a 和 b 传递过来的值。相当于将 a 赋值给 x，将 b 赋值给 y。假设输入的整数分别是 20 和 15，则传递过程如图 7-2 所示。

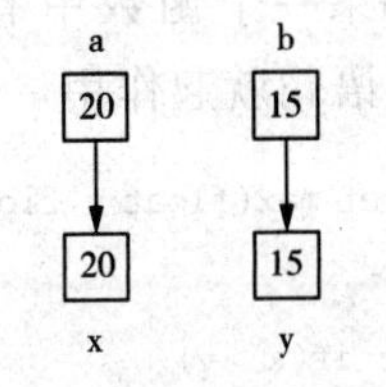

图 7-2　参数的传递过程

如果在被调用函数中将形式参数 x 和 y 的值分别修改为 8 和 12，不会影响实际参数 a 和 b 的值。如图 7-3 所示。

因为 a 和 b、x 和 y 分别占用不同的内存单元，x 和 y 分别是 a 和 b 的副本。这就如同有两份相同的文件，一份是原件，一份是复印件。在复印件上修改数据并不会影响到原件的内容。

● 第 9 行：

```
return z;          /*返回 z 的值*/
```

是 return 语句。它将 x 与 y 中较小的一个返回给调用函数 main。函数值的返回过程如图 7－4 所示。

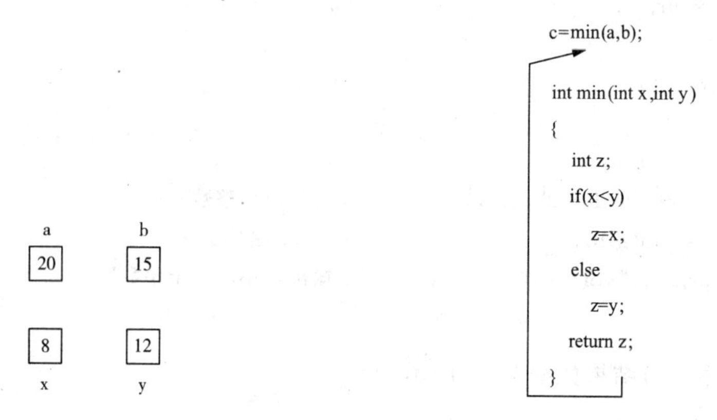

图 7－3　修改了 x 和 y 的值，但不会影响到 a 和 b 的值　　　图 7－4　函数值的返回过程

在 min 函数的最后，使用 return 语句将 z 的值返回给调用函数中的 c＝min（a，b），然后赋值给 c。此时 c 的值就是 a 与 b 中较小的一个。

7.3.2　函数返回值

为了从被调用函数中传递数据给调用函数，通过使用 return 语句实现。传递给调用函数的数据叫做函数返回值。return 语句的一般使用格式如下：

```
return 表达式;
```

其中，return 要返回的值可以是表达式，也可以是变量、常量、常数等。

使用 return 语句需要注意以下几点：

1. 一个函数内部可以有多个 return 语句

如果一个函数中有多个 return 语句，那么执行到哪一个 return 语句，相应的 return 语句就起作用，例如，在下面的代码中：

```
float max(float x,float y)
{
    if(x>y)
      return x;
    else
      return y;
}
```

函数的功能是求两个数中较大的一个。如果 x＞y，则将 x 返回给调用函数。那么，第 5 行以后的代码将不会被执行。如果 x＜＝y，则第 4 行的 return 将不会被执行。

2. 返回值的类型应与函数类型相同

在函数定义中，函数名前的类型说明符表明该函数的类型。在使用 return 语句时，返回值的类型必须与函数类型相同。例如，在 7.2.2 节的 add 函数中，add 函数类型是 float 型。那么，返回值必须是 float 型或能转换为 float 型的数据。

如果 return 语句中返回值的类型与函数类型不一致，则系统会自动将 return 语句中返回值的类型转换为相应的函数类型。例如：

```
int sub(float x,float y)      /* 函数类型为 int 型 */
{
    float z;
    z = x - y;
    return z;                 /* 函数返回值类型为 float 型 */
}
void main()
{
    float a,b;
    int c;
    scanf("%f,%f",&a,&b);
    c = sub(a,b);
    printf("%f 与 %f 的差为 %d\n",a,b,c);
}
```

程序运行结果如下：

```
23.5,6<回车>
23.500000 与 6.000000 的差为 17
```

在上面的代码中，函数类型为 int 型，返回值类型为 float 型。当函数值返回给调用函数时，系统自动将 float 型转换为 int 型。因此，当输入 23.5 和 6 时，输出结果为 17，而不是 17.5。

3. 返回值可以是一个表达式

在一个函数中，不仅可以将一个变量、常量返回给调用函数，还可以将一个表达式返回给调用函数。例如：

```
float max(float x,float y)
{
    return x>y? x:y;
}
```

其中，x>y? x：y 是一个逗号表达式，在这个函数中作为 return 语句的返回值。

4. 一个函数可以有 return 语句，也可以没有 return 语句

一个函数也可以没有返回值，此时就不需要 return 语句。例如：

```
void print(int s);
{
    printf("%d",s);
}
```

该函数的作用仅仅是输出 s 的值。如果一个函数没有返回值，需要将函数类型说明为 void 型（空类型），即表示该函数没有返回值。

7.4 函数的调用

函数的调用有两个作用，一是找到该函数的入口，二是将相关数据传递给该函数。一个函数可以被另外一个函数调用，在被调用的同时还可以调用其他函数。

7.4.1 函数的一般调用

函数的一般调用格式如下：

```
函数名(实际参数列表)
```

其中，实际参数与被调用函数中的形式参数一一对应。

【例 7-2】 编写函数，根据输入的数 n，得到 fabonacci 数列的前 n 项。fabonacci 数列满足前两项之和是数列的第 3 项。例如，fabonacci 数列的前 12 项是：1，1，2，3，5，8，13，21，34，55，89，144。

```
#include<stdio.h>
unsigned long fabonacci(int n)
{
    unsigned long f1,f2,f3;
    int i;
    if(n<=2)                                    /*如果n小于等于2*/
        return 1;                               /*返回1*/
    else                                        /*如果n大于2*/
    {
      for(f1=f2=1,i=3;i<=n;i++)                 /*求第n个数*/
      {
        f3=f1+f2;
        f1=f2;
        f2=f3;
      }
    }
    return f3;                                  /*返回第n个数*/
}
void main()
{
```

```
    int x;
    unsigned long y;
    scanf(" %d",&x);                             /* 输入项数 */
    y = fabonacci(x);                            /* 调用函数 fabonacci 得到第 n 项的值 */
    printf("fabonacci 数列的第 %d 项是 %u\n",x,y);/* 输出第 n 项的值 */
}
```

程序运行结果如图 7－5 所示。

图 7－5　程序运行结果

● 在 fabonacci 函数的定义中，参数只有 n，为 int 型。函数的返回值为 unsigned long 型。该函数中有两个 return 语句，但每次执行只有一个 return 语句起作用。

● 第 24 行：

```
y = fabonacci(x);   /* 调用函数 fabonacci 得到第 n 项的值 */
```

是调用函数 fabonacci，实际参数只有 x。将函数的值赋值给 y，y 的类型与 fabonacci 函数的类型一致。

在 C 语言中，可以用以下几种方式调用函数：

（1）函数调用直接作为一个语句

如果函数没有返回值，则该函数可以作为一个语句直接使用。例如，7.1 节的 print 函数：

```
print(sum);
```

它的作用是输出一个数，没有函数返回值。这时的函数调用可作为一条独立的语句。

（2）函数调用作为表达式的一部分

如果函数具有返回值，则函数调用可以像变量一样参与表达式的运算。例如：

```
printf(" %d\n",fabonacci(x));
```

以上代码是将函数调用 fabonacci（x）作为 printf 函数的参数，也就是将 fabonacci（x）函数的返回值输出。

函数调用 fabonacci（x）也可以参与算术运算。代码如下：

```
y = fabonacci(x) * 10;
```

（3）函数调用中的参数可以是表达式

函数调用中的参数既可以是变量、常量、常数，也可以是表达式。例如，a＋b 和 a－b 两个算术运算表达式作为函数的参数，其代码如下：

```
x = mul(a + b,a - b);
```

函数调用中的实际参数需要与被调用函数中的形式参数一一对应，即变量的类型、个数都必须一致。

（4）函数调用的参数可以是函数

如果函数有返回值，则这个函数就可以像变量一样使用。也就是说，可以将这个函数作为另一个函数的参数。例如：

```
y = max(a,max(b,c));
printf(" % d\n",y);
```

以上代码中，也可以不使用中间变量 y，而是将函数作为 printf 函数的参数直接输出。代码如下：

```
printf(" % d\n",max(a,max(b,c)));
```

7.4.2 函数原型

对于C程序中已有定义的函数，在使用该函数前需要先对其进行说明。这种说明被称为函数的声明，也叫函数原型。

在使用库函数时，需要在程序开头用＃include 命令将关于库函数的信息包含进来。例如，在使用 printf 函数时，需要使用命令＃include＜stdio. h＞。

在使用用户自己定义的函数时，调用该函数之前，同样需要先对该函数进行说明。否则，系统将不会识别该函数。函数原型的一般格式如下：

```
函数类型 函数名(参数类型 1 参数名 1,参数类型 2 参数名 2,参数类型 3 参数名 3,…);
```

这与函数定义的首部（第一行）非常类似，唯一区别在于最后增加了一个分号。函数原型的作用就是要告诉编译系统，如果在程序中遇到一个与该函数名相同的标识符时，表明这其实是一个函数。然后编译系统会检查调用函数与被调用函数的函数类型、参数个数、参数的类型是否一致。

值得注意的是，编译系统并不检查参数名。这是因为实际参数与形式参数是两个不同的拷贝，与参数是什么并没有关系，所以函数原型中的参数可以省略。这样，函数原型的格式可以写成如下形式：

```
函数类型 函数名(参数类型 1,参数类型 2,参数类型 3,…);
```

例如，例 7－2 的程序可以改写成如下形式：

```
#include<stdio.h>
unsigned long fabonacci(int n);                    /* 函数原型 */
void main()
{
    int x;
    unsigned long y;
    scanf(" % d",&x);
    y = fabonacci(x);                              /* 调用函数 fabonacci */
```

```
printf("fabonacci数列的第%d项是%u\n",x,y);          /*输出第n项的值*/
    }
                                                  /*函数fabonacci的定义*/
unsigned long fabonacci(int n)
{
    unsigned long f1,f2,f3;
    int i;
    if(n<=2)                                      /*如果n小于等于2*/
        return 1;                                 /*返回1*/
    else                                          /*如果n大于2*/
    {
      for(f1=f2=1,i=3;i<=n;i++)                   /*求第n个数*/
      {
          f3=f1+f2;
          f1=f2;
          f2=f3;
      }
    }
    return f3;                                    /*返回第n个数*/
}
```

● 第2行的函数原型：

```
unsigned long fabonacci(int n);                   /*函数原型*/
```

还可以写成如下形式：

```
unsigned long fabonacci(int);                     /*省略了参数名n*/
```

注意：

函数原型与函数首部中的函数类型、函数名、参数个数、参数类型及参数顺序都必须保持一致。如果没有函数原型，则会出现编译错误。在C语言中，使用用户定义函数时，如果没有函数原型，需要将被调用函数放在调用函数的前面。如果有函数原型，那么被调用函数在调用函数的前面和后面都可以。

在对函数进行声明时，需要说明以下几点：

(1) 函数的声明（函数原型）与函数的定义是两个不同的概念

函数的声明只包括函数类型、函数名、参数个数及参数类型。它的作用是告诉编译系统所声明的标识符是一个函数，以便在编译时对函数类型、函数名、参数个数及参数类型进行检查；函数的定义是一个完整功能的实现。它不仅包括函数类型、函数名、参数个数、参数名、参数类型，更重要的是包括了函数体。函数体是实现函数功能的部分。

(2) 如果省略了函数类型，系统将指定函数类型为int型

如果在函数定义时，将函数首部的函数类型省略，则系统会认为函数类型为int型。换句话说，如果函数类型为int型，则函数原型可以省略。例如，在例7-1求两个整数中较小一个的函数中，函数类型和函数原型可以省略。代码如下：

```
#include<stdio.h>
void main()
{
    int a,b,c;
    scanf("%d,%d",&a,&b);                /*输入两个整数*/
    c=min(a,b);                          /*调用函数min*/
    printf("min=%d\n",c);
}
min(int x,int y)                         /*省略了函数类型int*/
{
    int z;
    if(x<y)                              /*如果x<y*/
      z=x;                               /*将x赋值给z*/
    else                                 /*如果x>=y*/
      z=y;                               /*将y赋值给z*/
    return z;                            /*返回z的值*/
}
```

以上程序也是正确的。

● 第9行的函数头部：

```
min(int x,int y)                         /*省略了函数类型int*/
```

与以下代码等价：

```
int min(int x,int y)
```

(3) 函数的声明（函数原型）需要放在函数调用之前

函数原型需要放在函数调用之前，可以放在#include命令之后，也可以放在调用函数中变量声明之前。例如：

```
#include<stdio.h>
void main()
{
    unsigned long fabonacci(int n);                    /*函数原型*/
    int x;
    unsigned long y;
    scanf("%d",&x);
    y=fabonacci(x);                                    /*调用函数fabonacci*/
    printf("fabonacci数列的第%d项是%u\n",x,y);          /*输出第n项的值*/
```

```
}
                                                    /*函数fabonacci的定义*/
unsigned long fabonacci(int n)
{
    unsigned long f1,f2,f3;
    int i;
    if(n<=2)                                        /*如果n小于等于2*/
        return 1;                                   /*返回1*/
    else                                            /*如果n大于2*/
    {
        for(f1=f2=1,i=3;i<=n;i++)                   /*求第n个数*/
        {
            f3=f1+f2;
            f1=f2;
            f2=f3;
        }
    }
    return f3;                                      /*返回第n个数*/
}
```

以上写法也是正确的。

7.4.3 函数的嵌套调用

如果一个函数调用了函数 f1，而在函数 f1 中又调用了另一个函数 f2，则这样的调用方式被称为函数的嵌套调用。函数嵌套调用的过程如图 7-6 所示。

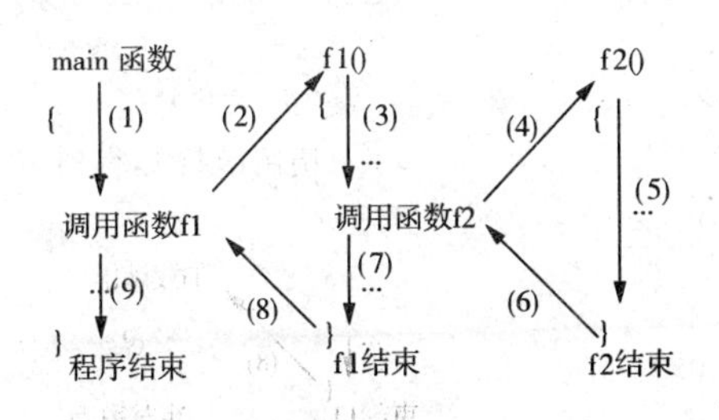

图 7-6　函数嵌套调用的过程

图 7-6 中的（1）～（9）表示程序的执行顺序。在调用函数 f1 后，转到 f1 函数中执行，而在函数 f1 中调用了函数 f2，因此转到函数 f2 中执行。执行完函数 f2 后，返回到函数 f1 中调用函数 f2 的位置，继续执行调用函数 f2 后面的语句，直到函数 f1 的最后。然后返回到 main 函数中调用 f1 的位置，继续执行后面的语句，直到程序结束。

【例 7-3】　使用二分法求方程 $2x^3-3x^2+4x-12=0$ 在区间（-10，10）的根。其中，求方程的根和函数值使用函数实现。

```
#include<stdio.h>
#include<math.h>
float f(float x);                               /*函数 f 的声明*/
float root(float x1,float x2);                  /*函数 root 的声明*/
void main()
{
    const double eps = 1e-6;
    float x0,x1,x2,fx1,fx2;
                                                /*保证 x1 与 x2 之前函数图像与 x 轴有交点*/
    do
    {
        printf("请输入 x1 和 x2 的值.\n");
        scanf("%f,%f",&x1,&x2);
        fx1 = f(x1);                            /*调用函数 f,由 x1 得到函数值 fx1*/
        fx2 = f(x2);                            /*调用函数 f,由 x2 得到函数值 fx2*/
    }while(fx1*fx2>0);
    x0 = root(x1,x2);                           /*调用函数 root,得到方程的根*/
    printf("方程的根为%f\n",x0);
}
                                                /*根据 x1 和 x2 得到方程的根*/
float root(float x1,float x2)
{
    float x0,fx0,fx1,fx2;
    const double eps = 1e-6;
    do
    {
        x0 = (x1 + x2)/2;
        fx0 = f(x0);                            /*调用函数 f,得到 x0 的函数值*/
        if(fx0*fx1<0)
        {
            x2 = x0;
            fx2 = fx0;
        }
        else
        {
            x1 = x0;
            fx1 = fx0;
        }
    }while(fabs(fx0)>=eps);
    return x0;
}
                                                /*根据 x 得到函数值*/
```

```
float f(float x)
{
    float fx;
    fx = x * ((2 * x - 3) * x + 4) - 12;
    return fx;
}
```

程序运行结果如图 7 - 7 所示。

图 7 - 7 程序运行结果

在该程序中，main 函数调用了 root 函数。而在 root 函数中，又调用了 f 函数。因此，该程序利用了函数的嵌套调用。

● 第 16 行的调用函数：

```
x0 = root(x1,x2);                    /* 调用函数 root,得到方程的根 */
```

的实际参数名与第 19 行的被调用函数：

```
float root(float x1,float x2)
```

的形式参数名相同，但它们并不是同一个参数，因此互不影响。

说明：

函数的嵌套调用与函数的一般调用并没有什么本质区别，只不过是被调用函数同时也调用其他函数而已。

7.5 函数的递归调用

7.5.1 函数递归调用的定义

函数的递归调用是指一个函数在它的函数体内调用自身。可以直接调用，也可以间接调用。其中，在函数中直接调用自身称为函数的直接递归调用；否则，称为间接递归调用。例如，函数 f1 调用了函数 f2，函数 f2 又调用了 f1，这种调用方式就称为间接递归调用。

采用递归调用的函数称为递归函数。递归函数具有结构清晰、实现简单的特点，不需要了解程序执行的细节就可以将一个复杂的问题化成最简单的问题加以解决。

1. 直接递归调用

函数的直接递归调用就是在函数内部又调用了该函数自身。例如，下面的函数就是一个递归函数，它采用了直接递归调用的方式：

```
void print(int n)
{
    printf("%4d",n);
    if(n>1)
      print(n-1);
}
```

这个函数的主要作用是输出1～n之间的自然数。先输出n，然后输出n－1、n－2、…、1。递归函数print的调用过程如图7-8所示。

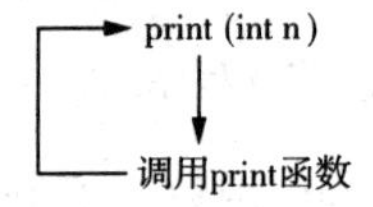

图7-8 递归函数print的调用过程

上面的递归函数print与下面的非递归函数等价：

```
void print(int n)
{
    int i;
    for(i=1;i<=n;i++)
      printf("%4d",i);
}
```

2. 间接递归调用

间接递归调用是指一个函数在调用其他函数时，这些函数又调用了它。例如，函数f1调用函数f2，函数f2又调用了f1。这就属于间接递归调用，调用过程如图7-9所示。

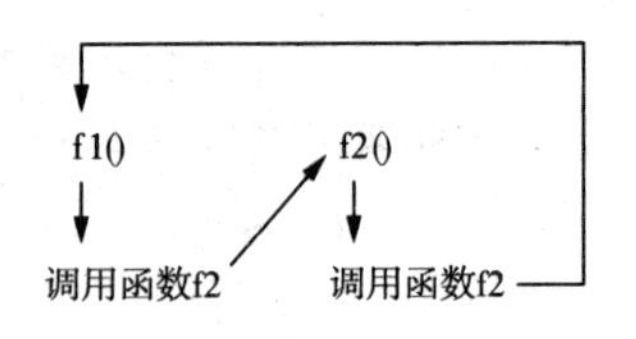

图7-9 间接递归的调用过程

7.5.2 递归调用的应用举例

【例7-4】 利用递归函数求n!。

分析：我们知道，n! =1*2*3*…*n=(1*2*3*…*(n－1))*n=(n－1)! *n。同理，(n－1)! = (n－2)! * (n－1)，(n－2)! = (n－3)! * (n－2)。依次类推，有1! =0! *1，而已知0! =1，因此有1! =1。根据以上事实，可以写出如下的关于n! 递归公式：

$$n! = \begin{cases} 1 & \text{当 } n=0 \text{ 时} \\ n*(n-1)! & \text{当 } n>0 \end{cases}$$

根据以上的递归公式，可以很容易得到求 n! 的程序，代码如下：

```
#include<stdio.h>
int recursive(int n);                    /*函数原型*/
void main()
{
    int n,m;
    scanf("%d",&n);
    m=recursive(n);                      /*调用递归函数*/
    printf("%d! = %d\n",n,m);
}
int recursive(int n)                     /*递归函数的定义*/
{
    if(n==0)                             /*当n=0时*/
        return 1;                        /*返回1*/
    else                                 /*当n>0时*/
        return n*recursive(n-1);         /*返回n*(n-1)! */
}
```

程序运行结果如图 7-10 所示。

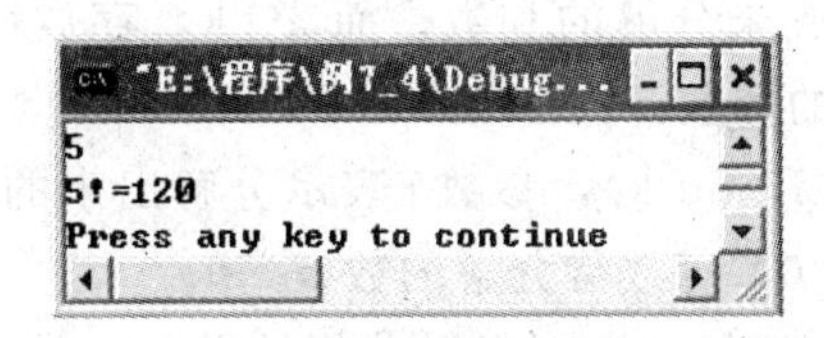

图 7-10 程序运行结果

假设 n=5，函数 recursive 递归求解 5! 的运算过程如图 7-11 所示。

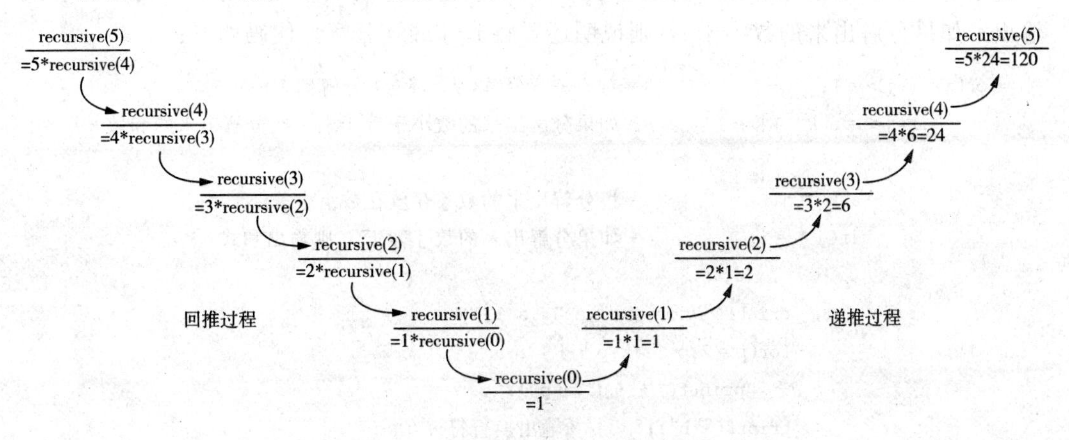

图 7-11 递归求解 5! 的调用过程

从图 7-11 中可以看出，递归求解 5! 的运算过程可以分为两个阶段：回推阶段和递推阶段。

● 回推阶段。在求解 5! 时，首先调用函数 recursive（5），然后函数 recursive（5）调用 recursive（4），函数 recursive（4）调用 recursive（3）……依次类推，直到调用函数 recursive（0）。因为 n=0，得到 recursive（0）的值为 1。回推过程结束。

● 递推阶段。因为 recursive（0）的值为 1，并且 recursive（1）=recursive（0）*1，所以 recursive（1）=1。又因为 recursive（2）=recursive（1）*2，所以 recursive（2）=2。依次类推，直到 recursive（5）=120。

在递归求解过程中，要想得到问题的解，需要已知一个基本问题的解。例如，在求解 5! 的过程中，0! =1 就是基本问题的解。已知递归函数基本问题的解，是递归结束的必要条件。

【例 7-5】 编写递归函数。对于给定的 n，输出其和等于 n 的所有不增的和式。例如，n=4，输出结果如下：

```
4 = 4
4 = 3 + 1
4 = 2 + 2
4 = 2 + 1 + 1
4 = 1 + 1 + 1 + 1
```

分析：为了输出不增的和式，需要引入两个数组。其中，数组 a 用来存放分解出来的和数，数组 r 用来存放未分解的和数。而 a［k］存放第 k 步分解出来的和数，r［k］存放第 k 步还未分解的和数。

定义递归函数 rd（int i，int k），参数 i 表示分解出来的数，参数 k 表示第 k 个和数。初始时，数组元素 a［0］存放待分解的数 n。

在函数 rd 中，待分解的数 i 可能有 i 种分解结果：i、i－1、i－2、…、2、1。为了保证分解出来的数按照不增排列，那么分解出来的和数不能超过 a［k－1］，即上次分解出来的和数。如果分解出来的数等于 i，则说明已经完成一次和式分解，可以将和式输出；如果分解出来的数小于 i，则说明还要将 i－j 继续分解。代码如下：

```
for(j = i;j>= 1;j- - )          /* 对 i 进行分解,从 i、i - 1 分解到 1 */
    if(j< = a[k - 1])           /* 如果分解出来的数小于等于上一次分解出来的和数 */
    {
        a[k] = j;               /* 将分解出来的数 j 存放在数组中 */
        if(j = = i)             /* 如果分解出来的数 j 等于 i,则输出和式 */
        {
            printf(" %d= %d",a[0],a[1]);
            for(p = 2;p< = k;p+ + )
                printf(" + %d",a[p]);
            printf("\n");     /* 输出换行符 */
        }
        else                    /* 如果分解出的数 j 小于 i,说明还没有完成和式分
                                   解 */
            rd(i - j,k + 1);  /* 递归调用函数 rd,i - j 作为要分解的和式 */
```

```
    }
```

为了保存数组中的数，需要将数组定义为全局变量。全局变量是指除了可以在函数内部声明或定义，还可以在函数之外声明或定义的变量。在 main 函数中，调用函数 rd 的代码如下：

```
a[0] = n;
rd(n,1);
```

另外，将要分解的数放在数组元素 a[0] 中，再调用函数 rd 进行分解。参数 n 表示分解的和数，1 表示要分解第 1 个和数。

完整的和式分解程序代码如下：

```
#include<stdio.h>
#define N 20                          /*定义符号常量N*/
void rd(int i,int k);                 /*函数原型*/
int a[N];                             /*定义数组a[N]*/
void main()
{
    int n;
    scanf("%d",&n);                   /*输入要分解的和数*/
    a[0] = n;                         /*将待分解的和数放在数组元素a[0]中*/
    rd(n,1);                          /*调用函数rd*/
}
void rd(int i,int k)                  /*函数rd的定义*/
{
    int j,p;
    for(j = i;j>= 1;j--)              /*要分解的数i,从i到1*/
        if(j<= a[k-1])                /*如果分解的数j小于等于a[k-1]*/
        {
            a[k] = j;                 /*则将j存放到数组a中*/
            if(j == i)                /*如果j=i,说明完成了一个和式分解*/
            {
                printf("%d=%d",a[0],a[1]);
                for(p = 2;p<= k;p++)
                    printf("+%d",a[p]);
                printf("\n");
            }
            else                      /*如果j<i,则说明还要继续进行分解*/
                rd(i-j,k+1);          /*递归调用函数rd,参数i-j表示要分解的和数*/
        }
}
```

程序运行结果如图 7-12 所示。

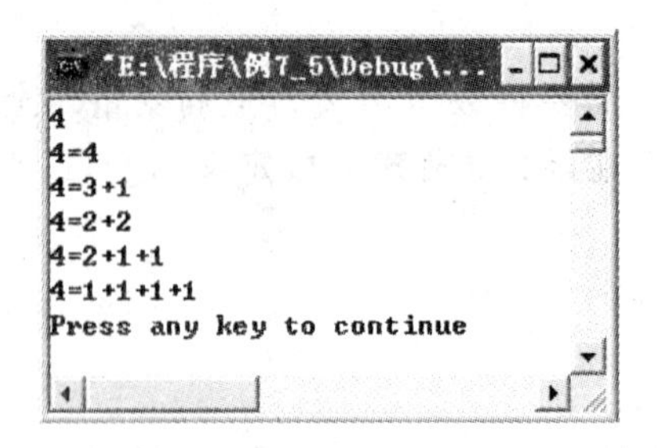

图 7－12　程序运行结果

使用递归的目的在于简化程序设计，使程序的可读性好。递归可以将一个复杂的问题简单化，程序设计者甚至不需要了解程序的细节。但是，使用递归增加了系统的时间开销和空间开销。这是因为递归过程的调用是利用系统栈实现的，调用递归函数会占用栈内存空间，花费额外的 CPU 时间。因此非递归函数的执行效率高于递归函数，但是有些问题使用非递归实现较为困难，程序的可读性差，使用递归仍然是个很好的选择。

7.6　数组作为函数的参数

在 C 语言中，不仅变量可以作为函数的参数，数组元素和数组名也可以作为函数的参数。与变量一样，当数组元素作为函数的参数时，传递的是单个元素值。而当数组名作为函数的参数时，可以传递整个数组中的元素。

7.6.1　数组元素作为函数参数

数组元素作为函数的参数时，使用方法与变量完全相同：传递的都是元素值，属于单向传递。也就是说，在被调用函数中无法修改调用函数中的实际参数。

【例 7－6】　编写一个程序，统计数组 a 中大于 0 的元素个数和小于 0 的元素个数。

```
#include<stdio.h>
void addarray(int elem,int k);                  /*函数原型*/
int comparearray(int e);                        /*函数原型*/
void main()
{
    int a[]={11,-12,13,-14,15,-16,-17,-18},n,i,positive=0,negative=0;
    n=sizeof(a)/sizeof(a[0]);                   /*得到数组 a 中的元素个数*/
    for(i=0;i<n;i++)
    {
        if(comparearray(a[i])==1)               /*如果函数值为 1,说明该元素为正数*/
            positive++;
        else                                    /*如果函数值不为 1,说明该元素为负数*/
            negative++;
```

```
        addarray(a[i],10);                    /* 调用函数 addarray,试图将元素值修改 */
    }
    printf("正数的个数是 %d\n",positive);  /* 输出大于 0 的元素个数 */
    printf("负数的个数是 %d\n",negative);  /* 输出小于 0 的元素个数 */
    for(i=0;i<n;i++)                          /* 输出每一个数组中的元素值 */
        printf("%4d",a[i]);
    printf("\n");
}
int comparearray(int e)
                                              /* 判断数组中的元素是否大于 0,小于 0 */
{
    if(e>0)
        return 1;
    else if(e<0)
        return -1;
}
void addarray(int elem,int k)
                                              /* 试图将数组中的每一个元素值增加 k */
{
    elem=elem+k;
}
```

程序运行结果如图 7-13 所示。

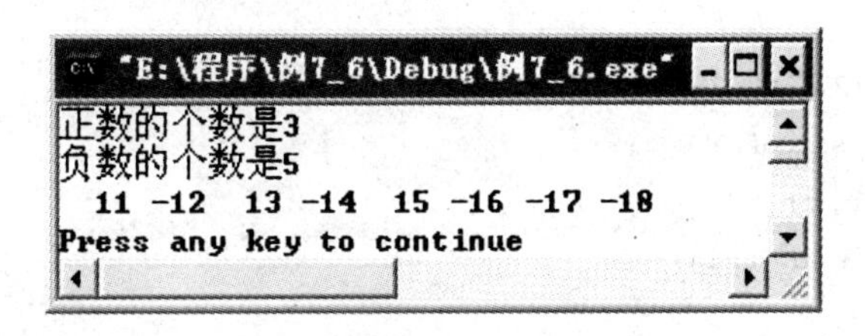

图 7-13　程序运行结果

● 第 7 行：

```
n=sizeof(a)/sizeof(a[0]);       /* 得到数组 a 中的元素个数 */
```

是利用运算符 sizeof 得到数组中元素的个数。

● 第 10～13 行：

```
if(comparearray(a[i])==1)       /* 如果函数值为 1,说明该元素为正数 */
    positive++;
else                            /* 如果函数值不为 1,说明该元素为负数 */
    negative++;
```

是统计数组 a 中大于 0 的元素个数和小于 0 的元素个数。在统计过程中，将 comparearray 函数值与 1 进行比较，如果与 1 相等，将 positive 加 1。否则，将 negative 加 1。

● 第 14 行：

```
addarray(a[i],10);                /*调用函数 addarray,试图将元素值修改*/
```

是调用函数 addarray，它试图将数组 a 中的每一个元素增加 10。

● 在 comparearray 函数的定义中，有一个形式参数，为 int 型变量。它与调用函数中实际参数的类型相同。调用函数中的实际参数是数组的一个元素。如果元素值大于 0，则返回 1；如果元素值小于 0，则返回－1。

● 在 addarray 函数的定义中，形式参数是两个 int 型变量。它们分别接受调用函数传递的数组元素与增加的值 10。

从程序的运行结果看，试图将数组 a 中的每一个元素增加 10 的目的并没有达到。这主要是因为实际参数与形式参数占用不同的内存单元。也就是说，形式参数其实是实际参数的副本，因此形式参数的改变并不会影响到实际参数的值。

7.6.2 数组名作为函数参数

当数组名作为函数的参数传递时，实际上是将实参数组的首地址传递给被调用函数的形式参数。因此在用数组名作为函数的参数时，实际参数和形式参数都是数组名。

【例 7-7】 若一维数组 a 中，存放了几个整数，利用函数求数组中最大的一个元素。

```
#include<stdio.h>
int max(int b[],int n);
void main()
{
    int a[] = {8,12,5,87,32,89,27,71},n,m,i;
    n = sizeof(a)/sizeof(a[0]);
    for(i = 0;i<n;i++)
        printf("%4d",a[i]);
    printf("\n");
    m = max(a,n);
    printf("max = %d\n",m);
}
int max(int b[],int n)
{
    int i,m;
    m = b[0];
    for(i = 0;i<n;i++)
        if(m<b[i])
            m = b[i];
    return m;
}
```

程序运行结果如图 7-14 所示。

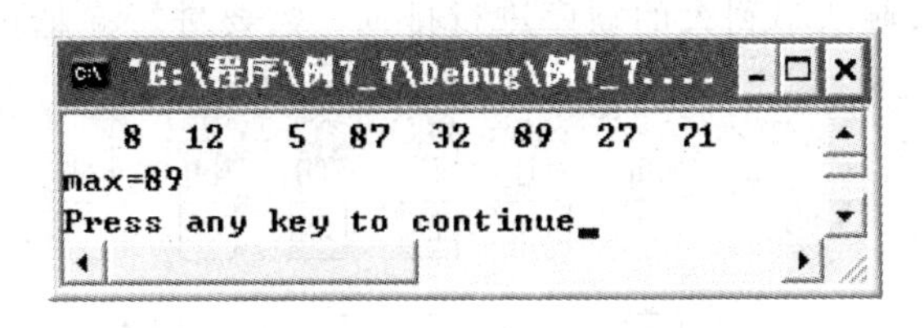

图 7-14　程序运行结果

● 第 10 行：

```
m = max(a,n);
```

调用函数 max，将函数返回值赋值给 m。其中，函数 max 的第 1 个参数是数组名，传递的是数组 a 的首地址，即第一个元素的地址。第 2 个参数是数组元素的个数。

● 第 13～21 行是函数 max 的定义。其中第 13 行：

```
int max(int b[],int n)
```

是 max 函数的首部。函数返回值为 int 型，形式参数有两个：第 1 个是数组，用来接受实际参数传递来的数组地址；第 2 个是 int 型变量，用来接受数组的长度。形式参数中定义的数组 b 不需要指定大小。

● 第 17～19 行是求数组 b 中的最大元素 m。

● 第 20 行是将最大元素 m 返回给调用函数。

在将数组名作为函数的参数时，实际参数 a 和形式参数 b 指向同一块内存单元。也就是说，数组 a 和数组 b 共用一段连续的存储空间，是同一个数组。数组 a 和数组 b 在内存单元中的状态如图 7-15 所示。

假设数组 a 的首地址是 4000，将数组名 a 作为函数参数时，实际上是将 4000 这个地址传递给了数组 b 的首地址。因为数组中元素所在的内存单元是相邻的，所以只要知道了数组中第一个元素的地址，就可以很容易得到其他元素的地址了。

4000	数组元素	
a[0]	8	b[0]
a[1]	12	b[1]
a[2]	5	b[2]
a[3]	87	b[3]
a[4]	32	b[4]
a[5]	89	b[5]
a[6]	27	b[6]
a[7]	71	b[7]

图 7-15　数组 a 与数组 b 在内存中的状态

既然实际参数与形式参数表示同一个数组，那么在被调用函数中如果改变了形式参数中数组的值，其实也改变了实际参数中数组元素的值。

【例 7-8】　使用选择排序法将数组中的元素按照从小到大的顺序进行排列。

分析：所谓选择排序，就是先将数组 a 中最小的元素放在 a [0] 中，然后选择次小的元素放在 a [1] 中。依次类推，直到将最大的元素放在 a [n－1] 中。例如，数组 a 中有 6 个元素，分别是 27、45、19、21、67、51。先从这 6 个数中找到最小的数即 19 与第一个数交换，交换后的数组元素序列是 19、45、27、21、67、51。然后从后 5 个数中找到最小的数即 21 与第 2 个数交换，交换后的结果为 19、21、27、45、67、51。接着进行第 3 趟交换，即从后 4 个数中找到最小的数与第 3 个数进行交换。依次类推，直到所有的数都有序排列。

要将这 6 个数按照从小到大的顺序进行排列，需要进行 5 趟排序过程。第一趟排序过程如图 7-16 所示。

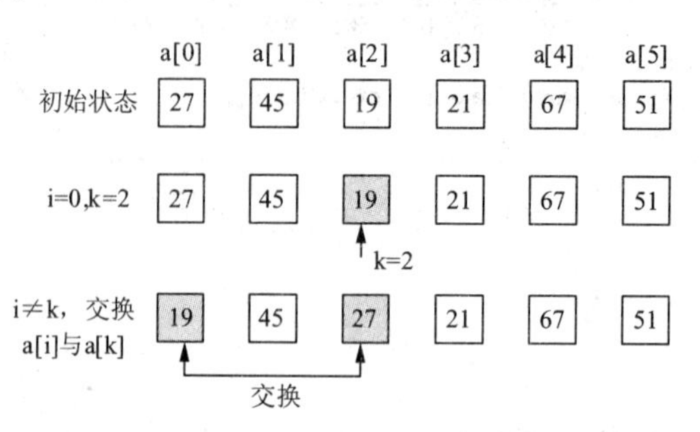

图 7-16 第 1 趟排序过程

i=0 表示要将最小的数存放在下标为 0 的数组元素 a [0] 中，k 表示实际用来存放最小元素的下标。在第 1 趟排序过程中，k=2，即数组元素 a [2] 的值最小。因此，将 a [0] 与 a [2] 交换，最小的元素就被放在第 1 个位置上。

接下来，对剩下的 5 个元素进行第 2 趟排序。排序过程如图 7-17 所示。

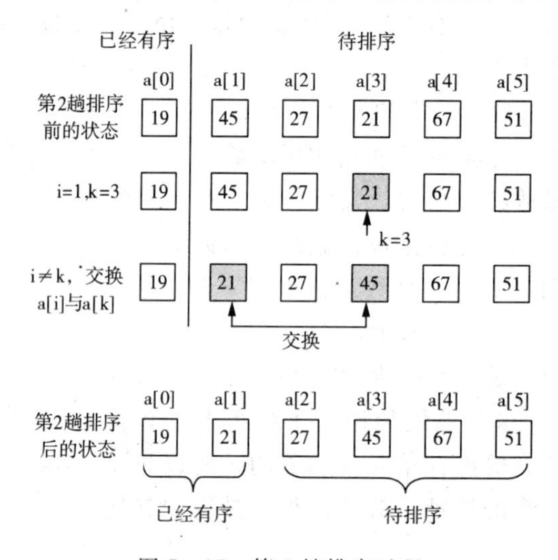

图 7-17 第 2 趟排序过程

在第 2 趟排序过程中，i=1 表示要将找到剩余 5 个元素中的最小元素放在 a[1] 中，k=3 表示实际最小元素的下标是 3，对应元素是 21。因此，将 a[1] 与 a[3] 交换后，已经有序的元素是 a[0] 和 a[1]，而待排序元素是 a[2]、a[3]、a[4]、a[5]。在第 3 趟排序过程中，需要在后 4 个元素中找到最小的元素与 a[2] 交换。

完整的程序代码如下：

```
#include<stdio.h>
void selectsort(int b[],int n);
void disparray(int b[],int n);
void main()
{
```

```
    int n,a[]={27,45,19,21,67,51};
    n=sizeof(a)/sizeof(a[0]);
    printf("排序前数组中的元素:\n");
    disparray(a,n);
    selectsort(a,n);
    printf("排序后数组中的元素:\n");
    disparray(a,n);
}
void selectsort(int b[],int n)
{
    int i,k,j,t;
    for(i=0;i<n-1;i++)        /*外层循环控制排序的趟数*/
    {
        k=i;                  /*假设i为最小的元素*/
        for(j=i+1;j<n;j++)/*找出最小元素*/
            if(b[k]>b[j])
                k=j;          /*将最小的元素下标放在k中*/
        if(k!=i)              /*如果最小的元素不在相应的位置上,则需要进行交换*/
        {
            t=b[k];
            b[k]=b[i];
            b[i]=t;
        }
    }
}
void disparray(int b[],int n)
{
    int i;
    for(i=0;i<n;i++)
        printf("%4d",b[i]);
    printf("\n");
}
```

程序运行结果如图7-18所示。

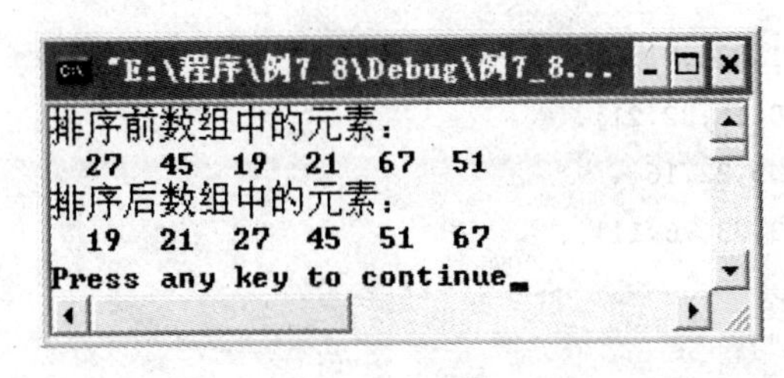

图7-18　程序运行结果

7.6.3 多维数组名作为函数参数

在C语言中，也可以用多维数组名作为函数的参数，传递的也是数组的首地址。与一维数组类似，多维数组名作为实际参数时，也是将实参数组的首地址传递给形参数组。被调用函数中的形式参数在定义时可以指定每一维的长度，也可以省略第一维的长度，但不能省略第二维的长度，更不能两者都省略。例如，二维数组中，形式参数中的数组定义可以是以下形式：

```
int a[3][4];
```

或

```
int a[][4];
```

以上两种写法都是正确的。但是，下面的写法是错误的：

```
int a[3][];     /* 错误！ */
int a[][];      /* 错误！ */
```

二维数组在内存中是按照顺序存放的。因此，只要知道了数组的首地址，就可以得到其他元素的地址。在C语言中，可以使用下标引用数组中的元素。

【例7-9】 编写程序，求4×4矩阵中对角线元素之和。

分析：首先定义一个二维数组a [4][4]，将矩阵中的元素存放在数组中。若求矩阵中对角线上的元素之和，需要先找出对角线上的元素，即行号和列号相等的元素，然后将它们相加即可。代码如下：

```
for(i=0;i<n;i++)
    for(j=0;j<n;j++)
        if(i==j)          /*行号与列号相等*/
            s+=b[i][j];
```

s的值就是对角线上的元素之和。

完整的程序代码如下：

```
#include<stdio.h>
int addarray(int b[][4],int n);
void main()
{
    int a[4][4]={{1,3,5,7},
                 {20,15,32,21},
                 {3,5,22,16},
                 {39,23,76,11}};
    int i,j,s;
    printf("矩阵:\n");
    for(i=0;i<4;i++)
    {
```

```
        for(j = 0;j<4;j + + )
            printf(" % 4d",a[i][j]);
        printf("\n");
    }
    s = addarray(a,4);
    printf("对角线上的元素之和是 % d\n",s);
}
int addarray(int b[][4],int n)
{
    int i,j,s = 0;
    for(i = 0;i<n;i + + )
        for(j = 0;j<n;j + + )
            if(i = = j)
                s + = b[i][j];
    return s;
}
```

程序运行结果如图 7 - 19 所示。

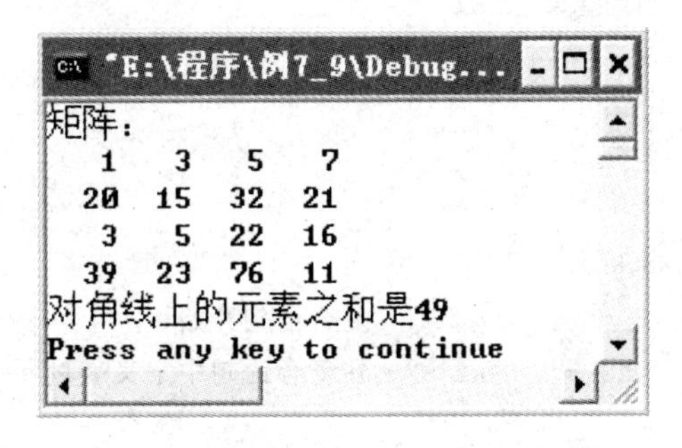

图 7 - 19 程序运行结果

7.7 变量的作用域

变量的作用域就是变量的作用范围。根据作用域，变量可以分为局部变量和全局变量。局部变量只能在声明或定义它的函数内有效，在其他函数内部是无效的。全局变量可以在多个文件中有效，它的作用范围是从变量的定义位置开始到程序文件结束。

7.7.1 局部变量

在一个函数内部定义的变量被称为局部变量或内部变量。该变量只在这个函数内起作用，在其他地方不起作用。例如，下面是一个程序及程序中局部变量的作用范围，如图 7 - 20 所示。

main 函数中变量 a 和 b 的有效范围是从变量定义开始到 main 函数结束，属于局部

```
void main()
{
  int a,b;
   ...                 } a和b的有效范围
}
int max(int x,int y)
{
  int m;
   ...    } m的有效范围    } x和y的有效范围
}
float average(int x,int y)
{
  float aver;
   ...    } aver的有效范围  } x和y的有效范围
}
```

图 7-20　局部变量的作用范围

变量。函数 max 和函数 average 中的形式参数 x 和 y 也属于局部变量，有效范围到 max 函数结束。虽然，函数 max 与函数 average 中的局部变量 x 和 y 同名，但是互不干扰。因为它们各自在本函数中有效。

在一个函数内部，如果在复合语句中定义变量，这些变量在这个复合语句中有效，在复合语句之外无效。例如：

```
#include<stdio.h>
void main()
{
    int a,b;
    scanf("%d,%d",&a,&b);
    {                                    /*复合语句开始*/
        int s;                           /*在复合语句中定义变量 s*/
        s=a+b;
        printf("s=%d\n",s);              /*在复合语句中使用变量 s*/
    }                                    /*复合语句结束,s 无效*/
}
```

变量 s 的有效范围是从复合语句开始到复合语句结束。在复合语句之外，s 就无效了。例如：

```
#include<stdio.h>
void main()
{
    int a,b;
    scanf("%d,%d",&a,&b);
    {                                    /*复合语句开始*/
        int s;
        s=a+b;
        printf("s=%d\n",s);
    }                                    /*复合语句结束,s 无效*/
```

```
    printf("s = %d\n",s);          /* 错误！s已经无效 */
    int c;                         /* 错误！只能在语句之前或复合语句中定义变量 */
}
```

注意：

只能在语句之前或复合语句中定义变量，在其他地方定义变量是错误的。

7.7.2 全局变量

一个C语言程序文件可以由多个函数构成，在函数内部定义的变量属于局部变量，而在函数外部定义的变量则称为全局变量。因为变量在函数外部定义，故也称为外部变量。全局变量的作用范围是从变量的定义位置开始到程序文件的结束。也就是说，全局变量可以被多个函数共用。例如，下面是一个程序，程序中全局变量的作用范围如图7－21所示。

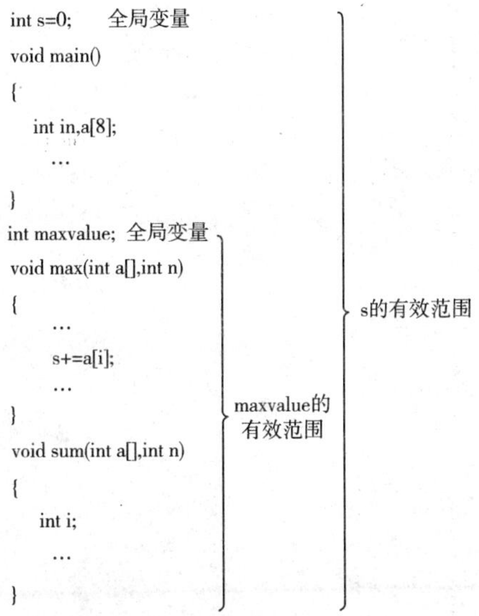

```
int s=0;      全局变量
void main()
{
    int in,a[8];
      …
}
int maxvalue; 全局变量
void max(int a[],int n)
{
      …
      s+=a[i];
      …
}
void sum(int a[],int n)
{
    int i;
      …
}
```

（s的有效范围：从int s=0;到程序结束；maxvalue的有效范围：从int maxvalue;到程序结束）

图7－21 全局变量的作用范围

这里，s和maxvalue是全局变量。其中，s对整个程序文件有效，而maxvalue对函数max和函数sum有效，对main函数则无效。这是因为maxvalue是在main函数后定义的。

【例7－10】 一个数组中存放10个整数，编写一个程序求该数组中的最大元素和最小元素，并指出最大元素和最小元素的下标。

```
#include<stdio.h>
int max,min,maxi,mini;
void maxminvalue(int b[],int n);
```

```
void main()
{
    int a[] = {213,87,65,123,12,219,160,789,43,29};
    int n,i;
    printf("数组中的元素:\n");
    n = sizeof(a)/sizeof(a[0]);
    for(i = 0;i<n;i++)
        printf("%4d",a[i]);
    printf("\n");
    maxminvalue(a,n);
    printf("数组a中的最大元素是%d,下标是%d\n",max,maxi);
    printf("数组a中的最小元素是%d,下标是%d\n",min,mini);
}
void maxminvalue(int b[],int n)
{
    int i;
    max = min = b[0];
    maxi = mini = 0;
    for(i = 0;i<n;i++)
    {
        if(b[i]>max)
        {
            max = b[i];
            maxi = i;
        }
        else if(b[i]<min)
        {
            min = b[i];
            mini = i;
        }
    }
}
```

程序运行结果如图 7 - 22 所示。

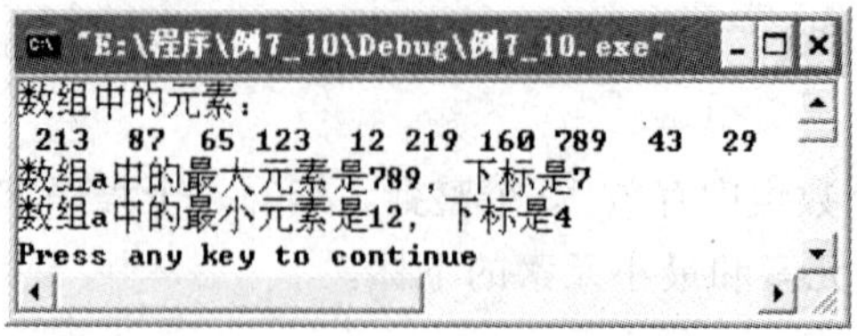

```
"E:\程序\例7_10\Debug\例7_10.exe"
数组中的元素:
 213  87  65 123  12 219 160 789  43  29
数组a中的最大元素是789, 下标是7
数组a中的最小元素是12, 下标是4
Press any key to continue
```

图 7 - 22 程序运行结果

> **说明：**
>
> 从上面的例子中可以看出：如果要在一个函数中返回多个值，可以通过使用全局变量实现。全局变量就像一个纽带，将调用函数与被调用函数联系起来。全局变量可以对整个程序文件中的函数有效。它的使用方法与局部变量相同，只是作用域不同。

在使用全局变量时，需要注意以下几点：

（1）在程序的运行过程中全局变量一直占有内存单元，直到程序运行结束时，才释放这些内存单元。

（2）在程序中若使用全局变量，则程序的通用性降低。这是因为许多函数都依赖于该全局变量。如果要修改程序中的某一个函数，还需要考虑修改后对其他函数的影响。

（3）在同一个程序中，如果全局变量与局部变量重名，那么全局变量会被屏蔽掉。也就是说，在该函数中，起作用的是局部变量而不是全局变量。

【例 7-11】 全局变量和局部变量同时出现在一个程序中的示例程序。

```
#include<stdio.h>
int a=10,b=20;                          /*a和b都是全局变量*/
int sum(int b[],int n);
void main()
{
    int a=60,s;                         /*a是局部变量,值为60*/
    s=sum(a,b);                         /*a是局部变量*/
    printf("s=%d\n",s);
}
int sum(int x,int y)
{
    return x+y;
}
```

程序运行结果如图 7-23 所示。

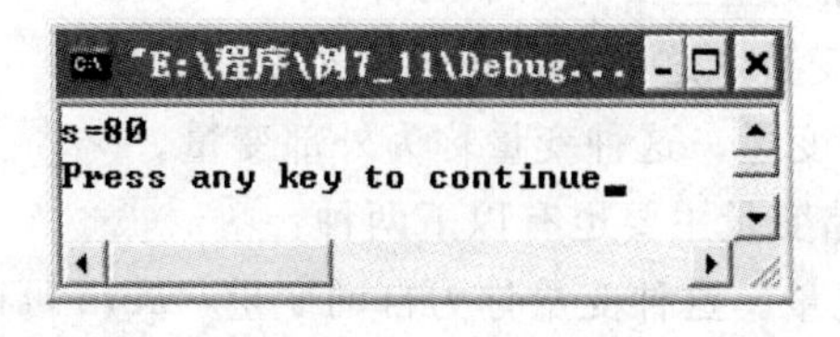

图 7-23 程序运行结果

● 在上面程序中，第 2 行：

```
int a=10,b=20;
```

定义了全局变量 a。

● 而第 6 行：

```
int a = 60,s;
```

是指在函数 main 中定义了局部变量 a。此时，全局变量 a 在 main 函数中就不再起作用。

● 因此，在第 7 行：

```
s = sum(a,b);      /* a 是局部变量 */
```

调用 sum 函数时，实际参数 a 是局部变量，不是全局变量，它的值是 60。

但是，全局变量 a 在函数 sum 中是有效的。如果在 return 语句之前，增加一个输出语句：

```
printf(" %d",a);
```

则会输出如下结果：

```
10
```

说明：

从程序运行开始到运行结束，全局变量都会占用系统的内存并使程序的耦合性增高。因此，在一般情况下，尽量使用局部变量，只有在必要时才使用全局变量。

7.8 变量的存储类别

从存储方式角度来看，可以将变量分为静态存储变量和动态存储变量。所谓静态存储变量，是指在程序运行期间为变量分配固定的存储单元，直到程序运行结束。而动态存储变量，是指只有在需要时才分配内存单元，使用完毕后会自动释放该内存单元。

C 语言中的静态存储变量主要有以下两种：

● 用 static 声明的变量。这种变量称为静态变量。

● 用 extern 声明的变量。这种变量称为外部变量。

C 语言中的动态存储变量主要也有以下两种：

● 用 auto 声明的变量。这种变量称为自动变量，auto 可以省略。

● 用 register 声明的变量。这种变量称为寄存器变量，变量存放在寄存器中。

7.8.1 自动变量

自动变量是 C 语言中最为常见的变量，这种类型的变量定义格式如下：

```
auto 类型说明符 变量列表;
```

与变量的定义类似，只是在类型说明符前面增加了一个关键字 auto。在函数内部定义的变量也是自动变量，也就是说在函数内部定义变量时，可以省略 auto。

例如，下面定义变量的方式是等价的：

```
auto int a,b=6;
int a,b=6;
```

函数中的形式参数、函数中定义的变量以及复合语句中定义的变量都属于自动变量。自动变量只有在所在的函数被调用时，才为其分配内存单元，而当函数调用结束时，变量的内存单元会自动释放。此时，变量生存期结束，不能被继续使用，除非重新定义变量。

例如，在以下代码中：

```
int add(int x,int y)        /*x 和 y 是自动变量*/
{
    auto int s;             /*s 是自动变量*/
    s=x+y;
    return s;
}                           /*变量 x、y 和 s 的生存期结束*/
```

x、y 和 s 都是自动变量。在函数结束时，变量的生存期也随之结束。自动变量属于动态存储方式，被存放在动态存储区。

7.8.2 静态变量

静态变量存放在静态存储区，这种类型变量的存储属于静态存储。它的生存期从程序运行开始到程序运行结束。在程序中，如果希望在下一次调用时函数时，仍然沿用上一次调用变量的值，那么需要将该变量定义为静态变量。

【例 7-12】 比较每次调用函数时，自动变量与静态变量的值。

```
#include<stdio.h>
void fun(int n);
void main()
{
    int i;
    for(i=0;i<=2;i++)
        fun(i);
}
void fun(int n)
{
    int a=0;                        /*自动变量 a*/
    static int b=0;                 /*静态变量 b*/
    a++;
```

```
    b++;
    printf("a=%d,b=%d\n",a,b);
}
```

程序运行结果如图 7-24 所示。

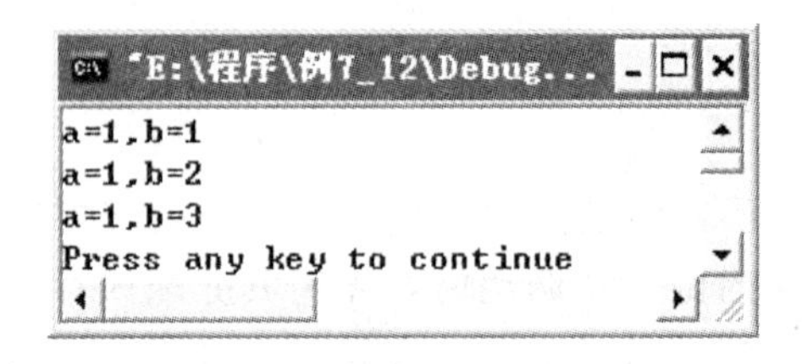

图 7-24 程序运行结果

在 main 函数中，调用了 3 次 fun 函数。从程序的运行结果看，在 3 次调用中，变量 a 的值没有变化，变量 b 的值每次增 1。

对于自动变量 a，每次调用都进行初始化并赋初值为 0。在第 1 次调用时，a 被初始化为 0，经过 a++运算后，a=1。第一次调用结束，a 的内存单元被释放。在第 2 次和第 3 次调用时，a 被重新分配内存并初始化为 0。因此，在 3 次调用过程中，a 的值始终输出为 1。

对于静态变量 b，只有在第 1 次调用时，系统为变量 b 分配内存并进行初始化。此时，b 被初始化为 0，经过 b++运算后，b 的值为 1。第 1 次函数调用结束后，b 的内存并没有被释放，因此 b 的值仍然为 1。在第 2 次调用时，系统就不会为 b 重新分配内存和初始化，故经过 b++运算后，b 的值为 2。而在第 3 次调用时，b 的值为 3。因此，3 次调用 fun 函数，b 的值会依次输出 1、2、3。

变量 a 和变量 b 每次调用时初值和调用结束的值如表 7-1 所示。

表 7-1 变量 a 和变量 b 每次调用时的初值和调用结束的值

第 i 次调用	调用时变量的初值		调用结束时变量的值	
	a	b	a	b
i=0	0	0	1	1
i=1	0	1	1	2
i=2	0	2	1	3

使用时，注意自动变量与静态变量有以下区别：

(1) 静态变量存放在静态存储区，在整个程序运行过程中变量的内存单元不会被释放；自动变量存放在动态存储区，它在函数被调用时存在，当函数调用结束时内存单元被释放。

(2) 在编译阶段静态变量被赋初值并且只赋值一次。在程序运行过程中使用静态变量已有的值。例如，在函数中定义了静态变量 a，则每次函数被调用时，仍然使用上次调用结束时 a 的值；对于自动变量，它是在运行阶段被分配内存并初始化。例如，在函数中定义了变量b，只有b在函数被调用时才会被分配内存单元并初始化。每次调用该函数时，变量就会被初始化一次。

（3）对于静态变量，如果初始时没有被赋值，那么系统会自动为静态变量赋值为0；而对于自动变量，如果没有被赋初值，则该变量是一个不确定的值。

7.8.3 寄存器变量

使用auto和static定义的变量都存放在内存储器中，如果需要对一个变量频繁进行读写操作时，需要多次访问内存储器，因此会花费大量的存取时间。为了减少这种时间的浪费，C语言为我们专门提供了寄存器变量。寄存器变量的定义一般格式如下：

```
register 类型说明符 变量列表;
```

寄存器变量存放在CPU的寄存器中。在使用时直接从寄存器中存取，不需要访问内存。一般情况下，将频繁使用的变量定义为寄存器类型。

【例7-13】 寄存器变量使用示例。

```
#include<stdio.h>
int sum(int n);
void main()
{
    int i,s;
    for(i=1;i<=5;i++)
        printf("前%d个自然数的和是%d\n",i,sum(i));
}
int sum(int n)
{
    register int i,s=0;
    for(i=1;i<=n;i++)
        s+=i;
    return s;
}
```

程序运行结果如图7-25所示。

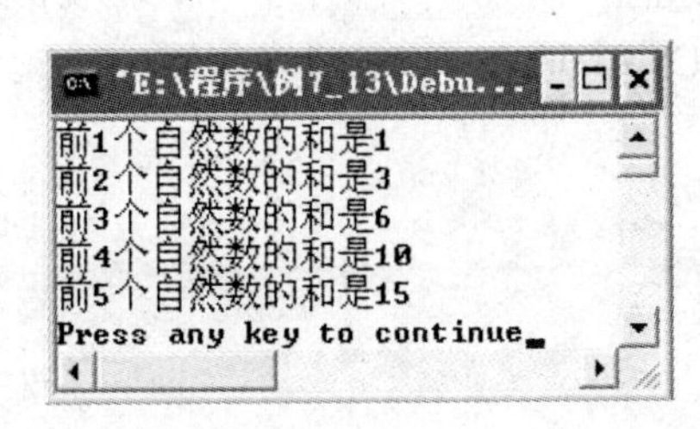

图7-25　程序运行结果

在上面的程序中，因为需要频繁使用变量i和s，所以将i和s定义为寄存器变量。

当然，这只是一个示例，目的是告诉大家在遇到循环次数非常多的变量时，需要将其定义为寄存器变量。

在使用寄存器变量时，需要注意以下几点：

(1) 只能将自动变量和形式参数中的变量作为寄存器变量，全局变量和静态变量不可以作为寄存器变量。寄存器变量与自动变量一样，也是在运行时才存取该变量，在函数调用结束时释放寄存器的变量。

(2) 计算机中的寄存器是有限的，因此不可以定义太多的寄存器变量。现在计算机系统的存取速度已经非常高，一般情况下不需要使用寄存器变量。在存取速度要求非常高的情况下，才会使用寄存器变量。

7.8.4 外部变量

顾名思义，外部变量是定义在函数外部的变量。它的作用域从变量定义处开始，到程序文件结束。外部变量其实是全局变量，只是角度不同，名字也不一样。外部变量存放在静态存储区中，因此属于静态类型的变量。定义外部变量的一般格式如下：

```
extern 类型说明符 变量列表;
```

其中，使用的关键字 extern 是对变量的声明，而不是对变量的定义。这有点类似于函数的声明。外部变量的使用分为两种情况：只在一个文件内部使用外部变量和在多个文件中使用外部变量。

1. 在一个文件内部使用 extern

一般情况下，在使用变量时，需要先在程序文件开始的位置定义要使用的变量。像函数声明一样，也可以将变量的定义放在变量使用的后面，但在变量使用前要先对变量进行声明。

【例 7-14】 在一个文件内部使用外部变量的示例程序。

```
#include<stdio.h>
float area(float l,float w);
void main()
{
    extern float length,width;                    /*声明外部变量 length 和 width*/
    printf("长方形的面积为%f\n",area(length,width));
}
float area(float l,float w)
{
    return l*w;
}
float length=10,width=20;                         /*定义外部变量 length 和 width*/
```

程序运行结果如图 7-26 所示。

图 7-26 程序运行结果

● 第 5 行：

```
extern float length,width;      /* 声明外部变量 length 和 width */
```

是对外部变量 length 和 width 的声明。它的作用在于通知编译器 length 和 width 是外部变量。

● 第 12 行：

```
float length = 10,width = 20;      /* 定义外部变量 length 和 width */
```

是对外部变量 length 和 width 的定义。因为在编译阶段外部变量就被分配了内存空间，所以这样写并不会产生错误。

● 如果在第 5 行和第 6 行之间插入以下两条赋值语句：

```
length = 4;
width = 6;
```

那么，程序的运行结果将是 24，而不是 200。也就是说，在程序编译阶段变量 length 和 width 的值分别是 10 和 20，第 12 行的代码在编译阶段程序运行之前已经起作用了。而上面的赋值语句是在程序运行阶段才执行的。所以，当调用函数 area 时，变量的值将是 4 和 6。因此会输出 24。

2. *在多个文件中使用 extern*

一个 C 语言程序可以由多个文件构成。如果，在一个文件中要引用另一个文件中的变量，就需要将该变量声明为外部变量。例如，若一个程序中包含两个文件：file1.c 和 file2.c。在文件 file1.c 中需要使用变量 P，而在文件 file2.c 中也需要使用变量 P。那么，可以在文件 file1.c 中定义一个外部变量 P，同时在另一个文件 file2.c 中使用 extern 声明变量 P，以表示 P 已经在其他文件中被定义。这样，在文件 file2.c 中就可以使用变量 P 了。

【例 7-15】 在多个文件中外部变量的使用示例。

该程序包含两个文件 file1.c 和 file2.c。其中，file1.c 的程序代码如下：

```
#include<stdio.h>
int P = 6;
void main()
{
    int a,mul,s;
    printf("请输入一个整数:\n");
    scanf("%d",&a);
```

```
    mul = P * a;
    printf("%d*%d=%d\n",P,a,mul);
    s = add(a);
    printf("%d+%d=%d\n",P,a,s);
}
```

file2.c 的程序代码如下：

```
extern int P;
int add(int a)
{
    return P + a;
}
```

程序运行结果如图 7-27 所示。

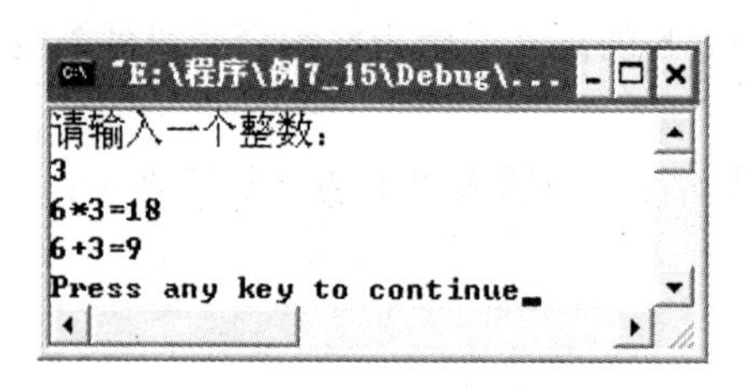

图 7-27　程序运行结果

● 第 2 行：

```
int P = 6;
```

定义了外部变量 P 并初始化为 6。变量 P 在文件 file1.c 和文件 file2.c 中都有效。

● 第 13 行：

```
extern int P;
```

是对外部变量 P 进行声明。在编译阶段，编译器先在文件 file2.c 中查找 P 的定义。如果没有找到，则将在链接阶段继续在文件 file1.c 中查找 P 的定义。如果找到，则将 P 的作用域扩展到文件 file2.c，否则按出错处理。

注意：

在多个文件程序中，尽量不要使用外部变量。这是因为，若在一个文件中对变量值进行改动将会影响到另一个文件，甚至很可能会造成意料不到的错误。同时，也给程序的维护性带来非常大的困难。

3. 使用 static 定义外部变量

在多文件程序中，如果希望外部变量只能被本程序文件使用，而不想被其他文件使用时，只需要在定义变量时，类型说明符前加上一个 static 即可。例如：在 file1.c

中定义外部变量 X，但是它只在本文件中有效，在其他文件中是不可见的。在 file2. c 中，虽然声明了 X 是外部变量，但系统会首先查找本文件中的外部变量定义。因为在 file2. c 的最后找到了变量的定义，所以就不会去其他文件中查找了。因此，图 7 - 28 的程序并不会产生错误。

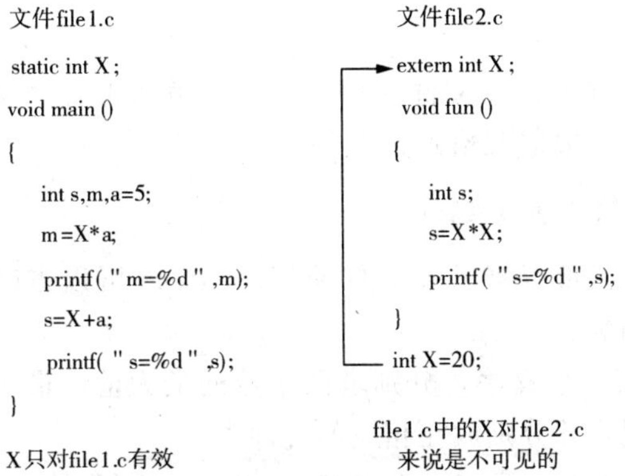

```
文件file1.c                          文件file2.c
static int X;                   ┌──►extern int X;
void main ()                    │   void fun ()
{                               │   {
    int s,m,a=5;                │       int s;
    m=X*a;                      │       s=X*X;
    printf( " m=%d " ,m);       │       printf( " s=%d " ,s);
    s=X+a;                      │   }
    printf( " s=%d " ,s);       └── int X=20;
}
                                    file1.c中的X对file2 .c
X只对file1.c有效                     来说是不可见的
```

图 7 - 28　X 是只对本程序文件 file1. c 有效的外部变量

7.9　内部函数与外部函数

与变量一样，函数也可以分为内部函数和外部函数。一般情况下，C 程序中的函数都是外部函数。但有时，为了不让其他文件调用，也可以将函数声明为内部函数。

7.9.1　内部函数

只能被本程序文件使用的函数称为内部函数。内部函数定义的一般格式如下：

```
static 类型说明符 函数名(参数列表);
```

例如，下面是一个内部函数的声明：

```
static int max(int a,int b);
```

声明中的 max 函数只能被本文件使用。

以下是一个内部函数的测试程序：

```
#include<stdio.h>
static void fun();
void main()
{
    fun();
}
static void fun()
{
    printf("这是一个内部函数\n");
```

```
}
```

程序运行结果如下：

```
这是一个内部函数
```

7.9.2 外部函数

如果一个函数既能被本程序文件使用，也可以被其他程序文件使用，则该函数为外部函数。外部函数的一般定义格式如下：

```
extern 类型说明符 函数名(参数列表);
```

有了 extern，函数就可以被其他文件使用。extern 可以省略，因此，我们前面定义的函数都属于外部函数。

【例 7-16】 编写一个程序，分别求两个数的最大值、最小值和平均值。要求每个功能用一个函数实现，并分别放在相应的文件中。

该程序由 4 个文件构成：file1.c、file2.c、file3.c、file4.c。其中，文件 file1.c 的代码如下：

```
#include<stdio.h>
extern int max(int x,int y);
extern int min(int x,int y);
extern float average(int x,int y);
void main()
{
    int a,b,m1,m2;
    float aver;
    printf("请输入两个整数:\n");
    scanf("%d,%d",&a,&b);
    m1 = max(a,b);
    m2 = min(a,b);
    aver = average(a,b);
    printf("%d和%d中的较大的一个是%d\n",a,b,m1);
    printf("%d和%d中的较小的一个是%d\n",a,b,m2);
    printf("%d和%d的平均值是%f\n",a,b,aver);
}
```

文件 file2.c 的代码如下：

```
int max(int x,int y)
{
    if(x>y)
        return x;
    else
        return y;
```

```
}
```

文件 file3. c 的代码如下：

```
int min(int x,int y)
{
    if(x<y)
        return x;
    else
        return y;
}
```

文件 file4. c 的代码如下：

```
float average(int x,int y)
{
return 1.0 * (x + y)/2;
}
```

程序运行结果如图 7－29 所示。

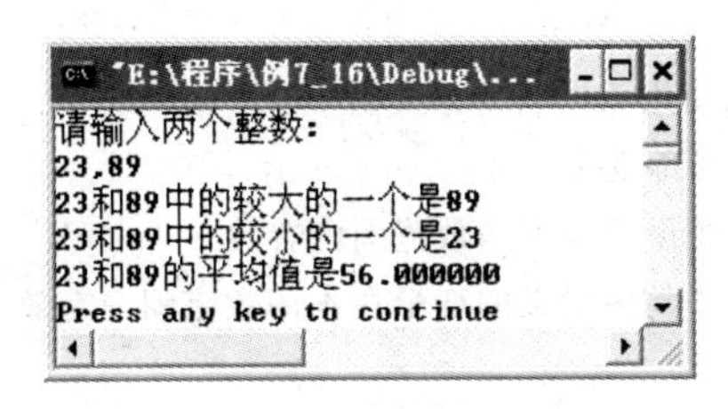

图 7－29 程序运行结果

本章小结

从用户角度看，函数可以分为库函数和用户自定义函数。从形式上看，可以分为无参函数和有参函数。

调用函数与被调用函数的参数个数、参数类型、函数类型、函数名都必须一致。否则，系统会进行类型转换。如果不能转换，则按照错误处理。在定义函数时，函数返回值的类型与函数类型要保持一致或能进行转换。

一个函数可以在作为被调用函数的同时，也调用别的函数，这称为函数的嵌套调用。C 语言也允许函数进行递归调用。所谓递归调用，就是一个函数在它的函数体内调用它自身。递归调用分为直接递归调用和间接递归调用。采用递归调用的函数称为递归函数。递归调用程序结构简单，不用考虑程序的细节。很多情况下，用非递归难以实现的程序，采用递归非常容易实现。不过，递归函数是以牺牲时间和空间为代价的。因为，程序的运行往往要利用系统栈，这需要花费较大的时间和空间。因此，运行效率通常不如非递归程序。

数组元素和数组名也可以作为函数的参数。数组元素作为函数的参数时，效果和使用方法与变量一样，不能带回返回值。数组名作为函数的参数时，传递的是数组的首地址，而且在被调用函数中可以修改数组中的元素。也就是说，调用函数与被调用函数是在对同一个数组进行操作。

变量有两种属性：作用域和生存期。作用域指的是变量的作用范围，而生存期指的是变量的存在时间。从作用域的角度，变量分为局部变量和全局变量；从生存期的角度，变量分为自动变量和静态变量。对于自动变量，在运行阶段系统才为变量分配内存空间；对于静态变量来说，在编译阶段系统就为变量分配了内存单元，直到程序运行结束时，变量的内存才消失。

变量可以被其他程序文件使用，函数也一样，可以被其他程序文件调用。能被其他程序文件使用的变量称为外部变量，能被其他程序文件调用的函数称为外部函数。可以使用 extern 将变量或函数声明为外部类型。对于函数来说，默认情况下都是外部函数，所以可以省略 extern。

练　习　题

选择题

1. 以下叙述中不正确的是（　　）。

   A. 在不同的函数中可以使用相同名字的变量

   B. 函数中的形式参数是局部变量

   C. 在一个函数内定义的变量只在本函数范围内有效

   D. 在一个函数内的复合语句中定义的变量在本函数范围内有效

2. 有以下程序：

```
viod fun (int a,int b,int c)
{
    a = 456;
    b = 567;
    c = 678;
    }
main()
{   int x = 10, y = 20,z = 30;
    fun (x,y,z);
    printf(" % d,/ % d\n",c,d);
}
```

   输出结果是（　　）。

   A. 30，20，10　　　　B. 10，20，30

   C. 456，567，678　　　　D. 678，567，456

3. 有以下程序：

```
# include "stdio. h"
int abc(int u,intv);
main ()
```

```
{    int a = 24,b = 16,c;
     c = abc(a,b);          printf("%d\n",c);
}
int abc(int u,int v)
{    int w;
       while(v)
     {  w = u%v;  u = v;    v = w }
       return u;
}
```

输出结果是（　　）。

A. 6　　B. 7　　C. 8　　D. 9

4. 在函数调用时，下列说法中不正确的是（　　）。

A. 实际参数和形式参数可以同名

B. 若用值传递方式，则形式参数不予分配存储单元

C. 主调函数和被调函数可以不在同一个文件中

D. 函数间传递数据可以使用全局变量

5. 有以下程序：

```
int f1(int x,int y){return x>y? x:y;}
int f2(int x,int y){return x>y? y:x;}
main()
{
  int a = 4,b = 3,c = 5,d = 2,e,f,g;
  e = f2(f1(a,b),f1(c,d)); f = f1(f2(a,b),f2(c,d));
  g = a + b + c + d - e - f;
  printf("%d,%d,%d\n",e,f,g);
}
```

程序运行后的输出结果是（　　）。

A. 4，3，7　　B. 3，4，7　　C. 5，2，7　　D. 2，5，7

6. 有以下程序：

```
#define N 20
fun(int a[],int n,int m)
{   int i,j;
    for(i = m;i>= n;i--)a[i + 1] = a[i];
}
main()
{
int i,a[N] = {1,2,3,4,5,6,7,8,9,10};
fun(a,2,9);
for(i = 0;i<5;i++)printf("%d",a[i]);
}
```

程序运行后的输出结果是（　　）。

A. 10234　　B. 12344　　C. 12334　　D. 12234

7. 有以下程序：

```
#define P 3
void F(int x){return(P * x * x);}
main()
{  printf("%d\n",F(3+5));  }
```

程序运行后的输出结果是（　　）。

A. 192　　B. 29　　C. 25　　D. 编译出错

8. 以下程序运行后，输出结果是（　　）。

```
func(int a, int b)
{  static int m=0,i=2;
i+=m+1;          m=i+a+b;
return(m);
}
main()
{  int k=4,m=1,p;
p=func(k,m);printf("%d,",p);
p=func(k,m);printf("%d\n",p);
}
```

A. 8，15　　B. 8，16　　C. 8，17　　D. 8，8

9. 以下程序运行后的输出结果是（　　）。

```
int d=1;
fun(int p)
{  static int d=5;
d+=p;       printf("%d ",d);         return(d);
}
main( )
{  int a=3;        printf("%d \n",fun(a+fun(d)));  }
```

A. 6 9 9　　B. 6 6 9　　C. 6 15 15　　D. 6 6 15

10. 下列程序运行后的输出结果是（　　）。

```
int b=2;
int func(int *a) {  b += *a;   return(b);  }
main()
{  int a=2, res=2;         res += func(&a);      printf("%d \n",res); }
```

A. 4　　B. 6　　C. 8　　D. 10

11. 关于建立函数的目的之一，以下正确的说法是（　　）。

A. 提高程序的执行效率　　B. 提高程序的可读性

C. 减少程序的篇幅　　D. 减少程序文件所占内存

12. 以下正确的说法是（　　）。

A. 用户若需调用标准库函数，调用前必须重新定义

B. 用户可以重新定义标准库函数。若如此，该函数将失去原有含义

C. 系统根本不允许用户重新定义标准库函数

D. 用户若需调用标准库函数，调用前不必使用预编译命令将该函数所在文件包括到用户源文件中，系统自动去调

13. 以下的函数定义形式中，正确的是（ ）。

A. double fun（int x，int y） B. double fun（int x；int y）

C. double fun（int x，int y）； D. double fun（int x，y）；

填空题

1. 以下程序运行后的输出结果是____。

```
fun(int a)
{  int b = 0;static int c = 3;
  b + + ;  c + + ;        return(a + b + c);
}
main()
{  int i,a = 5;
  for(i = 0;i<3;i + + ) printf(" % d  % d ",i,fun(a));
  printf("\n");
}
```

2. 请读程序：

```
#include
main(int argc,char * argv[])
{  int i;
printf(" % d\n",argc);
for(i = 0;i< = argc - 1;i + + ) printf(" % s ",argv[i]);
printf("\n");
}
```

若上面的程序编译连接后生成可执行文件 ABC. EXE，则输入以下命令行

abc filel file2（表示回车）

程序执行后的输出结果是____。

3. 下面程序的输出结果是____。

```
long fun5(int n)
{  long s;
if((n = = 1)||(n = = 2));
s = 2;
else  s = n + fun5(n - 1);
return(s);
}
main()
{  long x;          x = fun5(4);
printf(" % ld\n",x);
}
```

4. C 语言规定，可执行程序的开始执行点是________。

5. 在 C 语言中，一个函数一般由两个部分组成，它们是________和________。

6. 若输入的值是－125，以下程序的运行结果是________。

```
#include <math.h>
main()
{
    int n;
    scanf("%d",&n);
    printf("%d=",n);
    if(n<0) printf("-");
    n=fabs(n);
    fun(n);
}

fun(int n)
{
    int k,r;
    for(k=2;k<=sqrt(n);k++)
    {
        r=n%k;
        while(r==0)
        {
            printf("%d",k);
            n=n/k;
            if(n>1) printf("*");
            r=n%k;
        }
    }
    if(n!=1) printf("%d\n",n);
}
```

7. 下面 add 函数的功能是求两个参数的和，并将和值返回给调用函数。函数中错误的部分是________，改正后为________。

```
void add(float a,float b)
{
    float c;
    c=a+b;
    return c;
}
```

8. 以下程序的运行结果是________。

```
main()
```

```
{
    int i=2,x=5,j=7;
    fun(j,6);
    printf("i=%d;j=%d;x=%d\n",i,j,x);
}
fun(int i,int j)
{
    int x=7;
    printf("i=%d;j=%d;x=%d\n",i,j,x);
}
```

编程题

1. 按下列公式

s（n）$=1^2+2^2\cdots\cdots+n^2$

编写程序计算并输出 s 值，其中的 n 值由键盘输入。

2. 使用函数调用，输出一个 N 行 M 列矩阵中，每一行的最大值。

3. 使用递归函数求解猴子吃桃问题。猴子第一天摘下若干个桃子，当即吃了一半，还不瘾，又多吃了一个。第二天早上又将剩下的桃子吃掉一半，又多吃了一个。以后每天早上都吃了前一天剩下的一半零一个。到第 10 天早上想再吃时，见只剩下一个桃子了。求第一天共摘了多少桃子。

4. 编写一个函数，求 6 行 6 列的二维数组全部元素中负数的个数。

5. 编写程序以模拟计算器功能。根据用户输入的运算符，对两个数进行运算。

6. 编写一个函数 int fun（int a)，它的功能是：判断 a 是否是素数，若 a 是素数，返回 1；若不是素数，返回 0。

7. 编写函数来实现如下功能：求出 100 以内能整除 3 且不是偶数的所有整数，并按从小到大的顺序放在数组 a 中。

8. 编写递归函数，计算给定正整数 m 和 n 的最大公约数。

9. 编写一个函数，将输入的 16 进制数转换为对应的 10 进制数。

10. 编写一个函数 reset（int a []，int n)，将数组 a 中大于等于 0 的元素放置在数组的前部，小于 0 的元素放置在数组的后部。

11. 编写程序，输出 fibonacci 数列的第 n 项数据。

第8章 指针

■ 本章导读

指针是C语言区别于其他语言的一个显著特点，是C语言的灵魂。C语言本身使用起来就非常灵活，如果再加上指针的运用，会使C语言更为灵活，程序执行起来也更加高效。指针可以与变量、数组、函数、结构体等结合使用，通过使用指针可以直接访问内存地址。因此，每一个专业的C程序员都必须学会灵活地使用指针。

■ 学习目标

(1) 理解地址和指针区别；
(2) 能够使用指针引用变量；
(3) 能够用指针以引用方式给函数传递参数；
(4) 掌握指向数组的指针用法；
(5) 掌握指向函数的指针用法。

8.1 地址与指针

8.1.1 地址

在C语言中，用变量存放数据，变量就是一块内存单元。在计算机内部，每一个内存单元又都对应一个地址。例如，定义变量a、b、c，代码如下：

```
int a = 5,b = 6,c = 7;
```

其中，经过编译器编译之后，变量名会被翻译成地址，如图8-1所示。

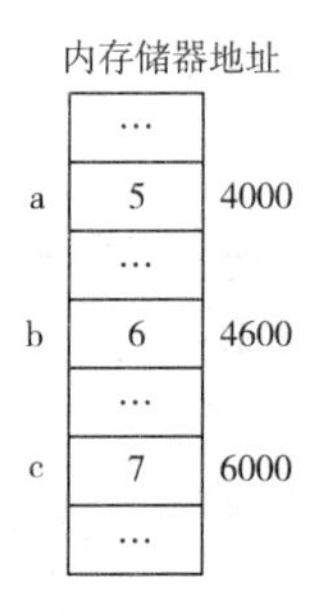

图8-1 数据在内存中的存放情况

系统为变量分配哪个内存单元是随机的，且不一定是连续的。在编写程序时，使用变量名代替内存单元地址。在编译阶段，系统则将变量名翻译成具体的内存地址。例如，变量名 a 代表地址 4000～4003，即以 4000 开始后的 4 个字节。b 和 c 分别代表地址 4600～4603 和 6000～6003。

在程序设计中，使用变量名对数据进行存取操作。例如：

```
printf("%d",a);                /*a 表示 a 中的值 3*/
a=b+c;
```

上面代码中出现的变量名其实代表变量中的值，而不是地址。如果要表示变量的地址，需在变量名前加上 &。例如：

```
scanf("%d",&a);
```

其中，&a 表示变量 a 的地址，而上面的代码则表示输入一个整数到变量 a 中。也就是说，将整数存放到由 a 标识的内存中。因为这里对变量的存取其实就是指对变量值的存取，所以将这种存取方式称为直接存取。

8.1.2 指针

指针是一种数据类型。将一个变量或其他程序实体的地址存放在某一变量中，这种变量就是指针变量。指针变量与一般变量的使用方法其实是一样的，唯一区别在于指针变量存放的是地址而不是一般的整型、字符型、浮点型数据。

将变量 b 的地址存放在指针变量 ptr 中，如果变量 ptr 的值为 4600，则 4600 是一个地址，占用 4 个字节的地址单元。如图 8-2 所示。

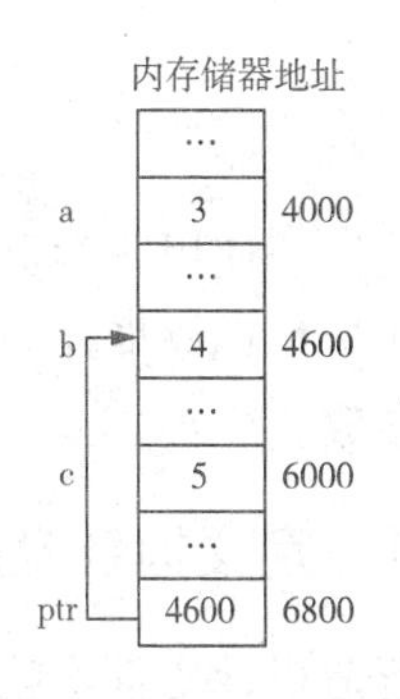

图 8-2 指针变量 ptr 与变量 b 的关系

在图 8-2 中，使用一个箭头从 ptr 指向 b，表示根据 ptr 的值可以找到 b 的位置。若将 b 的地址赋给 ptr，其代码如下：

```
ptr=&b;
```

如果要存取变量 b 的值，有两种方式：直接存取和间接存取。直接存取就是指直接用变量名 b 存取变量值，而间接存取则是指利用指针变量 ptr 对 b 中的值进行存取。因为 ptr 中存放的是 b 的地址，所以可以通过 ptr 先找到 b 的位置，然后再存取 b 的值。直接存取和间接存取的过程如图 8-3 所示。

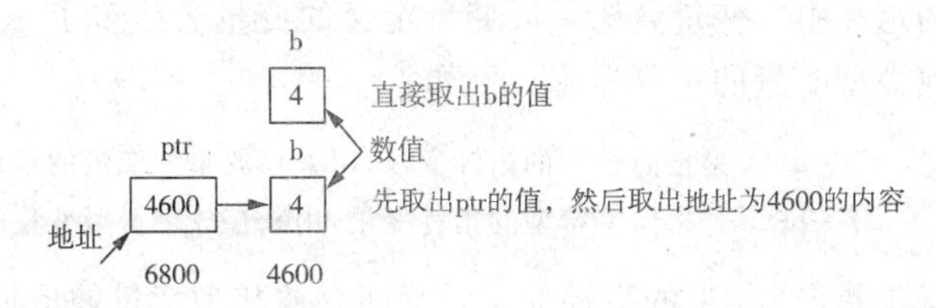

图 8-3 直接存取和间接存取的过程

为了理解指针变量 ptr 与变量 b 的关系，我们来举一个例子：有两个抽屉 drawer1 和 drawer2，想要打开两个抽屉有两种方法，一种方法是将两把钥匙都带在身上，另一种方法是只带其中一个抽屉的钥匙如 drawer1，而将 drawer2 的钥匙锁在抽屉 drawer1 中。当需要打开抽屉 drawer2 时，要先打开抽屉 drawer1，取出抽屉 drawer2 的钥匙，然后再打开抽屉 drawer2。在 C 语言中，第 1 种方法相当于直接访问，第 2 种方法相当于间接访问。而抽屉 drawer1 的钥匙则相当于指针变量，抽屉 drawer2 的钥匙相当于普通变量。

通过指针变量 ptr 可以找到变量 b，所以也可以说 ptr 指向 b。在 C 语言中，通常将指针变量存放的地址称为指针。例如，变量 b 的地址为 4600，也可以说变量 b 的指针为 4600。值得注意的是，指针变量与指针不是一个概念。指针变量是存放地址（指针）的变量，指针是一种数据类型。例如，ptr 是指针变量，它存放的是变量地址 4600。

> **注意：**
> 指针虽然也是地址，但是指针是数据类型，而地址不是数据类型，地址只是指针变量的值。

8.2 指针与变量

指针的使用非常灵活，可以与变量结合起来。变量指针是指一个变量的地址，而指针变量是存放指针的变量。指针变量不仅可以间接存取变量中的值，还可以作为函数的参数。

8.2.1 定义指针变量

所谓指针变量，就是存放地址（指针）的变量，用来指向另一个变量。

1. 定义指针变量的格式

定义指针变量的一般格式如下：

```
类型说明符 * 变量名;
```

在指针变量的定义中，变量名比一般变量定义的变量名前多了一个“ * ”，这是指针变量区别于其他类型变量的重要标志。例如：

```
int * aPtr;          /* aPtr 是指向整型的指针变量,用来存放整型变量的地址 */
char * bPtr;         /* bPtr 是指向字符型的指针变量,用来存放字符型变量的地址 */
```

其中，aPtr 被定义为指向 int 型的指针变量，只能存放整型变量的地址。bPtr 被定义为指向 char 型的指针变量，只能存放字符型变量的地址。

2. 为指针变量赋值

定义了指针变量之后，由于指针变量中的值是随机的，所以，在使用之前，需要为指针变量赋值。假设要将变量 a 和 b 的地址分别赋值给指针变量 aPtr 和 bPtr。代码如下：

```
int a = 20;         /* 定义 int 型变量并初始化 */
char b = 'N';       /* 定义 char 型变量并初始化 */
int * aPtr;         /* aPtr 是指向 int 型变量的指针变量 */
char * bPtr;        /* bPtr 是指向 char 型变量的指针变量 */
aPtr = &a;          /* 将 a 的地址赋值给 aPtr,aPtr 指向变量 a */
bPtr = &b;          /* 将 b 的地址赋值给 bPtr,bPtr 指向变量 b */
```

其中，& 是取地址运算符，&a 表示变量 a 的地址。指针变量 aPtr、bPtr 与变量 a、b 的关系如图 8-4 所示。

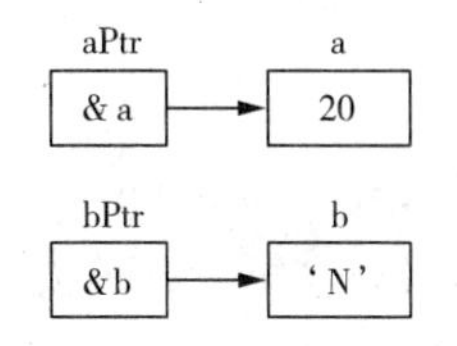

图 8-4　指针变量 aPtr、bPtr 与 a、b 的关系

在定义指针变量时，变量前面的"*"只表示该变量是指针类型，并没有其他含义。

8.2.2 引用指针变量

在指针运算过程中，经常用到以下两个运算符：

- *：指针运算符，也称间接访问运算符。
- &：取地址运算符。

其中，"*"运算符的作用是取指针变量指向变量的内容，"&"运算符是取变量的地址。例如，要引用 aPtr 和 bPtr 指向变量的内容。也就是要取出变量 a 和变量 b 中的值，需要使用间接访问运算符"*"。代码如下：

```
printf("%d,%c\n", *aPtr, *bPtr);
```

输出结果为：

```
20,N
```

【例 8-1】 利用指针变量访问所指向变量的内容。

```
#include<stdio.h>
void main()
{
    int a;
    char b;
    int * aPtr;                                  /* aPtr 为指向 int 型变量的指针变量 */
    char * bPtr;                                 /* bPtr 为指向 char 型变量的指针变量 */
    canf("%d,%c",&a,&b);                         /* 输入 a 和 b 的值 */
    aPtr = &a;                                   /* 将 a 的地址赋值给 aPtr */
    bPtr = &b;                                   /* 将 b 的地址赋值给 bPtr */
    printf("a = %d, * aPtr = %d\n",a, * aPtr);   /* 输出 a 和 aPtr 指向变量的值 */
    printf("b = %c, * bPtr = %c\n",b, * bPtr);   /* 输出 b 和 bPtr 指向变量的值 */
}
```

程序运行结果如图 8-5 所示。

初始时，只定义变量 a 和 b、aPtr 和 bPtr，并没有初始化 a 和 b 的值。a 和 b 的初始化是在第 8 行：

```
scanf("%d,%c",&a,&b); /*输入a和b的值*/
```

这时，如果输入的分别是 50 和's'，则表明 a=50，b='s'。指针变量也可以在定义时初始化，例如：

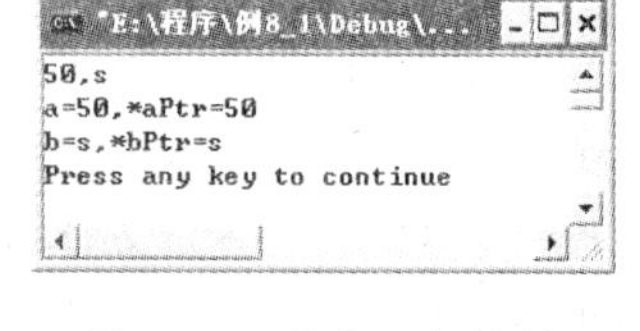

图 8-5　程序运行结果

```
int * aPtr = &a;
char * bPtr = &b;
```

(1) *aPtr 与 a 是等价的，*bPtr 与 b 是等价的

因为在第 9～10 行，分别将 aPtr 指向 a，bPtr 指向 b：

```
aPtr = &a;                /*将a的地址赋值给aPtr*/
bPtr = &b;                /*将b的地址赋值给bPtr*/
```

所以 *aPtr 的值就是 a 的值，*bPtr 的值就是 b 的值。指针变量 aPtr、bPtr 与 a、b 的关系如图 8-6 所示。

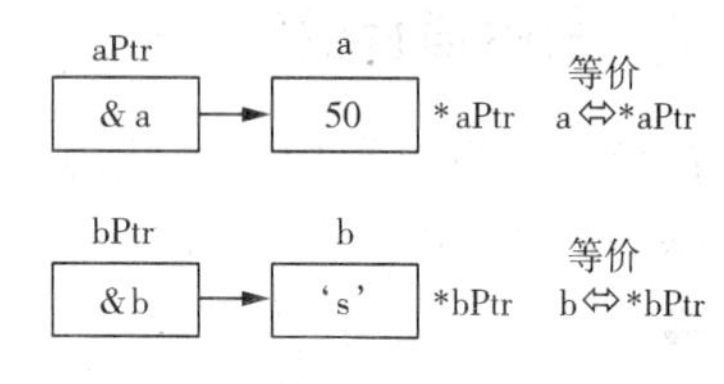

图 8-6　指针变量与变量的关系

运算符"&"是取变量的地址，运算符"*"是取变量的内容，& 和 * 是两个互逆的运算符。因为 aPtr=&a，bPtr=&b，所以有 *aPtr=*(&a)=a，*bPtr=*(&b)=b。因此 *aPtr 与 a 是等价的，*bPtr 与 b 是等价的。

(2) &*aPtr 与 &a 是等价的，&*bPtr 与 &b 是等价的

同理，&(*aPtr)=&(a)=&a，&(*bPtr)=&(b)=&b。也就是说，&(*aPtr)=&a，&(*bPtr)=&b。因为 * 和 & 处于同一优先级且具有右结合性，所以可以将圆括号省略，即有 &*aPtr=&a，&*bPtr=&b 也就是说，&*aPtr 和 &a 都表示 a 的地址，&*bPtr 和 &b 都表示 b 的地址。

(3) 定义指针变量时的 * 与其他地方的 * 不是同一个概念

在下面的定义中：

```
int * aPtr;               /*aPtr为指向int型变量的指针变量*/
char * bPtr;              /*bPtr为指向char型变量的指针变量*/
```

这里的 * 只是为了说明变量 aPtr 和 bPtr 是指针变量。

而在下面的代码中：

```
printf("a=%d,*aPtr=%d\n",a,*aPtr);      /*输出a和aPtr指向变量的值*/
printf("b=%c,*bPtr=%c\n",b,*bPtr);      /*输出b和bPtr指向变量的值*/
```

其中的"*"是间接访问运算符，表示取变量 a 的内容，即 aPtr 指向的变量内容。

【例 8-2】　输入两个整数，按照从小到大的顺序输出这两个数。要求使用指针实现操作。

```
#include<stdio.h>
void main()
{
    int a,b, * aPtr, * bPtr, * ptr;
    aPtr = &a;                                  /* aPtr 指向变量 a */
    bPtr = &b;                                  /* bPtr 指向变量 b */
    scanf("%d,%d",aPtr,bPtr);                   /* 输入两个整数,分别存放在 a 和 b 中 */
    if(a>b)                                     /* 如果 a 大于 b */
    {
                                                /* 交换 aPtr 与 bPtr */
      ptr = aPtr;
      aPtr = bPtr;
      bPtr = ptr;
    }
    printf("a = %d,b = %d\n",a,b);              /* 输出 a 与 b 的值 */
    printf("min = %d,max = %d\n", * aPtr, * bPtr); /* 输出 aPtr 和 bPtr 指向变量的值 */
}
```

程序运行结果如图 8-7 所示。

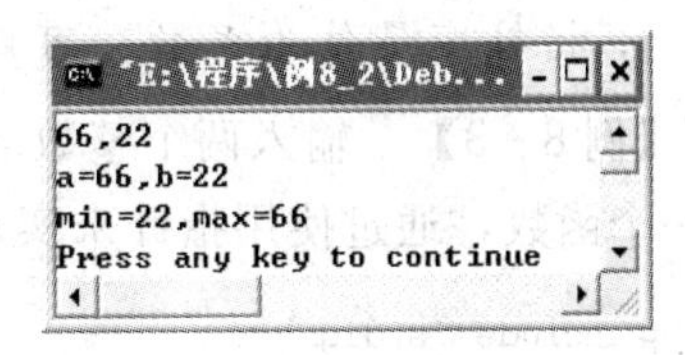

图 8-7　程序运行结果

在该程序中，需要注意以下几点：

（1）在下面的代码中：

```
scanf("%d,%d",aPtr,bPtr); /* 输入两个整数,分别存放在 a 和 b 中 */
```

将需入的两个整数分别存放到变量 a 和 b 中。scanf 函数输入列表中并没有使用 a 和 b 的地址 &a 和 &b，而是使用了 aPtr 和 bPtr。但它与下面的代码等价：

```
scanf("%d,%d",&a,&b); /* 输入两个整数,分别存放在 a 和 b 中 */
```

（2）在下面的代码中：

```
ptr = aPtr;
aPtr = bPtr;
bPtr = ptr;
```

表示交换两个指针变量 aPtr 和 bPtr 的值。经过以上操作后，* aPtr 的值为 b 的值即 22，而 * bPtr 的值为 a 的值即 66。交换过程如图 8-8 所示。

（3）在下面的代码中：

```
printf("a = %d,b = %d\n",a,b);                 /* 输出 a 与 b 的值 */
printf("min = %d,max = %d\n", * aPtr, * bPtr);  /* 输出 aPtr 和 bPtr 指向变量的值 */
```

分别输出 a、b 的值和 * aPtr、* bPtr 的值。注意，a 和 b 的值保持不变，而 aPtr 由原来指向 a 变为指向 b，bPtr 由原来指向 b 变为指向 a。因此，aPtr 与 bPtr 的值改变。

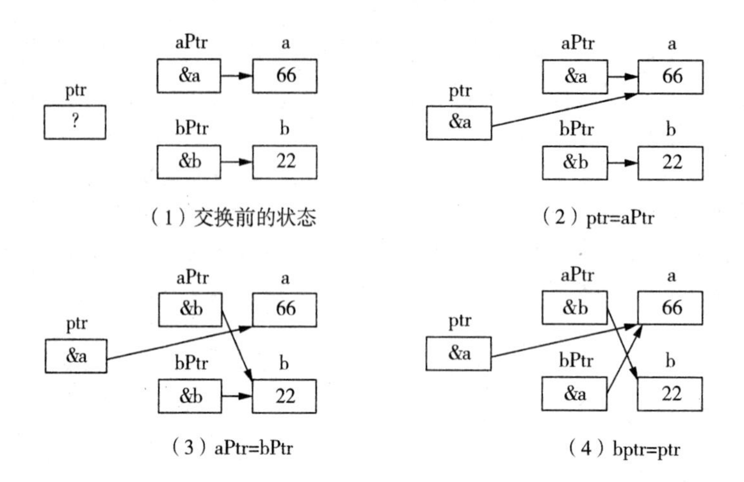

图 8-8 指针变量 aPtr 与 bPtr 的值的交换过程

8.2.3 指针变量作为函数参数

如果将指针变量作为函数的参数，则传递的是地址。

1. 指针变量作为参数，可以修改指针变量所指变量的值

【例 8-3】 输入两个整数 a 和 b，将这两个数按照从小到大的顺序输出。要求编写一个函数，通过使用指针来实现。

```
#include<stdio.h>
void swap(int * p1,int * p2);
void main()
{
    int a,b, * ptr1, * ptr2;
    scanf("%d,%d",&a,&b);
    ptr1 = &a;
    ptr2 = &b;
    if(a>b)
        swap(ptr1,ptr2);             /* 指针变量 ptr1 和 ptr2 作为函数的实参 */
    printf("a= %d,b= %d\n",a,b);
}
void swap(int * p1,int * p2)         /* 指针变量 p1 和 p2 作为函数的形参 */
{
    int t;
                                     /* 交换 p1 和 p2 指向的变量的值 */
    t= * p1;
    * p1 = * p2;
    * p2 = t;
}
```

程序运行结果如图 8 - 9 所示。

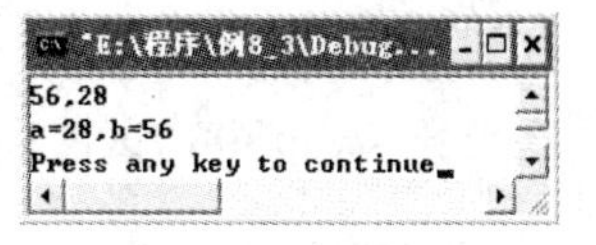

图 8 - 9　程序运行结果

其中，函数 swap 的作用是将 p1 和 p2 指向的变量值进行交换。代码如下：

```
t = *p1;
*p1 = *p2;
*p2 = t;
```

函数 swap 中变量值的交换过程如图 8 - 10 所示。

这里的阴影部分是函数 swap 中交换两个变量值的过程。在函数 swap 中，*p1=a，*p2=b，因此函数 swap 的作用是交换 a 与 b 的值。在程序退出函数 swap 时，系统会自动释放指针变量 p1 和 p2 占用的空间。

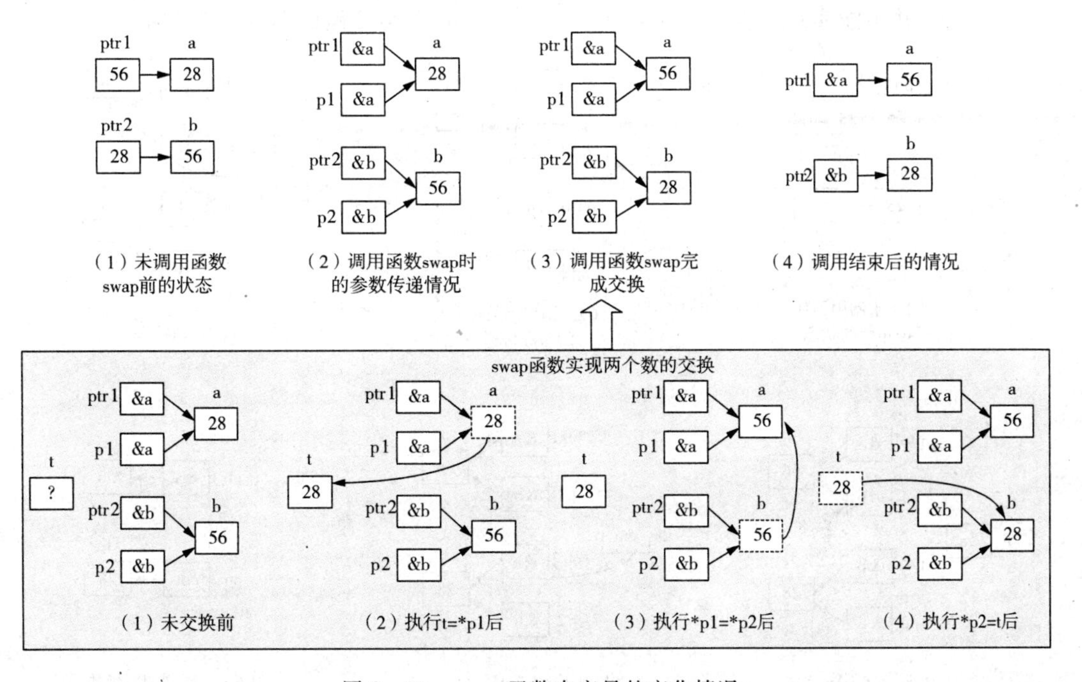

图 8 - 10　swap 函数中变量的变化情况

注意：

在函数 swap 中，虽然可以改变变量 a 和 b 的值，但是却不可以改变实际参数 ptr1 和 ptr2 的值。形式参数 p1 和 p2 分别是实际参数 ptr1 和 ptr2 的副本。因此，在被调用函数 swap 中，如果修改了 p1 和 p2 的值，ptr1 和 ptr2 的值是不会改变的。

在 C 语言中，实际参数与形式参数的数据传递是值传递方式。也就是说，在被调用函数中，修改形式参数的值是不会将参数带回给调用函数的。

2. 指针变量作为参数，不可以修改指针变量本身的值

在函数 swap 中，试图通过交换两个指针值来改变 a 与 b 的值，代码如下：

```
void swap(int * p1,int * p2)      /* 指针变量 p1 和 p2 作为函数的形式参数 */
{
    int * p;
                                  /* 交换 p1 和 p2 的值 */
    p = p1;
    p1 = p2;
    p2 = p;
}
```

其实这并不能实现交换 a 与 b 的值。p1 与 p2 的交换过程如图 8-11 所示。

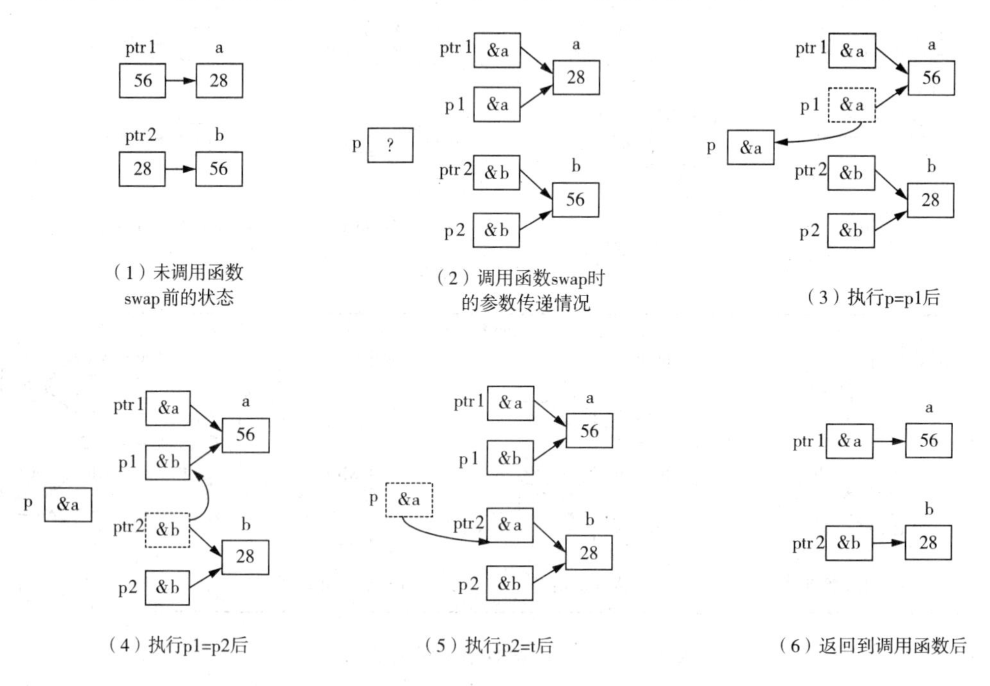

图 8-11　试图通过交换 p1 与 p2 达到交换 a 与 b 的值

在函数 swap 返回到调用函数后，p1、p2 和 p 的内存单元被释放，并没有达到改变 ptr1 和 ptr2、a 和 b 的目的。因此，这种方法是不可行的，同时证明了指针变量也是一种值传递方式。

8.3　指针与数组

指针变量也可以指向数组。如果数组中的变量是指针变量，则该数组就是数组指针。

8.3.1 指向数组元素的指针与指向数组的指针

当指针变量指向数组中的某个元素时，就可以利用指针变量引用数组中的每一个元素。

1. 定义指向数组的指针变量

首先定义一个指针变量p与一个数组a[10]，代码如下：

```
int *p,a[10];
```

这里，指针变量与数组的类型必须相同，这与指针变量指向变量时一样。然后让指针变量p指向数组元素，代码如下：

```
p=&a[0];
```

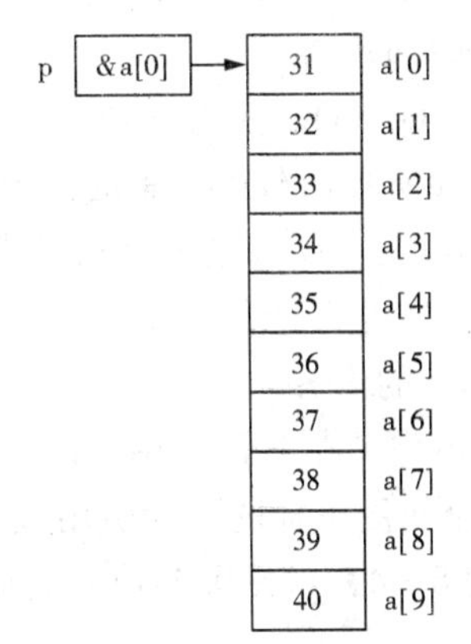

图 8-12 指向数组的指针变量p与数组之间的关系

此时，指针变量p指向了数组中的第一个元素。如图8-12所示。

指针变量p的值为&a[0]，即指向数组元素a[0]。在C语言中，数组名代表数组的首地址。因此，也可以使用下面的代码来表示p指向数组a[0]：

```
p=a;    /*a是数组名*/
```

以上两种表示是等价的。既然a是数组首地址，又是数组名，那么a也是指针类型。因为a的值是不可以改变的，所以a是一个指针常量。

当然，也可以在定义指针变量时，将指针变量p指向数组元素a[0]。代码如下：

```
int *p=&a[0];
```

或

```
int *p=a;
```

以上两行代码是等价的。

2. 使用指针变量引用数组元素

如果指针变量p指向数组元素a[0]，则p=p+1表示p指向数组元素a[1]，而不是将p的值加1后赋给p。p+1是将p加上所指向的数据元素占用的字节数*1。例如，p指向的是int型数组，则p+1就是p+4*1（在Visual C++ 6.0开发环境中，一个int型数据占用4个字节）。同理，p+2则表示p+4*2。如果有p=p+2，则p指向数组元素a[2]。指针变量p与数组a中元素的关系如图8-13所示。

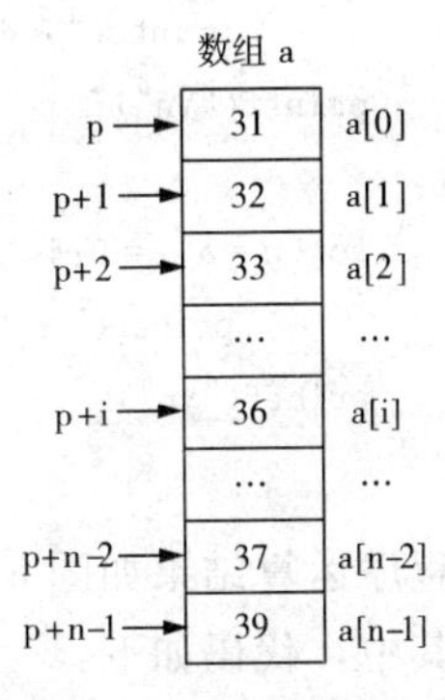

图 8-13 指针变量p与数组元素的关系

如果数组a的长度为n，则p+i指向数组元素a[i]，p+n-1指向数组元素a[n-1]。p+i、a+i、&a[i]是等价的，都表示数组元素 a[i] 的地址，地址值为 a+i*d。其中，d 表示数组元素所占用的字节数。

如果要引用数组中下标为 i 的元素，除了使用 a[i] 外，还可以使用以下方法（假设已有 p=a）：

● *(p+i)。因为 p 指向 a[0]，所以 p+i 就指向了数组元素 a[i]，而 *(p+i) 则表示 p+i 所指向数组元素的内容。

● *(a+i)。a 是一个指针常量，因此不能进行自加或自减运算。但是 a 可以像指针变量一样进行算术运算。所以 a+i 同样指向数组元素 a[i]，而 *(a+i) 则表示数组元素 a[i] 的内容。

● p[i]。在 C 语言中，p+i 与 p[i] 是等价的。也就是说，如果指针变量指向数组，可以使用下标的形式引用数组元素。

【例 8-4】 使用多种方法输出数组 a 中的元素。

```
#include<stdio.h>
void main()
{
    int a[10],*p,i;
    printf("请输入 10 个整数\n");
    for(i=0;i<10;i++)
        scanf("%d",&a[i]);
                                        /*第 1 种输出方法:数组下标法*/
    for(i=0;i<10;i++)
        printf("%4d",a[i]);
    printf("\n");
                                        /*第 2 种输出方法:数组名法*/
    for(i=0;i<10;i++)
        printf("%4d",*(a+i));
    printf("\n");
                                        /*第 3 种输出方法:指针法*/
    for(p=a;p<a+10;p++)
        printf("%4d",*p);
    printf("\n");
                                        /*第 4 种输出方法:指针变量下标法*/
    for(p=a,i=0;i<10;i++)
        printf("%4d",p[i]);
    printf("\n");
}
```

```
"E:\程序\例8_4\Debug\例8_4.exe"
请输入10个整数
20 21 22 23 24 25 26 27 28 29
  20  21  22  23  24  25  26  27  28  29
  20  21  22  23  24  25  26  27  28  29
  20  21  22  23  24  25  26  27  28  29
  20  21  22  23  24  25  26  27  28  29
Press any key to continue
```

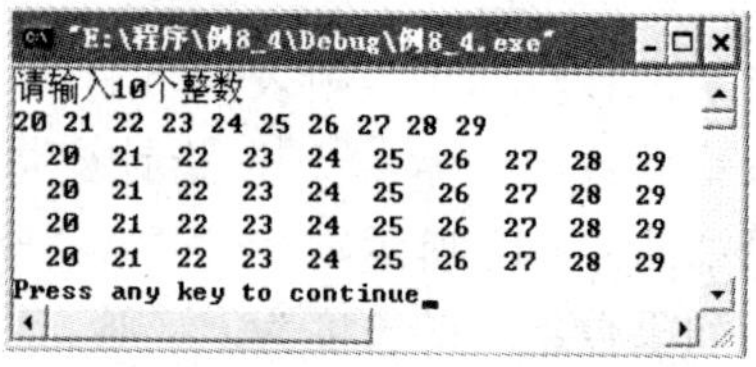

图 8-14 程序运行结果

程序运算结果如图 8-14 所示。

其中，代码如下：

```
for(p=a;p<a+10;p++)
```

```
    printf(" %4d", *p);
```

可以写成如下形式：

```
for(i = 0;i<10;i + + )
printf(" %4d", *p+ + );
```

对于 * p++来说，++与 * 处于同一优先级，而两者都具有右结合性。因此，* p++等价于 *(p++)，圆括号可以省略。先进行++运算，然后进行 * 运算。对于 *(++p) 来说，则是先将 p 增加 1，然后取出 * p 的值。对于（ * p）++来说，是将 p 所指向的内容加 1。如果 p=a，则（ * p）++表示 a[0]+1。

注意区分（ * p）++和 * p++，两个非常容易混淆。

8.3.2　指向多维数组的指针变量

指针变量不仅可以指向一维数组，也可以指向多维数组。

1. 多维数组的地址

假设有一个 3 行 4 列的二维数组，它的定义如下：

```
int a[3][4] = {{1,2,3,4},{5,6,7,8},{9,10,11,12}};
```

其中，数组 a 的第 1 维表示行数，第 2 维表示列数。多维数组是按照行优先存放的，即先存放完一行元素，再存放下一行。在同一行元素中，按照列从小到大的顺序存放。数组 a 的逻辑状态与在内存中的存放情况如图 8 - 15 所示。

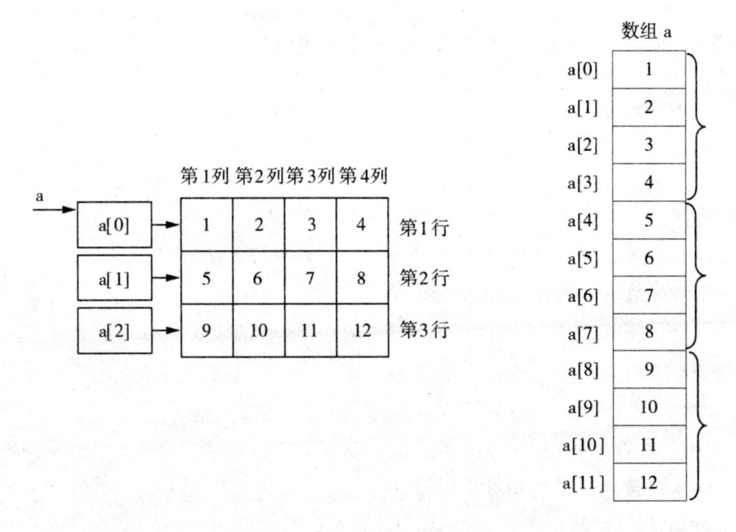

图 8 - 15　数组 a 的逻辑状态与在内存中的存放情况

数组名 a 表示二维数组的首地址，也就是第 1 行的首地址。其中，a[0] 表示第 1 行的首地址，a[1] 表示第 2 行的首地址，a[2] 表示第 3 行的首地址。另外，a+1 等价于 a[1]，a+2 等价于 a[2]。例如，数组 a 的首地址是 4000，则 a+1 表示 4000+4 * 4=4016。a+2 表示 4000+8 * 4=4032。

与 a 等价的表示有 &a[0][0]、a[1]。其中，a 是数组名，a[1] 是第 1 行的数组名，&a[0][0] 表示第一个元素的地址。它们都指向数组的第一个元素 a[0][0]。

如果要表示第 1 行第 1 列的元素地址，可以有以下几种表示方法：&a[0][1]、a[0]+1。同理，表示第 1 行第 3 列的元素地址，可以使用 &a[0][2]、a[0]+2 表示。

以上元素地址的表示方法都是利用数组名，如果使用指针怎样表示元素的地址呢？我们知道，a[0] 与 *(a+0)，a[1] 与 *(a+1)，a[i] 与 *(a+i) 等价。那么，a[0]+0与 *(a+0) +0，a[0]+1 与 *(a+0) +1，a[i]+j 与 *(a+i) +j 也是等价的。a[i][j] 与 *(*(a+i) +j) 等价。注意，若将 *(a+i) +j 写成 *(a+i+j)是错误的。

下面我们对二维数组中元素地址的各种表示法进行总结，如表 8-1 所示。

表 8-1 二维数组中元素的地址表示及含义

表示形式	含　义	值
a	二维数组名，数组的首地址	4000
&a[0][0]、a[0]、*a、*(a+0)	第 1 行第 1 列元素地址，第 1 行首地址	4000
a[1]、a+1	第 2 行的首地址	4016
&a[1][0]、a[1]、*(a+1)	第 2 行第 1 列元素的首地址	4016
&a[2][1]、*(a+2)+1、a[2]+1	第 3 行第 2 列元素的地址	4036
(a[2]+1)、(*(a+2)+1)、a[2][1]	第 3 行第 2 列元素的值	10

【例 8-5】 输出二维数组中元素的地址及相应的值。

```
#include<stdio.h>
void main()
{
    int a[3][4] = {{1,2,3,4},{5,6,7,8},{9,10,11,12}};
    int i,j,*p = a;
    printf("二维数组 a 的各个元素:\n");
                                    /*输出二维数组的元素值*/
    for(i = 0;i<3;i++)
    {
        for(j = 0;j<4;j++)
            printf("%4d",a[i][j]);
        printf("\n");
    }
                                    /*输出二维数组的各个元素的地址*/
    for(i = 0;i<3;i++)
    {
        for(j = 0;j<4;j++)
            printf("%10p",&a[i][j]);
```

```
        printf("\n");
    }
    printf("a = %p,a[0] = %p,&a[0][0] = %p, *(a+0) = %p\n",a,a[0],&a[0][0], *(a+0));
    printf("a[1] = %p,a+1 = %p,&a[1][0] = %p, *(a+1) = %p\n",a[1],a+1,&a[1][0], *(a+1));
    printf("a[2]+1 = %p,&a[2][1] = %p, *(a+2)+1 = %p\n",a[2]+1,&a[2][1], *(a+2)+1);
    printf("a[2][1] = %d, *(*(a+2)+1) = %d, *(a[2]+1) = %d\n",a[2][1], *(*(a+2)+1), *(a[2]+1));
    printf("p[9] = %d\n",p[9]);
}
```

程序运行结果如图 8－16 所示。

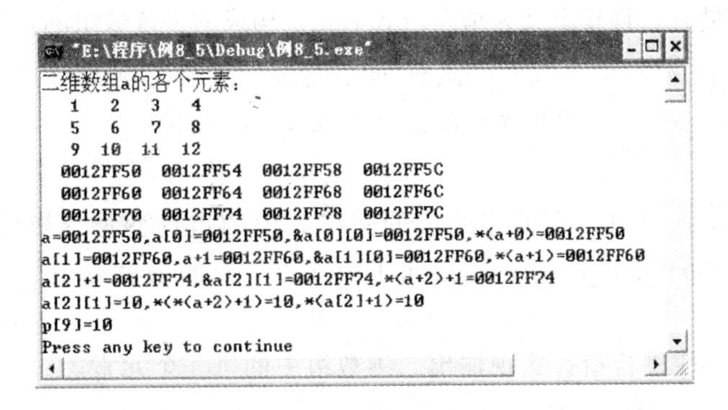

图 8－16　程序运行结果

2. 指向多维数组的指针变量

指向多维数组的指针变量可以分为两种情况：指向多维数组中某个元素的指针变量和指向多维数组中某一行的指针变量。后者又称为行指针变量。

（1）指向多维数组中某个元素的指针变量

【例 8－6】　使用指针变量输出二维数组中的各个元素。

```
#include<stdio.h>
void main()
{
    int a[3][4] = {{1,2,3,4},{5,6,7,8},{9,10,11,12}};
    int *p;
    for(p = a;p<a[0]+12;p++)          /* p<a[0]+12 不可以写成 p<a+12 */
    {
        if((p-a)%4 == 0&&p! = a)  /* 保证每行输出 4 个元素 */
            printf("\n");
        printf("%4d", *p);
    }
    printf("\n");
}
```

```
"E:\程序\例8_6\Debug\...
 1  2  3  4
 5  6  7  8
 9 10 11 12
Press any key to continue
```

图 8－17　程序运行结果

程序运行结果如图 8－17 所示。

● 第 6 行：

```
for(p = a;p<a[0] + 12;p + + )        /* p<a[0] + 12 不可以写成 p<a + 12 */
```

其中，p=a 表示让 p 指向第一个元素，也可以写成 p=a[0] 或 p=&a[0][0] 等形式。p<a[0]+12 是循环条件，表示输出 12 个元素。而 p++用来移动指针变量使其指向下一个元素。

(2) 行指针变量

上面介绍的指针变量 p 是指向某个元素，p+1 指向下一个元素。能否让指针变量像数组名 a 的操作一样呢（a+1 指向第 2 行，而 *(a+1)+2 指向第 2 行第 3 列）？这就需要在定义指针变量时，将其定义为指向由 n 个元素构成的一维数组的指针变量。例如：

```
int a[3][4] = {{21,22,23,24},{25,26,27,28},{30,31,32,33}};
int ( * p)[4];          /* 其中,4 与数组 a 中的第 2 维长度相等 */
p = a;
```

这样，p 就是指向由 4 个元素构成的一维数组的指针变量。初始时，p 指向第一行。如果执行 p=p+1 后，则 p 就指向了第 2 行。p 的值就是 a[1]，与 &a[1][0] 相等。

【例 8-7】 使用行指针实现输出二维数组中的每一个元素。

```
#include<stdio.h>
void main()
{
    int a[3][4] = {{21,22,23,24},{25,26,27,28},{30,31,32,33}};
    int ( * p)[4],i,j;
    p = a;
    for(i = 0;i<3;i + + )
    {
        for(j = 0;j<4;j + + )
            printf(" %4d", * ( * (p + i) + j));
        printf("\n");
    }
}
```

程序运行结果如图 8-18 所示。

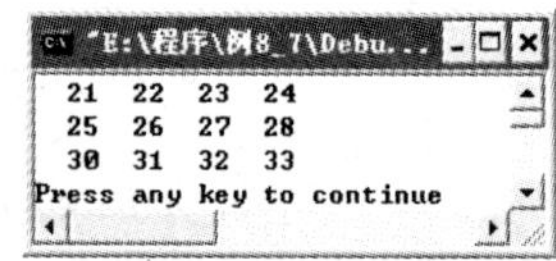

图 8-18 程序运行结果

行指针变量 p 与数组名作为指针常量的操作是一样的。第 10 行：

```
printf(" %4d", * ( * (p + i) + j));
```

其中，*(*(p+i)+j)内层圆括号中增加 i，表示指向第 i+1 行；j 表示指向第 j+1 列，也可以写成 *(*(a+i)+j)。

注意，第 5 行的行指针变量定义不可以写成如下形式：

```
int * p[4];
```

这就成了指针数组了，将在后面讲解。因为[]运算符高于 * 运算符，所以不可以省略圆括号。

8.3.3　数组名（指针）作为函数参数

在C语言中，数组名是作为指针来处理的，因此在很多情况下，指针与数组名是可以通用的。数组名作为函数的参数，其实传递的是指针（地址）。因此，数组名可以看做是一种特殊的指针变量。

数组名作为函数的参数可以分为两种情况：一维数组名作为函数的参数和多维数组名作为函数的参数。

1. 一维数组的指针变量作为函数参数

例如，假设要将一个数组传递给被调用函数，代码如下：

```
#include<stdio.h>
void fun(int b[],int n);
void main()
{
     int a[] = {1,2,3,4,5};
     fun(a,5);                              /* 参数为数组名 */
}
void fun(int b[],int n)                     /* 参数为数组名 */
{
     int i;
     for(i = 0;i<n;i++)
          printf(" %4d",b[i]);
     printf("\n");
}
```

由于实际参数与形式参数都是数组名，在函数调用时，系统会将a的首地址传递给b。数组a与数组b是同一个数组，在编译阶段，系统会按照指针变量处理b。函数fun的首部被解释成如下形式：

```
void fun(int *b,int n)
```

在函数调用过程中，b接受了实际参数的首地址a后，也指向数组开始的位置。如图8-19所示。

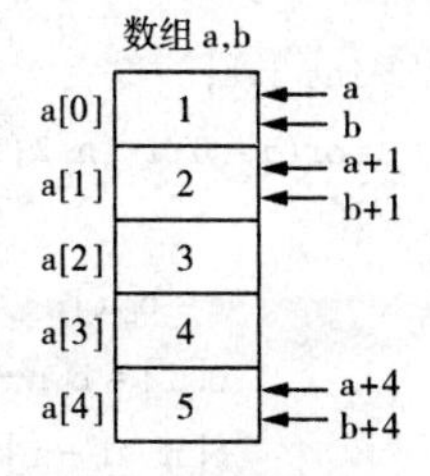

图8-19　实际参数a与形式参数b的关系

初始时，a和b都指向a[0]。如果使用数组下标引用数组元素，在编译时会将其解释成指针形式。实际参数a和形式参数b在对同一个数组进行操作且操作意义相同。

【例8-8】　编写一个函数，将数组中的元素逆置输出。

分析：假设数组a中存放了10个元素。要将数组中的元素逆置，就是将第1个元素a[0]放到最后一个位置，最后一个元素a[9]放到第

1 个位置；第 2 个元素 a[1] 放到倒数第 2 个位置，倒数第 2 个元素 a[8] 则放到第 2 个元素的位置。依次类推，直到将 a[4] 放到第 6 个位置，a[5] 放到第 5 个位置。这其实是一个交换的过程。也就是说，将数组 a 中的元素对称交换，就实现了数组元素的逆置。交换过程如图 8－20 所示。

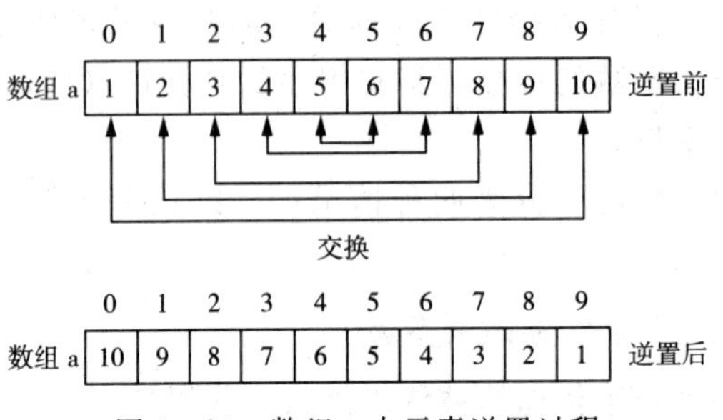

图 8－20　数组 a 中元素逆置过程

完整的程序代码如下：

```
#include<stdio.h>
void reverse(int b[],int n);
void main()
{
    int a[]={1,2,3,4,5,6,7,8,9,10},i,n;
    n=sizeof(a)/sizeof(a[0]);
    printf("逆置前的数组:\n");
    for(i=0;i<n;i++)
        printf("%4d",a[i]);
    printf("\n");
    reverse(a,n);
    printf("逆置后的数组:\n");
    for(i=0;i<n;i++)
        printf("%4d",a[i]);
    printf("\n");
}
void reverse(int b[],int n)
{
    int i,t;
    for(i=0;i<n/2;i++)
    {
        t=b[i];
        b[i]=b[n-1-i];
        b[n-1-i]=t;
    }
}
```

程序运行结果如图8－21所示。

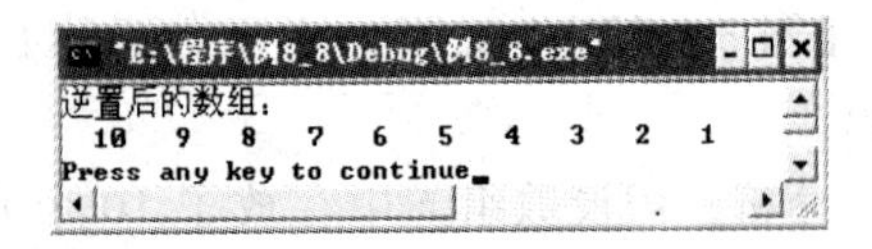

图 8－21　程序运行结果

在上面的程序中，调用函数中的实际参数是数组名，被调用函数中的形式参数也是数组名。在被调用函数中，通过使用下标来实现数组元素的交换。

注意：

假设数组中元素的个数为n。若要逆置元素，如果n是偶数，则刚好进行n/2次交换；如果是n是奇数，则需进行（n－1）/2交换。此时，还有一个中间元素，因正好处于正中间位置，所以无需进行交换。因此，无论数组元素个数是奇是偶，循环语句中的i＜n/2都是有效的。

因为数组名是指针变量，所以也可以将形式参数中的数组名写成指针形式。代码如下：

```
void reverse(int * b,int n)
{
    int * s, * end, * mid,t;
    s = b;
    end = b + n - 1;
    mid = b + n/2;
    for(;s<mid;s + + ,end - - )
    {
        t = * s;
        * s = * end;
        * end = t;
    }
}
```

另外，实际参数可以不用数组名，而用指针变量。例如，先定义一个指向int型的指针变量p，代码如下：

```
int * p;
```

在调用函数reverse之前，将a赋值给p，代码如下：

```
p = a;
reverse(p,n);
```

如果将数组中的所有元素传递给被调用函数，实际参数与形式参数的形式可以归纳为以下4种情况：

（1）实际参数与形式参数都是数组名

例如，有以下数组定义：

```
int a[10];
```

函数调用代码如下：

```
fun(a,10);
```

被调用函数的首部代码如下：

```
void fun(int b[],int n)
```

其中，实际参数 a 和形式参数 b 都是数组名，传递的是数组 a 的首地址。

（2）实际参数是数组名，形式参数是指针变量

例如，函数调用代码如下：

```
fun(a,10);
```

被调用函数中的形式参数可以是指针变量，代码如下：

```
void fun(int * b,int n)
```

其中，实际参数 a 是数组名。形式参数 b 是指针变量，接受传递来的数组 a 的首地址。

（3）实际参数是指针变量，形式参数是数组名

例如，在调用函数中有如下代码：

```
int * p,a[10] = {1,2,3,4,5,6,7,8,9,10};
p = a;
```

函数调用代码如下：

```
fun(p,10);
```

被调用函数的首部代码如下：

```
void fun(int b[],int n)
```

其中，函数调用中的实际参数 p 是指针变量，而被调用函数中的形式参数 b 为数组名。

（4）实际参数和形式参数都是指针变量

实际参数和形式参数也可以都为指针变量。例如，函数调用代码如下：

```
fun(p,10);
```

被调用函数的代码如下：

```
void fun(int * b,int n)
```

以上四种形式在函数调用中是等价的，它们只在形式上有所区别而已。

2. 多维数组的指针变量作为函数参数

不仅一维数组的指针变量可以作为函数的参数，多维数组的指针变量也可以作为函数的参数。

（1）使用指向数组元素的指针变量作为函数的参数

将指向数组元素的指针变量作为函数的参数时，实际上利用的是数组中元素在内存中的连续性。因为元素的地址是连续的，所以只要将数组的首地址传递给被调用函数，就可以得到其他元素的地址。此时，再利用指针变量就实现对每个元素进行存取了。

【例8-9】　编写一个函数，实现将一个3×3矩阵转置。

分析：将一个n×n矩阵转置，就是将矩阵中的元素按照对角线互换。例如，一个3×3矩阵转置过程如图8-22所示。

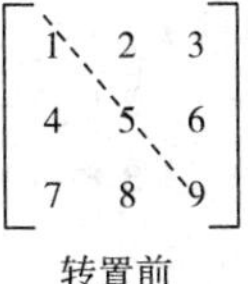

转置前

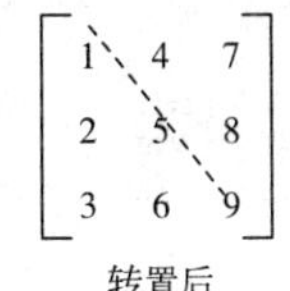

转置后

图8-22　矩阵转置前后的情况

> **注意：**
> 对角线上的元素不需要互换。例如，元素2需要放置在元素4的位置。元素2的行号和列号构成的坐标为（1，2），而元素4的行号和列号构成的坐标为（2，1）。元素6的坐标为（2，3），元素8的坐标为（3，2）。其实转置就是将元素的行号与列号互换。

```
#include<stdio.h>
void rotatematrix(int b[],int n);
void main()
{
    int a[3][3] = {{11,12,13},{21,22,23},{31,32,33}},i,j, * p;
    printf("转置前的矩阵:\n");
    for(i = 0;i<3;i + + )
    {
        for(j = 0;j<3;j + + )
            printf(" % 4d",a[i][j]);
        printf("\n");
    }
    p = &a[0][0];
    rotatematrix(p,3);
    printf("转置后的矩阵:\n");
    for(i = 0;i<3;i + + )
    {
        for(j = 0;j<3;j + + )
            printf(" % 4d",a[i][j]);
        printf("\n");
    }
}
void rotatematrix(int * b,int n)
{
    int i,j,t;
    for(i = 0;i<n;i + + )
        for(j = 0;j<i;j + + )
        {
```

```
                t = *(b+i*3+j);
                *(b+i*3+j) = *(b+j*3+i);
                *(b+j*3+i) = t;
            }
    }
```

程序运行结果如图 8-23 所示。

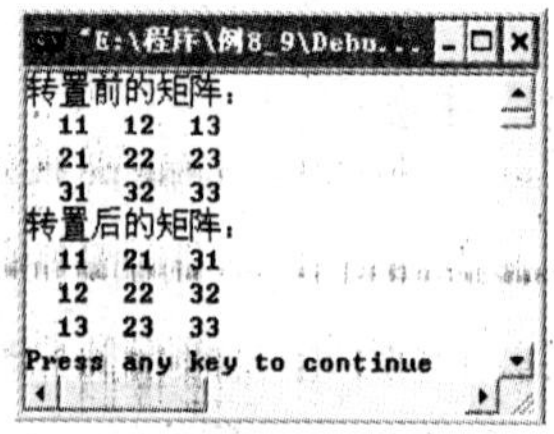

```
转置前的矩阵:
  11  12  13
  21  22  23
  31  32  33
转置后的矩阵:
  11  21  31
  12  22  32
  13  23  33
Press any key to continue
```

图 8-23　程序运行结果

（2）使用行指针变量作为函数的参数

在被调用函数中，可以使用行指针变量作为函数的参数。行指针变量每增加 1，就指向下一行的第一个元素。

【例 8-10】　一个班级中的 3 个学生，每个学生选修了 5 门课。请编写计算每个学生平均成绩的程序，并输出第 2 个学生的各科成绩。

```
#include<stdio.h>
void average(float *p,int n);
void print(float (*p)[5],int n);
float aver1 = 0.0,aver2 = 0.0,aver3 = 0.0;
void main()
{
    float score[3][5] = {{79,87,83.5,74,80},
                         {83,76,91,83,81},
                         {86,88,82,65,72}};
    average(&score[0][0],5);
    printf("第 1 个学生的平均成绩:%.2f\n",aver1);
    printf("第 2 个学生的平均成绩:%.2f\n",aver2);
    printf("第 3 个学生的平均成绩:%.2f\n",aver3);
    print(score,2);
}
void average(float *p,int n)
{
    float *end1, *end2, *end3;
    end1 = p+n;
    end2 = p+n*2;
    end3 = p+n*3;
    for(;p<end1;p++)
        aver1 += *p;
    aver1/ = n;
    for(;p<end2;p++)
        aver2 += *p;
    aver2/ = n;
```

```
    for(;p<end3;p++)
        aver3+=*p;
    aver3/=n;
}
void print(float (*p)[5],int n)
{
    int i;
    printf("第%d个学生的成绩是:\n",n);
    for(i=0;i<5;i++)
        printf("%7.2f",*(*(p+n-1)+i));
    printf("\n");
}
```

程序运行结果如图 8-24 所示。

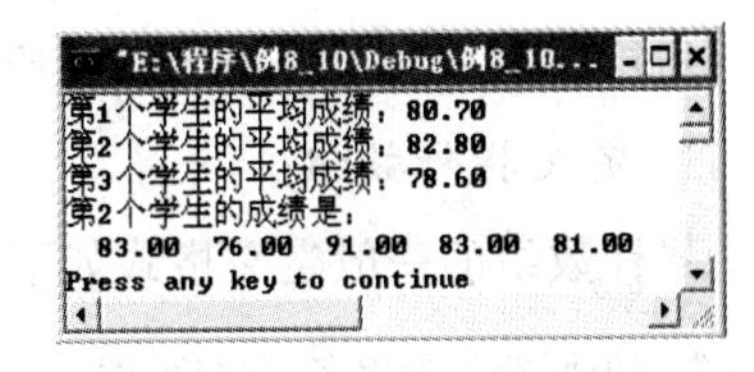

图 8-24 程序运行结果

● 第 19~21 行:

```
end1=p+n;
end2=p+n*2;
end3=p+n*3;
```

其中，end1 指向数组第 1 行最后 1 个元素之后，即第 2 行第 1 个元素的位置，作为计算第 1 行元素平均值的结束条件。end2 指向第 3 行第 1 个元素，作为计算第 2 行元素平均值的结束条件。end3 则作为计算第 3 行元素平均值的结束条件。

● 第 22~24 行:

```
for(;p<end1;p++)
    aver1+=*p;
aver1/=n;
```

是计算第 1 行元素的平均值。

● 第 25~27 行:

```
for(;p<end2;p++)
aver2+=*p;
aver2/=n;
```

是计算第 2 行元素的平均值。

● 第 28~30 行:

```
for(;p<end3;p++)
aver3+=*p;
aver3/=n;
```

则是计算第 3 行元素的平均值。

● 第 36~37 行:

```
for(i=0;i<5;i++)
```

```
printf(" %7.2f", *(*(p+n-1)+i));
```

用来输出第 2 个学生各门功课的成绩。其中，p+n-1 使指针指向第 n 行的第一个元素，而 *(p+n-1)+i 则使指针指向第 n 行第 i 个元素，然后使用 * 运算符取元素值。

> **注意：**
> 在使用指针变量传递地址时，要区分传递的指针是指向某一元素还是指向某一行元素。

8.3.4 指针数组

指针变量是指存放指针的变量，而指针数组则是指存放指针的数组。

1. 定义指针数组

指针数组的一般定义格式如下：

```
类型说明符 * 数组名[数组长度];
```

指针数组定义比一般数组的定义多了一个 *，这表示该数组是指针数组。例如，定义一个包含 5 个指针的指针数组，代码如下：

```
int * p[5];
```

这里，因为 [] 运算符的优先级高于 * 运算符，所以 p 先与 [] 结合，然后再与 * 结合。以上代码也可以写成如下形式：

```
int * p[5];
```

也就是说，将 * 紧挨着 int，而 * 与 p 用空格分隔开。这样，很容易看出定义的是一个数组。其实，在定义指针变量时，也可以将 * 与类型说明符放在一块。例如，下面都是正确的写法：

```
int * p,q;
char * ch1,ch2;
```

以上表明 p 和 q，ch1 和 ch2 都是指针变量。

2. 指针数组的引用

【例 8 - 11】 下面是一个指针数组的应用示例。

```
#include<stdio.h>
void main()
{
    int a[] = {4,8,12,16,20};
    int * p[] = {&a[0],&a[1],&a[2],&a[3],&a[4]};
    int i;
    for(i = 0;i<5;i + +)
```

```
        a[i] = a[i] + a[i]/2;
    for(i = 0;i<5;i+ + )
        printf(" % 4d", * p[i]);
    printf("\n");
}
```

程序运行结果如图 8 - 25 所示。

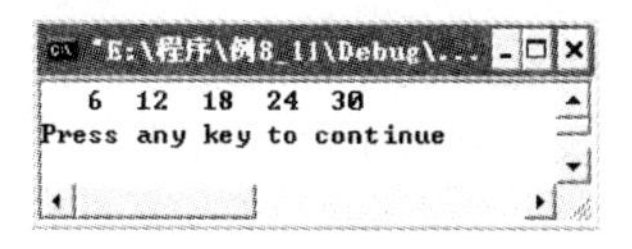

图 8 - 25　程序运行结果

8.3.5　二级指针

二级指针就是指向指针的指针。一级指针存放的是变量的地址。如果一个指针变量中存放的是变量地址的地址，这个指针变量就是二级指针变量。

1. 定义二级指针变量

定义二级指针变量的一般格式如下：

类型说明符 * * 变量名；

可以看出，它比前面学过的指针变量多了一个 * 。例如，定义一个二级指针变量 p，代码如下：

```
int * * p;
```

如果一维数组 a 和指针数组的定义代码如下：

```
int a[] = {1,2,3,4,5};
int * num[] = {&a[0],&a[1],&a[2],&a[3],&a[4]};
```

那么，令 p 指向 num 的第一个元素，代码如下：

```
p = &num[0];
```

或

```
p = num;
```

则 p 与数组 a 中元素之间的关系如图 8 - 26 所示。

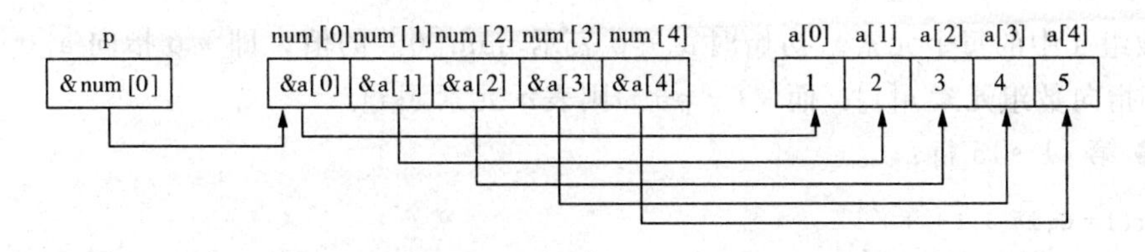

图 8 - 26　二级指针变量 p、数组 num 与数组 a 的关系

二级指针变量 p 中存放的是数组元素 num[0] 的地址，而数组 num 中存放的是数组 a 中元素的地址。即 p 指向 num[0]，数组 num 中的元素指向数组 a 中的元素。

2. 二级指针变量的应用

【例 8 - 12】 下面介绍二级指针变量的应用示例。

```
#include<stdio.h>
void main()
{
    int a[] = {1,2,3,4,5};
    int * num[] = {&a[0],&a[1],&a[2],&a[3],&a[4]};
    int * * p,i;
    p = &num[0];
    for(i = 0;i<5;i + + )
        printf(" % 4d", * ( * p + i));
    printf("\n");
    for(i = 0;i<5;i + + )
    {
        printf(" % 4d", * * p);
        p + + ;
    }
    printf("\n");
}
```

程序运行结果如图 8 - 27 所示。

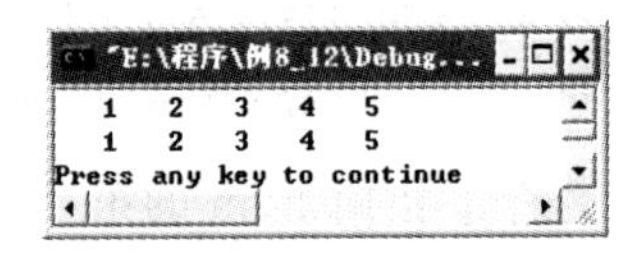

图 8 - 27 程序运行结果

● 第 7 行：

```
p = &num[0];
```

将数组 num 第 1 个元素的地址赋值给 p，即令 p 指向 num [0]。

● 第 8～9 行：

```
for(i = 0;i<5;i + + )
    printf(" % 4d", * ( * p + i));
```

输出数组 a 中的每个元素。初始时， * p 表示 num[0] 的值，即 * p 指向 a[0]，因此 * p＋i指向数组元素 a[i]，而 * (* p＋i)则表示元素 a[i]。

● 第 11～15 行：

```
for(i = 0;i<5;i + + )
    {
        printf(" % 4d", * * p);
        p + + ;
    }
```

是输出数组 a 中每个元素的另一种方法。初始时，p 指向 num[0]， * p 指向 a[0]， * * p 表示数组元素 a[0]。p＋＋表示让 p 指向 num[1]，通过使用 * * p 依次取出数组元素 a 中的值。

说明：

通常，指针数组与二级指针是在字符数组中使用。指针数组与字符结合就是字符指针数组，字符指针数组将在下一节进行详细介绍。

8.4 指针与字符串

在很多情况下，字符串与字符数组是通用的。字符串可以使用字符指针变量和字符数组表示。同样，字符指针变量也可以作为函数参数。

8.4.1 字符指针变量

我们知道，字符串是存放在字符数组中的，而数组名实质上是指针常量。因此，可以使用指针变量指向字符串。指向字符串的指针变量称为字符指针变量。

1. 使用字符数组存放字符串

在定义字符数组的同时可以初始化该数组。例如，定义一个字符数组 str 并初始化，然后输出该字符数组。其代码如下：

```
#include<stdio.h>
void main()
{
    char str[] = "I come from northwest university";
    puts(str);
}
```

程序运行结果如下：

```
I come from northwest university
```

字符数组 str 的存放情况如图 8－28 所示。

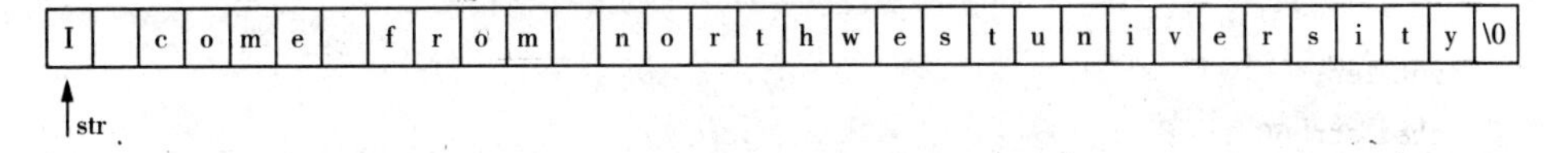

图 8－28　字符数组 str 的存放情况

其中，str 是数组名，指向数组中的第一个元素‘I’。str [0] 表示数组元素‘I’，str [1] 表示数组元素‘ ’，str [2] 表示数组元素‘c’。str 是指针常量，因此 * (str+i) 与 str [i] 含义相同，表示数组中第 i+1 个元素。

2. 使用字符指针变量指向字符串

既然字符指针变量可以指向字符串，又可以定义字符数组。因此，可将 str [] 换成指针类型，相应的代码如下：

```
#include<stdio.h>
void main()
{
    char *str="I come from northwest university";
    puts(str);
}
```

程序运行结果如下：

```
I come from northwest university
```

这种写法与原来写法的效果是等价的。其中，str是指针变量，指向字符串的第一个字符'I'。当定义一个字符指针变量str并对其初始化时，C语言会自动将str处理成数组，并为之开辟一块内存单元以存放该字符串。注意，str是一个指针变量，只能指向一个字符，而不是指向整个字符串。它与下面的代码等价：

```
char *str;
str="I come from northwest university";
```

不要错误地理解为将字符串赋值给*str了。

因为在内存中字符串是连续存放的，所以使用printf函数可以输出整个字符串。代码如下：

```
printf("%s\n",str);
```

它表示输出以str指向的字符开始的字符串，遇到'\0'为止。

8.4.2 字符指针变量作为函数参数

指向字符串的指针变量也可以作为函数的参数。

【例8-13】 输入一个字符串，求该字符串的长度。

```
#include<stdio.h>
int length(char *p);
void main()
{
    int len;
    char str[50];
    gets(str);
    len=length(str);
    printf("\nlen=%d\n",len);
}
int length(char *p)
{
    int n;
    for(n=0;*p!='\0';p++)
    {
```

```
        putchar( * p);
        n+ + ;
    }
    return n;
}
```

程序运行结果如图 8－29 所示。

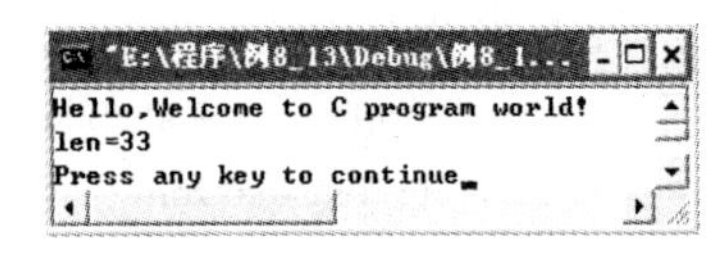

图 8－29 程序运行结果

在上面的代码中，实参是数组名，形参是字符指针变量，当然形参也可以是数组名。本例中 length 函数还可以写成如下形式：

```
int length(charp[])
{
    int i;
    for(i = 0;p[i]! = '\0 ';i + + )
        putchar(p[i]);
    return i;
}
```

有了指针之后，就可以很方便地实现字符串的复制、比较、连接等操作。例如，字符串的复制函数实现代码如下：

```
void strcpy(char from[],char to[])   /* 将 from 中的字符复制到数组 to 中 */
{
    int i = 0;
    while(from[i]! = '\0 ')          /* 如果没有遇到'\0 '结束符 */
    {
        to[i] = from[i];             /* 将 from 中的字符赋给 to */
        i + + ;                      /* 下标加 1 */
    }
    to[i] = '\0 ';                   /* 在 to 的最后增加一个'\0 '作为字符数组的结束符 */
}
```

以上是字符串复制操作的实现。其实，也就是将一个字符数组中的字符赋值到另一个数组中，使这两个数组一模一样。

虽然以上代码基本完成了字符串复制，但是在 C 语言中，真正的实现却并非如此。一个功能齐全的字符串拷贝函数需要考虑以下 3 个问题：

（1）在拷贝前，需要检查指针是否有效。

（2）保存原来目标串的指针。因为，返回目标串的指针可以支持链式表达式，从而增加函数的附加值。例如，要得到字符串的长度，代码如下：

```
int len = strlen(strcpy(strA,strB));
```

这里，由于有了函数返回值，所以才能将 strcpy 作为函数 strlen 的参数。

（3）保证源字符串不被修改，需要使用 const 修饰符。在 C 语言中，字符串拷贝函数的实现代码如下：

```
char * strcpy(char * strDestination, const char * strSource);
{
    assert(strDestination && strSource);    /* 检查指针是否有效 */
    char * cp = strDestination;             /* 保存目标串的首地址 */
    while( * cp + +  = * strSource + + );   /* 将源字符串拷贝到目标字符串中 */
    return strDestination;                  /* 返回目标字符串的首地址 */
}
```

其中，形式参数 strSource 被定义为常量类型，表明不能修改字符串 strSource 的内容，这样就保护了源字符串不被修改。

8.4.3 字符指针数组

如果我们要处理多个字符串，同时又没有指针存放时，通常用二维数组存放字符串。例如，有 4 个字符串：Northwest University、Basic、Fortran、Microsoft Corporation，若将它们存放在二维数组 a 中，需要根据最长的字符串确定数组的列数。如图 8－30 所示。

Northwest University	a[0]	N	o	r	t	h	w	e	s	t		U	n	i	v	e	r	s	i	t	y	\0	
Basic	a[1]	B	a	s	i	c	\0																
Fortran	a[2]	F	o	r	t	r	a	n	\0														
Microsoft corporation	a[3]	M	i	c	r	o	s	o	f	t		c	o	r	p	o	r	a	t	i	o	n	\0

图 8－30　字符串在二维数组中的存放情况示意图

从图 8－30 可以看出，由于各个字符串的长度不等，要按照最大长度的字符串定义数组，因此会浪费内存空间。为了节约内存开销，可以定义多个字符串，然后使用指针数组指向每个字符串。如图 8－31 所示。

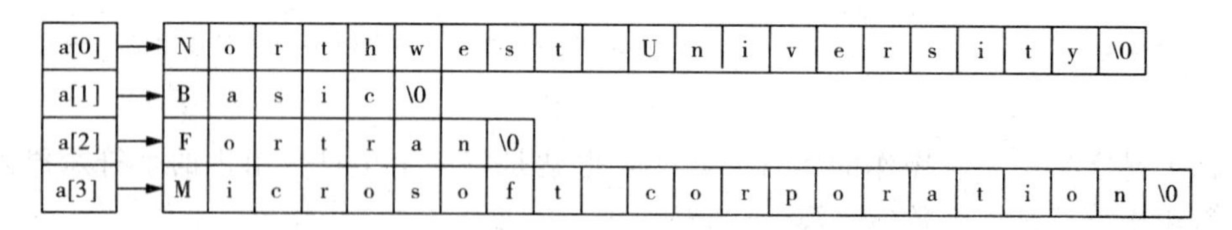

图 8－31　字符串在指针数组中的存放情况

在使用字符指针数组存放字符串时，如果对字符串进行排序，不需要移动字符串的位置，只要改变字符指针的位置即可。这样，既节省了内存开销，也使程序的运行效率有了极大的提高。

【例 8－14】 编写程序，将字符串" Northwest University"、" Basic"、" Fortran"、" Microsoft Corporation"按照字母顺序从小到大排列的形式输出。

```
#include<stdio.h>
void sort(char * b[],int n);
```

```
void print(char *b[],int n);
void main()
{
    char *a[]={"Northwest University","Basic","Fortran","Microsoft corporation"};
    int n=4;
    sort(a,n);
    print(a,n);
}
void sort(char *b[],int n)
{
    char *t;
    int i,j,k;
for(i=0;i<n-1;i++)
    {
        k=i;
        for(j=i+1;j<n;j++)
            if(strcmp(b[k],b[j])>0)
                k=j;
        if(k!=i)
        {
            t=b[i];
            b[i]=b[k];
            b[k]=t;
        }
    }
}
void print(int *b[],int n)
{
    int i;
    for(i=0;i<n;i++)
        printf("%s\n",b[i]);
}
```

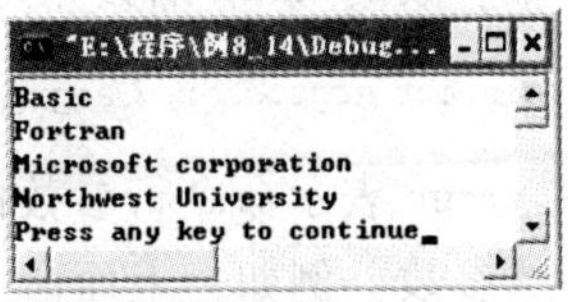

```
"E:\程序\例8_14\Debug...
Basic
Fortran
Microsoft corporation
Northwest University
Press any key to continue
```

图 8－32　程序运行结果

程序运行结果如图 8－32 所示。

● 第 6 行：

```
char *a[]={"Northwest University","Basic","Fortran","Microsoft corporation"};
```

定义了指针数组 a 并初始化。其中 a[0] 指向字符串"Northwest University"，a[1] 指向字符串"Basic"，a[2] 指向字符串"Fortran"，a[3] 指向字符串"Microsoft corporation"。

● 第 8 行：

```
sort(a,n);
```

其中，调用函数 sort，参数是数组名 a，即把数组首地址传递给被调用函数的形式参数 b。

● sort 函数是利用选择排序法对字符串按照字母顺序排序的。函数的形式参数是一个指针数组 b，在函数内部，通过对数组 b 操作，从而改变 a 的内容。

经过交换后，字符串与字符指针数组的关系如图 8-33 所示。

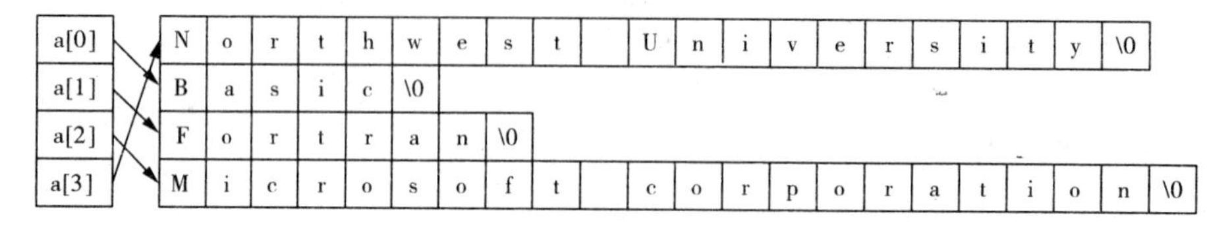

图 8-33 排序后的字符串与字符指针数组的关系

8.4.4 指针数组作为 main 的参数

在 C 语言提供的 main 函数中，形式参数有两个：argc 和 argv。main 函数是程序的入口，由系统调用。main 函数的这两个参数主要应用在命令行模式下，按照以下格式输入：

命令名 参数 1 参数 2 参数 3 … 参数 n

其中，命令名指的是 C 程序文件名，参数 1～参数 n 表示输入的字符串，两个参数间用空格分隔。例如，若一个 C 程序文件名为 file1. c，经过编译运行后生成 file2. exe。那么，在命令行模式下输入以下命令：

```
file1 Welcome to North west University
```

这样，系统就会将参数值传递给 main 函数中的形式参数 argc 和 argv。其中，argc 的值为 5，表示参数的个数。字符串"file1"、"Welcome"、"to"、"Northwest"、"University" 分别存放到 argv[0]、argv[1]、argv[2]、argv[3]、argv[4] 中。

带参数的 main 函数原型如下：

```
main(int argc,char * argv[]);
```

其中，argc 表示命令行参数的个数，包含文件名。argv 是一个字符指针数组，用来存放各个参数。例如，上面命令行参数的存放情况如图 8-34 所示。

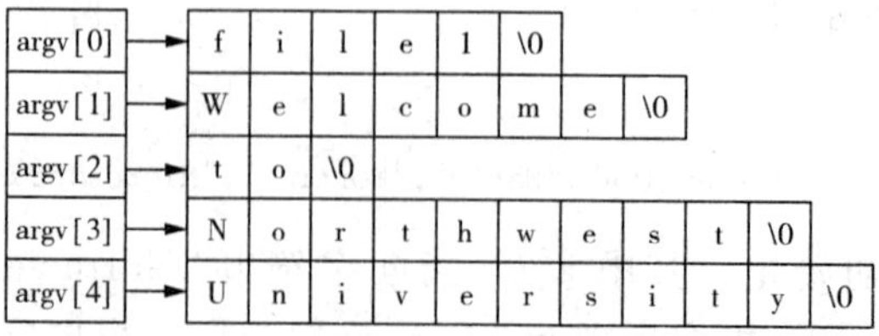

argv[0] → f i l e 1 \0
argv[1] → W e l c o m e \0
argv[2] → t o \0
argv[3] → N o r t h w e s t \0
argv[4] → U n i v e r s i t y \0

图 8-34 命令行参数与参数 argv 的关系示意图

【例 8-15】 下面是带命令行参数的 main 函数示例程序。将该程序命名为 8_15。

```
#include<stdio.h>
```

```
void main(int argc,char *argv[])
{
    int i;
    for(i=0;i<argc;i++)
        printf("%d,%s\n",i,argv[i]);
}
```

程序运行结果如图 8-35 所示。

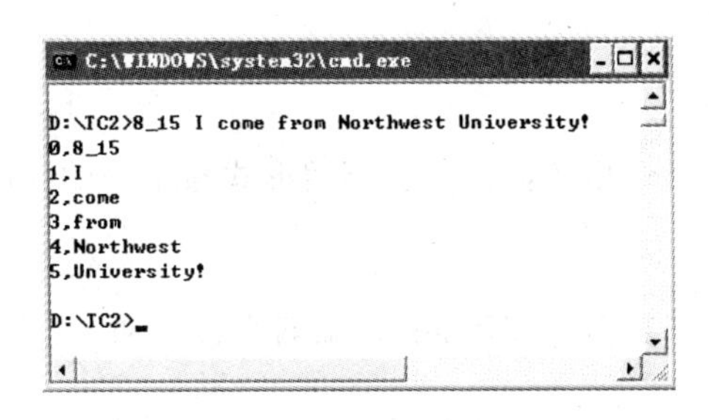

图 8-35　程序运行结果

在 TC 开发环境中编译并运行该程序，进入到命令行模式下，输入命令：

```
8_15 I come frome Northwest University! <回车>
```

其中，8_15 为文件名，存放在 argv [0] 中。

8.5　指针与函数

指针变量与函数结合可以构成函数指针与指针函数。指针变量不仅可以指向变量、数组、字符串，还可以指向函数。通常，我们将指向函数的指针变量称为函数指针。如果函数的返回值为指针类型，也就是说函数类型为指针类型，那么，我们将这种函数称为指针函数。同样，函数指针也可以作为函数的参数。

8.5.1　函数指针

函数指针就是指向函数的指针变量。在对函数编译时，系统会为函数分配一块内存单元，这块内存单元的入口地址就是函数的指针。设定一个指针变量指向该函数的入口，就可以通过指针变量调用该函数。定义函数指针的一般格式如下：

```
类型说明符 (*变量名)(参数类型列表);
```

其中，* 是指针的标志，变量名放置在圆括号内，后面圆括号内放置的是所指向函数的参数类型列表。

例如，有一个函数 add，函数原型如下：

```
float add(float x,float y);
```

定义一个函数指针变量 p，用来指向函数 add，代码如下：

```
float ( * p)(float,float);
```

其中，第 1 个 float 表示指针变量 p 指向的函数返回值类型是 float，圆括号内的两个 float 分别表示函数的参数类型。

如果将指针变量 p 指向函数 add，代码如下：

```
p = add;
```

这样，指针变量 p 就指向了函数 add 的入口处。此时，使用指针变量 p 就可以调用函数 add 了。调用形式如下：

```
( * p)(a,b);
```

其中，a 和 b 表示两个 float 型数据。以上调用形式与下面的代码等价：

```
add(a,b);
```

【例 8-16】 使用函数指针调用 add，求两个数的和。

```
#include<stdio. h>
float add(float x,float y);
void main()
{
    float a,b,s;
    float ( * p)(float,float); / * 定义指向 float 型的函数指针变量 p,所指向的函数有两个参数 * /
    printf("请输入两个数:\n");
    scanf(" % f, % f",&a,&b);
    p = add;                    / * 指针变量 p 指向函数 add 的入口 * /
    s = ( * p)(a,b);            / * 使用指针变量 p 调用函数 add * /
    printf(" % f + % f = % f\n",a,b,s);
}
float add(float x,float y)
{
    return x + y;
}
```

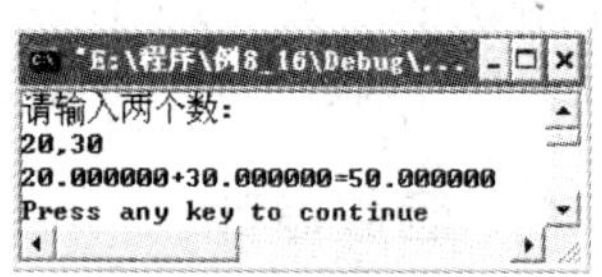

图 8-36 程序运行结果

程序运行结果如图 8-36 所示。

需要注意，在使用函数指针时，不可以将 * p 两边的圆括号遗漏。(* p)(float, float)表示 p 先与 * 结合，然后再与后面的（float, float）结合，指针变量 p 指向的是一个函数。如果将 p 指向函数 add，代码如下：

```
p = add;
```

它表示指针变量 p 指向函数 add 所在的入口处，也就是函数 add 代码的开始位置。这类似于数组指针指向数组第一个元素。指针变量 p 与函数 add 的关系如图 8-37所示。

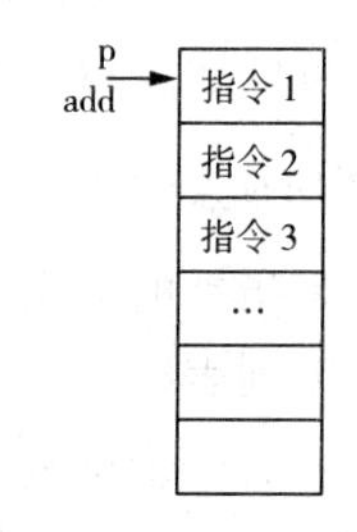

图 8-37 指针变量 p 与函数 add 的关系

其实，函数名add就是一个指针，只不过add是一个不可以改变的指针常量，类似于数组名。另外，使用函数指针变量p调用函数add时，还可以写成如下形式：

```
p(a,b);    /*省略p前面的*运算符*/
```

注意：

在为指针变量赋值时，以下写法是错误的：

p=add（a，b）；

另外，函数指针不可以进行加、减等算术运算。

8.5.2　函数指针作为函数参数

在C程序设计中，为了通用性和安全性考虑，有些情况下，需要使用函数指针作为函数参数。函数指针作为函数的参数时，传递的是地址。

【例8-17】　使用函数指针进行冒泡排序。

```
#include<stdio.h>
void bubblesort(int *b,int n,int(*p)(int,int));
int ascending(int,int);
int descending(int,int);
void print(int *b,int n);
void main()
{
    int a[]={12,3,29,16,98,56,82,61,76,39};
    int n,choice;
    n=sizeof(a)/sizeof(a[0]);               /*求出数组的长度*/
    printf("排序前:\n");
    print(a,n);                             /*调用函数print*/
    while(1)
    {
        printf("请输入0或1或2:0表示退出,1表示升序,2表示降序\n");
        scanf("%d",&choice);
        if(choice==0)                       /*如果输入0*/
            break;                          /*则退出循环*/
        else if(choice==1)                  /*如果输入1,则需要进行升序排列*/
        {
            bubblesort(a,n,ascending);      /*将函数名ascending作为参数传递给p*/
            printf("升序排列后:\n");
            print(a,n);
        }
        else if(choice==2)                  /*如果输入2,则需要进行降序排列*/
```

```
            {
                  bubblesort(a,n,descending); /* 将函数名 descending 作为参数传递给 p */
                  printf("降序排列后:\n");
                  print(a,n);
            }
            else                                    /* 输入其他数值,提示错误信息 */
                  printf("输入有误! 请重新输入! \n");
      }
}
void bubblesort(int * b,int n,int( * p)(int,int)) /* p 为函数指针变量 */
{
      int i,j,t;
      for(i = 0;i<n - 1;i + + )
            for(j = 0;j<n - i - 1;j + + )
                  if(( * p)(b[j],b[j + 1]))    /* 调用函数 ascending 或 descending */
                  {
                        t = b[j];
                        b[j] = b[j + 1];
                        b[j + 1] = t;
                  }
}
int ascending(int x,int y)                      /* 升序排列的标志函数 */
{
      return x>y;
}
int descending(int x,int y)                     /* 降序排列的标志函数 */
{
      return x<y;
}
void print(int * b,int n)                       /* 输出函数 */
{
      int i;
      for(i = 0;i<n;i + + )
            printf(" % 4d",b[i]);
      printf("\n");
}
```

程序运行结果如图 8 - 38 所示。

这个程序的功能是利用传递过来的函数名 ascending 或 descending 对数组元素进行升序或降序排列。如果输入 1 给调用函数 bubblesort 时，将函数名 ascending 传递给函数指针变量 p，

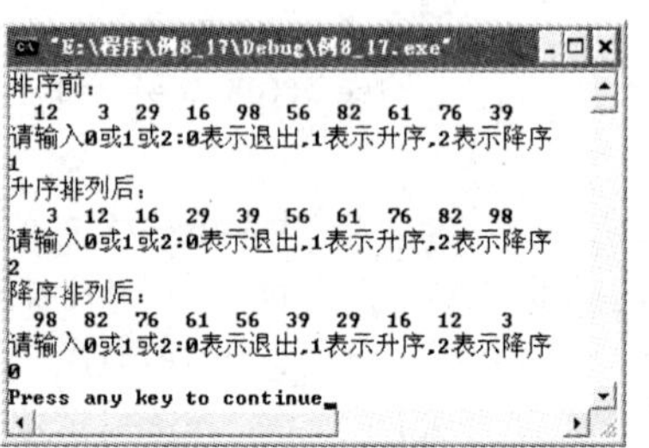

图 8 - 38　程序运行结果

从而进行升序排列。如果输入 2，则将函数名 descending 传递给函数指针变量 p，从而进行降序排列。

● 第 21 行：

```
bubblesort(a,n,ascending);          /*将函数名 ascending 作为参数传递给 p*/
```

其中，调用函数为 bubblesort，参数为函数名 ascending。将 ascending 传递给被调用函数的形式参数 p，使指针变量 p 指向 ascending。这相当于将 ascending 赋值给指针变量 p，代码如下：

```
p = ascending;
```

这样，在调用函数 bubblesort 中，就可以使用指针变量 p 调用函数 ascending 了。

● 第 27 行：

```
bubblesort(a,n,descending);          /*将函数名 descending 作为参数传递给 p*/
```

其中，调用函数为 bubblesort。将 descending 传递给指针变量 p，在函数 bubblesort 中就可以使用指针变量 p 调用函数 descending 了。

● 第 35 行：

```
void bubblesort(int * b,int n,int( * p)(int,int))
```

是函数的首部，形式参数定义了一个函数指针变量 p，代码如下：

```
int( * p)(int,int)
```

其中，指针变量 p 用来接受第 21 行和第 27 行传递过来的函数名。

● 第 40 行：

```
if(( * p)(b[j],b[j + 1]))
```

利用指针变量 p 调用函数。如果输入的是 1，则调用第 27 行：

```
bubblesort(a,n,ascending); /*将函数名 ascending 作为参数传递给 p*/
```

其中，传递的参数是 ascending。此时指针变量 p 就指向了函数 ascending。系统转入到函数 ascending 定义部分执行，开始对数组元素进行排序。在遇到第 40 行：

```
if(( * p)(b[j],b[j + 1]))
```

实际上，就是调用函数 ascending，代码如下：

```
if(ascending(b[j],b[j + 1]))
```

在函数 ascending 中，只有一行代码：

```
return x>y;
```

这表示如果 x 大于 y，即 b [j] >b [j+1]，则返回 1，否则返回 0。经过以上分析，第 40 行就相当于以下代码：

```
if(b[j]>b[j + 1])
```

此时，如果是调用函数 bubblesort（a，n，descending），第 40 行则相当于以下代码：

```
if(b[j]<b[j+1])
```

当然也可以在上面程序的 bubblesort 中增加 if 语句，然后根据传递的标志对数组元素进行升序排列和降序排列。这种方法也是可行的，只是如果要实现这样的功能，就需要修改函数 bubblesort 内部的代码。如此就违背了程序通用性和安全性的原则，也令程序不好维护。为了减少程序的耦合性，使程序中模块之间尽量具有独立性，就需要使用函数指针变量。例如，在 C 语言提供的快速排序函数 qsort 中也体现了这一点。qsort 的函数原型如下：

```
void qsort(void * base,int num,int size,int ( * compare)());
```

C 语言系统已经提供了快速排序的函数，因此用户只需要将参数传递给函数 qsort 就可以实现排序了。函数 qsort 中有一个函数指针变量 compare，它也是用来接受传递的函数名。函数 qsort 的使用与我们的 bubblesort 使用方法是类似的。

8.5.3 指针函数

指针函数就是指返回值为指针的函数。指针函数也是函数，只是返回值是指针类型。指针函数的一般定义形式如下：

```
类型说明符 * 函数名(参数列表);
```

例如，一个指向 int 型的指针函数 fun 如果具有两个 int 型参数，函数原型如下：

```
int * fun(int a,int b);
```

【例 8 - 18】 根据输入学生的序号，输出该学生的各门功课的成绩。

```
#include<stdio.h>
float * findstudent(float b[][5],int n);
void main()
{
    float * p,a[][5] = {{89,78,76,88,91},
                        {78,95,87.5,90,92},
                        {92,89,96.5,82,80.5}};
    int i,n;
    printf("请输入要查找学生成绩的编号:\n");
    scanf("%d",&n);
    p = findstudent(a,n);              /* 将函数返回值赋值给 p */
    for(i = 0;i<5;i++)
        printf("%7.2f", * (p + i));    /* 输出指针变量指向的学生各门功课的成绩 */
    printf("\n");
}
float * findstudent(float ( * b)[5],int n)  /* 函数值的类型为指向 float 型的指针 */
{
```

```
    float * q;                  /* 定义 1 个指向 float 型的指针变量 */
    q = * (b + n - 1);          /* 得到编号为 n 的学生成绩地址 */
    return q;                   /* 将 q 返回,q 的类型应该与函数值类型相同 */
}
```

程序运行结果如图 8-39 所示。

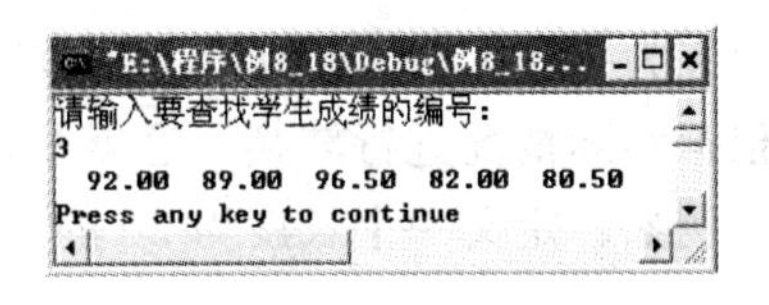

图 8-39　程序运行结果

● 第 11 行：

```
p = findstudent(a,n);
```

是 findstudent 函数的调用，表示将函数值赋值给 p，p 是一个指向 float 型的指针变量。

● 在 findscore 函数的定义中，函数的参数是二维数组的行指针变量。初始时，b 指向数组的第一行。如图 8-40 所示。

如果要输出第 n 个学生的各门功课成绩，首先要找到第 n 个学生成绩的起始位置，即 p=b+n−1。此时的 p 指向第 n 个学生的成绩，即二维数组的第 n 行。而第 n 行第 1 列的位置为 *(p+n−1)+0，因此将 *(p+n−1)赋值给 q 并返回。这时，q 指向第 n 个学生的第一门课成绩。

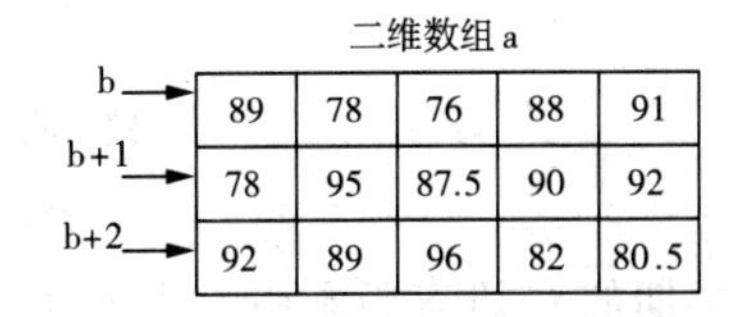

图 8-40　指针变量 b 与数组的关系

● 第 13 行：

```
printf("%7.2f", *(p + i));
```

其中，指针 p+i 即指向第 n 个学生的第 i+1 门课成绩。

> **说明：**
>
> 因为 b+n−1 指向第 n 个学生的成绩，即数组 a 第 n 行的首地址。它的值与 *(b+n−1) 的值相等，所以代码第 19 行也可以写成如下形式：
>
> ```
> q = b + n - 1;
> ```
>
> 这与原程序中的形式是等价的。

8.5.4　void 指针

在 C 语言中，还有一种特殊的指针即 void 指针。void 指针表示在使用时，不具体指定哪一种类型，而是根据情况进行类型转换。C 语言允许 void 类型指针转换为任何类型。例如，p1 是指向 int 型的指针，p2 是 void 型指针，代码如下：

```
int * p1;
void * p2;
...
p1 = (int * )p2; /* 将 p2 从 void * 转换为 int * 并赋值给 p1 */
```

也可以将任何一种类型转换为 void *。例如，p2= （void *） p1。

在 C 语言中，最为常见的是函数 malloc 的类型转换，它的函数类型为 void 型，即返回类型为空指针。函数 malloc 的原型如下：

```
void * malloc(unsigned size);
```

因为指向 void 型的指针可以转换为指向任何类型的指针，所以在具体使用时，可以根据实际情况进行转换。这就是使用 void 指针的好处。

例如，定义一个长度为 20 的字符串，代码如下：

```
char * str;
str = (char * )malloc(20);
```

一般在不确定函数返回值类型的情况下，可以将函数类型定义为指向 void 的指针类型。因此，使用 void 会给程序设计带来极大的便利。

8.6 指针与 const

早期的 C 语言版本中并没有关键字 const，它是由 ANSI 标准委员会后来添加的。const 的作用是禁止修改某个特定的变量。使用 const 可以定义常量，也可以限制对指针类型的数据进行修改。

8.6.1 常量指针

常量指针就是指向常量的指针。使用 const 定义的数据是常量，不可以修改。例如，定义一个 int 型常量 SIZE，代码如下：

```
const intSIZE = 20;
```

在定义常量的同时需要对该常量进行初始化。这是因为，如果定义了常量，就不能改变了。在上例中，使用 const 修饰符限定之后，SIZE 就是 int 型常量，不可以改变。

与常量类似，如果要限定指针指向的值不能改变，只需要将 const 限定符放在类型说明符的前面即可。这样的指针称为常量指针，即指向的数据是常量。例如，定义一个 int 型的常量指针 p，代码如下：

```
const int * p;
```

其中，p 所指向的数据是常量，不可以改变。

虽然 p 所指向的数据不可以改变，但是 p 本身的地址却是可以改变的。例如，下面是一些使用 const 限定符修饰的指针变量与常量：

```
const int a = 20;          /* a 为常量 */
const int b = 40;          /* b 为常量 */
int c = 60;                /* c 为变量 */
const int * p = &a;        /* p 为常量指针,p 指向 a */
```

```
p=&b;                    /*正确！p指向b*/
*p=50;                   /*错误！不可以改变p指向的数据*/
p=&c;                    /*正确！p指向c*/
*p=78;                   /*错误！不可以改变p指向的数据*/
```

其中，a和b是常量，c是变量，p为常量指针。初始时p指向a，也可以使p指向b和c，但是不可以修改p所指向的数据。

● 常量指针p可以指向变量也可以指向常量。

● 即使常量指针p指向的是变量，也不可以修改所指向的数据。例如，上面代码第6，8行的操作会产生错误。

● 常量指针p的值可以改变，即可以指向其他变量。

【例8-19】 输出一个字符串。

```
#include<stdio.h>
void printstring(const char *);
void main()
{
    char *string="Hello,C Language!";
    printf("字符串:");
    printstring(string);
}
void printstring(const char *str)      /*函数的参数是常量指针*/
{
    for(;*str!='\0';str++)
        printf("%c",*str);
    printf("\n");
}
```

程序运行结果如图8-41所示。

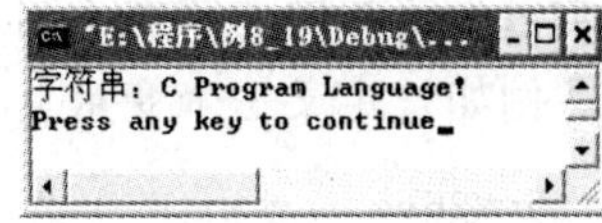

图8-41 程序运行结果

8.6.2 指针常量

如果限定指针使其成为常量，则需要将修饰符const放在指针变量的前面。例如，将p定义为指针常量，代码如下：

```
int a;
int *const p=&a;
```

这里，p被定义为指针常量，不能指向其他变量。

在定义指针常量时，必须同时对其进行赋值。例如，以下是指针常量的代码：

```
char *const p="abcd";         /*p为指针常量,指向字符串"abcd"*/
p="nwu";                      /*错误！不能改变指针变量p的指向*/
*p='A';                       /*正确！可以改变p指向的内容*/
*(p+1)='B';                   /*正确！可以改变p指向的内容*/
```

p被定义为指针常量的同时进行初始化，使其指向一个字符串"abcd"。在第2行代码中，试图修改p使其指向另一个字符串，这种做法是错误的。但是可以修改p所指向字符串的值。例如，第3行代码将p指向的字符串第一个字符修改为'A'，字符串变为"Abcd"，而第4行代码将字符串修改为"ABcd"。对于指针常量p来说，指针p的值不可以改变，但是可以改变它所指向的数据。指针常量与所指向数据之间的关系如图8-42所示。

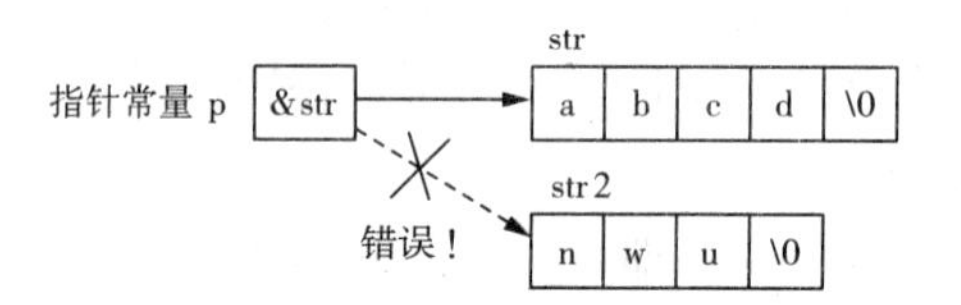

图8-42 指针常量与所指向数据的关系

8.6.3 常量指针常量

为了让指针指向一个常量数据，可以将指针定义为常量指针常量。所谓常量指针常量，就是指向常量的指针常量。这样，即保证指针值不能改变，同时指向的数据也不可以改变。例如，定义一个常量指针p，使其指向一个常量a，代码如下：

```
const int a = 78;                 /* a 为常量 */
const int * const p = &a;         /* p 为常量指针常量,p 指向常量 a */
```

在定义常量指针常量的同时也需要对常量指针常量进行初始化。在讲解常量指针时，我们知道，常量指针可以指向变量。同理，常量指针常量也可以指向变量，定义中的常量限定指向的数据不可以改变，而后面的常量表示指针为常量，指针值不可以改变。例如，定义一个变量b，然后定义常量指针常量ptr并使其指向b，代码如下：

```
int b = 26;                       /* 定义变量 b 并初始化 */
const int * const ptr = &b;       /* ptr 是常量指针常量,ptr 指向变量 b */
int c = 80;                       /* 定义变量 c 并初始化 */
ptr = &c;                         /* 错误！试图修改常量指针常量的值 */
 * ptr = 100;                     /* 错误！试图修改常量指针常量指向的数据内容 */
```

常量指针常量必须在定义时初始化，指针值不可以修改，指向的内容也不可以修改。它可以指向常量，也可以指向变量。

本章小结

指针变量是存放指针的变量，变量指针是指变量的地址。注意区分定义时指针变量前面的*与引用时指针变量前面的*是不同的：定义指针变量时，指针变量前面的*只是说明该变量是指针类型；而在引用指针变量时，*则表示取指针变量所指向的内容。此时，*与&是两个互逆的运算符，一个是取指针变量的内容，一个是取变量的地址。指针变量作为函数参数时，传递的是地址。

指针变量可以指向数组中的某个元素，也可以指向数组某一行。如果指针变量指向数组中的某一行，则称之为行指针变量。这两种指针变量都称为数组指针。而指针数组指的是数组中存放的是指针，即数据元素都是地址。二级指针则是指向指针的指针，用两个 * 表示。二级指针一般是在要修改一级指针为形式参数的情况下使用。

在处理多个字符串时，通常使用字符指针数组存放字符串，这样可以节省内存单元。在带参数的 main 函数中，形式参数中的字符数组 argv 存放命令行的各个参数。

函数指针是指向函数的指针。通过使用函数指针，可以调用指针所指向的函数。函数指针也可以作为函数的参数，如 C 语言提供的快速排序 qsort 函数中的参数 compare 就是一个函数指针。指针函数指的是函数的返回值是指针类型。为了增加函数的通用性，通常将有多种用途的函数返回值定义为 void 类型，在使用时进行相应的类型转换。

使用 const 修饰符可以增加程序设计的安全性。为避免程序中一些数据的改变，可以使用 const 进行限定。指针与 const 结合后，产生常量指针、指针常量、常量指针常量。

练 习 题

选择题

1. 设有如下定义：int arr[] = {6,7,8,9,10}； int * ptr;

   则下列程序段的输出结果为（　　）。

```
ptr = arr;
*(ptr + 2) + = 2;
printf ("%d, %d\n", *ptr, *(ptr + 2));
```

   A. 8，10　　B. 6，8　　C. 7，9　　D. 6，10

2. 以下程序的输出结果是（　　）。

```
    main()
    { int i,k,a[10],p[3];
    k = 5;
for (i = 0;i<10;i + + ) a[i] = i;
for (i = 0;i<3;i + + ) p[i] = a[i * (i + 1)];
for (i = 0;i<3;i + + ) k + = p[i] * 2;
printf("%d\n",k);
}
```

   A. 20　　B. 21　　C. 22　　D. 23

3. 执行以下程序段后，m 的值为（　　）。

```
int a[2][3] = { {1,2,3},{4,5,6} };
int m, *p;
p=&a [0] [0];
m= (*p) * (* (p+2)) * (* (p+4));
```

   A. 15　　B. 14　　C. 13　　D. 12

4. 设有如下定义：int (* ptr) * ();

   则以下叙述中正确的是（　　）。

A. ptr 是指向一维组数的指针变量

B. ptr 是指向 int 型数据的指针变量

C. ptr 是指向函数的指针，该函数返回一个 int 型数据

D. ptr 是一个函数名，该函数的返回值是指向 int 型数据的指针

5. 有以下程序，输出结果是（　　）。

```
main()
{    char a[] = "programming", b[] = "language";
     char *p1, *p2;
     int i;
     p1 = a; p2 = b;
     for(i = 0;i<7;i++)
       if(*(p1+i) == *(p2+i)) printf("%c", *(p1+i));
}
```

A. gm　　B. rg　　C. or　　D. ga

6. 设 int x[] = {4,2,3,1},q, * p = &x[1];则执行语句 q = (* -- p) ++ 后,变量 q 的值为(　　)。

A. 4　　B. 3　　C. 2　　D. 1

7. 有以下程序（　　）。

```
void f(int *x,int *y)
{  int t;      t = *x; *x = *y; *y = t; }
main()
{  int a[8] = {1,2,3,4,5,6,7,8},i, *p, *q;
   p = a;q = &a[7];
   while(p) {f(p,q);p++;q--;}
   for(i = 0;i<8;i++)printf("%d,",a[i]);
}
```

程序运行后的输出结果是（　　）。

A. 8，2，3，4，5，6，7，1，　　B. 5，6，7，8，1，2，3，4，

C. 1，2，3，4，5，6，7，8，　　D. 8，7，6，5，4，3，2，1，

填空题

1. 下面程序的输出结果是________。

```
char b[] = "abcd";
main()
{ char *chp;
for(chp = b; *chp; chp += 2) printf("%s",chp);
printf("\n");
}
```

2. 以下程序的功能是：将无符号八进制数字构成的字符串转换为十进制整数。例如，输入的字符串为：556，则输出十进制整数 366。请填空。

```
#include
main()
{  char *p, s[6];     int n;     p = s;     gets(p);     n = *p-'0';
```

```
while(________! ='\0')  n=n*8+*p-'0';
printf("%d\n",n);
}
```

3. 以下函数用来求出两整数之和，并通过形参将结果返回。请填空。

```
void func(int x,int y,________ z){    *z=x+y;    }
```

4. 若有以下定义，则不移动指针 p，且通过指针 p 引用值为 98 的数组元素的表达式是________。

```
int w[10]={23,54,10,33,47,98,72,80,61},*p=w;
```

5. 下列程序的输出结果是________。

```
void fun(int *n)
{ while( (*n)--);
printf("%d",++(*n));
}
main()
{    int a=100;    fun(&a);    }
```

6. 设有以下程序，执行该程序后，a 的值为________，b 的值为________。

```
main()
{ int a, b, k=4, m=6, *p1=&k, *p2=&m;
a=p1==&m;
b=(*p1)/(*p2)+7;
printf("a=%d\n",a);      printf("b=%d\n",b);
}
```

7. 若已定义：int a[10], i;，以下 fun 函数的功能是：在第一个循环中给前 10 个数组元素依次赋值 1、2、3、4、5、6、7、8、9、10；在第二个循环中使 a 数组前 10 个元素中的值对称折叠，变成 1、2、3、4、5、5、4、3、2、1。请填空。

```
fun( int a[ ])
{ int i;
for(i=1; i<=10; i++)________=i;
for(i=0; i<5; i++)________=a[i];
}
```

编程题

1. 使用指针实现将数组中的元素按照逆序存放。

2. 编写一个求字符串子串的函数 substr（char *str1，char str2 []，int s，int m)，要求将字符串 str1 从位置 s 开始的 m 个字符复制到字符串数组 str2 中。

3. 编写一个函数，判断字符串是否是回文。例如，"12321"、"abcba" 是回文，"12312" 和"abcbc" 不是回文。

4. 编写一个程序，将输入字符串 s 中的空格删除。

5. 编写一个函数，实现将字符串中的指定字符删除。

6. 输入两个字符串 s1 和 s2，求 s2 在 s1 中出现的次数。

7. 已知一个一维数组 a，它的初值是 1、2、…、19、20。使用指针数组将该一维数组 a 转换为 4*5的二维格式，并输出结果。

8. 输入一个八进制整数字符串，将该字符串转换为十进制整数。要求使用指针实现。

第 9 章 预 处 理

■ **本章导读**

C 语言的预处理命令有 3 个：宏定义命令＃define、文件包含命令＃include 和条件编译命令。预处理命令以＃开头并在编译阶段之前进行处理，因此，也被称为编译预处理。预处理命令的主要作用是增强程序设计的通用性，方便修改，从而避免命名冲突，这有利于模块化程序设计。

■ **学习目标**

（1） 掌握用＃define 定义不带参数的宏和带参数的宏；

（2） 使用＃include 开发大型程序；

（3） 理解条件编译；

（4） 能够在条件编译时显示错误报文。

9.1 宏定义＃define

在 C 语言中，可以使用一个标识符表示一个字符串，这需要使用宏定义命令＃define。其中，标识符被称为宏名。在编译预处理时，将程序中出现的宏名用宏定义中的字符串替换，这个过程称为宏展开或宏代换。宏定义分为不带参数的宏定义和带参数的宏定义两种类型。

9.1.1 不带参数的宏定义

定义不带参数的宏定义一般格式如下：

```
#define 宏名 宏体
```

其中，宏名是一个标识符。程序中出现的宏名代表其后的宏体。这里的宏体可以是常数、表达式、字符串。

可以使用＃define 定义一个常量，这与使用 const 定义常量的方法有些类似。例如，使用＃define 定义一个 PI，表示 3.1415926，代码如下：

```
#define PI 3.1415926
```

其中，程序中出现的PI都表示3.1415926。它与使用const定义的常量等价，代码如下：

```
const float PI = 3.1415926;
```

以上两种定义的区别在于使用#define定义的宏名没有类型，只是一个符号常量。使用const定义的是一个常量，具有数据类型。另外，使用#define定义的宏名在编译预处理阶段被替换，而使用const定义的常量在运行阶段被赋值。例如：

```
#define PI 3.1415926              /*PI为宏名,表示3.1415926*/
void main()
{
    float r,s;
    printf("请输入圆的半径:\n");
    scanf("%f",&r);
    s = PI*r*r;                   /*在编译预处理阶段,将宏名PI替换为3.1415926*/
    printf("s = %.2f\n",s);
}
```

在编译预处理阶段，第7行：

```
s = PI*r*r;
```

被替换为如下形式：

```
s = 3.1415926*r*r;
```

使用宏定义，需要注意以下几点：

（1）宏定义使用宏名代替字符串时，只是简单替换，不会进行语法检查。语法检查将在编译阶段进行。

（2）宏名一般使用大写字母表示。

（3）使用宏名可以减少书写冗长字符串的工作量和避免多次书写容易造成的错误。例如，程序中多次用到3.1415926，使用宏名PI减少了输入工作量，也不容易造成输入错误。在定义数组时，使用宏名代表数组的长度。如果需要修改数组长度，只修改宏定义中的宏名，就可以一改全改，从而提高了程序的通用性。

（4）宏定义不是C语句，后面没有分号。如果有分号，就要连分号一块替换。例如，有如下宏定义：

```
#define PI 3.1415926;
...
s = PI*r*r;
```

其中，宏展开后的代码如下：

```
s = 3.1415926;*r*r;
```

这在编译阶段会出现错误。

(5) 宏定义一般出现在程序的开始部分，它在整个程序文件中都有效。如果要终止宏定义，可以使用命令 # undef 结束前面定义的宏名。例如，宏名 PI 的作用范围如图 9-1 所示。

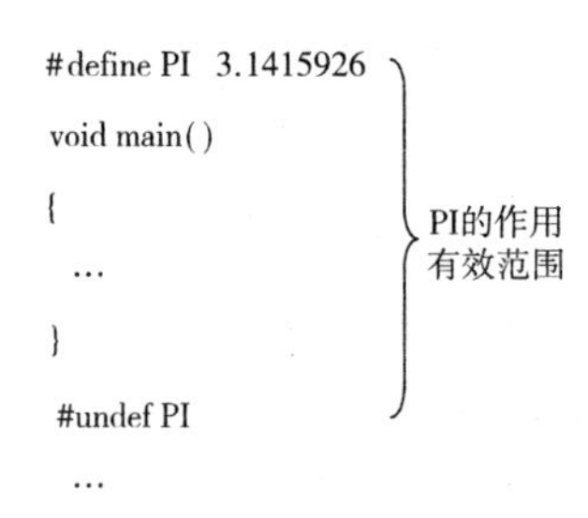

图 9-1 宏名 PI 的作用范围

(6) 在定义宏名时，也可以引用其他宏名。

【例 9-1】 宏定义示例程序。

```
#define PI 3.1415926
#define R 5
#define C 2 * PI * R
#define AREA PI * R * R
void main()
{
    printf("圆周长为 %f\n",C. ;
    printf("圆面积为 %f\n",AREA);
}
```

程序运行结果如图 9-2 所示。

图 9-2 程序运行结果

● 在第 3 行和第 4 行：

```
#define C 2 * PI * R
#define AREA PI * R * R
```

定义宏名 C 和宏名 AREA 时，引用了宏名 PI 和 R。

(7) 与变量不同，系统不会为宏名开辟内存空间。

9.1.2 带参数的宏定义

定义带参数的宏与定义带参数的函数有些类似。在宏展开时，需要将括号中的参数用字符串替换。带参数的宏定义一般格式如下：

```
#define 宏名(形式参数列表)宏体
```

宏名类似于函数名，宏名后面紧跟着一对圆括号，存放形式参数。注意，宏名与圆括号之间不能有空格，否则在宏展开时会一块替换。

例如，要求一个长方形的面积，可以使用宏定义来实现，其代码如下：

```
#define AREA(a,b) a * b
```

其中，宏名是 ARER，形式参数是 a 和 b，使用逗号隔开。在程序中遇到带参数的宏名 AREA 时，会被替换为 a * b。例如，在程序中有以下代码：

```
s = ARER(2,3);
```

宏展开后，代码如下：

```
s = 2 * 3;
```

【例 9-2】 带参数的宏定义示例程序。

```
# include<stdio.h>
#define PI 3.1415926
#define S(r) PI * r * r
#define AREA(a,b) a * b
void main()
{
    float s,x,y,r;
    printf("请输入圆的半径:");
    scanf(" % f",&r);
    s = S(r);
    printf("圆面积是 % f\n",s);
    printf("请输入长方形的长和宽:");
    scanf(" % f, % f",&x,&y);
    s = AREA(x,y);
    printf("长方形的面积是 % f\n",s);
}
```

程序运行结果如图 9-3 所示。

图 9-3 程序运行结果

● 第 2 行:

```
#define PI 3.1415926
```

是不带参数的宏定义，PI 代表 3.1415926。

● 第 3 行:

```
#define S(r) PI * r * r
```

是带参数的宏定义，形式参数为 r，它与字符串 PI * r * r 中的 r 对应。

● 第 4 行:

```
#define AREA(a,b) a * b
```

是带参数的宏定义，形式参数是 a 和 b，分别与 a * b 中的 a 与 b 对应。

● 第 10 行:

```
s = S(r);
```

使用了带参数的宏，S（r）被替换为 PI * r * r。例如，输入 5，则宏展开后是 3.1415926 * 5 * 5。

● 第 14 行:

```
s = AREA(x,y);
```

带参数的宏 ARER（x，y）被替换为 x * y。此时，如果输入的是 5 和 4，则宏展开后是 5 * 4。

注意：

在例 9-2 中，程序中的变量 r、x、y 与宏定义中的 r、a、b 命名并不冲突。程序中的 r、x、y 被称为实际参数，宏定义中的 r、a、b 被称为形式参数。这一点类似于函数的实际参数与形式参数。

在使用带参数的宏定义时，需要注意以下几点：

（1）带参数的宏展开只是将参数进行简单替换，并不会进行算术运算

例如，假设有宏定义：

```
#define PI 3.1415926
#define ARER(r) PI * r * r
```

而在程序中有语句：

```
s = ARER(a + b);
```

那么，宏展开后代码如下：

```
s = PI * a + b * a + b;
```

宏展开后，a+b 外面没有括号，因此不是先进行 a+b 的运算再进行替换。这一点与函数不同。因为，如果函数的实际参数是表达式，首先计算表达式的值，然后再将值传递给被调用函数的形式参数。为了将 a+b 的值传递给宏的形式参数，在宏定义时，需要在宏体中的形式参数外面增加一对圆括号。代码如下：

```
#define ARER(r) PI * (r) * (r)
```

此时，宏展开后代码如下：

```
s = PI * (a + b) * (a + b);
```

因此，在使用带参数的宏定义时，考虑到参数有可能是表达式，需要将宏体中的形式参数增加一对圆括号。

（2）在带参数的宏定义中，宏名与括号之间不能有空格

如果宏名与带参数的圆括号之间有空格，则在宏展开时会将空格后的内容作为要替换的字符串。例如，有以下宏定义：

```
#define ARER (r) PI * r * r
```

其中，AREA 与圆括号之间有个空格。那么，空格后的（r）PI * r * r 将被作为要替换的字符串。如果程序中有以下语句：

```
s = AREA(r);
```

则宏展开时，将会被替换为以下代码：

```
s = (r) PI * r * r(r);
```

这显然是不对的，在编译阶段将会出现错误。

（3）带参数的宏与函数的区别

带参数的宏与函数确实有许多相似之处，但是二者又是不同的。它们的区别主要表现在以下几个方面：

① 带参数的宏只是进行简单的替换；而函数调用则是先求出表达式的值，然后再进行参数传递。例如，上面的 ARER（a+b）在宏展开时不是先求出 a+b 的值，然后进行替换，而是直接将 r 替换为 a+b；但函数调用则是先求出 a+b 的值，然后再进行参数传递的。

② 宏展开是在编译之前进行的，系统并不为其分配内存单元；而函数调用则是在程序运行阶段进行处理，需要为参数分配内存单元。

③ 宏定义中的参数没有数据类型，只是一个符号表示；而函数中的参数具有数据类型，在编译阶段需要进行类型检查，类型不一致则会出错。宏定义中的参数替换不进行检查，可以任意替换。例如，有以下宏定义：

```
#define ARER(a,b) a*b
```

其中，函数中的语句可以是以下形式：

```
s = ARER(3,5);
```

也可以是以下形式：

```
s = ARER(5.6,2.1);
```

还可以是字符类型，代码如下：

```
s = ARER('a',2.1);
```

注意：

以上写法都是正确的。因为宏定义中的参数没有数据类型，不进行类型检查。

④ 使用宏定义同时可以得到多个结果；而使用函数调用只能返回一个值。

【例 9-3】 使用宏命令得到两个数的和、差、积和商。

```
#include<stdio.h>
#define FUN(a,b,ADD,SUB,MULT,DIV) ADD = a + b;SUB = a - b;MULT = a * b;DIV = a/b
void main()
{
    float a,b,add,sub,mult,div;
    scanf("%f,%f",&a,&b);
    FUN(a,b,add,sub,mult,div);
    printf("add = %f,sub = %f,mult = %f,div = %f\n",add,sub,mult,div);
}
```

程序运行结果如图 9－4 所示。

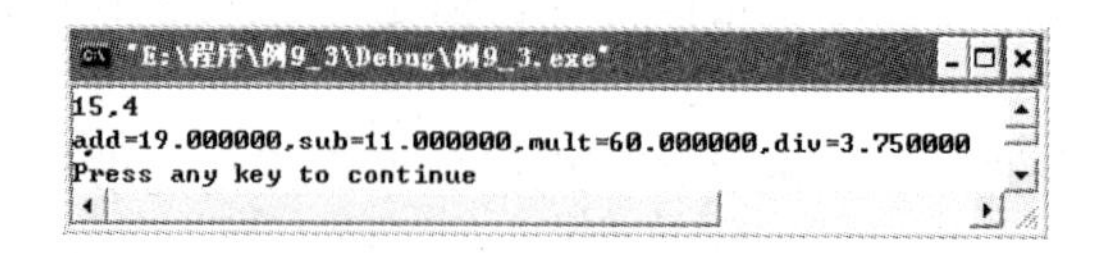

图 9－4　程序运行结果

● 第 2 行的宏定义中：

```
#define FUN(a,b,ADD,SUB,MULT,DIV) ADD = a + b;SUB = a - b;MULT = a * b;DIV = a/b
```

参数有 6 个。其中，a 和 b 是待定的值，而 ADD、SUB、MULT 和 DIV 分别表示 a 与 b 的和、差、积和商。

● 第 7 行：

```
FUN(a,b,add,sub,mult,div);
```

是宏调用。宏展开后，代码如下：

```
add = a + b;sub = a - b;mult = a * b;div = a/b;
```

9.1.3　条件编译命令中的运算符＃和＃＃

在标准的 C 程序中，引入了＃和＃＃，这是两个与条件编译命令一起使用的命令。

1. 运算符＃

运算符＃的作用是将宏定义中的参数替换为字符串。例如，有以下宏定义：

```
#define HELLO(x) printf("Hello," #x"\n")
```

如果程序中有以下语句：

```
HELLO(Chen);
```

则＃x 将被参数 Chen 替换，因此宏展开的代码如下：

```
printf("Hello," "Chen" "\n");
```

Chen 两边的两对引号中的内容为空，因此输出结果如下：

```
Hello,Chen
```

2. 运算符＃＃

运算符＃＃的作用是将宏定义中的参数连接在一起。例如，有以下宏定义：

```
#define CONNECT(x,y) x##y
```

如果程序中有以下语句：

```
CONNECT("Zhang","Lin");
```

那么，宏展开后的代码如下：

ZhangLin

> 注意:
> ##两边的 x 和 y 可以是整型、字符型、浮点型,也可以是字符串。

9.2 文件包含命令#include

文件包含命令是指一个源文件将另一个或多个源文件的全部内容包含进来。当一个函数实现在另一个文件中时,就需要使用文件包含命令#include。

9.2.1 文件包含命令的两种方式

在C语言中,使用文件包含命令有以下两种方式:

```
#include<文件名>
```

或

```
#include"文件名"
```

以上两种使用文件包含命令的方式都是合法的。二者都是要包含指定的文件,它们的主要区别在于搜索路径的方式不同:"#include<文件名>"表示系统从存放C程序库函数的所在目录查找要包含的文件,这种方式称为标准方式。"#include"文件名""表示系统先从当前用户所在目录查找指定文件。如果没有找到,则按标准查找方式,即从C程序库函数所在目录中查找。

文件包含命令#include一般放在程序的开始位置,在编译预处理时,将另一个文件包含进来。如图9-5所示。

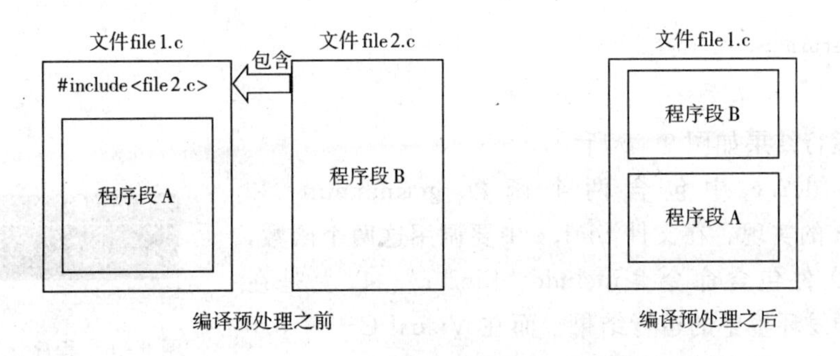

图9-5 文件包含命令#include编译预处理前后的情况

在文件file1.c中包含了文件file2.c,编译预处理时,系统会将文件file2.c的内容复制到文件file1.c中。在编译阶段,这两个文件会被同时装载到一起,然后进行编译。

在模块化程序设计中,通常将一些具有某种功能的函数放在一个文件中。在需要这些函数时,使用文件包含命令#include将文件包含进来就可以调用函数了。

9.2.2 文件包含命令应用举例

【例9-4】 在文件file1.c中调用另一个文件file2.c中的函数getmaxnum和getminnum。

文件file1.c的代码如下：

```
#include<stdio.h>
#include"file2.c"                      /*包含文件file2.c*/
void main()
{
    float a,b,max,min;
    scanf("%f,%f",&a,&b);
    max=getmaxnum(a,b);                /*调用文件file2.c中的函数getmaxnum*/
    printf("max=%f\n",max);
    min=getminnum(a,b);                /*调用文件file2.c中的函数getminnum*/
    printf("min=%f\n",min);
}
```

文件file2.c的代码如下：

```
float getmaxnum(float x,float y)       /*函数getmaxnum的实现*/
{
    if(x>y)
        return x;
    else
        return y;
}
float getminnum(float x,float y)       /*函数getminnum的实现*/
{
    return x<y? x:y;
}
```

程序运行结果如图9-6所示。

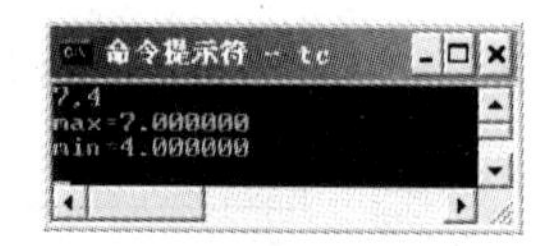

图9-6 程序运行结果

文件file2.c中包含两个函数getmaxnum和getminnum的实现。在文件file1.c中要调用这两个函数，需要使用文件包含命令#include "file2.c"。以上是在Turbo C开发环境中的运行结果。而在Visual C++ 6.0开发环境中，不需要使用文件包含命令#include "file2.c"，只要将file1.c和file2.c放在同一个文件夹下即可。

在使用文件包含命令#include时，需要注意以下几点：

(1) 一个#include命令只能包含一个文件，如果要包含多个文件，需要使用多个#include命令。

(2) 如果文件file1包含了文件file2，而文件file2又用到了文件file3中的函数，可以在文件 file1 中使用文件包含命令＃include 将文件 file2 包含进来，然后在文件 file2 中使用＃include 将 file3 包含进来。也可以直接将以下命令放在文件 file1 中：

```
#include"file3.h"
#include"file2.h"
```

注意：

将 file3.h 放在 file2.h 的前面，顺序不可以颠倒。这是因为文件 file2 包含了 file3 的内容，而 file2 并不知道要调用 file3 中函数的作用，所以需要提前将 file3 包含进来。

(3) 注意尖括号与双引号的区别。

9.3 条件编译命令

在程序设计过程中，通常需要根据不同的情况对不同的模块进行编译。例如，在 C 语言的库函数中，有以下类似的条件编译命令：

```
#if __STDC__
#define _Cdecl
#else
#define _Cdeclcdecl
#endif
```

它表示如果在编译选项中规定使用标准 C，则后面出现的 _ Cdecl 将被忽略；如果没有规定使用标准 C，则使用 _ Cdecl 代表 cdecl，其中 _ Cdecl 是调用函数的一种方式。在 C 语言中，通过使用类似的条件编译命令，选择要编译的代码。这样不仅可以提高程序的移植性和维护性，还能使程序的运行效率也大大提高。

9.3.1 ＃ifdef

第一种常见的条件编译命令格式如下：

```
#ifdef 标识符
程序段 1;
#else
程序段 2;
#endif
```

不难看出，条件编译命令的格式类似于 if 选择语句。上面的命令表示，如果“标识符”已经被宏命令＃define 定义过，则只编译程序段 1；否则编译程序段 2。与 if 选择语句相同，这里也可以没有 else 部分。那么，上面的命令就变为如下形式：

```
#ifdef 标识符
```

```
程序段 1;
#endif
```

这里的程序段既可以是命令行也可以是 C 语句。例如，在 Microsoft 提供的 Visual C++ 6.0 开发环境中，windows.h 文件有以下条件编译命令：

```
#ifdef UNICODE
typedef WCHAR TCHAR, * PTCHAR;
        typedef LPWSTR LPTCH,PTCH,PTSTR,LPSTR;
        typedef LPCWSTR LPCTSTR;
#else
        typedef char TCHAR, * PTCHAR;
        typedef LPSTR LPTCH,PTCH,PTSTR,LPSTR;
        typedef LPCSTR LPCTSTR;
#endif
```

在 Windows 中，考虑到英文字母和汉字的存储，使用宽字符（UNICODE）两个字节存放一个英文字母或汉字。同时，也兼容了 ANSI 的定义，即一个字符存放一个英文字母。如果定义了标识符 UNICODE，则编译第 2～4 行代码。其中，TCHAR 表示宽字符即 2 个字节存放一个字符，PTCHAR 表示指向宽字符的指针变量。否则，编译第 6～8 行代码。其中，TCHAR 表示标准字符，PTCHAR 表示指向标准字符的指针变量。

为了说明#ifdef 的用法，请看下面一个例子。

```
#include<stdio.h>
#define DEBUG 1
void main()
{
#ifdef DEBUG
    printf("已经定义了 DEBUG\n");
#else
    printf("没有定义 DEBUG\n");
#endif
}
```

因为在第 2 行定义了 DEBUG，所以系统会编译第 6 行代码，而不编译第 8 行代码。编译完毕后，宏定义 DEBUG 和#ifdef 被去除。在运行程序时，直接执行相应的语句。程序运行结果如下：

```
已经定义了 DEBUG
```

使用条件编译命令的一个重要用途就是方便调试程序。如果在调试程序时，需要输出一些信息，可以在相应的位置加上条件编译命令。例如，调试代码如下：

```
#ifdef DEBUG
    printf("a = %d,b = %d\n",a,b);
```

```
#endif
```

另外，在前面加上如下的宏定义：

```
#define DEBUG
```

在程序运行阶段，将会输出 a 与 b 的值。

如果不使用条件编译命令，也可以直接使用输出语句 printf。但是，如果需要多处输出调试信息，就要在多处位置添加 printf 语句。另外，在完成调试之后还要一一删除这些语句，操作过程过于麻烦。而如果使用条件编译命令，只需要在调试结束后直接删除一条宏定义命令＃define 即可。

9.3.2 ＃ifndef

与条件编译命令含义相反的命令是＃ifndef，它的一般格式如下：

```
#ifndef 标识符
程序段 1;
#else
程序段 2;
#endif
```

它的含义是如果没有定义指定的标识符，则编译程序段 1；否则，编译程序段 2。用法与＃ifdef 类似，只是判定条件刚好相反而已。

例如，有以下代码：

```
#ifndef DEBUG
    printf("a = %d,b = %d\n",a,b);
#endif
```

表明如果前面没有定义宏命令 DEBUG，则会输出 a 与 b 的值。

9.3.3 ＃if

＃if 的一般格式如下：

```
#if 表达式
程序段 1
#else
程序段 2
#endif
```

它的含义是如果表达式的值为真，则编译程序段 1；否则，编译程序段 2。

【例 9-5】 将输入的英文字母转换为相应的大写字母或小写字母。

```
#include<stdio.h>
#include<string.h>
#define SIZE 100
#define UPPER 1
```

```
void main()
{
     int i;
     char ch,str[SIZE];
     printf("请输入若干个英文字母:\n");
     gets(str);
     for(i=0;str[i]!='\0';i++)
#if UPPER
          if(str[i]>='a'&&str[i]<='z')
               str[i]=str[i]-32;
#else
          if(str[i]>='A'&&str[i]<='Z')
               str[i]=str[i]+32;
#endif
          printf("转换后:");
          puts(str);
}
```

程序运行结果如图 9-7 所示。

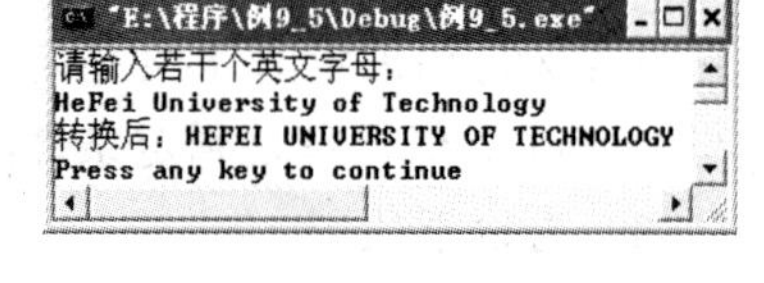

图 9-7　程序运行结果

● 第 4 行:

```
#define UPPER 1
```

定义了一个宏 UPPER,表示将小写英文字母转换为相应的大写英文字母。

● 第 12 行:

```
#if UPPER
```

使用#if 判定 UPPER 的值。因为 UPPER 为 1,所以编译第 13~14 行的代码,程序将执行该段代码。#else 部分的代码不被编译和执行。

> **说明:**
>
> 使用条件编译命令的好处之一就是减少了编译的代码量。这样,就会减少编译时间,从而会提高程序的执行效率。而如果使用 if—else 选择语句,系统仍然会将这个代码进行编译,只是在程序运行阶段执行表达式为真的那段代码而已。

本章小结

预处理命令不属于语句,是在编译阶段之前处理的命令。其中,宏定义包含不带参数的宏定义和带参数的宏定义。不带参数宏定义的含义与 const 有些类似,但又不完全相同。使用#define 定义的是符号常量,没有数据类型,在编译阶段之前进行处理;而使用 const 定义的常量在运行阶段处理,有数据类型。带参数的宏定义与函数有些类似，却也不完全相同。宏定义中的参数同样没有数据类型，在宏展开时仅仅是简单替换；而函数调用中的参数有数据类型，遇到表达式时先对表达式求值，然后传递给被调用函数进行处理。

在一个文件中，如果需要用到另一个文件中的函数，则需要使用文件包含命令。例如，当我们使用系统提供的输入输出函数、字符串函数时，需要将头文件包含进来。文件包含命令有两种写法：尖括号和双引号。两者的不同之处在于：使用尖括号表示只在系统的库函数所在位置查找包含的文件；而使用双引号则表示先在当前目录查找，如果没有找到该文件，则在库函数所在位置查找。

条件编译命令与前面学过的if—else选择语句非常类似，主要区别在于：条件编译命令在编译阶段处理，而if—else选择语句主要体现在运行阶段。并且对于if—else选择语句，不管该语句是否执行，所有的代码都将被编译。因此，使用条件编译命令可以节省编译时间，从而提高程序的执行效率。在程序调试时，使用条件编译命令可以提高调试的效率。另一方面，还可以减少编译的代码量。

使用预处理命令不仅有利于模块化程序设计，还可以提高程序的可移植性和可维护性。因此，在大型的程序设计过程中，尽量使用预处理命令。

练　习　题

选择题

1. 设有以下宏定义：

```
#define N 3
#define Y(n) ( (N+1) * n)
```

则执行语句：z=2＊ (N+Y (5+1))；后，z的值为（　　）。

A. 出错　　B. 42　　C. 48　　D. 54

2. 请读程序：

```
#include<stdio.h>
#define SUB(X,Y) (X) * Y
main()
{int a=3,b=4;
printf("%d\n",SUB(a++,b++));
}
```

上面程序的输出结果是（　　）。

A. 12　　B. 15　　C. 16　　D. 20

3. 以下程序运行后，输出结果是（　　）。

```
#include
#define PT 5.5
#define S(x) PT*x*x
main()
{ int a=1,b=2;
printf("%4.1f\n",S(a+b));
}
```

A. 49.5　　B. 9.5　　C. 22.0　　D. 45.0

4. 以下说法中正确的是（　　）。

A. #define 和 printf 都是 C 语句　　B. #define 是 C 语句，而 printf 不是

C. printf 是 C 语句，但#define 不是　　D. #define 和 printf 都不是 C 语句

5. 以下程序的输出结果是（　　）。

```
#define f(x) x * x
main( )
{ int a = 6,b = 2,c;
c = f(a) / f(b);
printf(" %d \n",c);
}
```

A. 9　　B. 6　　C. 36　　D. 18

6. 下列程序执行后的输出结果是（　　）。

```
#define MA(x) x * (x - 1)
main()
{   int a = 1,b = 2;            printf(" %d \n",MA(1 + a + b));  }
```

A. 6　　B. 8　　C. 10　　D. 12

7. 以下叙述中不正确的是（　　）。

A. 预处理命令行都必须以#号开始

B. 在程序中凡是以#号开始的语句行都是预处理命令行

C. C 程序在执行过程中对预处理命令行进行处理

D. #define IBM _ PC 是正确的宏定义

8. 以下叙述中正确的是（　　）。

A. 在程序的一行上可以出现多个有效的预处理命令行

B. 使用带参的宏时，参数类型应与宏定义时的一致

C. 宏替换不占用运行时间，只占编译时间

D. 在定义#define C R 045 中，C R 是称为“宏名”的标识符

9. 请读程序：

```
#define ADD(x) x + x
main()
{
    int m = 1,n = 2,k = 3;
    int sum = ADD(m + n) * k;
    printf("sum = %d",sum);
}
```

上面程序的运行结果是（　　）。

A. sum=9　　B. sum=10　　C. sum=12　　D. sum=18

10. 以下程序的运行结果是（　　）。

```
#define MIN(x,y) (x)<(y)? (x):(y)
main()
{
    int i = 10,j = 15,k;
```

```
    k = 10 * MIN(i,j);
    printf("%d\n",k);
}
```

A. 10　　B. 15　　C. 100　　D. 150

11. 在宏定义#define PI 3.14159中，用宏名PI代替一个（　　）。

A. 常量　　B. 单精度数　　C. 双精度数　　D. 字符串

12. 以下程序的运行结果是（　　）。

```
#include <stdio.h>
#define FUDGE(y)  2.84 + y
#define PR(a)  printf("%d",(int)(a))
#define PRINT1(a) PR(a); putchar('\n')
main()
{
int x = 2;
PRINT1(FUDGE(5) * x);
}
```

A. 11　　B. 12　　C. 13　　D. 15

第 10 章 结构体与联合体

■ **本章导读**

前面介绍了基本的数据结构，也介绍了构造数据类型——数组。其中，数组中的每个元素都属于同一种类型。有时，需要将不同类型的数据组合在一起进行处理，这就需要定义另一种构造类型——结构类型。结构类型可以由若干个不同类型的相关数据构成。结构类型包括结构体类型和联合体类型。

■ **学习目标**

（1）能够建立和使用结构、联合和枚举；

（2）能够用传值和传引用方式给函数传递结构。

10.1 结构体

结构体是由多种类型数据对象混合在一起构成的数据类型，是用户自定义类型。

10.1.1 结构体类型的定义

一个教职工基本情况表包括教职工的编号、姓名、性别、职称、学历、联系电话等信息，如表 10 - 1 所示。

表 10 - 1 教职工基本情况表

编号	姓名	性别	职称	学历	联系电话
10101	张蕾	女	教授	博士	88308125
10102	陈富贵	男	教授	本科	88308127
10103	周杰	男	副教授	硕士	88308123

这里，每个信息的数据类型并不相同。如果继续使用前面学过的数据类型不能将这些信息有效地组织起来。每一个教职工的基本情况都包含编号、姓名、性别、职称、

学历、联系电话等数据项，将这些数据项放在一起构成的信息称为一个记录。

要用C语言描述表中的某一条记录，需要使用一种特殊的构造数据类型——结构体类型。它的定义如下：

```
struct teacher                 /*结构体类型*/
{
        int no;                /*编号*/
        char name[20];         /*姓名*/
        char sex[4];           /*性别*/
        char headship[8];      /*职称*/
        char degree[6];        /*学历*/
        long int phone;        /*联系电话*/
};
```

其中，struct teacher就是新的数据类型——结构体类型，no、name、sex、headship、degree和phone为结构体类型的成员，表示记录中的数据项。这样，结构体类型struct teacher就可以完整地表示一个教职工的基本信息了。

结构体类型定义的一般格式如下：

```
struct  结构体名
{
        成员列表;
};
```

struct与结构体名合在一起构成结构体类型。其中，结构体名与变量名的命名规则一样，上面介绍的teacher就是结构体名。使用一对花括号将成员列表括起来，在右花括号外使用一个分号作为结构体类型定义的结束，而上面的no、name、sex等都是结构体类型的成员。

> **注意：**
> 在定义结构体类型时，struct不可以省略。因为，struct和结构体名一起构成结构体类型。例如，上面的struct teacher是结构体类型，而teacher只是结构体名。另外，不要遗漏结构体外的分号，这是非常容易出错的地方。

10.1.2 结构体变量的定义

要存放结构体数据，还需要利用结构体类型定义结构体变量。结构体变量定义的方法有以下3种：

1. 先定义结构体类型，然后定义结构体变量

假如定义了结构体类型student teacher，就可以使用该类型定义结构体变量。例如，

```
struct teacher teacher1,teacher2;
```

其中，struct teacher 为结构体类型名，teacher1 和 teacher2 为结构体变量名。此时，teacher1 和 teacher2 具有了 struct teacher 类型的结构，如图 10－1 所示。

teacher1	10101	张蕾	女	教授	博士	88308125
teacher2	10107	张鹏	男	工程师	硕士	88308231

图 10－1　结构体变量 teacher1 和 teacher2 的值

在定义了结构体变量之后，系统会为其分配相应的内存空间。teacher1 和teacher 2 在系统中占据的内存大小各为 4＋20＋4＋8＋6＋4＝46 个字节。

2. 在定义结构体类型的同时定义结构体变量

在定义结构体类型的同时可以定义结构体变量。这种定义的一般格式如下：

```
struct  结构体名
{
        成员列表;
}变量列表;
```

可以看出：定义结构体变量只需要在结构体类型定义的花括号外增加要定义的变量名即可。例如，将结构体类型 struct teacher 与结构体变量 teacher1 和 teacher2 同时定义，代码如下：

```
struct teacher                    /*结构体类型*/
{
        int no;                   /*编号*/
        char name[20];            /*姓名*/
        char sex[4];              /*性别*/
        char headship[8];         /*职称*/
        char degree[6];           /*学历*/
        long int phone;           /*联系电话*/
}teacher1,teacher2;
```

3. 直接定义结构体变量，省略结构体名

另外，也可以在直接定义结构变量的同时省略结构体名。这种结构体变量定义的一般格式如下：

```
struct                            /*省略了结构体名*/
{
    成员列表;
}变量列表;
```

第三种方法与第二种方法的区别在于第三种方法中省略了结构体名。例如，要定义结构体变量 teacher1 和 teacher2，可以写成如下形式：

```
struct                              /*省略了结构体名 teacher*/
{
        int no;                     /*编号*/
        char name[20];              /*姓名*/
        char sex[4];                /*性别*/
        char headship[8];           /*职称*/
        char degree[6];             /*学历*/
        long int phone;             /*联系电话*/
}teacher1,teacher2;
```

此时，teacher1 和 teacher2 就表示了图 10-1 所示的结构。

在编译阶段，系统会为结构体变量分配内存空间，但不会为结构体类型分配内存单元。

结构体类型中的成员也可以是结构体类型，即构成了嵌套的结构体。例如，一个学生的信息包括学号、姓名、性别、年龄、出生日期和院系。但在C语言中，没有日期类型，需要用户自己定义，这里就要用结构体类型 struct date 表示。代码如下：

```
struct date                         /*定义日期类型*/
{
        int year;
        int month;
        int day;
};
struct student                      /*定义学生信息*/
{
        int no;
        char name[20];
        char sex[4];
        int age;
        struct date birthday;       /*birthday 是 struct student 类型的成员*/
        char department[20];
};
struct student student1,student2;   /*定义 struct student 类型的变量*/
```

因为在定义结构体类型 struct student 时，用到了 struct date 类型，所以需要先定义 struct date 类型。而 struct date 类型包括 3 个成员：year、month 和 day，分别表示年、月和日。因此，struct student 类型的结构如图 10-2 所示。

学号	姓名	性别	年龄	出生日期			所在院系
no	name	sex	age	birthday			department
				year	month	day	

图 10-2 struct student 类型的结构

注意：

结构体类型中的成员可以与程序中的变量名相同，两者互不干扰。

10.1.3 结构体变量的引用

在定义了结构体变量之后，就可以对其引用了。

1. 逐个成员引用

在C语言中，不允许对结构体变量整体引用。例如，下面的引用方法是错误的：

```
printf("%d,%s,%s,%d,%d,%d,%d,%s\n",student1);      /*错误！不能整体引用结构体变量*/
```

因此，要输出结构体变量的各个成员值时，需要逐个指明结构体变量的成员。引用结构体变量成员的一般格式如下：

```
结构体变量名.成员名
```

其中，结构体变量名与成员名之间使用“.”分隔。“.”也是C语言中的运算符，称为结构体成员运算符。例如，student1. no表示student1的学号，student1. name表示student1的姓名。

特别地，如果结构体类型的成员本身又是结构体类型，则需要使用若干个成员运算符，然后逐级访问结构体的成员。另外，C语言只允许对标准类型的变量进行赋值及存取操作。例如，对于结构体变量student1，因为成员birthday属于结构体类型struct date，所以引用birthday时，必须要找到最底层的成员，代码如下：

```
student1.birthday.year = 2010;
student1.birthday.month = 5;
student1.birthday.day = 7;
```

由此，输出student1值的正确代码如下：

```
printf ("%d,%s,%s,%d,%d,%d,%d,%s\n",student1.no,student 1.name,student1.sex,
student1.age,
        student1.birthday.year,student1.birthday.month,student1.birthday.day,student1.de-
partment);
```

2. 结构体变量的成员可以进行各种运算

结构体变量中的各个成员与普通变量一样，可以进行各种运算。也就是说，只要普通变量能进行的运算，结构体变量的成员同样也可以参与运算。例如，下面的代码都是正确的：

```
s = student1.age + student2.age;
student1.age++;
--student1.age;
```

因为成员运算符的优先级最高，所以在以上的运算过程中，可以将 student1. age、student2. age 看做是一个整体。其中，student1. age++表示将 student1 的成员 age 增 1，--student1. age 表示将 student1 的成员 age 减 1。

注意：

与普通变量一样，结构体变量的成员也可以进行取地址运算。例如，输入 student1 成员的学号，代码如下：

```
scanf("%d",&student1.no);
```

其中，&student1.no 表示取 student1 成员 no 的地址。

此外，还可将结构体变量的地址传递给被调用函数，使用 * 运算符取结构体变量的内容。这些将在后面章节进行详细讲解。

10.1.4 结构体变量的初始化

在使用结构体变量之前，需要先对其进行初始化。结构体变量的初始化与普通变量一样，可以在定义结构体变量的同时初始化，也可以在定义结构体变量之后初始化。

1. 定义结构类型、定义结构体变量与初始化同时进行

定义结构体类型、定义结构体变量及初始化可以放在一起同时进行。例如，定义结构体类型 struct student 和变量 stu1、stu2，并对结构体变量初始化的代码如下：

```
struct student
{
        int no;
        char name[20];
        char sex[4];
        float score;
}stu1 = {10101,"王冲","男",87.5},stu2 = {10102,"张敏","女",92};
```

在初始化时，需要将初始化的数据与结构体中的成员一一对应。

2. 先定义结构体类型，然后定义结构体变量并对其初始化

例如，上面的代码可以写成如下形式：

```
struct student
{
      int no;
      char name[20];
      char sex[4];
      float score;
};
struct student stu1 = {10101,"王冲","男",87.5},stu2 = {10102,"张敏","女",92};
```

3. 先定义结构体类型与结构体变量，再对结构体变量初始化

在定义了结构体类型和结构体变量 stu1 和 stu2 之后，再初始化 stu1 和 stu2。代码如下：

```
/ * 初始化 stu1 * /
stu1.no = 10101;
strcpy(stu1.name,"王冲");
strcpy(stu1.sex,"男");
stu1.score = 87.5;
/ * 初始化 stu2 * /
stu2.no = 10101;
strcpy(stu2.name,"张敏");
strcpy(stu2.sex,"女");
stu2.score = 92;
```

注意：

如果结构体变量的成员是字符数组，不可以直接使用赋值运算符对变量的成员赋值。例如，下面的写法是错误的：

```
stu1.name = "王冲";     / * 错误！ * /
stu1.sex = "男";        / * 错误！ * /
```

这是非常常见的错误，希望大家在学习的过程中要特别注意。

如果结构体类型中的成员本身就是一个结构体类型，即嵌套的结构体类型，那么在初始化时，需要使用一对花括号将这种成员值括起来。例如，为上面提到的 student1 赋值，代码如下：

```
struct student student1 = {10201,"张斌","男",21,{1989,7,20},"计算机"};
                    / * 这里的{1989,7,20}表示是一个嵌套的结构体 * /
```

10.1.5 结构体的应用举例

【例 10－1】 学生信息包括学号、姓名、性别、年龄、出生日期和所在院系。请编写一个程序，定义一个结构体类型表示学生信息，然后定义结构体变量并初始化，最后输出学生信息。

```
#include<stdio.h>
                                        / * 日期类型定义 * /
struct date
{
        int year;
        int month;
```

```
        int day;
};
                                        /*学生信息结构类型定义*/
struct student
{
        int no;
        char name[20];
        char sex[4];
        int age;
        struct date birthday;           /*生日为结构体类型*/
        char department[20];
};
void main()
{
        struct student stu1 = {10101,"杨科","男",21,{1989,4,1},"计算机系"},stu2;
        stu2.no = 10212;
        strcpy(stu2.name,"赵大明");
        strcpy(stu2.sex,"男");
        stu2.age = 28;
        stu2.birthday.year = 1980;
        stu2.birthday.month = 10;
        stu2.birthday.day = 21;
        strcpy(stu2.department,“电子系”);
        printf ("%d,%s,%s,%d,%d年%d月%d日,%s\n",stu1.no,stu1.name,stu1.sex,stu1.age,
                stu1.birthday.year,stu1.birthday.month,stu1.birthday.day,stu1.department);
        printf ("%d,%s,%s,%d,%d年%d月%d日,%s\n",stu2.no,stu2.name,stu2.sex,stu2.age,
                stu2.birthday.year,stu2.birthday.month,stu2.birthday.day,stu2.department);
}
```

程序运行结果如图 10 - 3 所示。

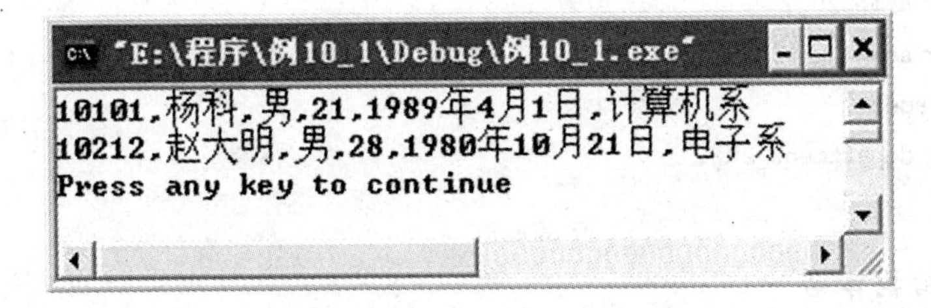

图 10 - 3 程序运行结果

10.2 结构体数组

既然结构体是一种数据类型，那么，不但可以用它来定义变量，也可以将这种数据类型定义为数组。在处理多个记录时，需要使用结构体数组。

10.2.1 结构体数组的定义

结构体数组的定义与结构体变量一样，也有多种方法：

1. 先定义结构体类型，然后定义结构体数组

例如，先定义一个 struct student 类型，然后定义结构体数组 stu [10]。其代码如下：

```
struct student
{
        int no;
        char name[20];
        char sex[4];
        int age;
        char department[20];
};
struct student stu[10];
```

其中，stu 是 struct student 类型的数组，有 10 个元素。

2. 将结构体类型与结构体数组一同定义

如果将结构体类型与结构体数组放在一起进行定义时，上面的代码可以写成如下形式：

```
struct student
{
        int no;
        char name[20];
        char sex[4];
        int age;
        char department[20];
}stu[10];
```

3. 省略结构体名

与定义结构体变量类似，在定义结构体数组时，也可以省略结构体名。其代码如下：

```
struct
{
        int no;
```

```
        char name[20];
        char sex[4];
        int age;
    char department[20];
    }stu[10];
```

10.2.2 结构体数组的初始化

初始化结构体数组也有多种方法，可以先定义结构体类型，然后定义结构体数组并初始化；也可以在定义结构体类型的同时定义结构体数组并初始化。

1. 先定义结构体类型，然后定义结构体数组并初始化

例如，先定义 struct student，然后定义结构体数组 stu 并对其初始化，代码如下：

```
struct student
{
        int no;
        char name[20];
        char sex[4];
        int age;
        char department[20];
};
struct student stu[3] = {{10301,"刘艳","女",21,"会计系"},
                         {10202,"王冲","男",20,"计算机系"},
                         {10203,"董晓涛","男",23,"化学系"}};
```

2. 在定义结构体类型的同时定义结构体数组并初始化

以上关于定义结构体数组并初始化的代码也可以与结构体类型的定义放在一块。其代码如下：

```
struct student
{
        int no;
        char name[20];
        char sex[4];
        int age;
        char department[20];
}stu[3] = {{10301,"刘艳","女",21,"会计系"},
          {10202,"王冲","男",20,"计算机系"},
          {10203,"董晓涛","男",23,"化学系"}};
```

3. 省略结构体名

与初始化结构体变量一样，初始化结构体数组时也可以省略结构体名。其代码如下：

```
struct            /* student 被省略 */
{
    int no;
    char name[20];
    char sex[4];
    int age;
    char department[20];
    }stu[3] = {{10301,"刘艳","女",21,"会计系"},
            {10202,"王冲","男",20,"计算机系"},
            {10203,"董晓涛","男",23,"化学系"}};
```

10.2.3 结构体数组的应用举例

【例 10-2】 一个班级有 n 名学生，学生信息包括学号、姓名、成绩（语文成绩、数学成绩、英语成绩、平均成绩）。编写程序，根据学生的平均成绩对学生记录进行排序。

```
#include<stdio.h>
#define N 100                 /* N 表示数组的最大容量 */
struct student                /* 定义结构体类型 struct student */
{
    int no;                   /* 学号 */
    char name[20];            /* 姓名 */
    float chinese;            /* 语文成绩 */
    float math;               /* 数学成绩 */
    float english;            /* 英语成绩 */
    float average;            /* 平均成绩 */
};
void main()
{
    struct student stu[N],t;
    int n,i,k,j;
    float average = 0.0;
    printf("请输入学生的个数:");
    scanf("%d",&n);
                              /* 输入学生的信息 */
    for(i = 0;i<n;i++)
    {
        printf("第%d个学生的学号:",i+1);
        scanf("%d",&stu[i].no);
        printf("第%d个学生的姓名:",i+1);
        scanf("%s",&stu[i].name);
        printf("第%d个学生的语文成绩:",i+1);
```

```
        scanf(" % f",&stu[i].chinese);
        printf("第 % d 个学生的数学成绩:",i + 1);
        scanf(" % f",&stu[i].math);
        printf("第 % d 个学生的英语成绩:",i + 1);
        scanf(" % f",&stu[i].english);
    }
    for(i = 0;i<n;i + + )                    /* 求学生的平均成绩 */
    {
        average = (stu[i].chinese + stu[i].math + stu[i].english);
        average/ = 3;
        stu[i].average = average;
    }
    for(i = 0;i<n;i + + )                    /* 根据学生的平均成绩进行排序 */
    {
        k = i;
        for(j = i + 1;j<n;j + + )
        {
            if(stu[k].average>stu[j].average)
                k = j;
        }
        if(k! = i)
        {
            t = stu[i];
            stu[i] = stu[k];
            stu[k] = t;
        }
    }
    printf("学号\t 姓名\t 语文\t 数学\t 英语\t 平均成绩\n");     /* 按照平均成绩输出学
                                                              生信息 */
    for(i = 0;i<n;i + + )
    {
        printf(" % d\t % s\t % .2f\t % .2f\t % .2f\t % .2f\n",stu[i].no,stu[i].name,
            stu[i].chinese,stu[i].math,stu[i].english,stu[i].average);
    }
}
```

程序运行结果如图 10 - 4 所示。

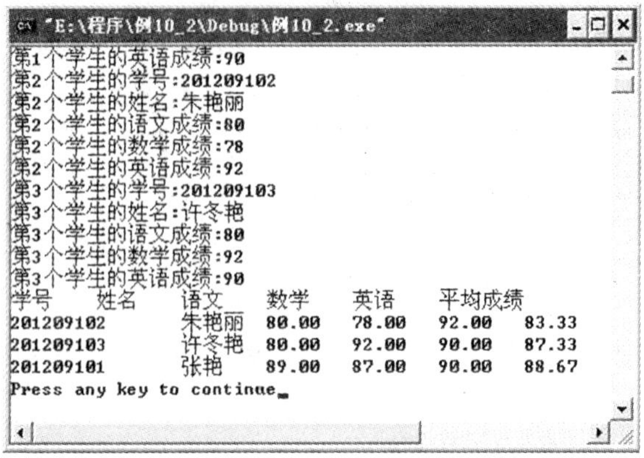

```
"E:\程序\例10_2\Debug\例10_2.exe"
第1个学生的英语成绩:90
第2个学生的学号:201209102
第2个学生的姓名:朱艳丽
第2个学生的语文成绩:80
第2个学生的数学成绩:78
第2个学生的英语成绩:92
第3个学生的学号:201209103
第3个学生的姓名:许冬艳
第3个学生的语文成绩:80
第3个学生的数学成绩:92
第3个学生的英语成绩:90
学号      姓名      语文      数学      英语      平均成绩
201209102          朱艳丽    80.00     78.00     92.00     83.33
201209103          许冬艳    80.00     92.00     90.00     87.33
201209101          张艳      89.00     87.00     90.00     88.67
Press any key to continue
```

图 10-4　程序运行结果

10.3　指针与结构体

指针变量也可以指向结构体变量和结构体数组。我们将指向结构体变量的指针变量称为结构体指针，将指向结构体数组的指针变量称为结构体数组指针。结构体指针和结构体数组指针都可以作为函数的参数，传递的是地址。

10.3.1　指向结构体变量的指针

定义指向结构体变量的指针变量与定义其他类型指针变量的方法是类似的。例如，

```
struct student *p;
```

这里，定义了一个指向结构体变量的指针 p，使其指向 struct student 类型。

如果要让指针变量 p 指向 struct student 类型的结构体变量 stu，那么代码如下：

```
struct student stu;
p = &stu;
```

可以看出，这与普通变量的使用没有区别。因此，也可以在定义指针变量 p 时将其初始化，代码如下：

```
struct student stu;
struct student *p = &stu;
```

以上两种为结构体指针变量 p 赋值的方法是等价的。

【例 10-3】　使用结构体指针引用结构体变量的成员。

```
#include<stdio.h>
struct teacher
{
    int no;
    char name[20];
```

```
        char sex[4];
        char headship[20];
        char degree[10];
    };
    void main()
    {
        struct teacher t, * p;
        t.no = 10001;
        strcpy(t.name,"周发至");
        strcpy(t.sex,"男");
        strcpy(t.headship,"教授");
        strcpy(t.degree,"博士");
        p = &t;
        printf("%d,%s,%s,%s,%s\n",t.no,t.name,t.sex,t.headship,t.degree);
        printf("%d,%s,%s,%s,%s\n",(*p).no,(*p).name,(*p).sex,(*p).headship,(*p).degree);
        printf("%d,%s,%s,%s,%s\n",p->no,p->name,p->sex,p->headship,p->degree);
        p->no = 10103;
        strcpy(p->name,"卢春俊");
        strcpy(p->degree,"副教授");
        strcpy(p->headship,"硕士");
        printf("%d,%s,%s,%s,%s\n",(*p).no,(*p).name,(*p).sex,(*p).headship,(*
p).degree);
        printf("%d,%s,%s,%s,%s\n",p->no,p->name,p->sex,p->headship,p->de-
gree);
    }
```

程序运行结果如图 10-5 所示。

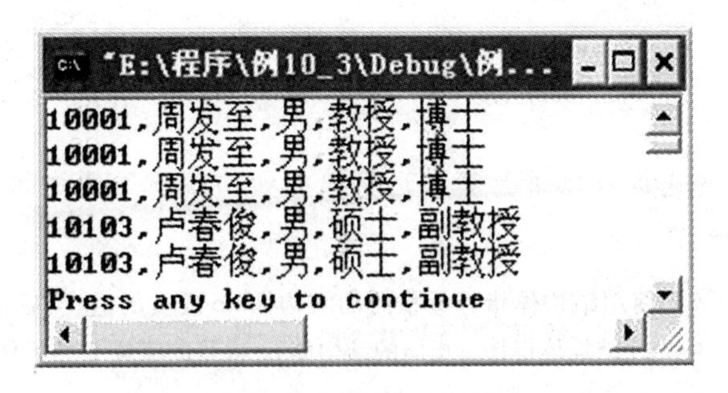

图 10-5　程序运行结果

● 第 20 行：

```
printf("%d,%s,%s,%s,%s\n",(*p).no,(*p).name,(*p).sex,(*p).headship,(*p).degree);
```

使用结构体指针引用结构体成员。因为结构体指针变量 p 指向 t，所以 * p 就是 p 所指向的内容，即相当于 t。例如，(* p). name 相当于 t. name。

● 第21行：

```
printf("%d,%s,%s,%s,%s\n",p->no,p->name,p->sex,p->headship,p->degree);
```

使用运算符“－＞”引用结构体成员。“－＞”是“－”与“＞”结合的产物，在C语言中，这种运算符被称为指向结构体成员运算符。其中，运算符“－＞”前面是结构体的指针变量类型，后面是结构体成员。例如，在p－＞no中，p是指向t的指针变量，而no是t的成员。

● 第22～25行：

```
p->no=10103;
strcpy(p->name,"卢春俊");
strcpy(p->degree,"副教授");
strcpy(p->headship,"硕士");
```

是利用指针变量P对结构体变量t进行修改。

注意：

使用*p引用结构体成员时，不可以省略两边的圆括号。例如，将（*p). no写成*p. no是错误的。这是因为“.”运算符的优先级高于“*”的优先级，所以*p. no就相当于*（p. no)，显然，这是错误的。

引用结构体成员的方式有以下3种：

● 结构体变量名．成员名。例如，t. no表示t的no成员。

● （*结构体指针变量名)．成员名。例如，（*p)．no表示指针变量p指向结构体变量的no成员，相当于t. no。

● 结构体指针变量名－＞成员名。例如，p－＞no表示指针变量p指向结构体变量的no成员。

说明：

结构体变量的成员可以进行算术运算。例如，以下是结构体变量成员进行算术运算的常用方式：

```
p->no++;/*先使用结构体指针p指向的结构体no成员的值,然后将该成员值加1*/
--p->no;/*先让结构体指针p指向的结构体no成员的值减1,然后使用成员no的值*/
```

10.3.2 指向结构体数组的指针变量

指针变量不仅可以指向结构体变量，还可以指向结构体数组。指向结构体数组的指针变量与指向普通数组的指针变量用法是类似的。

【例 10-4】 使用指向结构体数组的指针变量引用结构体成员。

```
#include<stdio.h>
struct teacher
{
    int no;
    char name[20];
    char sex[4];
    char headership[20];
    char degree[10];
};
void main()
{
    struct teacher t[3]={{10901,"郭靖","男","讲师","本科"},
                         {10902,"吴江","女","副教授","博士"},
                         {10903,"冯�","男","副教授","硕士"}};
    struct teacher *p=t;
    printf("编号\t姓名\t性别\t职称\t学历\n");
    for(;p<t+3;p++)
        printf("%d\t%s\t%s\t%s\t%s\n",p->no,p->name,p->sex,p->
        headership,p->degree);
}
```

程序运行结果如图 10-6 所示。

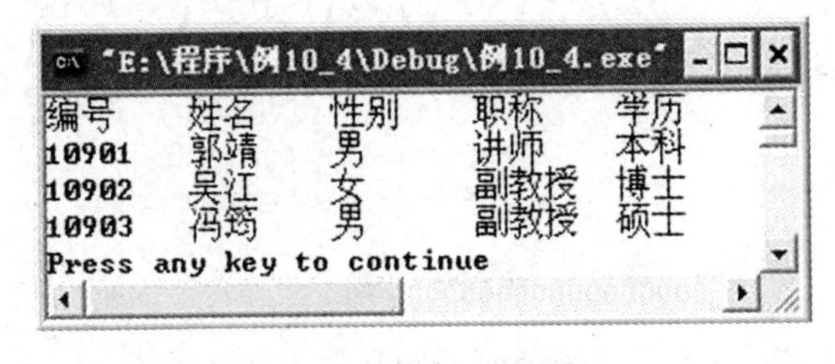

图 10-6 程序运行结果

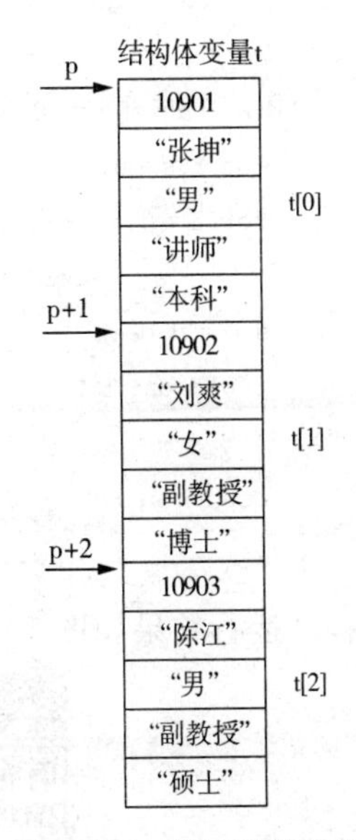

图 10-7 结构体数组指针变量 p 与结构体数组 t 之间的关系

初始时，指针变量 p 指向数组的第 1 个记录。经过 p++运算后，指针变量 p 指向下一个记录，即第 2 条记录，循环控制条件是 p<t+3。需要注意的是，p 增 1 后，不是指向当前记录的下一个成员，而是指向下一条记录。这有点类似于数组的行指针。指针变量 p 与 t 之间的关系如图 10-7 所示。

与其他类型的指针变量类似，p=t 也可以写成 p=&t [0]。

10.3.3 结构体变量作为函数的参数

如果要将结构体类型的数据传递给被调用函数，可以将结构体变量、结构体成员或结构体指针变量作为函数的参数。其中，结构体变量和结构体成员作为变量时，传递的是变量的副本。

【例 10-5】 编写一个函数，根据输入的年、月、日，求出这一天是当年的第几天。

```
#include<stdio.h>
struct date
{
        int year;
        int month;
        int day;
};
int day(struct date d);
void main()
{
        struct date d;
        printf("请输入年,月,日:\n");
        scanf("%d,%d,%d",&d.year,&d.month,&d.day);
        printf("%d年%d月%d日是这年的第%d天\n",d.year,d.month,d.day,day(d));
}
int day(struct date d)
{
        int table[]={0,31,28,31,30,31,30,31,31,30,31,30,31};
        int i,s=0;
        for(i=0;i<d.month;i++)
              s+=table[i];
        s+=d.day;
        if((d.day%4==0&&d.day%100!=0||d.day%400==0)&&d.month>2)
            s+=1;
        return s;
}
```

程序运行结果如图 10-8 所示。

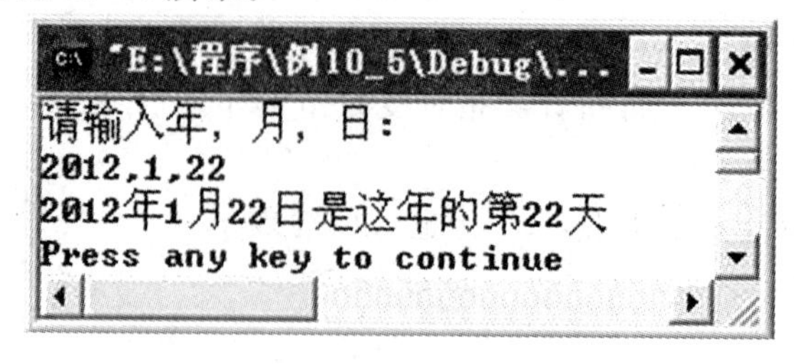

图 10-8 程序运行结果

注意：

使用结构体变量作为函数参数时，属于值传递的方式，形参的改变并不会影响到实参。也可以将结构体变量的成员作为函数参数，它也属于值传递。例如，上面的day函数参数也可以写成结构体变量的成员形式。此时，函数调用的代码如下：

```
day(d.month,d.day);
```

其中，函数的首部代码如下：

```
int day(int m,int d)
```

这里，被调用函数写成了整型变量，分别用来接受实参的月和天。

10.3.4 指向结构体变量的指针作为函数参数

如果将指向结构体变量的指针作为函数参数时，传递的是地址。此时，可以在被调用函数中修改实际参数的值。指向结构体变量的指针作为函数参数与指向普通变量的指针作为函数参数的调用方法相同。

【例10-6】 将结构体类型struct teacher变量t的地址作为print函数参数。在print函数中输出t的值，然后修改t的值并再次输出。

```
#include<stdio.h>
#include<string.h>
struct teacher
{
	int no;
	char name[20];
	char sex[4];
	char headership[20];
	char degree[10];
};
void print(struct teacher *p);
void main()
{
	struct teacher t={1209105,"郑双","男","工程师","硕士"};
	print(&t);
	printf("调用函数print后:\n");
	printf("%d,%s,%s,%s,%s\n",t.no,t.name,t.sex,t.headership,t.degree);
}
void print(struct teacher *p)
{
	printf("修改前:\n");
	printf("%d,%s,%s,%s,%s\n",p->no,p->name,p->sex,p->headership,p->
```

```
degree);
        p->no=1209109;
        strcpy(p->name,"郑银玲");
        strcpy(p->sex,"女");
        strcpy(p->headership,"副教授");
        strcpy(p->degree,"博士");
        printf("修改后:\n");
        printf("%d,%s,%s,%s,%s\n",p->no,p->name,p->sex,p->headership,p->degree);
    }
```

程序运行结果如图 10-9 所示。

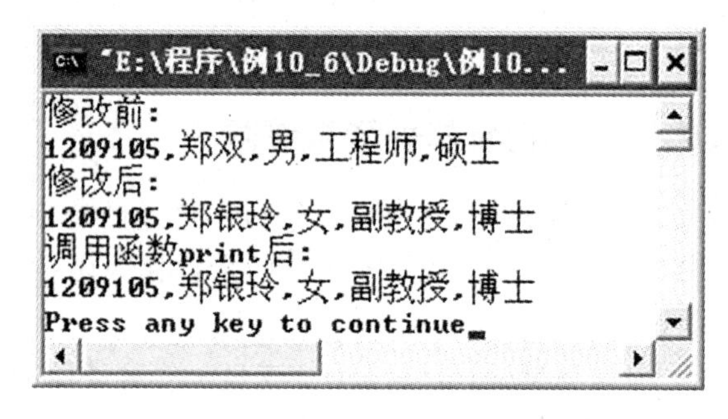

图 10-9　程序运行结果

10.4　用 typedef 定义类型

在程序中，从 int、float、char 等基本数据类型的名字上很难看出代码的具体属性。为了增强程序的可读性，从而使数据类型的属性更加直观，可以使用关键字 typedef 重新定义数据类型。另外，对于用户自定义类型，也可以使用 typedef 定义一个短而好记的名字。

10.4.1　使用 typedef 定义数据类型

使用 typedef 重新定义数据类型名称的一般格式如下：

```
typedef 类型说明符自定义的类型说明符;
```

其中，类型说明符为已有的类型名如 int、char、float 或已经定义的结构体类型，自定义的类型说明符是重新命名的类型名。

1. 使用 typedef 重新定义基本类型

例如，以下是使用 typedef 定义的类型：

```
typedef int COUNT;            /*将 int 重新定义为 COUNT,COUNT 等价于 int*/
typedef float LENGTH;         /*将 float 重新定义为 LENGTH,LENGTH 等价于 float*/
```

这里，COUNT 就等价于 int，LENGTH 等价于 float，它们的区别只是名字不同而已。

下面就可以使用 COUNT 和 LENGTH 定义变量了，代码如下：

```
COUNT n;
LENGTH x;
```

其中，n 被定义为 int 型，x 被定义为 float 型。使用 COUNT 定义的变量时，从名字上可以猜到，n 可能是用来计数的。而使用 LENGTH 定义变量 x 时，x 可能是一个长度。

2. 使用 typedef 重新定义构造类型

使用 typedef 定义结构体类型与定义基本数据类型的方法是一样的。例如，使用 typedef 重新定义日期 struct date 类型，代码如下：

```
typedef struct date
{
        int year;
        int month;
        int day;
}DATE;
```

其中，DATE 表示 struct date 类型。定义结构体变量时，可以直接使用 DATE。例如，定义 DATE 的结构体变量代码如下：

```
DATE d;
```

它与下面的代码等价：

```
struct date d;
```

使用 typedef 重新定义结构体变量具有以下好处：

- 通过类型名可以知晓结构体变量的意义。
- 结构体类型名经过定义后更加短小，方便书写。

3. 使用 typedef 重新定义数组类型

例如，要重新定义数组类型，代码如下：

```
typedef int NUM[20];
```

其中，NUM 表示 int 型数组类型，长度为 20。使用 NUM 可以定义数组变量，代码如下：

```
NUM a;
```

这里，a 为 int 型数组变量，长度为 20。上面的代码与以下代码等价：

```
int a[20];
```

4. 使用 typedef 重新定义指针类型

- 使用 typedef 定义指针类型，代码如下：

```
typedef char * STRING;
```

这里，STRING 被定义为指向 char 型的指针类型。

例如，使用STRING定义指针变量p，代码如下：

```
STRING p,str[40];
```

其中，p为指向char型的指针变量，str为char型指针数组。

● 使用typedef定义函数指针，代码如下：

```
typedef int (*POINTER)(int,int);
```

这里，POINTER为指向函数的指针类型，函数返回值为int型，指向的函数带有两个int参数。

● 使用POINTER定义变量p1和p2，代码如下：

```
POINTER p1,p2;
```

其中，p1和p2是指向POINTER类型的指针变量，即指向带有两个int型参数且函数返回值也为int型的函数。

在使用typedef定义数据类型时，需要说明以下几点：

● 使用typedef是用来定义数据类型的，不是用来定义变量的。

● 使用typedef定义的类型习惯上使用大写字母表示。

● 使用typedef其实只是为数据类型重新命名，并没有创造新的数据类型。

● 使用typedef可以使数据类型更直观，在定义结构体变量时可以减少书写量。

● 使用typedef有利于程序的通用性与移植性。例如，在Turbo C 2.0开发环境中，int型变量占用2个字节，而在Visual C++6.0开发环境中，占用4个字节。为了使程序具有通用性，在Visual C++6.0，开发环境中，如果使用typedef定义了int类型，代码如下：

```
typedef int INTERGE;
```

如果将程序移植到在Turbo C 2.0开发环境中，只需要将typedef定义的数据类型修改成如下代码：

```
typedef long INTERGE;
```

这样，就不需要修改每个变量的定义了。

10.4.2 typedef的应用举例

【例10-7】 编写一个函数，求两个复数的和。

```
#include<stdio.h>
typedef struct complex              /*使用typedef将类型struct complex定义为COMPLEX*/
{
      float realpart;
      float virpart;
}COMPLEX;
COMPLEX add(COMPLEX,COMPLEX);       /*函数add的原型,返回值为结构体类型*/
void main()
```

```
{
        COMPLEX a = {4.2,6};
        COMPLEX b = {3.8,7.4};
        COMPLEX s;
        s = add(a,b);                                    /* 调用函数 add,参数为 COMPLEX 类型 */
        printf("(%.2f + %.2fi) + (%.2f + %.2fi) = (%.2f + %.2f)\n",
              a.realpart,a.virpart,b.realpart,b.virpart,s.realpart,s.virpart);
                                                         /* 输出两个复数的和 */
}
COMPLEX add(COMPLEX x,COMPLEX y)                         /* 函数 add 的实现 */
{
        COMPLEX z;
        z.realpart = x.realpart + y.realpart;            /* 将 x 与 y 的实部相加 */
        z.virpart = x.virpart + y.virpart;               /* 将 x 与 y 的虚部相加 */
        return z;                                        /* 返回 x 与 y 的和 */
}
```

程序运行结果如图 10-10 所示。

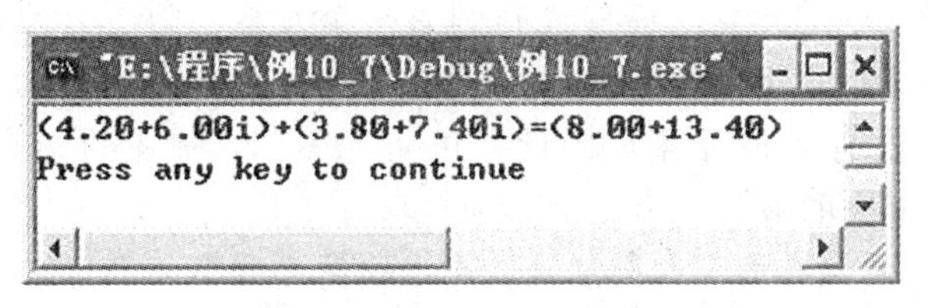

图 10-10　程序运行结果

● 第 2～6 行：

```
typedef struct complex          /* 使用 typedef 将类型 struct complex 定义为 COMPLEX */
{
        float realpart;
        float virpart;
}COMPLEX;
```

使用 typedef 将类型 struct complex 换名，于是，COMPLEX 就相当于 struct complex。其中，COMPLEX 包括两个成员：realpart 和 virpart，分别表示输入复数的实部和虚部。也可以在定义了 struct complex 类型之后，重新为之命名，代码如下：

```
typedef struct complex COMPLEX;
```

10.5 链　表

在 C 语言中，处理已知数量的数据可以使用数组。如果事先并不知道要处理的数据个数，则需要使用链表结构。在 C 语言中，链表也是一种比较常用的结构。另外，链表是动态分配的一种结构，即可以在需要时分配空间。

10.5.1 什么是链表

链表是由结点连接而成，而结点则表示一个元素的信息。所谓表，它由若干个元素构成，元素之间是有顺序的。数组就可以看成是一个表，这是因为数组中的元素是有序的。链表就是通过地址（指针）将每个结点（元素）连接起来。例如，链表中的元素包括 A、B、C、D、E，链表结构如图 10－11 所示。

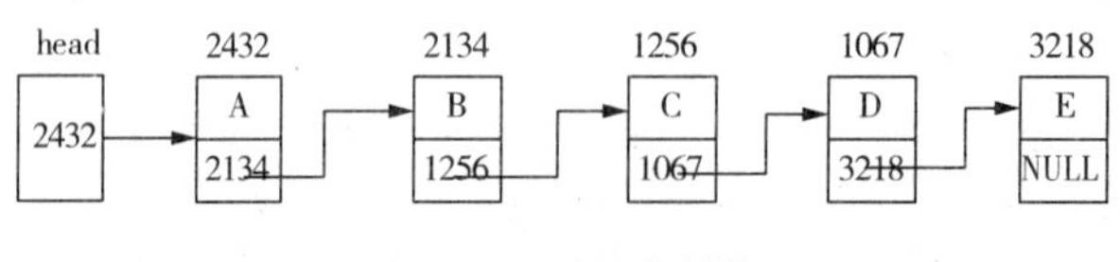

图 10－11　链表结构

在图 10－11 中，链表由 5 个结点构成。每个结点包括两个部分：数据部分和地址部分。数据部分是用户使用的实际数据，分别是字符'A'、'B'、'C'、'D'、'E'。地址部分则是下一个结点的存放位置。在 C 语言中，结点之间的联系用指针实现，一个结点的指针指向下一个相邻的元素。通过指针将结点连接起来，构成一个链表。

如果要访问链表中的元素，需要先找到第一个元素。为了方便找到链表中的第一个元素，可以让一个指针指向这个元素，设这个指针为 head，称为头指针。另外，图中的'E'元素之后没有其他元素，因此，可将元素'E'所在的结点地址信息赋值为 NULL，表示其为链表的最后一个元素。

头指针 head 其实只存放了一个地址，它指向链表的第 1 个元素。从图 10－11 中可以看出，链表中的每一个元素不是连续存放的，查找链表中的元素必须从头指针开始。因此，如果没有头指针就无法找到链表中的其他元素。

说明：

要表示链表中的一个元素，需要包含两个部分：数据域和指针域。数据域就是元素值的信息。例如，图 10－11 中的'A'、'B'。指针域则是存放下一个元素的地址，它表示元素之间的关系。将数据域和指针域放在一起，称为结点。

1. 定义链表中的结点类型

如何用 C 语言描述链表中的结点类型呢？我们知道，链表是由一个个结点构成，而结点包含数据域和指针域，因此，结点至少包括两个数据类型。其中，数据域可以是一个或是多个（如学生信息）；而指针域是一个指针类型。因此，需要将结点定义为结构体类型。链表中结点的定义如下：

```
struct student                    /* 定义结点类型 */
{
    char data;                    /* 数据域 */
    struct student *next;         /* next 是指针域,指向结构体类型 struct student */
```

```
};
```

其中，数据域是一个字符类型，指针域是一个指向 struct student 的结构体指针类型。我们将这种指针指向自己的结构体类型称为自引用类型。

例如，有如下的结构体类型定义：

```
struct student
{
        int no;                         /* 学号 */
        char name[20];                  /* 姓名 */
        char addr[30];                  /* 地址 */
        struct student * next;          /* next 是指向 struct student 的指针 */
};
```

该结构体也是一个自引用类型，有 3 个数据域和 1 个指针域。其中，数据域分别是学号、姓名、地址，而指针域是指向自身类型的指针。由这种结点构成的链表如图 10－12所示。

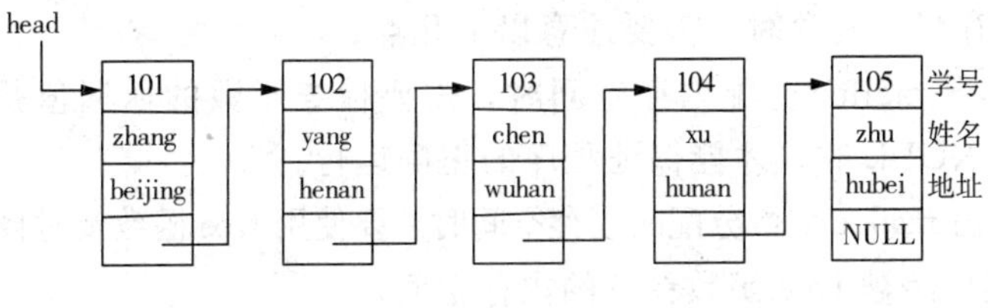

图 10－12　链表

通常情况下，我们并不关心元素存放的实际物理地址，只关心每个元素的相对位置。在链表的示意图中，箭头表示指针，它指向下一个结点。

2. 动态存储分配

由动态内存分配构成的链表称为动态链表。要进行动态内存分配，需要使用 C 语言为我们提供的几个常用函数。

（1）malloc 函数

malloc 函数的主要作用是分配一块长度为 size 的内存空间。函数原型为：

```
void * malloc(unsigned int size);
```

其中，参数 size 表示要分配内存空间的大小（字节），并且这一块内存空间是连续的。如果分配成功，则函数的返回值是一个指向该内存空间起始位置的指针。如果分配失败（系统不能提供所需内存），则返回 NULL。

malloc 函数常常与运算符 sizeof 配合使用。例如，

```
int * p;                                /* 定义一个 int 型的指针变量 p */
p=(int *)malloc(sizeof(int) * 20);      /* 分配一个大小为 20 的 int 型内存空间,p 指向新开辟
                                           空间的首地址 */
```

因为是为 int 型数据开辟内存空间，所以需要将函数的返回值由 void * 转换为 int *。

当然，以上代码也可以放在一起，写成一行。改写后的代码如下：

```
int *p=(int *)malloc(sizeof(int)*20);    /*p指向新分配一个20个int型的内存空间的首地址*/
```

这两段代码是等价的。

另外，也可以为一个结点类型分配内存空间。代码如下：

```
int *p;                                              /*定义一个int型的指针变量p*/
p=(struct student *)malloc(sizeof(struct student));  /*分配一个大小为1的struct student型的内存空间*/
```

（2）free函数

free函数的主要作用是将动态分配内存空间释放。它的函数原型如下：

```
void free(void *p);
```

其中，参数p指向要释放的内存空间。另外，函数free没有返回值。

函数malloc和free原型都在头文件stdlib.h和alloc.h中定义。使用动态内存分配函数和动态内存释放函数时，需要注意以下几点：

● 在调用函数malloc分配内存空间时，需要检查函数的返回值是否等于NULL。当返回值不等于NULL时，才能保证程序的正确运行。

● 在不使用由malloc函数分配的内存空间时，要使用free函数及时释放该内存空间。

● 不能使用已经被free函数释放的内存空间。

10.5.2 链表的操作

链表的主要操作有4个：创建、输出、插入和删除。

1. 链表的创建操作

创建链表时，首先需要生成结点，然后利用指针域将结点连接起来，这样就构成了一个链表。值得注意的是：生成链表时，使用的是动态内存分配。

假设，链表的结点类型定义如下：

```
struct student                   /*定义结点*/
{
        long no;                 /*学号*/
        char name[20];           /*姓名*/
        char addr[30];           /*地址*/
        struct student *next;    /*指向结构体指针*/
};
```

那么，创建链表的过程如下：

（1）初始时，链表为空

定义3个指向struct student类型的指针变量h、prev和cur。其中，h代表头指针head，指向第一个结点。初始时，令h=NULL，表示链表为空。链表为空就是链表中没有结点存在，头指针 head 的值为 NULL。代码如下：

```
LIST *h=NULL,*prev,*cur;
```

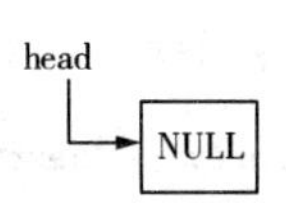

图 10-13 初始时

初始状态如图 10-13 所示。

(2) 在链表中插入结点

① 先往链表中插入第 1 个结点

● 动态生成一个结点，由指针 cur 指向该结点。代码如下；

```
cur=(struct student *)malloc(sizeof(struct student));        /* 动态分配结点 */
```

● 因为这是第一个结点，所以使用头指针 h 指向该结点。代码如下：

```
h=cur;
```

● 另外，此时链表中只有一个结点，因此将该结点的 next 域置为 NULL。代码如下：

```
cur->next=NULL;
```

● 然后，为该结点输入数据。代码如下：

```
scanf("%d %s %s",&cur->no,cur->name,cur->addr);
```

输入的数据如下：

```
10901 王泉 陕西<回车>
```

● 最后，令 pre 指针指向该结点。pre 指针指向的结点为要插入结点的前一个结点。因为在插入一个新结点后，当前结点就变为新结点的前一个结点。因此需要使用 pre 指针指向该结点。代码如下：

```
prev = cur;
```

插入链表第 1 个结点的状态如图 10-14 所示。

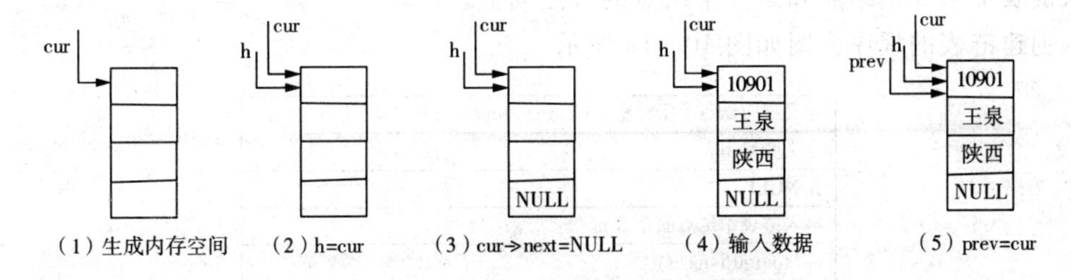

图 10-14 插入链表的第 1 个结点过程

② 再往链表中插入第 2 个结点

● 动态生成一个结点，由指针 cur 指向该结点。代码如下：

```
cur=(struct student *)malloc(sizeof(struct student));        /* 动态分配结点 */
```

● 因为当前结点是最后一个结点，所以将该结点的 next 指针域置为 NULL。代码如下：

```
cur->next=NULL;
```

● 令指针 prev 指向当前结点，使 cur 指向的结点成为链表中的最后一结点。代码如下：

```
prev->next = cur;
```

● 然后，为该结点输入数据。代码如下：

```
scanf("%d %s %s",&cur->no,cur->name,cur->addr);
```

输入的数据如下：

```
10913 杨柯 河南<回车>
```

● 将 prev 指针指向最后一个结点。代码如下：

```
prev = cur;
```

此时，链表的状态如图 10 - 15 所示。

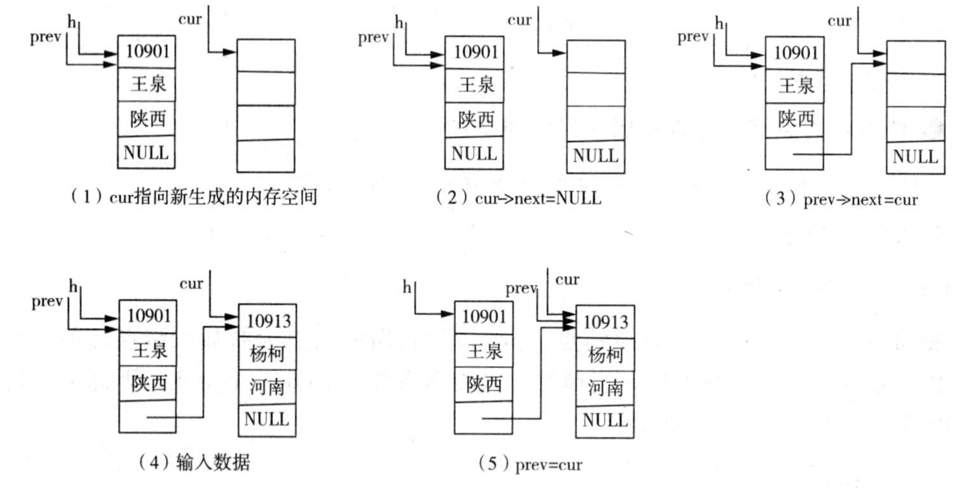

图 10 - 15　插入链表中的第 2 个结点过程

插入链表中第 3 个结点和第 4 个结点的方法同上。

创建链表的程序盒图如图 10 - 16 所示。

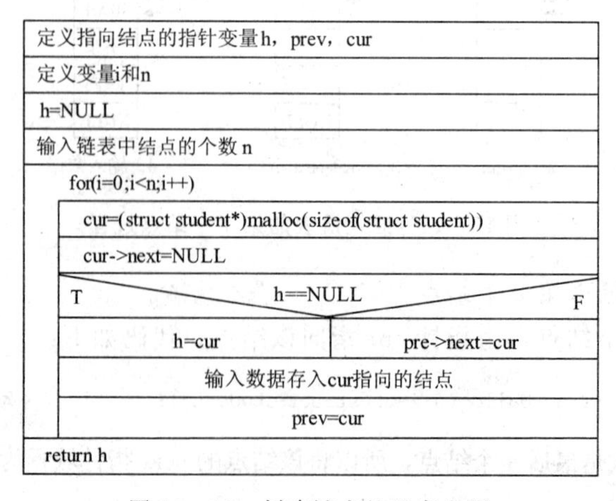

图 10 - 16　创建链表的程序盒图

创建链表的完整程序代码如下所示。

```
struct student                                    /*定义结点*/
{
    long no;                                      /*学号*/
    char name[20];                                /*姓名*/
    char addr[30];                                /*地址*/
    struct student *next;                         /*指向结构体指针*/
};
typedef struct student LIST;                      /*将类型重新命名为LIST*/
LIST *CreateList()                                /*创建链表的函数定义*/
{
    LIST *h, *prev, *cur;                         /*定义指向LIST的指针变量*/
    int i,n;                                      /*定义变量*/
    h=NULL;                                       /*初始时头指针h为空*/
    printf("输入结点个数:\n");
    scanf("%d",&n);                               /*输入链表中结点的个数*/
    for(i=0;i<n;i++)
    {
        cur=(LIST *)malloc(sizeof(LIST));         /*动态生成一个结点空间*/
        cur->next=NULL;                           /*将cur的next置为NULL*/
        if(h==NULL)                    /*如果h=NULL,表示当前正在处理第一个结点*/
            h=cur;                                /*令h指向第一个结点*/
        else                                      /*如果不是第一个结点*/
        prev->next=cur;                           /*令链表中最后一个结点的next指向
                                                    cur*/
        scanf("%d %s %s",&cur->no,cur->name,cur->addr);  /*为cur指向的结
                                                           点输入数据*/
        prev = cur;                               /*将prev指向最后一个结点*/
    }
    return h;                                     /*返回头指针h*/
}
```

注意，初始时，链表为空，头指针h为NULL。在链表中，将h==NULL作为链表为空的条件。prev指针永远指向链表的最后一个结点，当要插入cur指针指向的结点时，需要让prev指针指向结点的next域指向cur指针指向的结点，这样就将cur指针指向的结点插入到链表中，成为最后一个结点。主要通过以下代码实现：

```
prev->next=cur;
```

然后，让prev指针指向最后一结点，准备下一次插入新结点。在函数的最后，将头指针h返回给调用函数，这样调用函数就可以利用头指针访问链表中的每一个结点。

2. 链表的输出操作

链表的输出操作是指输出链表中每个结点的数据。如果输出链表中每个结点的数据，那么要从链表的头指针出发。令指针p指向第一个结点，输出p指向结点的数据。然后通

过结点的 next 指针域找到下一个结点并输出数据。依次类推，直到最后一个结点为止。

在输出过程中，主要通过如下的代码找到下一个结点：

```
p=p->next;
```

其中，将 p->next 赋值给 p，而 p->next 是下一个结点的地址。也就是说，将下一个结点的地址赋值给 p。这样，p 的地址就是下一个结点的地址，即 p 指向下一个结点。

链表输出操作的程序代码如下所示：

```
void DispList(LIST *h)
{
        LIST *p=h;                                    /*定义指针 p 并指向链表的第一个结点*/
        while(p!=NULL)                                /*如果 p 不为 NULL*/
        {
            printf("%d %s %s\n",p->no,p->name,p->addr);  /*输出 p 指向结点的数据*/
            p=p->next;                                   /*指针 p 指向下一个结点*/
        }
}
```

下面我们编写一个 main 函数，在 main 函数中调用 CreateList 和 DispList 来测试一下程序的正确性。代码如下：

```
#include<stdio.h>
#include<malloc.h>
LIST *CreateList();
void DispList(LIST *h);
void main()
{
    LIST *head;
    head=CreateList();
    printf("学号   姓名   地址\n");
    DispList(head);
}
```

程序运行结果如图 10-17 所示。

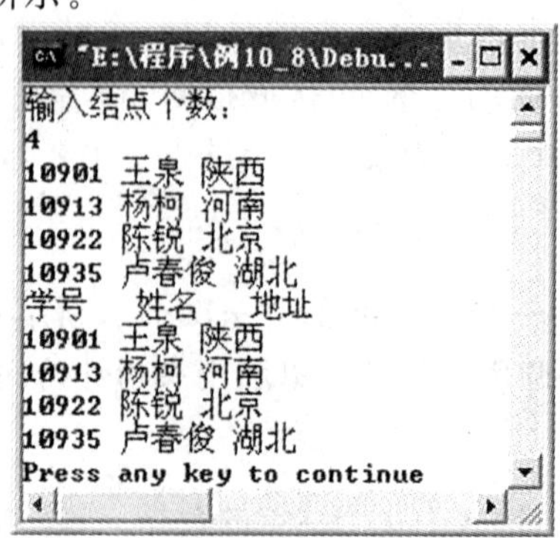

图 10-17 程序运行结果

3. 链表的插入操作

链表的插入操作是指将一个结点插入到链表中。例如，在由学生构成的链表中，结点是按照学号从小到大进行排列的。要将一个结点插入到链表中，需要处理以下两个问题：找到要插入的位置和如何插入新结点。

（1）寻找插入的位置

在链表中寻找插入的位置，需要从链表的第一个结点出发。将新结点的学号与链表中结点的学号进行比较。如果新结点的学号比前一个结点的学号大，同时又小于后一个学号，则将新结点插入到两者之间。例如，s 指向要插入的结点，它的学号是 10915。需要将 s－＞no 与链表中第一个结点先进行比较。因为 s－＞no＞p－＞no，所以将指针 p 向后移动，即 p＝p－＞next，p 指向第二个结点。因为 s－＞no＞p－＞no，所以继续让指针 p 向后移动，即执行 p＝p－＞next，此时 p 指向第三个结点。因为 s－＞no＜＝p－＞no，则插入的位置应该是第二个结点与第三个结点之间。如图 10－18 所示。

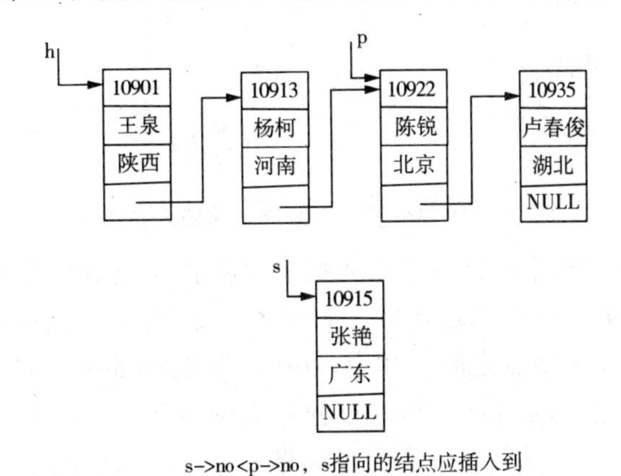

图 10－18　s 指向的结点寻找插入的位置

（2）插入新结点

新结点要插入的位置有三种可能，分别是：在第一个结点之前，在第一个结点之后和最后一个结点之前以及在最后一个结点之后。下面我们针对这三种可能来分析插入的情况：

① 将新结点插入到第一个结点之前。例如，要插入结点的学号小于第一个结点的学号，则将该结点插入到第一个结点之前。由图 10－18 中可以看出，链表第一个结点的学号是 10901，如果要插入结点的学号是 10893，因为 s－＞no＜h－＞no，所以将 s 指向的结点插入到 h 指向的结点之前。如图 10－19 所示。

插入过程分为两步操作：第一步，将 s 指向结点的指针域指向第一个结点，即 s－＞next＝h；第二步，令头指针 h 指向 s 指向的结点，即 h＝s。这是因为 s 指向的结点成了第一个结点。

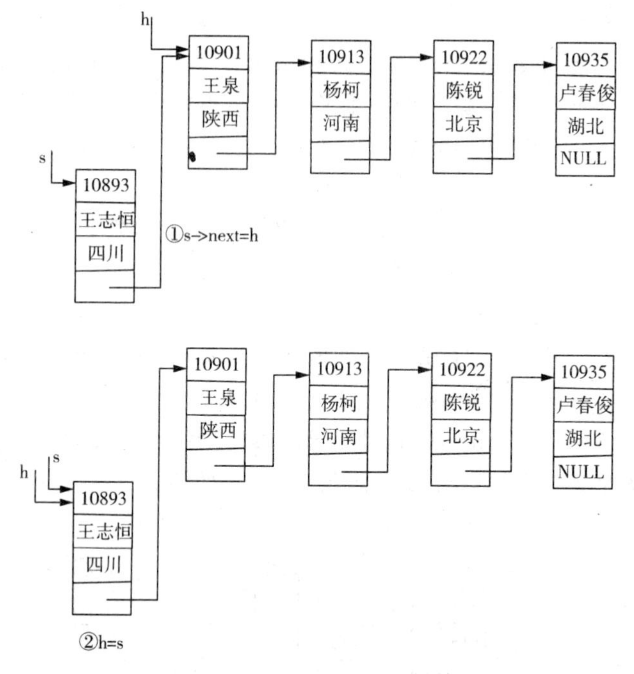

图 10－19　在第一个结点之前插入新结点

② 将新结点插入在链表的中间。如果插入的新结点位于链表中某两个结点之间，而不是第一个结点之前或最后一个结点之后，如图 10－20 所示，指针 s 指向的结点应该插入到第 2 个结点和第 3 个结点之间。其中，pre 指针指向要插入位置之前的结点，而 p 指针指向要插入位置之后的结点。插入过程分为两步操作：第一步，将 s 指向结点的指针域指向 p，即 s－>next＝p；第二步，将 pre 指向结点的指针域指向 s 指向的结点，即 pre－>next＝s。需要说明的是：这两个步骤可以交换顺序，不会影响到程序的运行结果。

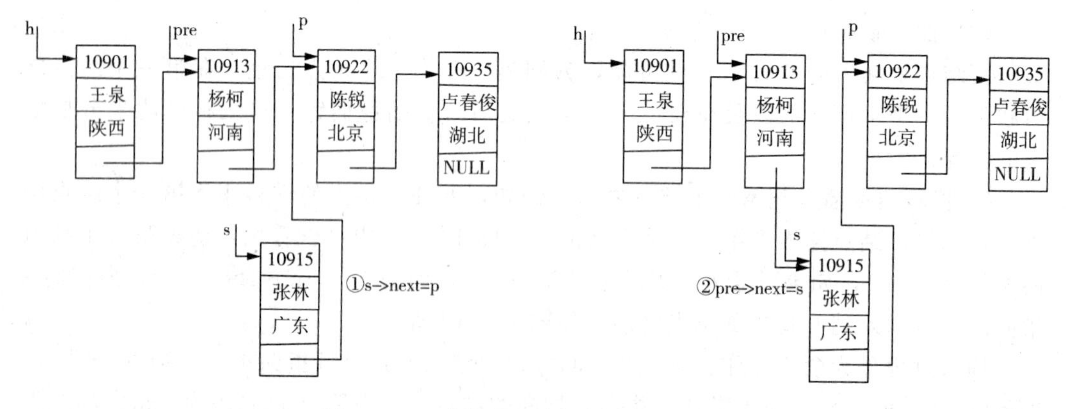

图 10－20　在链表的中间插入一个新结点

③ 将新结点插入到最后一个结点之后。如果新结点的学号大于最后一个结点，则需要将新结点插入到最后一个结点之后。这时，新结点就成为链表的最后一个结点，如图 10－21 所示。在这种情况下，只需要进行一步操作，即将 s 指向的结点插入到 p

指向的结点之后即可，即 p－＞next＝s。

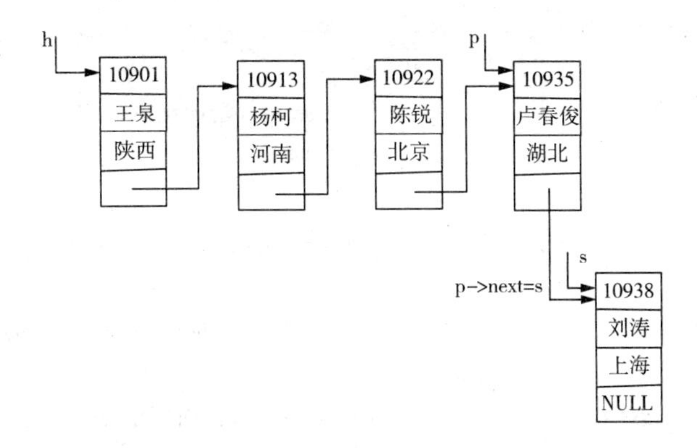

图 10－21　在最后一个结点之后插入新结点

以上在链表中插入新结点的操作过程可以描述为程序盒图，如图 10－22 所示。

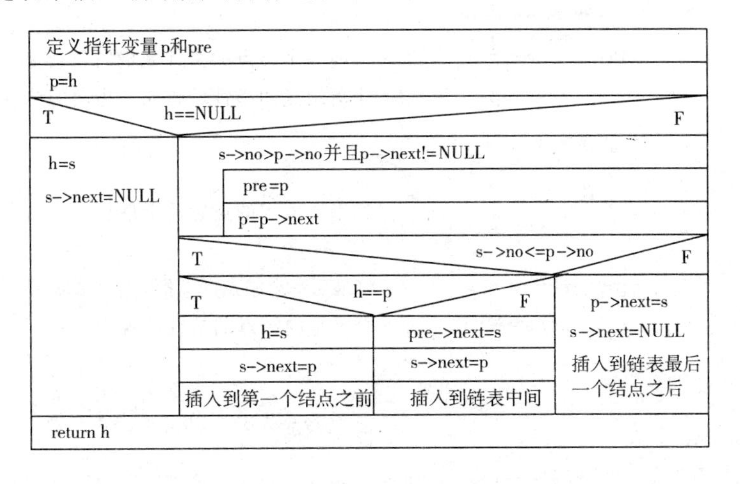

图 10－22　在链表中插入新结点操作过程的程序盒图

根据程序盒图，可以得到在链表中插入新结点的程序代码如下：

```
LIST * InsertNode(LIST * h,LIST * s)
{
      LIST * pre, * p;                     /* 定义指针变量 pre 和 p */
      p = h;                               /* 令 p 指向第一个结点 */
      if(h = = NULL)                       /* 如果链表为空 */
      {
            h = s;                         /* s 结点就是链表的第一个结点，让头指针 h 指向该
                                              结点 */
            s - >next = NULL;              /* 将 s 指向结点的指针域置为 NULL */
      }
      else                                 /* 如果链表不为空 */
```

```
    {
        while((s->no>p->no)&&(p->next! =NULL))  /*在链表中查找要插入的位置*/
    {
            pre=p;                   /*pre指向p指向结点的前面一个结点*/
            p=p->next;               /*p指向下一个结点*/
    }
    if(s->no<=p->no)                 /*如果s指向结点的学号小于等于p指向的学号*/
    {
        if(h==p)                     /*如果要插入的位置在第一个结点之前*/
        {
            h=s;                     /*让头指针h指向新结点*/
            s->next=p;               /*让新结点的指针域指向原第一个结点*/
        }
          else                       /*如果插入的位置在中间*/
        {
            pre->next=s;             /*将前一个结点的指针域指向新结点*/
            s->next=p;               /*让新结点的指针域指向p指向的结点*/
          }
        }
        else                         /*如果要插入的位置位于最后一个结点之后*/
        {
            p->next=s;               /*将最后一个结点即p指向结点的指针域指向新结点*/
            s->next=NULL;            /*令s指向结点的指针域置为空*/
        }
    }
    return h;                        /*返回头指针*/
}
```

在链表中插入新结点时，需要注意以下几点：

(1) 在插入新结点时，需要考虑链表是否为空的情况。如果链表为空，则新结点直接作为链表的第一个结点，也就是让头指针 h 指向该结点。代码如下：

```
if(h==NULL)                 /*如果链表为空*/
{
h=s;                        /*s结点就是表的第一个结点,让头指针h指向该结点*/
s->next=NULL;               /*将s指向的结点的指针域置为NULL*/
}
```

(2) 如果链表不为空，则需要在链表中查找要插入的位置。在查找时，会用到两个指针 pre 和 p。其中，pre 指向 p 指向的前一个结点。要插入的新结点位置应该为 pre 和 p 之间。查找插入新结点位置的代码如下：

```
while((s->no>p->no)&&(p->next! =NULL))      /*在链表中查找要插入的位置*/
{
```

```
        pre = p;                    /*pre指向p指向结点的前面的一个结点*/
        p = p->next;                /*p指向下一个结点*/
    }
```

其中，条件有两个：s－＞no＞p－＞no和p－＞next！＝NULL。前者用来比较学号的大小，后者控制链表是否结束。因此，退出该循环有两个可能：一个是s－＞no＜＝p－＞no，另一个是p－＞next＝＝NULL。

(3) 如果满足条件s－＞no＜＝p－＞no，说明找到了要插入的位置。该位置存在两种可能：一个是插入的位置位于第一个结点之前，另一个是插入的位置在链表中间。

对于第一种情况，只需要将新结点的指针域指向第一个结点，然后让头指针指向新结点即可。这样，新结点就成为链表的第一个结点，其代码如下：

```
if(h = = p)                      /*如果要插入的位置在第一个结点之前*/
{
    h = s;                       /*则让头指针h指向新结点*/
    s->next = p;                 /*让新结点的指针域指向第一个结点*/
}
```

对于第二种情况，需要将新结点插入到pre和p指向的结点之间。代码如下：

```
pre->next = s;              /*将前一个结点的指针域指向新结点*/
s->next = p;                /*让新结B点的指针域指向p指向的结点*/
```

(4) 如果满足条件p－＞next＝＝NULL，则p指向的是最后一个结点。此时新结点的学号大于最后一个结点的学号，需要将新结点插入到最后一个结点之后。代码如下：

```
p->next = s;                /*将最后一个结点即p指向结点的指针域指向新结点*/
s->next = NULL;             /*令s指向结点的指针域置为空*/
```

4. 链表的删除操作

链表的删除操作就是将链表中的某个结点删除。下面举个例子来说明链表的删除操作。如果有6个小孩手拉手玩耍，有个小孩离开，剩余的5个小孩继续手拉手保持队形不变，这就类似于链表的删除操作。其中，小孩手拉手就像是一个链表，每个小孩就像链表中的结点。

在链表中删除某个结点后，剩下的结点次序保持不变。将剩下的结点相连接仍然构成一个链表。接下来通过具体实例来说明链表的删除操作。

如果要删除学号为10922的结点，就要先找到该结点，然后再从链表中将该结点删除。删除该结点就是将该结点从链表中脱离出来，使其不再是链表的一部分。最后，释放结点占用的内存空间。删除过程如图10－23所示。

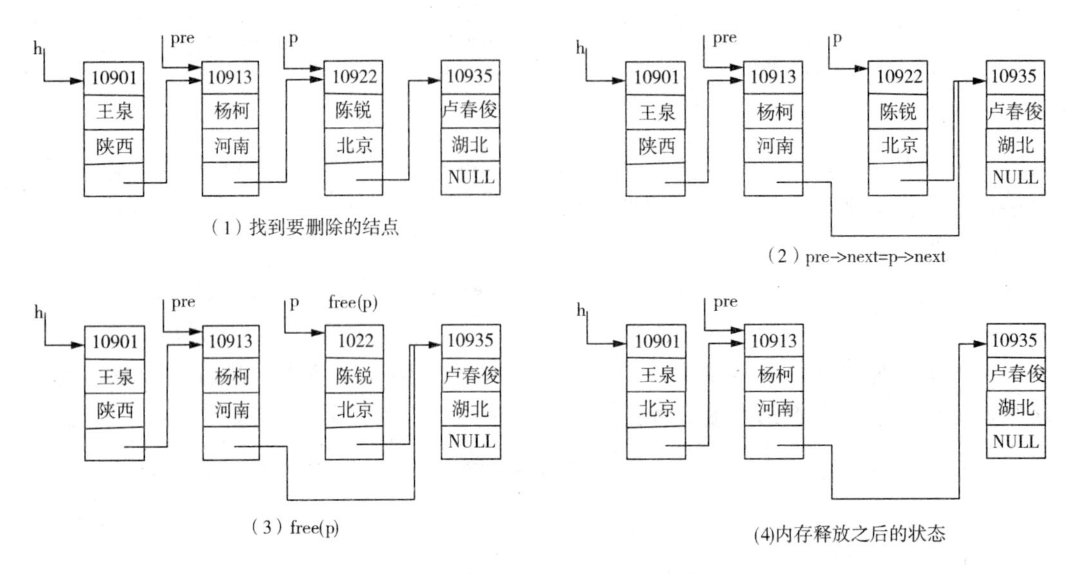

图 10-23 删除学号为 10922 结点的过程

要删除链表中某个结点的程序盒图如图 10-24 所示。

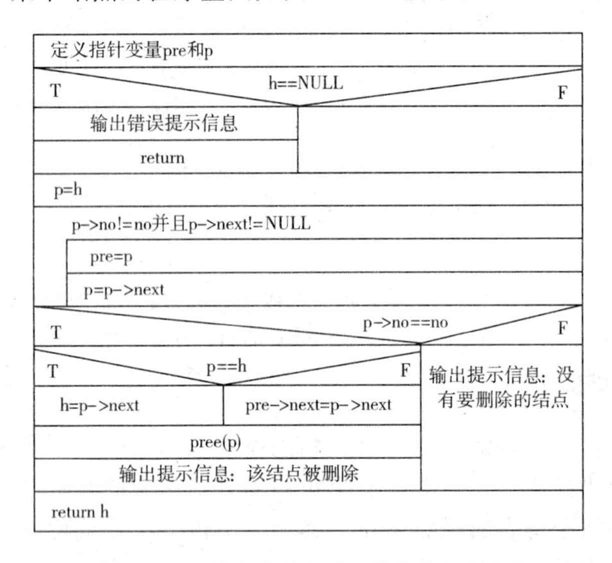

图 10-24 删除链表中某个结点的程序盒图

链表删除操作的程序代码如下所示。

```
LIST * DeleteNode(LIST * h,long no)
{
      LIST * pre, * p;                          /* 定义指针变量 */
      if(h = = NULL)                            /* 如果链表为空,则不能删除结点 */
      {
            printf("链表为空,不能删除结点! \n");
            return;                             /* 直接返回 */
```

```
    }
    p=h;                                        /*将p指向第一个结点*/
    while (p->no! =no&&p->next! =NULL)/*如果当前结点不是要删除的结点*/
    {
        pre=p;                                  /*pre指向p指向的结点*/
        p=p->next;                              /*p指向下一个结点*/
    }
    if (p->no= =no)                             /*如果p指向的结点是要删除的结点*/
    {
        if(p= =h)                               /*如果要删除的结点是第一个结点*/
            h=p->next;                          /*则头指针指向第二个结点*/
      else                                      /*如果要删除的结点不是第一个结点*/
            pre->next=p->next;                  /*则让pre的指针域指向p的下一个结点,即
                                                  将p删除*/
      free(p);                                  /*释放p指向的结点的内存空间*/
      printf("结点被成功删除.\n");
    }
    else                                        /*如果没有找到要删除的结点*/
      printf("没有发现要删除的结点! \n");/*输出提示信息*/
    return h;                                   /*返回链表的头指针*/
}
```

在删除操作过程中，需要以下几点：

（1）首先要判断链表是否为空。如果为空，则不能进行删除操作。代码如下：

```
if(h= =NULL)                                    /*如果链表为空,则不能删除结点*/
{
    printf("链表为空,不能删除结点! \n");
    return;                                     /*直接返回*/
}
```

判断链表为空的条件是h==NULL。如果链表为空，则程序直接返回，不再执行下面的操作。

（2）如果链表不为空，则需要从链表的第一个结点开始，即从头指针h出发，依次比较结点的学号。首先，让指针p指向第一个结点。代码如下：

```
p=h;                                            /*将p指向第一个结点*/
```

接着，比较结点的学号即p->no==no。如果不等于no，则需要继续比较，代码如下；

```
while (p->no! =no&&p->next! =NULL)              /*如果当前结点不是要删除的结点*/
{
    pre=p;                                      /*pre指向p指向的结点*/
    p=p->next;                                  /*p指向下一个结点*/
}
```

(3) 如果找到了链表中要删除的结点，仍需要判断该结点是否是第一个结点。如果是第一个结点，那么将头指针 h 指向第二结点，然后释放 p 指向结点的内存空间。代码如下：

```
if(p = = h)                           /* 如果要删除结点是第一个结点 */
    h = p - >next;                    /* 则头指针指向第二个结点 */
```

要删除的结点是第一个结点的情况如图 10 - 25 所示。

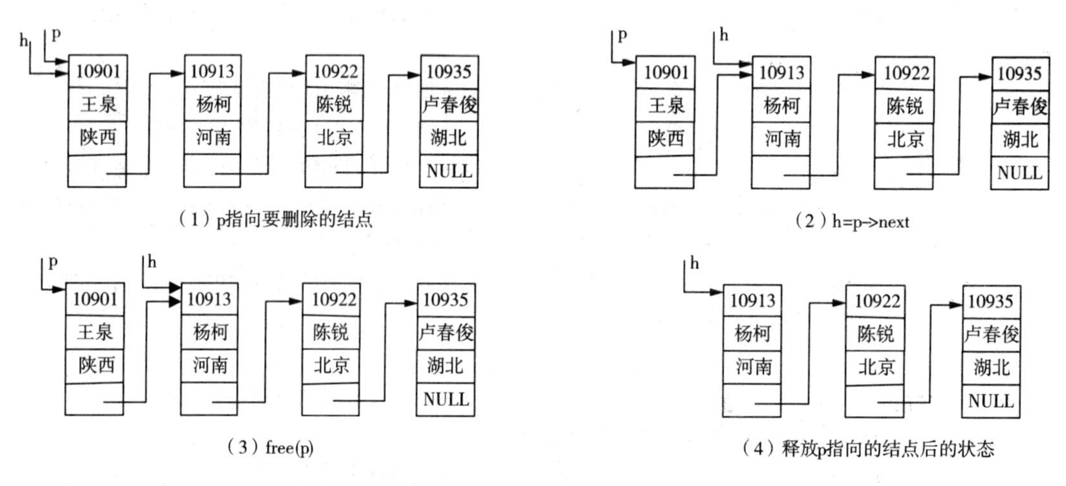

（1）p指向要删除的结点　（2）h=p->next　（3）free(p)　（4）释放p指向的结点后的状态

图 10 - 25　删除第一个结点的过程

(4) 如果没有找到要删除的结点，也就是说当 p－＞next！＝NULL 条件不成立时，则输出提示信息。

(5) 在程序的最后要将链表的头指针 h 返回，以供调用函数或其他函数使用。

5. 链表的综合操作

前面已经学过了链表的各种操作：创建链表、输出链表、插入链表和删除链表。这一节将通过 main 函数调用这些链表操作，以测试程序的正确性。

【例 10 - 8】　编写一个 main 函数，分别调用函数 CreateList、InsertNode、DeleteNode、DispList 来创建链表、插入新结点，删除结点和输出结点的值。

```
#include<stdio.h>
#include<malloc.h>
struct student                          /* 定义结点 */
{
    long no;                            /* 学号 */
    char name[20];                      /* 姓名 */
    char addr[30];                      /* 地址 */
    struct student *next;               /* 指向结构体指针 */
};
typedef struct student LIST;            /* 重新定义结点类型 */
LIST *CreateList();                     /* 声明函数 CreateList */
```

```
LIST * InsertNode(LIST * h,LIST * s);          /* 声明函数 InsertNode */
LIST * DeleteNode(LIST *  h,long no);          /* 声明函数 DeleteNode */
void DispList(LIST * h);                       /* 声明函数 DispList */
void main()
{
    LIST * head, * p;                          /* 定义指向结点的指针 */
    long no;                                   /* 定义一个长整型,表示输入的学号 */
    head = CreateList();                       /* 调用函数 CreateList 创建链表 */
    printf("学号   姓名   地址\n");
    DispList(head);                            /* 调用函数 DispList 输出链表中的结点 */
    printf("输入要插入的结点元素:\n");
    p = (LIST * )malloc(sizeof(LIST));         /* 动态生成一个新结点 */
    scanf("%d %s %s",&p->no,p->name,p->addr);  /* 输入结点的数据 */
    head = InsertNode(head,p);                 /* 调用函数 InsertNode 插入新结点 */
    printf("学号   姓名   地址\n");
    DispList(head);                            /* 调用函数 DispList 输出插入新结点后的链
                                                  表 */
    printf("请输入一个要删除结点的学号:\n ");
    scanf("%d",&no);                           /* 输入要删除结点的学号 */
    head = DeleteNode(head,no);                /* 调用函数 DeleteNode 输出学号为 no 的结点 */
    printf("学号   姓名   地址\n");
    DispList(head);                            /* 调用函数 DispList 输出删除结点后的链表 */
}
```

程序运行结果如图 10-26 所示。

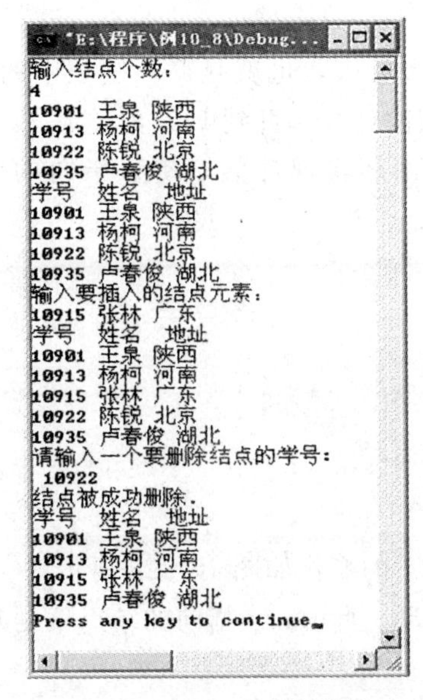

图 10-26 程序运行结果

10.5.3 链表操作的应用举例——约瑟夫问题

【例 10-9】 约瑟夫问题是一个很有意思的游戏。所谓约瑟夫问题，就是有 n 个人，编号分别是 1、2、3、…、n。他们围坐在一张圆桌周围，编号为 k 的人开始从 1 报数，数到 m 的人出列。然后下一个人又从 1 开始报数，再数到 m 的人出列。依次类推，直到坐在圆桌周围的人都出列为止。例如，n=7，k=2，m=3，则出列的人的顺序依次是 4、7、3、1、6、2、5。

要解决这个问题，首先应建立一个循环链表。将链表的最后一个结点和第一个结点相连接就构成了循环链表。循环链表就像一群小孩子手拉手围成一个大圆圈，如图 10-27 所示。

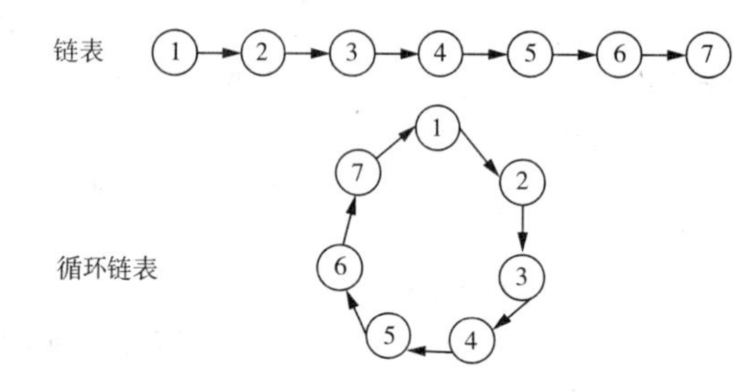

图 10-27 链表与循环链表

在图 10-27 中，将最后一个结点与第一个结点相连接构成一个循环链表。要实现约瑟夫问题，就是要将循环链表中的结点依次删除。将这个问题分为以下两个小问题来处理：

(1) 寻找开始报数的人

首先需要找到第 1 个报数的人，也就是循环链表中的第 k 个结点。这需要从循环链表的头指针 head 出发，依次计数，直到 k 为止。定义一个指针变量 p，使 p 指向头指针 head。然后，通过 for 循环实现计数，使 p 指向的结点就是第 k 个结点。代码如下：

```
p = head;                    /* 使 p 指向第一个结点 */
for(i = 1;i<k;i + + )        /* 通过循环使 p 指向开始报数的人 */
{
      r = p;
      p = p - >next;
}
```

如果 k=3，则指针 p 和 r 的变化如图 10-28 所示。

当 i=2 时，不再执行循环。此时，p 指向的结点就是开始报数的结点，而 r 指向该结点的前一个结点。

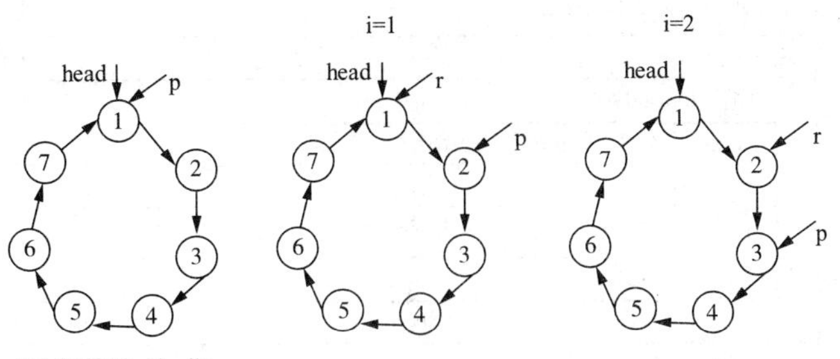

图 10－28　在寻找第 k 个结点时指针 p 变化情况

（2）报数为 m 的人出列

从 p 指向的结点开始计数，寻找报数为 m 的人出列，仍然使用循环进行计数。代码如下：

```
for(i = 1;i<m;i + + )                          /* 找到报数为 m 的人 */
{
    r = p;
    p = p - >next;
}
```

完成以上代码时，p 指向要删除的结点，而 r 指向该结点的前一个结点。例如，m＝2，则要删除编号为 5 的结点。删除 p 指向的结点的过程如图 10－29 所示。

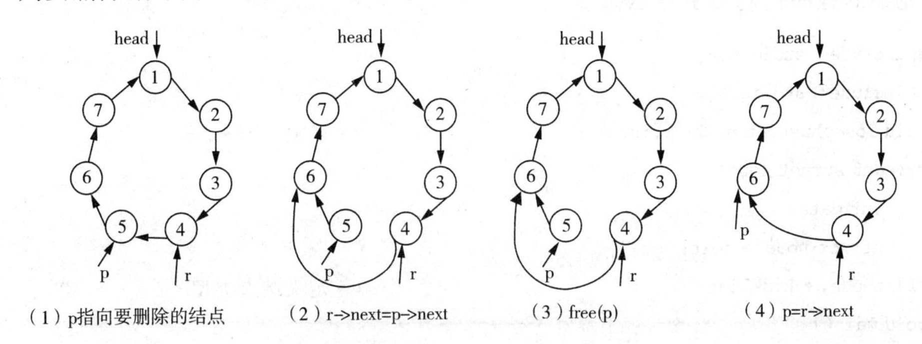

图 10－29　删除 p 指向的结点的过程

删除 p 指向的结点的代码如下：

```
r - >next = p - >next;                 /* 将报数为 m 的人即 p 指向的结点脱链 */
free(p);                               /* 释放 p 指向的结点的空间 */
```

删除结点之后，需要将 p 指向下一个结点以便继续报数。代码如下：

```
p = r - >next;                         /* 令 p 指向下一次开始报数的人 */
```

约瑟夫问题的程序盒图如图 10－30 所示。

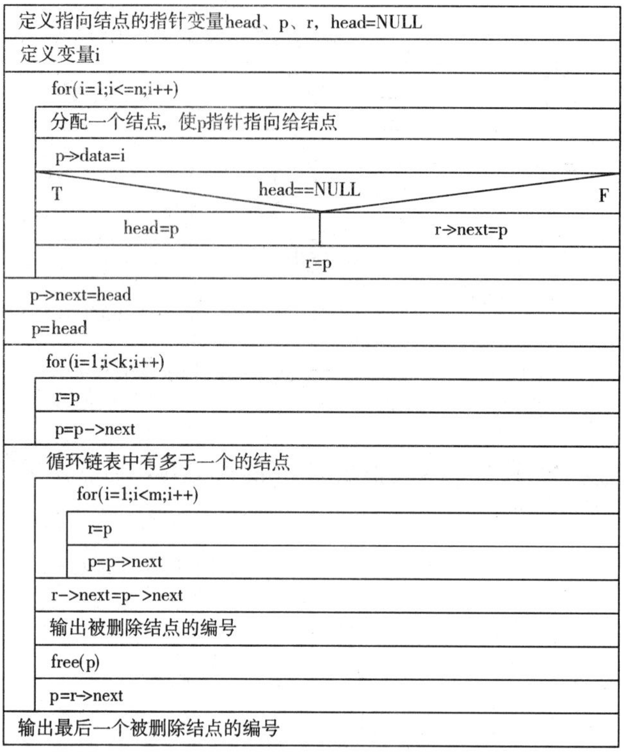

定义指向结点的指针变量head、p、r，head=NULL
定义变量i
for(i=1;i<=n;i++)
分配一个结点，使p指针指向给结点
p->data=i
T head==NULL F
head=p | r->next=p
r=p
p->next=head
p=head
for(i=1;i<k;i++)
r=p
p=p->next
循环链表中有多于一个的结点
for(i=1;i<m;i++)
r=p
p=p->next
r->next=p->next
输出被删除结点的编号
free(p)
p=r->next
输出最后一个被删除结点的编号

图 10－30 约瑟夫问题的程序盒图

完整的程序代码如下所示。

```
#include<stdio.h>
#include<stdlib.h>
void Josephus(int n,int k,int m);                /* 函数声明 */
typedef struct node{
    int data;
    struct node *next;
}ListNode,*LinkList;                             /* 定义结点类型 */
void main()
{
    int n,k,m;
    scanf("%d,%d,%d",&n,&k,&m);                 /* 输入总人数、第一个开始报数的人、出
                                                    列的人所报的数 */
    Josephus(n,k,m);                             /* 调用函数 */
}
void Josephus(int n,int k,int m)
                                                 /* n表示总人数,k表示第一个报数的
                                                    人,报数为m的人出列 */
{
    LinkList p,r,head=NULL;                      /* 定义指向结点的指针,其中头指针 head
```

```
                                            初始时为 NULL */
    int i;
                                            /* 建立循环链表 */
    for(i = 1;i< = n;i+ + )
    {
        p = (LinkList)malloc(sizeof(ListNode));   /* 生成新结点 */
        p->data = i;                        /* 为结点元素赋值 */
        if(head = = NULL)                   /* 如果链表为空 */
            head = p;                       /* p 指向的结点作为第一个结点 */
        else                                /* 如果链表不为空 */
            r->next = p;                    /* 将结点插入到链表尾部 */
        r = p;                              /* r 指向链表的最后一个结点 */
    }
    p->next = head;                         /* 使链表循环起来 */
    p = head;                               /* 使 p 指向第一个结点 */
    for(i = 1;i<k;i+ + )                    /* 通过循环令 p 指向开始报数的人 */
    {
        r = p;
        p = p->next;
    }
    while(p->next! = p)                     /* 如果链表中的结点多于 1 个 */
    {
        for(i = 1;i<m;i+ + )                /* 找到报数为 m 的人 */
        {
            r = p;
            p = p->next;
        }
        r->next = p->next;                  /* 将报数为 m 的人即 p 指向的结点脱
                                               链 */
        printf("被删除的元素:%d\n",p->data);/* 输出出列的人的序号 */
        free(p);                            /* 释放 p 指向结点的空间 */
        p = r->next;                        /* 令 p 指向下一次开始报数的人 */
    }
    printf("最后被删除的元素是:%d\n",p->data);/* 输出最后一个出列的人的序号 */
}
```

程序运行结果如图 10 - 31 所示。

图 10－31　程序运行结果

10.6　联合体

联合体是另一种用户自定义类型，它的外形与结构体有些类似。联合体是将不同的数据类型存放在同一段内存中，即共用同一块内存单元。因此，联合体也称为共用体。

10.6.1　定义联合体类型及变量

联合体是将几种不同的数据类型组合在一起，存放在同一块内存单元，它的成员都是从同一地址开始存放的。定义联合体的一般格式如下：

```
union  联合体名
{
       成员列表;
};
```

从形式上看，它与结构的体定义是类似的。只是联合体使用关键字 union 进行说明，而结构体使用关键字 struct 进行说明。定义联合体类型的变量也与结构体类型是类似的。例如，要定义联合体类型的变量 u1 和 u2，代码如下：

```
union data
{
      int a;
      char ch;
      double b;
}u1,u2;
```

其中，union data 是联合体类型，u1 和 u2 被定义为 union data 类型的变量。成员 a、ch 和 b 都是从同一个地址开始存放的，存储单元相互覆盖。变量 u1 和 u2 各个成员的存放情况如图 10－32 所示。

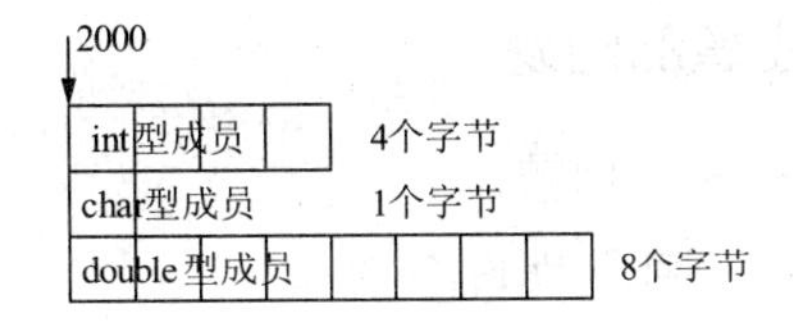

图 10－32　变量 u1 和 u2 各个成员的存放情况

因为这几个成员的数据类型不同，所以占用的内存单元也不相同。这里，联合体变量所占用的内存单元为占用字节数最大的成员的长度。因此，变量 u1 和 u2 所占用的内存单元是 8 个字节，而不是 4＋1＋8＝13 个字节。

另外，也可以使用 typedef 对联合体类型重新定义。例如，将 union data 定义为 DATA 类型。代码如下：

```
typedef union data
{
        int a;
        char ch;
        double b;
}DATA;
```

或

```
union data
{
        int a;
        char ch;
        double b;
};
typedef union data DATA;
```

以上两种写法是等价的。

10.6.2　引用联合体

联合体变量成员的引用与结构体变量的引用方法是相同的。例如，引用联合体变量 u1 和 u2 各个成员的代码如下：

```
u1.a = 4;
s = u1.b + u2.b;
u1.ch = 'A';
```

如果输出变量 u1 的各个成员，不能写成如下形式：

```
printf("%d,%c,%f\n",u1);     /* 错误! 不能直接整体引用,应分别指明 u1 的各个成员 */
```

正确的写法如下：

```
printf("%d,%c,%f\n",u1.a,u1.ch,u1.b);     /* 正确! */
```

10.6.3 使用联合体应注意的问题

在使用联合体时，应注意以下问题：

1. 联合体变量的成员共用同一块内存单元

联合体变量中的成员从同一块内存地址开始存放，占有同一块内存单元。因此，联合体变量可以存放几种类型的数据，但是一次只能存放一种数据。也就是说，同一时刻，只有一个成员起作用。例如，在 union data 类型中，可以存放 int、char 和 double 型数据，但是，同一时刻只有一个成员起作用。

2. 只有最后一次存放的联合体变量成员起作用

如果连续为联合体变量的成员赋值，只有最后一次赋值起作用，前面的赋值都会被覆盖掉。例如，有下面的赋值语句：

```
u1.a = 5;
u1.ch = 'B';
u1.b = 76.5;
```

经过以上赋值操作后，变量 u1 中存放的数据是 76. 5，而前面 u1. a 和 u1. ch 的数据都被覆盖掉了。

3. 在定义联合体变量时，不能同时对其初始化

例如，以下写法是错误的：

```
union data
{
        int a;
        char ch;
        double b;
}u1 = {5,'B',76.5};
```

这是因为，联合体变量中的成员同一时刻只有一个能起作用。

4. 不能将联合体变量作为函数参数

联合体变量不能作为函数参数，也不能作为函数的返回值。

5. 联合体变量与联合体成员的地址是相同的

因为联合体变量中的各个成员都是从同一个地址开始存放的，而联合体变量的长度是其成员中最长的一个长度，所以联合体变量的地址与每个成员的地址相同。

10.6.4 联合体的应用举例

【例 10 - 10】 某个单位的职工分为两类：行政人员和事业编制人员。其中，行政人员具有职务，事业编制人员具有职称。该单位员工的基本情况表包括编号、姓名、性别、职务/职称。请编制一个程序，输出该单位员工的基本情况表。

分析：因为该单位员工分为两类人员：行政人员和事业编制人员。行政人员具有

职务，事业编制人员具有职称。因此，职工要么具有职称要么具有职务，两者不能同时兼备。例如，可以得到相应的职工基本情况表如表 10-2 所示。

表 10-2 职工基本情况表

编号	姓名	性别	职称/职务
101	张鹏	男	处长
102	冯筠	女	讲师
103	周涛	女	教授

完整的程序代码如下：

```
#include<stdio.h>
typedef struct
{
	int no;
	char name[20];
	char sex[4];
	int flag;                                   /*0 表示事业编制人员,1 表示行政人员*/
	union
	{
		char headership[20];
		char position[20];
	};
}STAFF;
void main()
{
	STAFF staff[3];
	int i;
	for(i=0;i<3;i++)
	{
		printf("第%d个员工的编号:",i+1);
		scanf("%d",&staff[i].no);
		printf("第%d个员工的姓名:",i+1);
		scanf("%s",staff[i].name);
		printf("第%d个员工的性别:",i+1);
		scanf("%s",staff[i].sex);
		printf("第%d个员工的类别(0:事业,1:行政):",i+1);
		scanf("%d",&staff[i].flag);
		if(staff[i].flag==0)              /*如果是事业编制人员,输入职称*/
		{
			printf("第%d个员工的职称:",i+1);
			scanf("%s",&staff[i].headership);
```

```
            }
            else                                     /* 如果是行政人员,输入职务 */
            {
                printf("第%d个员工的职务:",i+1);
                scanf("%s",&staff[i].position);
            }
        }
        printf("编号\t姓名\t性别\t类别\t职务/职称\n");
        for(i=0;i<3;i++)
        {
            printf("%d\t%s\t%s\t%d\t",staff[i].no,staff[i].name,staff[i].sex,staff
[i].flag);
            if(staff[i].flag==0)
                printf("%s\n",staff[i].headership);
            else
                printf("%s\n",staff[i].position);
        }
    }
```

程序运行结果如图 10－33 所示。

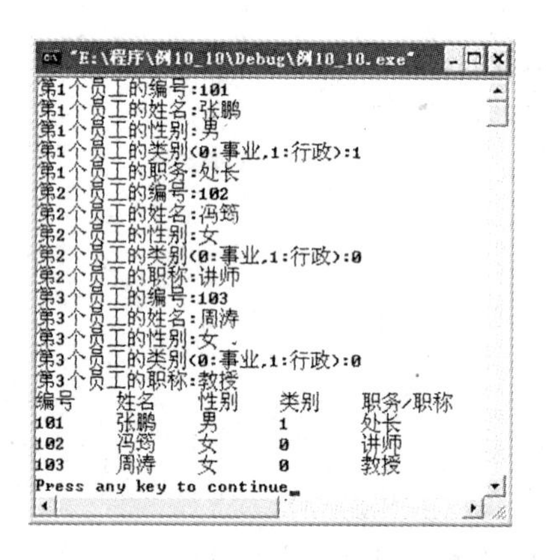

图 10－33　程序运行结果

注意:

不可以为 STAFF 类型的变量直接赋值。以下赋值是错误的:

STAFF staff[3]={{101,"张鹏","男",1,"处长"},{102,"冯筠","女",0,"讲师"},{103,"周涛","女",0,"教授"}};

这主要是因为,若直接赋值不能确定是将"处长"、"讲师"、"教授"赋值给成员 headership 还是 position。

10.7 枚举类型

从变量的取值来看，枚举类型是一种基本数据类型；从定义形式来看，它又是一种用户自定义的数据类型。枚举类型的变量取值只有有限的几个。另外，枚举类型的值通常使用符号常量来表示，因此比较直观。

10.7.1 定义枚举类型及变量

枚举类型与结构体类型的定义类似。在使用枚举类型变量之前，首先要定义枚举类型。定义枚举类型需要使用 enum。例如，下面是一个枚举类型的定义：

```
enum weekday{sun,mon,tue,wed,thu,fri,sat};
```

enum weekday 是一个枚举类型，它的取值为花括号中的数据。使用 enum weekday 可以定义变量。代码如下：

```
enum weekday w1,w2;
```

其中，w1 和 w2 被定义为 enum weekday 类型，它的取值只能是 sun、mon、tue、wed、thu、fri 和 sat 其中的一个。

当然，也可以在定义枚举类型的同时定义变量。代码如下：

```
enum weekday{sun,mon,tue,wed,thu,fri,sat}w1,w2;
```

其中，花括号内的 sun、mon、tue、wed、thu、fri 和 sat 是枚举常量，它们的命名必须符合标识符的命名规则。在默认情况下，分别代表 0、1、2、3、4、5、6。

10.7.2 使用枚举类型的一些说明

下面是使用枚举类型的一些说明：

（1）在枚举类型定义中，花括号内的数据是枚举常量。

例如，在 enum weekday {sun，mon，tue，wed，thu，fri，sat} 中，sun、mon、tue、wed、thu、fri 和 sat 是符号常量，分别表示 0～6 之间的自然数，不能对这些常量进行赋值。因此，下面的赋值是错误的：

```
sun = 0;mon = 1;                    /* 错误！不能为枚举常量赋值 */
```

（2）在默认情况下，枚举常量的取值从 0 开始，依次增 1。

在 C 语言中，编译系统会自动为枚举常量从 0 开始取值，依次增 1。例如，在 enum weekday 中，sun 的值为 0，mon 的值为 1，tue 的值为 2，依次类推。如果有以下赋值语句：

```
w1 = tue;
```

它表示将 2 赋值给 w1，相当于以下赋值语句：

```
w1 = 2;
```

如果要输出 w1 的值，代码如下：

```
printf("%d\n",w1);
```

输出的结果为 2。

（3）在定义枚举类型时，也可以指定枚举常量的取值。

例如，在定义 enum weekday 时，也可以指定枚举常量的取值。代码如下：

```
enum weekday{sun = 7,mon = 1,tue,wed,thu,fri,sat}w1,w2;
```

其中，sun=7，mon=1，tue=2，wed=3，往后依次增 1。

注意：

枚举常量的值只能在定义时直接指定，不可以在其他地方修改，这与定义常量是相似的。

（4）可以将整数直接赋值给枚举变量。

如果 w1 是枚举类型 enum weekday 的变量，可以将整数赋值给 w1。例如，

```
w1 = 2;
```

这是因为枚举类型的取值是整数类型或字符常量，但在 C 语言中，它们都将转换为整型数据处理，所以可以将整数直接赋值给枚举变量。

10.7.3 枚举类型应用举例

【例 10－11】 口袋中有红、黄、蓝、白 4 种颜色的球若干个。每次从口袋中先后取出 2 个球，得到两种颜色不同的球的取法有多少种。

```
#include<stdio.h>
void main()
{
    enum color{red,yellow,blue,white};
    enum color i,j,sel;
    int n = 0,lop;
    for(i = red;i< = white;i + + )
          for(j = red;j< = white;j + + )
          if(i! = j)
          {
              n = n + 1;
              printf("%4d",n);
              for(lop = 1;lop< = 2;lop + + )
              {
                  switch(lop)
```

```
                {
                case 1:
                    sel = i;
                    break;
                case 2:
                    sel = j;
                    break;
                }
                switch(sel)
                {
                case red:
                    printf(" %11s","red");
                    break;
                case yellow:
                    printf(" %11s","yellow");
                    break;
                case blue:
                    printf(" %11s","blue");
                    break;
                case white:
                    printf(" %11s","white");
                    break;
                }
            }
            printf("\n");
        }
        printf("总共有 %d 选择\n",n);
}
```

程序运行结果如图 10 - 34 所示。

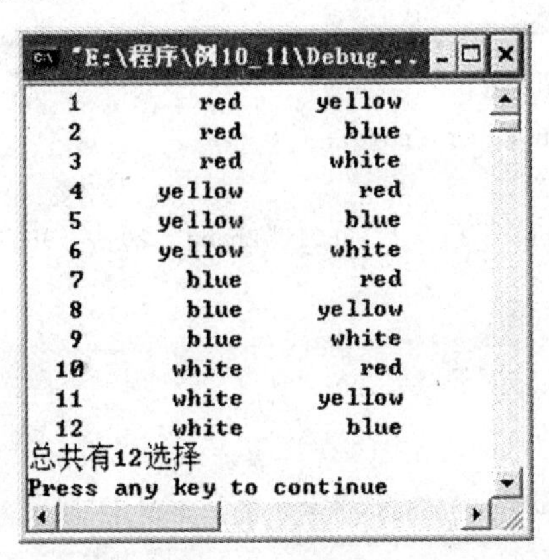

图 10 - 34　程序运行结果

本章小结

在程序设计中，遇到比较复杂的数据需要处理时，比如：学生信息、教师信息，就需要使用用户自定义类型。自定义数据类型有结构体类型、联合体类型。

在使用结构体和联合体时，需要注意编译系统不会为定义的类型分配内存单元，它只为变量分配内存单元。另外，结构体和联合体不能整体引用。例如，不能整体输出结构体类型的变量值。

结构体与联合体有许多相似的地方。比如，它们都由若干个不同的数据类型成员构成。但是结构体中的每一个成员都各自占用一块内存单元，而联合体中的所有成员都占用同一块内存单元。

枚举类型变量的取值只有有限几种，它的值为枚举常量，用符号常量表示。这些符号常量与整型数据一一对应。因为枚举类型的值是常量，所以不能为枚举常量赋值。只能在定义枚举类型时为常量指定值，之后不可以改变这些值。

使用 typedef 可以重新定义类型，即为类型换名。值得注意的是，使用 typedef 并没有构造新的类型，仅仅是将已经存在的类型换名而已。另外，使用 typedef 可以增强程序的通用性和可移植性。

在链表的各种操作中，都涉及链表的插入和删除操作。链表的插入和删除操作是学习上的一个难点，需要大家勤动手、多思考。

练 习 题

选择题

1. 有以下程序：

```
#include <STDIO.H
struct stu
{  int num;
   char name[10];
   int age;
};
void fun(struct stu *p)
{   printf("%s\n",(*p).name);   }
main()
{struct stu students[3] = {{9801,"Zhang",20},{9802,"Wang",19},{9803,"Zhao",
18}};
fun(students + 2);
}
```

输出结果是(　　)。

A. Zhang　　B. Zhao　　C. Wang　　D. 18

2. 设有以下说明和定义：

```
typedef union
{   long i; int k[5]; char c; }DATE;
struct date
{   int cat; DATE cow; double dog; } too;
DATE max;
printf ("%d",sizeof (struct date ) + sizeof(max));
```

则下列语句的执行结果是(　　)。

A. 26　　B. 30　　C. 18　　D. 8

3. 若有以下说明和定义：

```
union dt
{   int a;   char b;   double c;   }data;
```

那么，下列叙述中错误的是(　　)。

A. data 的每个成员起始地址都相同

B. 变量 data 所占的内存字节数与成员 c 所占字节数相等

C. 程序段：data. a=5；printf ("%f\n", data. c)；输出结果为 5. 000000

D. data 可以作为函数的实参

4. 设有如下说明

```
typedef struct ST {   long a;   int b;   char c[2];   }NEW;
```

则下面叙述中正确的是(　　)。

A. 以上的说明形式非法　　B. ST 是一个结构体类型

C. NEW 是一个结构体类型　　D. NEW 是一个结构体变量

5. 以下选项中，能合法定义 s 为结构体变量的是(　　)。

A. typedef struct abc

```
{   double a;
char b[10];
} s;
```

B. struct

```
{   double a;
char b[10];
} s;
```

C. struct ABC

```
{   double a;
char b[10];
}
ABC s;
```

D. typedef ABC

```
{   double a;
char b[10];
}
ABC s;
```

6. 下列程序的输出结果是(　　)。

```
struct abc
    { int a, b, c; };
    main()
    {   struct abc s[2] = {{1,2,3},{4,5,6}}; int t;
    t = s[0],a + s[1],b;
    printf("%d\n",t);
```

```
}
```

A. 5　　B. 6　　C. 7　　D. 8

填空题

1. 以下程序运行后的输出结果是________。

```
struct NODE
{   int k;      struct NODE * link; };
main()
{   struct NODE m[5], * p = m, * q = m + 4;      int i = 0;
       while(p! = q) {   p - >k = + + i;   p + + ;      q - >k = i + + ;   q - - ; }
       q - >k = i;
       for(i = 0;i<5;i + + )   printf(" % d",m[i].k);
       printf("\n");
}
```

2. 若有以下定义和语句，则 sizeof（a）的值是________，sizeof（b）的值________。

```
struct { int day; char mouth; int year;} a, * b;________ b = &a;
```

3. 有以下定义和语句，则 sizeof（a）的值是________，而 sizeof（a. share）的值是________。________ struct date

```
{   int day;
int month;
int year;
union{   int share1      float share2;   }share;
}a;
```

4. 以下程序运行后的输出结果是________。

```
# include <stdio. h>运行结果：
union   pw
{   int i;              char   ch[2];
}a;
main (){   a.ch[0] = 13;           a.ch[1] = 0;           printf (" % d\n",a.i);   }
```

5. 若要使指针 p 指向一个 double 类型的动态存储单元，请填空。

```
p = malloc(sizeof(double));
```

6. 设有以下结构类型说明和变量定义，则变量 a 在内存所占字节数是________。

```
Struct stud
{ char num[6];           int s[4];           double ave;
} a, * p;
```

7. 以下函数把 b 字符串连接到 a 字符串的后面，并返回 a 中新字符串的长度。请填空。

```
Strcen(char a[], char b[])
{   int num = 0,n = 0;
```

```
while( *(a+num)! = __________) num++;
while(b[n]){   *(a+num)=b[n];    num++;__________; }
return(num);
}
```

8. 以下程序段用于构成一个简单的单向链表。请填空。

```
struct STRU
{   int x, y ;         float rate;__________ p;
} a, b;
a.x=0;    a.y=0;    a.rate=0;     a.p=&b;
b.x=0;    b.y=0;    b.rate=0;     b.p=NULL;
```

第11章 位运算

■ 本章导读

位运算为用户提供了直接对二进制操作的一种方式。另外，位运算可以提高程序的运行效率。C语言中的位运算有6个，包括：按位与运算、按位或运算、按位异或运算、按位取反运算、左移运算和右移运算。

■ 学习目标

(1) 理解位运算符的使用；

(2) 掌握用位运算符操作数据；

(3) 掌握建立紧凑存储数据的位段。

11.1 位运算符

C语言之所以称为低级语言，很重要的一个原因就是它提供了位运算。位运算可以使程序的效率得到极大的提高。

11.1.1 位运算符

C语言中的位运算符有6个：&、|、^、~、<<、>>。位运算符的含义如图11-1所示。

位运算符	含义
&	按位与运算符
|	按位或运算符
^	按位异或运算符
~	按位取反运算符
<<	左移运算符
>>	右移运算符

图11-1 位运算符及含义

其中，&、|、^、<<、>>是双目运算符，而～是单目运算符。位运算符与赋值运算符相结合，也能构成赋值运算符。这种运算符共有 5 个：&=、|=、>>=、<<=、^=。

11.1.2 位运算符的优先级与结合性

在 6 个位运算符中，按位取反运算符～的优先级最高，与++、--处于同一优先级。另外，按位取反运算符～是单目运算符，只能有一个操作数，而其他运算符都是双目运算符。移位运算符<<和>>的优先级高于关系运算符，但低于算术运算符。&、^、|这 3 个运算符的优先级高于逻辑与运算符，低于关系运算符。&=、|=、>>=、<<=、^=与前面学过的赋值运算符处于同一优先级。这些运算符的含义及优先级如图 11-2 所示。

<table>
<tr><th>运算符</th><th>含 义</th><th>运算对象个数</th><th>优先级</th></tr>
<tr><td>~</td><td>按位取反运算符</td><td>单目运算符</td><td rowspan="7">从高到低</td></tr>
<tr><td><<</td><td>左移运算符</td><td>双目运算符</td></tr>
<tr><td>>></td><td>右移运算符</td><td>双目运算符</td></tr>
<tr><td>&</td><td>按位与运算符</td><td>双目运算符</td></tr>
<tr><td>^</td><td>按位异或运算符</td><td>双目运算符</td></tr>
<tr><td>|</td><td>按位或运算符</td><td>双目运算符</td></tr>
<tr><td><<=
>>=
&=
^=
|=</td><td>赋值运算符</td><td>双目运算符</td></tr>
</table>

图 11-2 位运算符的优先级

11.2 位运算符与位运算

本节我们将逐一介绍各个位运算符及其使用情况。另外，只有整型或字符型数据才能进行位运算。

11.2.1 按位与运算符与按位与运算

按位与运算符是“&”，它与取地址符是同一个符号。如果参与两个操作数的运算时，它就是按位与运算符。而用在变量前面时，它就是取地址运算符。

& 作为按位与运算符时，如果两个操作数对应的二进制位都是 1。则相应结果的对应位是 1。否则，结果对应位是 0。按位与运算有以下四种情况：

1&1=1，1&0=0，0&1=0，0&0=0

其中，1 和 0 是二进制位相应的数字。例如，14&6 的运算过程如图 11-3 所示。

	8	7	6	5	4	3	2	1	
14＝	0	0	0	0	1	1	1	0	
&6 ＝	0	0	0	0	0	1	1	0	
	0	0	0	0	0	1	1	0	＝ 6

图 11－3　14&6 的计算过程

因此，14&6 的结果为 6。在计算机内部，不管参与操作的是正数还是负数，都是将操作数作为二进制数的补码进行运算。例如，－27 和 22 按位与运算过程如图 11－4 所示。

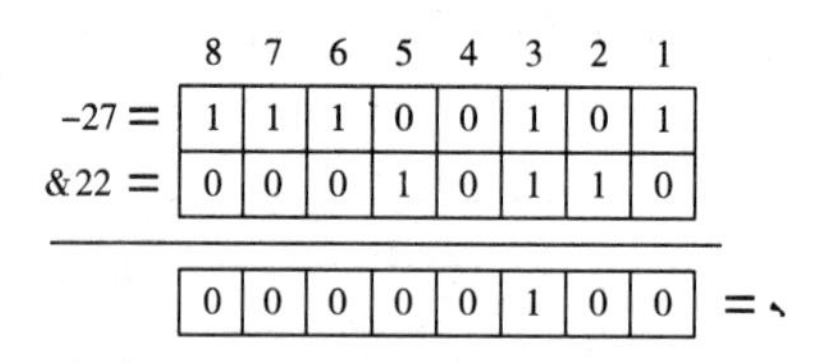

图 11－4　－27&22 按位与运算过程

按位与运算有以下几种用途：

1. 将数清零

如果要将一个数的某位或某几位清零，可以找到一个新数，这个新数满足对应的二进制位上的数字设置为 0，而其他位上的数字为 1。这样，将两个数按位与操作后，新数为 0 的对应位上的数字结果都为 0。例如，要将二进制数 01011001 清零，找到一个数 10100110。原来二进制数从右到左（即从低位开始到高位）的第 1、4、5、7 位上的数字为 1，其他位上的数字为 0。因此，找到的数 10100110 从低位到高位的第 1、4、5、7 位上的数字为 0，其他位上的数字为 1。两个数进行按位与运算的过程如图 11－5 所示。

```
  87654321 ← 从低位到高位
  01011001
& 10100110
----------
  00000000 ＝0
```

图 11－5　两个数按位与运算过程

两个数按位与运算后的结果为 0。当然了，也可以不使用数 10100110，使用其他的数同样也能使最后的结果为 0，如 00100110。

2. 取一个数的某些特定位

使用按位与运算也可以得到希望保留的某些特定位上的数字。例如，一个 int 型数据在 Visual C＋＋ 6.0 开发环境中占用 4 个字节，如果希望得到低 2 位字节，可以将该整数与数 00000000 00000000 11111111 11111111 进行按位与运算即可。假设一个 int 型数据为 01001001 11010011 01010111 10011011，它与 00000000 00000000 11111111 11111111 进行按位与运算的过程如图 11－6 所示。

	01001001	11010011	01010111	10011011
&	00000000	00000000	11111111	11111111
结果	00000000	00000000	01010111	10011011

图 11-6　取一个数低 2 位字节的按位与运算过程

经过以上按位与运算后，高 2 位字节为 0，低 2 位字节保持不变。如果要得到上面的数 01001001 11010011 01010111 10011011 的高 2 位字节，方法类似，只要将 int 型数据与 11111111 11111111 00000000 00000000 进行按位与运算即可。运算过程如图 11-7 所示。

	01001001	11010011	01010111	10011011
&	11111111	11111111	00000000	00000000
结果	01001001	11010011	00000000	00000000

图 11-7　得到高 2 位字节的按位与运算过程

经过以上按位与运算后，高 2 位字节的数据保留，低 2 位字节的数据为 0。如果要得到一个数的某些特定位数据，可以找一个数使其满足对应于特定位上的数字为 1，其他位为 0，然后两数进行按位与运算即可。

11.2.2 按位或运算符与按位或运算

按位或运算符是"|"。如果参与运算的两个操作数相应的二进制位有一个为 1，则对应位的按位或运算结果为 1。如果相应的二进制位都为 0，则对应位的按位或运算结果为 0。按位或运算有以下 4 种情况：

1 | 1=1，1 | 0=1，0 | 1=1，0 | 0=0

其中，1 和 0 都是二进制位上的数字。例如，两个十进制数 45 和 87 对应的二进制数分别是 00101101 和 01010111。它们的按位或运算过程如图 11-8 所示。

```
  45 = 00101101
| 87 = 01010111
---------------
       01111111 = 127
```

图 11-8　45 | 87 的运算过程

使用按位或运算可以使一些特定位上的数字为 1。例如，32 与 255 进行按位或运算之后，低 8 位上的数字都为 1。

11.2.3 按位异或运算符与按位异或运算

"^"是按位异或运算符。如果参加按位异或运算的两个数中，对应二进制位一个为 1，一个为 0，则该位的结果为 1。如果两个都是 0，或者都是 1，则对应位的结果是 0。按位异或运算有以下 4 种情况：

1^0=1，0^1=1，1^1=0，0^0=0

例如，103和53的按位异或运算如图11-9所示。

```
  103 = 01100111
^  53 = 00110101
----------------
        01010010 = 82
```

图11-9　103和53按位异或运算过程

103^53的值为82。异或的含义就是如果两个对应的二进制位不同，则值为1；相同，则值为0。按位异或一般用在以下几种情况：

1. 保留特定位上的数字

按位异或与按位与运算一样，也可以使一个数的特定二进制位上的数字保持不变。如果要使一个数a的某些二进制位保留下来，可以找到一个数b，使b中与a对应的二进制位上的数为0即可。例如，如果要保留整数21的低8位，则可以找到一个数，使这个数的低8位为0。两个数的运算过程如图11-10所示。

```
  21 = 00010101
^  0 = 00000000
---------------
       00010101 = 21
```

图11-10　21与0异或的运算过程

21与0按位异或后的结果仍然为21。其中，每一位上的二进制数仍然被保留。

2. 使特定位上的数字翻转

使特定位上的数字翻转，即如果一个数的某个二进制位为1，则经过异或运算后，相应的二进制位为0。如果二进制位为0，则经过异或运算后，相应的二进制位为1。例如，117与15进行异或运算过程如图11-11所示。

```
  117 = 01110101
^  15 = 00001111
----------------
        01111010 = 122
        保留 翻转
```

图11-11　117与15异或运算的过程

117与15异或后的结果为122。其中，与0按位异或后相应位上的数被保留，与1异或后，相应位上的数被翻转。

3. 交换两个变量的值——不使用临时变量

如果两个数分别是a和b。其中，a的值为7，b的值为5。要让a与b的值交换，可以进行异或运算，代码如下：

```
a = a^b;
b = b^a;
a = a^b;
```

以上代码的异或运算过程如图11-12所示。

```
    a  =  00000111    7
^   b  =  00000101    5
-----------------------
    a  =  00000010
^   b  =  00000101
-----------------------
    b  =  00000111    7
^   a  =  00000010
-----------------------
    a  =  00000101  = 5
```

图 11-12　a与b的值交换过程

经过以上3步异或运算后，a与b中的值相互交换。原来a=7，b=5，经过异或运算后，a=5，b=7。由此可以看出，通过异或运算交换两个变量的值，可以不使用临时变量。

11.2.4　按位取反运算符与按位取反运算

"～"是按位取反运算符，它是位运算符中唯一的单目运算符。按位取反运算符的作用是将一个数的所有二进制位按位都取反，即如果二进制位为1，则取反后变为0；如果二进制位为0，则取反后变为1。

例如，一个十进制数26（对应二进制数00011010）按位取反的运算步骤如图11-13所示。

```
~ 26  =  00011010
-------------------------
         11100101  = 229
```

图 11-13　～26的运算过程

对26按位取反写作～26，得到的结果是229。与按位与、按位或、按位异或运算一样，按位取反也有一些特殊的用途。

使特定位上的数字为0——可移植性强

我们知道，按位与、按位异或运算都可以使某些特定位为0。例如，对于整数a（a为16位），如果要使a的最后一位为0，可以将a与11111111 11111110按位与运算，如此a的最低位置为0。如果a=67，则67与11111111 11111110按位与运算过程如图11-14所示。

```
  00000000  01000011
& 11111111  11111110
--------------------
  00000000  01000010
```

图 11-14　将67最低位变为0的按位与运算过程

经过以上按位与运算之后，原来a的最低位被置为0。但是，在不同计算机上，整型占用的位数可能不同。如果一个整型占有32位，要将67的最低位变为0，使用67&11111111 11111110就不可以了（有的机器将高16位扩展为0）。此时，为了将最低位变为0，就需要将67与11111111 11111111 11111111 11111110进行按位与运算。运算过程如图11-15所示。

```
  00000000 00000000 00000000 01000011
& 11111111 11111111 11111111 11111110
-------------------------------------
  00000000 00000000 00000000 01000010
```

图 11-15　一个占用32位的整数按位与运算

也就是说，在不同的计算机上，因为需要考虑数据类型在计算机中占用的位数不同，所以设计出来的程序需要修改。如果，一个程序在不同的计算机上不能直接运行，那这个程序的可移植性就不好。为了提高程序的可移植性，可以使用按位取反操作。例如，要将a的最低位清0，可以将a与～1进行按位与操作。也就是说，在按位与之前需要先将1按位取反，即a&～1。

如果一个整数占用16位，则1的二进制形式为00000000 00000001，按位取反后就是11111111 11111110。如果一个整数占用32位，则1的二进制形式为00000000 00000000 00000000 00000001，按位取反后就是11111111 11111111 11111111 11111110。总之，不管一个整数占用多少位，在不同的机器上采用这样的方法，程序都可以运行，不需要任何修改。

11.2.5　左移运算符与左移运算

“<<”是左移运算符，它的作用是将一个数的二进制位向左移动若干位。例如，一个左移位运算的代码如下：

```
a = a<<2;                    /* 将a的二进制位向左移动2位 */
```

其中，a是要移动的数，2是要移动的位数。将a的二进制位向左移动2位后，右边用0补上。例如，a=23，它的二进制表示为00010111，左移2位后得到01011100，对应十进制数92。移位运算过程如图11-16所示。

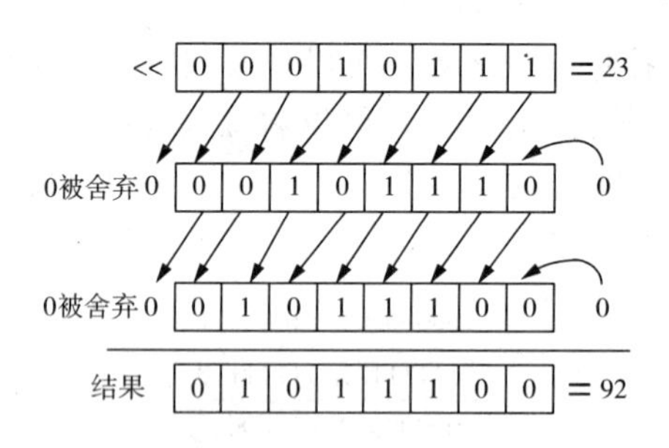

图 11-16　左移运算过程

从图11-16中可以看出，每左移一位，最高位就会被舍弃，而最低位用0填充。需要注意的是，对于负数的左移运算，最高位的1被舍弃后，次高位的1将作为符号位，最低位被补上0。例如，对于int型数据－65，它在Turbo C 2.0开发环境中，占用16位，在Visual C＋＋ 6.0开发环境中，占用32位。为了方便说明，假设它占用16位，那么，－65的二进制形式为11111111 10111111。此时若将－65左移一位，则结果为11111111 01111110，即－130。如图11-17所示。

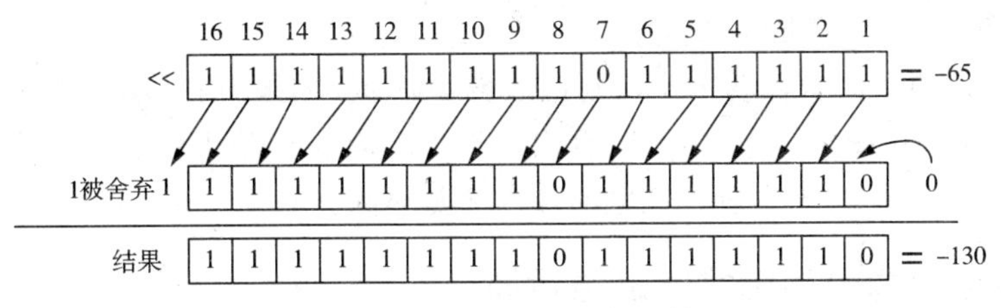

图 11 - 17 －65 左移一位的运算过程

如果在左移运算过程中，所有高位的 1 经左移后都被舍弃掉而将后面的 0 移动到最高位上时，就会发生错误。例如，将－65 左移 9 位后，二进制形式为 01111110 00000000，对应十进制数 32256。结果显然是错误的。

左移运算——相当于乘以 2 运算。

在整数范围内，将一个整数左移一位，相当于将该整数乘以 2，左移 2 位，则相当于将该整数乘以 4。从图 11 - 15 可以看出，23 左移 2 位后，变为 92，即 23×2×2＝92，左移操作 a＜＜n 相当于 a^n。

11.2.6 右移运算符与右移运算

"＞＞"是右移运算符。右移运算是将一个数的二进制位向右移动若干位。向右移动的低位被舍弃。对于无符号位，高位补上 0；对于有符号位，如果原来的数是负数，则高位补上 1，否则，高位补上 0。例如，一个有符号数 a＝123，对应二进制数 1111011。将 a 向右移动 2 位后得到 0011110，即 30。右移运算的过程如图 11 - 18 所示。

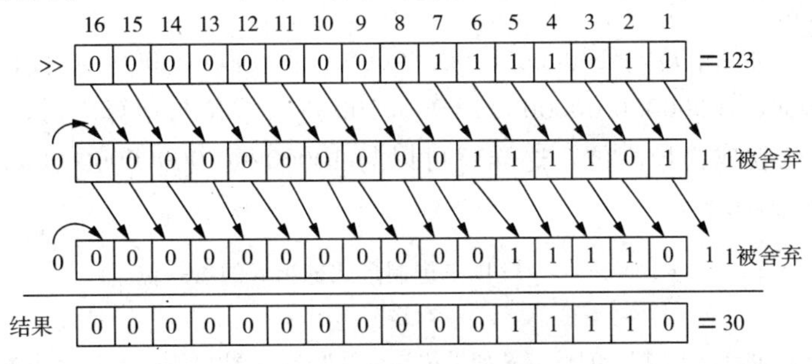

图 11 - 18 a＝123 右移运算过程

因为该数是正数，所以高位补上 0。a＞＞2 的结果为 30。对于负数的右移，需要在最高位上补 1，最低位上的数会被舍弃。例如，－98 对应二进制形式为 11111111 10011110。如果将该数右移 1 位，则变成 11111111 11001111，对应十进制数－49。如图 11 - 19 所示。

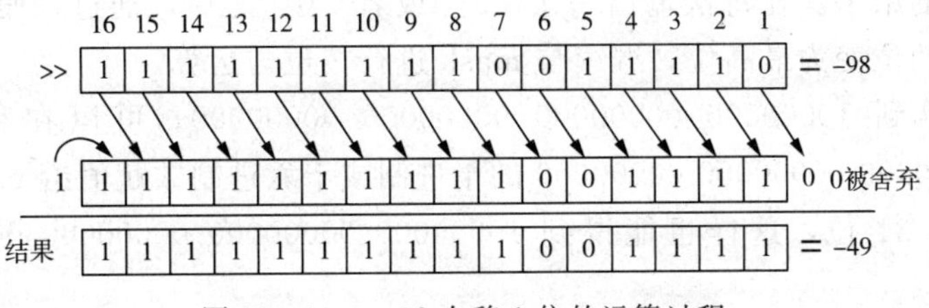

图 11 - 19 －98 右移 1 位的运算过程

右移运算——相当于除以 2 运算。

如果将原来的数向右移动 1 位，则该数被除以 2。如果向右移动 2 位，则相当于将原来的数除以 4。从图 11－18 中可以看出，将 123 向右移动 1 位后，变为 61，继续向右移动 1 位后，变为 30。注意：这里的除以 2 是整除。

11.2.7 与位运算符相结合的赋值运算符

与位运算符有关的赋值运算符有 5 个，分别是&＝、｜＝、＞＞＝、＜＜＝、^＝。它们的运算方法与前面学到的＋＝、－＝类似。例如，a&＝b 与 a＝a&b 等效，就是先将 a 与 b 进行位与运算，然后赋值给 a。若 a＞＞＝3，则等价于 a＝a＞＞3，即先将 a 向右移动 3 位，然后赋值给 a。

11.3 位运算应用举例

【例 11－1】 输入一个十进制数，编写一个程序要求以二进制形式输出该数。

分析：以二进制形式输出一个数，可以使用按位与运算解决。假设输入的数为 a（32 位），如果让 a 与 10000000 00000000 00000000 00000000 按位与，则可以得到 a 的最高位即第 32 位，如果让 a 的第 31 位与 10000000 00000000 00000000 00000000 按位与，则得到 a 的第 31 位。依次类推，让 a 的第 30 位、29 位、…、1 位依次与 10000000 00000000 00000000 00000000 按位与运算，就可以得到 a 的每一个二进制位上的数。

● 如何让 a 的各个位与 10000000 00000000 00000000 00000000 按位与运算。如果让 a 在与 10000000 00000000 00000000 00000000 进行按位与运算之后，将 a 左移一位，那么 a 的第 31 位就成为最高位，这样就可以与 10000000 00000000 00000000 00000000 的 1 相与了。代码如下：

```
for(i = 1;i< = 32;i + + )          /* 以二进制形式输出 a 的每一位 */
{
      putchar(a&mask? '1':'0');  /* 如果位与结果为 1,输出'1';如果位与结果为 0,则输出'0' */
      a<< = 1;                   /* 将 a 向左移动一位 */
}
```

其中，mask 表示 10000000 00000000 00000000 00000000。将 a 与 mask 按位与运算，如果结果为 1，说明 a 的最高位为 1；否则，a 的最高位为 0。然后，通过一个条件表达式得到要输出的结果。在每次输出一次‘1’或者‘0’之后，通过代码 a＜＜＝1；将下一个要输出的位变为最高位，继续与 mask 进行按位与运算。

● 如何得到 10000000 00000000 00000000 00000000。可以在程序中直接将 10000000 00000000 00000000 00000000 的十进制或十六进制数赋值给 mask。当然，也可以将 1 左移 31 位，这样也能得到 10000000 00000000 00000000 00000000，代码如下：

```
mask = 1<<31;                          /* mask 为 10000000 00000000 00000000 00000000 */
```

程序代码如下所示。

```
#include<stdio.h>
void displaybits(int b);               /* 函数声明 */
void main()
{
    int a;                             /* 变量定义 */
    printf("请输入一个整数\n");
    scanf("%d",&a);                    /* 输入一个整数 */
    displaybits(a);                    /* 调用函数 displaybits */
}
void displaybits(int b)                /* 函数定义 displaybits */
{
    int i,mask;                        /* 变量定义 */
    printf("十进制形式:b=%d\n",b);/* 以十进制形式输出 b */
    printf("二进制形式:");
    mask = 1<<31;                      /* mask 为 10000000 00000000 00000000 00000000 */
    for(i = 1;i<=32;i++)               /* 以二进制形式输出 b 的每一位 */
    {
        putchar(b&mask? '1':'0');
        b<<=1;
        if(i%8==0)                     /* 每 8 位即一个字节输出一个空格 */
            printf(" ");
    }
    printf("\n");
}
```

程序运行结果如图 11-20 所示。

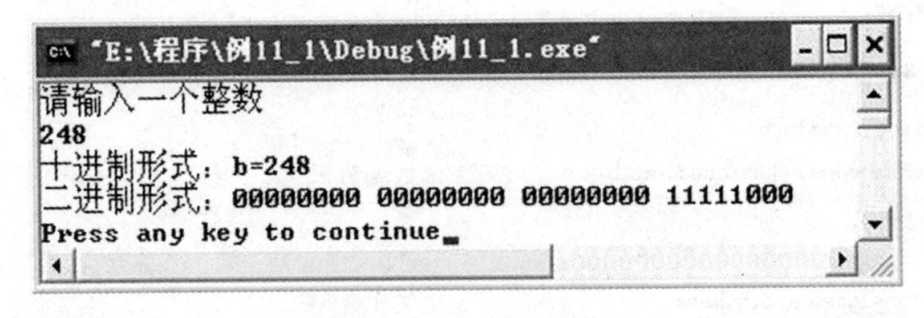

图 11-20　程序运行结果

【例 11-2】：输入一个整数 a，输出这个整数对应二进制数从右端开始的第 3～8 位。

分析：要输出一个整数 a 对应二进制数从右端开始的第 3～8 位，可以按照以下步骤操作：

第 1 步，将 a 向右移动 2 位。

将 a 向右移动 2 位，使第 3 位变为最低位，如图 11－21 所示。

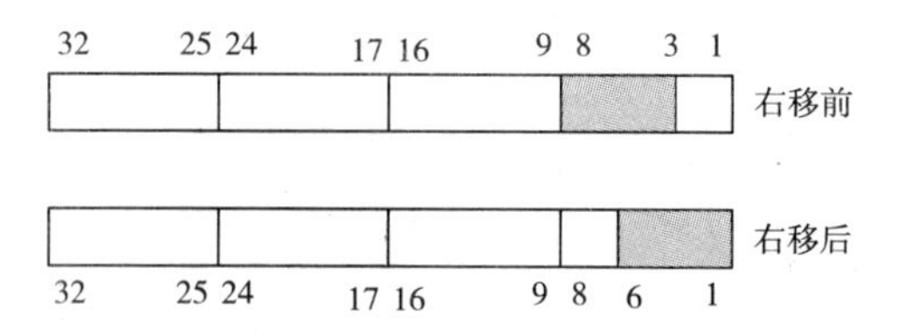

图 11－21 将 a 向右移动 2 位后的情况示意图

移位操作的代码如下：

```
b=a>>2;              /*将a向右移动2位后赋值给b*/
```

移动过后，原来的第 3～8 位变为现在的第 1～6 位，得到一个新数 b。

第 2 步，设置一个低 6 位为 1 且其他位全为 0 的数。

设置一个低 6 位为 1 且其他位均为 0 的二进制数可以通过以下代码实现：

```
mask=~(~0<<6);
```

因为～的优先级高，所以先进行按位取反操作。～0 表示全为 1，然后将 1 向左移动 6 位，低 6 位被 0 填充。最后对该数取反，得到的数是低 6 位为 1，其他位全为 0 的数。运算过程如图 11－22 所示。

0的二进制数：00000000 00000000 00000000 00000000

~0的二进制数：11111111 11111111 11111111 11111111

~0<<6的二进制数：11111111 11111111 11111111 11000000

~(~0<<6)的二进制数：00000000 00000000 00000000 00111111

图 11－22 设置低 6 位为 1 且其他位全为 0 的数的过程

第 3 步，将 b 与 mask 按位与运算。

将 b 与 mask 按位与运算，就得到 a 的从右端开始的第 3～8 位。代码如下：

```
c=b&mask;
```

整个程序的代码如下所示。

```
#include<stdio.h>
void displaybits(unsigned int b);          /*函数声明*/
void main()
{
      unsigned a,b,c,mask;                 /*定义变量*/
      printf("请输入一个整数:\n");
      scanf("%d",&a);                      /*输入一个整数a*/
      displaybits(a);                      /*调用函数displaybits以二进制形式输出a*/
      b=a>>2;                              /*将a向右移动2位*/
      mask=~(~0<<6);                       /*得到一个低6位为1的数*/
      c=b&mask;                            /*将b与mask按位与得到c*/
```

```
    printf("b = %d\n",b);                /* 按照十进制形式输出 b */
    displaybits(b);                      /* 调用函数 displaybits 以二进制形式输出 b */
    printf("c = %d\n",c);                /* 以十进制数形式输出 c */
    displaybits(c);                      /* 调用函数 displaybits 以二进制形式输出 c */
}
void displaybits(unsigned int x)         /* 函数定义 */
{
    int i,mask;
    printf("%d 的二进制形式:",x);
    mask = 1<<31;                        /* mask 为 10000000 00000000 00000000 00000000 */
    for(i = 1;i<= 32;i++)                /* 以二进制形式输出 b 的每一位 */
    {
        putchar(x&mask? '1':'0');
        x<<= 1;
        if(i%8 == 0)                     /* 每 8 位即一个字节输出一个空格 */
            printf(" ");
    }
    printf("\n");
}
```

程序的运行结果如图 11-23 所示。

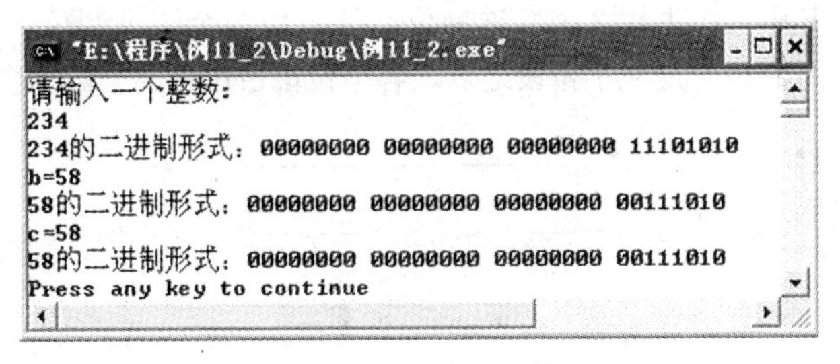
"E:\程序\例11_2\Debug\例11_2.exe"
请输入一个整数:
234
234的二进制形式: 00000000 00000000 00000000 11101010
b=58
58的二进制形式: 00000000 00000000 00000000 00111010
c=58
58的二进制形式: 00000000 00000000 00000000 00111010
Press any key to continue

图 11-23　程序运行结果

注意:

按位与运算的操作数只能是整型或字符型数据，不能是其他类型的数据。

11.4　位　段

数据存取的基本单位是一个字节，即 8 个二进制位。但是，在有些情况下，存取一个信息不需要用 1 个字节。例如，C 语言中的真假信息只需要一个二进制位就可以了。这种以几个位来存放数据的方式更能节省内存空间。因此，将以位为单位定义的数据类型称为位段。

11.4.1 定义位段

在C语言中，定义位段采用结构体的形式。它的一般定义形式如下：

```
struct 位段结构体名
{
      成员列表:占用的字节数;
};
```

其中，在位段结构体内部定义各个成员时，需要说明每个成员占用的字节数。另外，成员与字节数使用冒号分隔开来。

例如，以下是一个位段的定义：

```
struct packed_data          /* 定义位段类型 */
{
    unsigned f1:2;          /* f1 占用 2 个二进制位 */
    unsigned f2:3;          /*  f2 占用 3 个二进制位 */
    unsigned f3:1;          /*  f3 占用 1 个二进制位 */
    unsigned f4:5;          /*  f4 占用 5 个二进制位 */
};
```

结构体类型名为 packed _ data，也称为位段。它包括4个成员：f1、f2、f3 和 f4，每个成员都是无符号整型。其中，f1 占用 2 个二进制位，f2 占用 3 个二进制位，f3 占用 1 个二进制位，f4 占用 5 个二进制位。定义了位段之后，各个位段占用位的个数如图 11－24 所示。

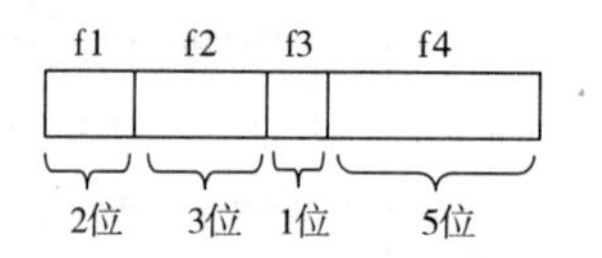

图 11－24　各个位段占用位的情况

在定义位段的类型之后，就可以定义位段的变量了。例如，定义位段变量的代码如下：

```
struct packed_data a,b;     /* 定义位段变量 a 和 b */
```

与定义结构体变量类似，也可以将位段类型与位段变量类型一起定义。以上位段类型 struct packed _ data 和变量 a、b 放在一起定义的代码如下：

```
struct packed_data              /* 定义位段类型 */
{
      unsigned f1:2;            /* f1 占用 2 个二进制位 */
      unsigned f2:3;            /*  f2 占用 3 个二进制位 */
      unsigned f3:1;            /*  f3 占用 1 个二进制位 */
      unsigned f4:5;            /*  f4 占用 5 个二进制位 */
      }a,b;                     /* 定义位段变量 a 和 b */
```

另外，也可以省略位段类型名，直接定义位段变量。省略了位段类型名 packed _

data，直接定义位段变量 a 和 b 的代码如下：

```
struct                        /*省略了位段类型名*/
{
      unsigned f1:2;          /*f1 占用 2 个二进制位*/
      unsigned f2:3;          /* f2 占用 3 个二进制位*/
      unsigned f3:1;          /* f3 占用 1 个二进制位*/
      unsigned f4:5;          /* f4 占用 5 个二进制位*/
}a,b;                         /*定义位段变量 a 和 b*/
```

11.4.2 引用位段成员

位段成员与结构体成员的引用方式相同。例如，

```
a.f1 = 1;
```

是为位段 f1 赋值为 1。也可以输出位段的值。例如，

```
printf("%d\n",a.f1);
```

输出位段 f1 的值。

需要注意的是，在为位段成员赋值时，不可以超过位段的二进制位所能表示的范围。如果超过了取值范围，自动取低位部分，高位部分则被舍弃。例如，位段 f2 占用 3 个二进制位，它的取值范围是 0～7。如果将 9 赋值给 f2，代码如下：

```
a.f2 = 9;
```

这样，就会超过 f2 的取值范围。因为 9 的二进制为 1001，低 3 位为 001，也就是将 001 赋值给了 f2，高位的 1 被舍弃。

11.4.3 使用位段需要注意的问题

使用位段时，需要注意以下几个问题：

（1）位段成员的类型必须被定义为 unsigned int 类型。

（2）位段中的成员一般是按照二进制位连续存放，但是也可以让位段从一个字开始。可以定义如下：

```
struct pdata                  /*定义位段类型*/
{
      unsigned a:1;
      unsigned b:3;
      unsigned c:0;
      unsigned d:2;
};
```

在代码的第 5 行，定义位段 c，将长度说明为 0。这样，a 和 b 存放在一个单元中，c 就被存放在下一个单元中了。

（3）一个位段不能横跨两个存储单元。如果一个位段不能存放在当前存储单元的

剩余部分中，则将该位段存放在下一个存储单元中了。

（4）在位段类型定义中，可以包含非位段的成员。例如，下列位段类型定义中包含了一个整型成员 m，代码如下：

```
struct packdata                    /*定义位段类型*/
{
    unsigned a:2;
    unsigned b:3;
    unsigned c:6;
    int m;                         /*m不是位段成员*/
};
```

其中，非位段成员 m 在位段 a、b、c 后另外的字节中存放。非位段成员 m 与其他成员的引用方式相同。

（5）位段变量与一般变量一样，可以输出，也可以作为表达式参与运算。例如，输出位段 f2 的代码如下：

```
printf("%d\n",a.f1);
```

位段 f1 和 f2 参与算术运算的代码如下：

```
x = a.f1 + a.f2/2
```

其中，位段 f1 和 f2 自动被转换为整型数据进行处理。

（6）在位段结构中，可以定义无名位段。无名位段起到位段之间的分隔作用。例如，代码如下：

```
struct packdata                    /*定义位段类型*/
{
    unsigned a:3;
    unsigned b:1;
    unsigned :4;
    unsigned c:6;
};
```

在以上代码中，包含了一个无名位段。该位段占用 4 个二进制位，它的主要作用是将位段 b 和 c 分隔开来。无名位段占用的空间不用。

本章小结

位运算符主要有 6 种：&、|、^、~、<<和>>。其中，~是唯一的单目运算符，其余的都是双目运算符。位运算是 C 语言对计算机中最小单位的一种操作。在位运算过程中，系统会自动将所有的数据转换为补码进行运算。位与运算的主要作用是将指定位清零或保留。位或运算可以将指定位置为 1。异或运算可以将指定位翻转、不使用中间变量交换两个数。取反运算可以增加程序的通用性和可移植性，不必考虑某种数据类型在不同系统中的字节数。左移运算相当于将一个数乘以 2，右移运算相当于将一个数除以 2。

要输出一个数的二进制形式，需要使用左移运算符或右移运算符。

在表示一个数时，不需要使用一个字节，只需要短短的几个二进制位甚至一个二进制位即可。将几个这样的二进制位放在一起，构成位段或位域，这种类型的定义及使用与结构体非常类似。

练　习　题

选择题

1. 以下关于位运算的叙述中错误的是（　　）。

   A. 位操作是对字节或字节内部的二进制位进行测试、设置、移位或逻辑的运算

   B. 按位取反的运算规则是：0的按位取反结果为1，1的按位取反结果为0

   C. 对于无符号数而言，左移位相当于乘2运算，左移n位相当于乘2的n次方

   D. 对于无符号数而言，右移位相当于乘2运算，右移n位相当于乘2的n次方

2. 设x=2，y=3，则表达式x<<y的值为（　　）。

   A. 9　　B. 8　　C. 16　　D. 5

3. 下列程序运行时，如果输入4和3，则输出结果是（　　）。

```
#include <stdio.h>
main()
{
  int a,b,e;
  puts("please enter a,b");
  scanf("%d",&a);
  scanf("%ld",&b);
e = a<<b;
  printf("%d\n",e);
}
```

   A. −17　　B. −256　　C. 32　　D. 5

4. 下列程序的输出结果是（　　）。

```
#include <stdio.h>
main()
{
  int x;
  long y;
  long z;
  x = 32;
  y = -8;
  z = x&y|y;
  printf("%ld\n",z);
}
```

   A. −17　　B. −8　　C. 16　　D. 5

5. 阅读下列程序，判断在输入“1，2”时，程序输出的c值为(　　)。

```
#include<stdio.h>
main()
{
    int a;
    long b;
    long c;
    puts("Please enter a and b:\n");
    scanf("%d,%ld",&a,&b);
    c=(a^b)&(~b);
    printf("The value of c is %ld",c);
}
```

A. −1　　B. −2　　C. 1　　D. 2

6. 下列运算符中优先级最高的是(　　)。

A. |　　B. +　　C. ~　　D. &

7. 下列程序输出的p值为(　　)。

```
#include<stdio.h>
main()
{
    int m=3;
    long n=5;
    long p;
    p=(n<<m)+(m*n);
    printf("The value of p is %ld",p);
}
```

A. −40　　B. 45　　C. 40　　D. 55

8. 在移位运算中，对于无符号数，左移n位相当于(　　)。

A. 该数乘以2的n−1次方

B. 该数除以2的n−1次方

C. 该数乘以2的n次方

D. 该数除以2的n次方

9. 仔细阅读下列程序，判断在输入“1，2”时，下列程序的输出结果为(　　)。

```
#include<stdio.h>
main()

{
    int x;
    long y;
    long z;
    int a,b;
```

```
printf("Please enter x and y:\n");
scanf("%d,%ld",&x,&y);
x& = y;
z = x&~y;
a = sizeof(x);
b = sizeof(z);
printf("%ld %d  %d\n",z,a,b);
}
```

A. 0 2 4　　B. 1 2 4　　C. 7 8 4　　D. 0 7 8

10. 下列程序的输出结果是(　　)。

```
#include<stdio.h>
main()
    { struct bit
      { unsigned a:3;
        unsigned b:1;
        unsigned c:2;
        int d;
} s = {1,2,3,4};
      s.c = 7;s.d = 125;
      printf("%d  %d  %d  %d\n",s.a,s.b,s.c,s.d);
    }
```

A. 1 24　125　　B. 1　0　3125　　C. 1 42125　　D. 0　4 2125

填空题

1. 位操作可以分为两类，一类是__________，一类是__________。
2. 位逻辑运算的四个操作符中，__________操作符的运算对象只有一个。
3. 移位运算中的无符号数右移时，左端空出的位补__________。
4. 位运算符可以和赋值运算符构成__________位运算符。
5. 当参与位运算的两个操作数长度不等时，系统自动按__________。对于无符号数，系统在做对齐处理时，左端一律补__________。对于有符号数来说，正数在做对齐处理时，左端补__________；负数在做对齐处理时，左端补__________。
6. 位段结构的特殊性是其各个成员只能是__________型的。

编程题

1. 编写程序，取一个整数 a 从右端开始的 4～7 位。

可以这样考虑：

(1) 先使 a 右移 4 位。

(2) 设置一个低 4 位全为 1，其余全为 0 的数。可用～(～0<<4)

(3) 将上面二者进行 & 运算。

2. 编写程序，给出一个数的原码，得到该数的补码。

第12章 文件

■ 本章导读

存储在变量和数组中的数据都是临时的，这些数据在程序运行结束后就会消失。为了永久保存这些数据，可以将数据输出到文件中。

计算机把文件存放在外部存储器中如硬盘上，这样数据就可以得到永久保存。如果需要将大量的数据输入，可以将文件中的数据读入到程序中，从而节省了大量的人工输入所花费的时间。

■ 学习目标

（1）能够建立、读写和更新文件；

（2）熟悉顺序存取文件的处理方式；

（3）熟悉随机存取文件的处理方式。

12.1 文件概述

在介绍文件的读写操作之前，需要先了解一下与文件相关的概念。在计算机中，根据文件的存储形式，可以将文件分为文本文件和二进制文件。

12.1.1 文件的分类

根据文件中数据的存放形式，可以将文件分为文本文件和二进制文件。其中，文本文件又称为ASCII文件，文本文件中的每个字符都存放一个ASCII码值。例如，在Visual C++ 6.0开发环境中，整数23456783由8个字符构成，如果将其在文本文件中存放需要占用8个字节。二进制文件是将数据以二进制形式存放，它的存放形式与在内存中存放是一致的。例如，整数23456783的二进制形式为00000001 01100101 11101100 00001111，它在二进制文件中只需要占用4个字节。23456783在文本文件和二进制文件中的存放形式如图12-1所示。

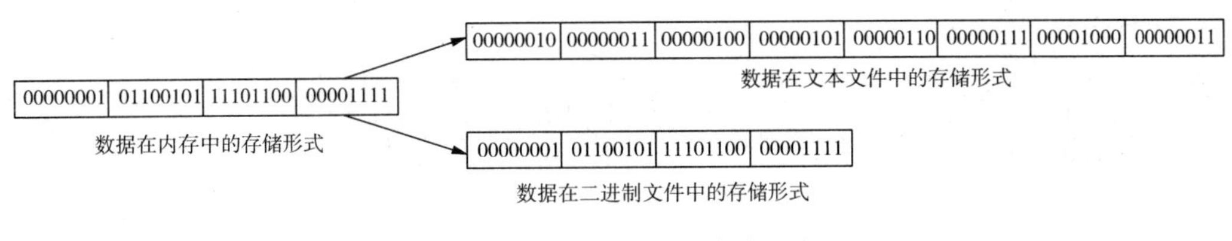

图 12－1　23456783 的存放形式

12.1.2　缓冲文件系统

C 语言编译系统对文件输入与输出的处理通常有两种方式：缓冲文件处理和非缓冲文件处理。使用缓冲文件处理的系统称为缓冲文件系统，使用非缓冲文件处理的系统称为非缓冲文件系统。

所谓缓冲文件系统是指系统自动在内存区开辟一块单元，称为缓冲区，供输入文件和输出文件使用。当需要输出数据时，先将数据送到缓冲区，缓冲区存满数据后再将数据送到外存储器的文件中。这个缓冲区称为输出文件缓冲区。同理，如果需要读取存放在外存储器中文件的数据时，需要将数据送入缓冲区。缓冲区中存满数据后，再将缓冲区中的数据送入程序的数据区。这个缓冲区称为输入文件缓冲区。缓冲文件系统的输入与输出过程如图 12－2 所示。

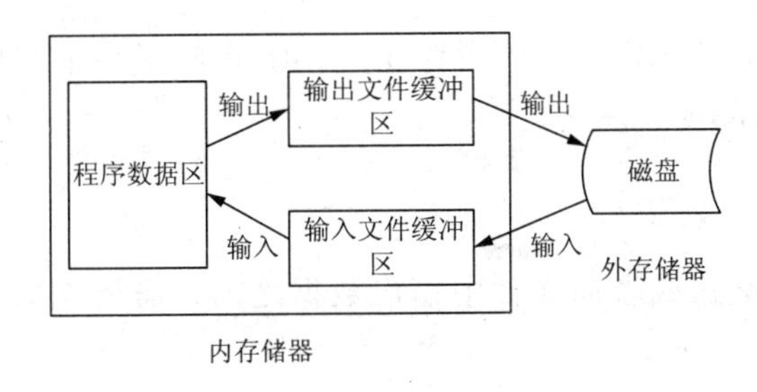

图 12－2　缓冲文件系统的输入与输出过程

所谓非缓冲文件系统是指系统不会自动开辟文件缓冲区，由用户自己为文件设置缓冲区。C 语言规定：不采用非缓冲文件系统，而采用缓冲文件系统进行输入与输出。

12.2　打开文件与关闭文件

在将数据输入到文件中或者将数据输出到文件之前，我们需要先打开文件。在使用完毕之后，也要关闭文件。

12.2.1　文件类型指针

在 C 语言中，文件缓冲区用来存放被使用文件中的数据，它保存了该文件的名字、文件缓冲区的大小等相关信息。这些信息被保存在一个结构体变量中。这个结构体是由系统定义的，结构体的名字是 FILE。它的定义形式如下：

```
typedef struct
{
      short level;                    /*缓冲区满或空的程度*/
      unsigned flags;                 /*文件状态标志*/
      char fd;                        /*文件描述符*/
      unsigned char hold;             /*如果没有缓冲区,则不读取字符*/
      short bsize;                    /*缓冲区的大小*/
      unsigned char *baffer;          /*缓冲区的位置*/
...
}FILE;                                /*文件类型*/
```

其中，文件类型 FILE 在 stdio. h 中定义。

有了文件类型 FILE，就可以使用它定义 FILE 类型的变量和数组了。例如，定义一个 FILE 类型的数组，代码如下：

```
FILE a[4];
```

其中，数组 a 可以存放 4 个 FILE 类型的文件信息。

当然，也可以定义指向 FILE 类型的指针变量，例如：

```
FILE *fp;
```

其中，fp 被定义为指向 FILE 类型的指针变量。fp 指向了某个文件结构体变量，通过指针变量 fp 就可以访问该文件了。

12.2.2 打开文件

在读取文件中的数据或者向文件中输出数据之前，需要先通过 fopen 函数打开文件。fopen 函数的原型如下：

```
FILE *fopen(char *filename,char *type);;
```

其中，filename 是需要打开的文件名，文件名存放在字符串中。type 是文件打开类型，也是一个字符串，用来确定文件的使用方式，可以选用的方式如下：

(1)“r”：文件以“读”的方式打开，文件指针只能用于输入操作，并且文件必须已经存在。

(2)“w”：文件以“写”的方式打开，文件指针只能用于输出操作。如果文件不存在，将会用指定的文件名创建一个新文件；如果已存在同名文件，那么，此同名文件的内容会被删除。

(3)“a”：文件以“追加”的方式打开，此方式与“w”方式类似，返回的指针都可以用于输出操作。它们的区别在于：如果文件已经存在，“a”方式将不会删除原来的内容，而是向文件的末端写入新数据。

文件的常用访问模式如表 12-1 所示。

表 12-1 文件常用的访问模式

文件访问方式	含 义	作 用
r	只读	为输入打开一个文本文件
w	只写	为输出打开一个文本文件
a	追加	为追加打开一个文本文件
rb	只读	为输入打开一个二进制文件
wb	只写	为输出打开一个二进制文件
ab	追加	为追加打开一个二进制文件
r+	读写	为读或者写打开一个文本文件
w+	读写	为读或者写创建一个新的文本文件
a+	读写	为读或者写打开一个文本文件
rb+	读写	为读或者写打开一个二进制文件
wb+	读写	为读或者写创建一个新的二进制文件
ab+	读写	为读或者写打开一个二进制文件

例如，调用函数 fopen 打开一个文件的代码如下：

```
fp = fopen("f","rb");        /* 以只读的方式打开一个二进制文件 f */
```

其中，f 是文件名，rb 表示打开的文件是一个二进制文件。函数的返回值是一个指向 FILE 的指针类型，因此将返回值赋值给 fp。这样，fp 就指向了文件 f，从而使用 fp 就可以对文件 f 进行操作了。

在使用 fopen 函数打开文件时，需要注意以下几个问题：

(1) 如果要操作的文件已经存在，那么可以用“r”打开。特别注意的是，不能使用“r”打开一个不存在的文件。

(2) 如果文件的打开方式是“r+”、“w+”、“a+”、“rb+”、“wb+”、“ab+”，则表示既可以向文件中输出数据，也可以从该文件中读取数据。其中，采用“r+”或“rb+”方式时，表示该文件已经存在，可以从文件中读取数据，也可以向文件中写数据。采用“w+”或“wb+”方式时，表示新建立一个文件，可以先向该文件中写入数据，然后从该文件中读取数据。采用“a+”或“ab+”方式时，原来的文件不被删除。“r+”、“w+”、“a+”表示要操作的文件是文本文件，“rb+”、“wb+”、“ab+”表示要操作的文件是二进制文件。

(3) 在打开文件时，经常会出现一些错误。例如，打开了一个不存在的文件或者磁盘已满无法建立新文件等。在读取文件中的数据或输出文件中的数据之前，需要在打开文件时检查是否出现了错误。代码如下：

```
if((fp = fopen("f","r")) = = NULL)      /* 在打开文件时,检查 fopen 的返回值是否为 NULL */
{
    printf("无法打开文件! \n");        /* 如果返回值为 NULL,则输出错误提示信息 */
    exit(-1);                          /* 结束程序,并返回 -1 */
}
```

如果无法打开文件，则函数的返回值为 NULL。NULL 就是'\0'，对应于 ASCII 码的 0。函数 exit 表示退出程序，如果函数返回值为 NULL，程序执行到 exit 不再继续执行。

12.2.3 关闭文件

在使用完文件后，应该关闭该文件。这样可以防止文件被其他程序误用而导致错误。当一个文件不再使用时，需要系统提供的 fclose 函数关闭文件。

使用 fclose 函数的原型如下：

```
int fclose(FILE * stream);
```

其中，stream 为文件指针。它的作用是使文件指针变量不再指向该文件，同时关闭文件。当文件正常关闭时，返回 0；否则，返回非 0 值。

注意：

尽管程序执行结束时会自动关闭所有打开的文件，但是应该养成主动关闭文件的习惯。如果不关闭文件可能会造成数据丢失。因为在向文件写数据时，是先将数据输出到缓冲区，待缓冲区装满后才正式输出给文件。当数据未装满缓冲区而程序运行结束时，就会造成缓冲区中的数据丢失。

12.3 读取文件与写入文件

在打开文件之后，就可以对文件进行读写操作了。读写文件同样通过系统提供的调用函数实现。在 C 语言中，读写文件的操作有以下几种：使用 fputc 函数和 fgetc 函数、使用 fread 函数和 fwrite 函数、使用 printf 函数和 fscanf 函数。

12.3.1 fputc 函数和 fgetc 函数

在 C 语言中，可以使用 fputc 函数向文件中写入数据，使用 fgetc 函数从文件中读取数据。

1. fputc 函数

fputc 函数原型如下：

```
int fputc(char ch,FILE * stream);
```

fputc 函数的作用是将字符 ch 写入到 fp 指向的文件中。其中，ch 是要写入到文件中的字符。它可以是一个字符变量，也可以是一个字符常量。如果输出成功，则返回要输出的字符。否则，返回 EOF。EOF 是 C 语言中定义的符号常量，被定义为-1。

fputc 函数与 putchar 函数类似。它们的作用都是输出字符，区别在于：putchar 将字符显示在屏幕上，而 fputc 将字符输出到文件中。

【例 12－1】 通过键盘输入一些字符，将这些字符存入到指定的文件中。

```
#include<stdio.h>
void main()
{
      FILE *fp;                          /*定义文件指针 fp*/
      char ch,file[20];                  /*定义变量 ch 和数组 file*/
      printf("请输入文件名:\n");
      gets(file);                        /*输入文件名*/
      if((fp=fopen(file,"w"))==NULL)    /*在打开文件 file 的同时判断打开文件是否成功*/
      {
          printf("不能打开文件! \n");
          exit(-1);
      }
      printf("请输入数据:\n");
      while((ch=getchar())!='#')         /*依次输入字符 ch,如果输入的字符 ch 不是'#
                                           '*/
          fputc(ch,fp);                  /*则将 ch 输出到 fp 指向的文件中*/
      fclose(fp);                        /*关闭 fp 指向的文件*/
}
```

程序运行结果如下：

```
请输入文件名:
test.txt<回车>
请输入数据:
Hello Tinghua University<回车>
I come from Henan Province#<回车>
```

查看文件 test. txt 中的内容。可以看到，文件 test. txt 中存放了以下两行字符串：

```
Hello Tinghua University
I come fromHenan Province#
```

2. fgetc 函数

读取文件需要使用 fgetc 函数。值得注意的是，该文件必须是以读或读写方式打开。fgetc 的函数原型如下：

```
int fgetc(FILE *stream);
```

fgetc 函数的作用是将 fp 指向的文件读取到字符 ch 中。其中，fp 是指向文件的指针，ch 存放字符数据。fgetc 函数的返回值是从文件中读取的字符。在读取数据的过程中，如果遇到文件结束符，则函数 fgetc 返回一个文件结束标记 EOF，即－1。

如果要从一个文件中读取字符并在屏幕上显示出来，代码如下：

```
ch=fgetc(fp);          /*从 fp 指向的文件中读取一个字符赋值给 ch*/
```

```
while(ch! = EOF)          /* 如果 ch 不是文件结束符 */
{
    putchar(ch);          /* 输出字符 ch */
    ch = fgetc(fp);       /* 继续从 fp 指向的文件中读取一个字符并赋值给 ch */
}
```

需要注意的是，对于文本文件来说，字符的 ASCII 码没有－1，因此将－1 作为文件结束符是合适的。但是，对于二进制文件来说，因为二进制中的数据可以是－1，所以就无法判断－1 是文件结束符还是二进制数据。因此，以上代码只能用来处理文本文件。

为了让以上程序能处理二进制文件，可以使用函数 feof 来判断文件是否结束。将 ch! ＝EOF 用 feof（fp）替换，这样既能判断文本文件是否结束，也可以判断二进制文件是否结束。如果文件没有结束，函数 feof（fp）的值为 0；如果遇到文件的结束符，则 feof（fp）的值为非 0。

【例 12－2】 将一个文件中的字符复制到另一个文件中。

```
#include<stdio.h>
void main()
{
    FILE *fp1, *fp2;                          /* 定义文件指针 fp1 和 fp2 */
    char ch,infile[20],outfile[20];           /* 定义变量 ch 和数组 infile、outfile */
    printf("请输入 infile 文件名:\n");
    gets(infile);                             /* 输入 infile 的文件名 */
    printf("请输入 outfile 文件名:\n");
    gets(outfile);                            /* 输入 outfile 的文件名 */
    if((fp1 = fopen(infile,"r")) = = NULL)    /* 判断 fp1 指向的文件是否能打开 */
{
        printf("不能打开输入文件! \n");
        exit( - 1);
    }
    if((fp2 = fopen(outfile,"w")) = = NULL)   /* 判断 fp2 指向的文件是否能打开 */
    {
        printf("不能打开输出文件! \n");
        exit( - 1);
    }
    printf("正在将文件 %s 复制到文件 %s 中:\n",infile,outfile);
    while(! feof(fp1))                        /* 如果 fp1 指向的文件没有结束 */
        fputc(fgetc(fp1),fp2);                /* 则读取 fp1 指向文件的字符并写入 fp2 指向
                                                 的文件 */
    fclose(fp1);                              /* 关闭 fp1 指向的文件 */
    fclose(fp2);                              /* 关闭 fp2 指向的文件 */
}
```

程序运行结果如下：

```
请输入 infile 文件名：
test.txt<回车>
请输入 outfile 文件名：
test2.txt<回车>
正在将文件 test.txt 复制到文件 test2.txt 中：
复制完毕！
```

● 第 21 行：

```
while(! feof(fp1))                         /* 如果 fp1 指向的文件没有结束 */
```

feof 函数在没有遇到结束符时，feof（fp1）的值是 0；否则，feof（fp1）的值是 1。因此，当没有遇到文件结束符时，! feof（fp1）的值是 1，即为真。如果遇到文件结束符，! feof（fp1）的值是 0，则退出循环。

程序运行完毕后，打开文件 test2. txt，发现文件 test. txt 和 test2. txt 中的内容完全相同。

fputc 函数一次只能输出一个字符，fgetc 函数一次只能读取一个字符。这与 putc 函数和 getc 函数的功能类似，只是 putc 和 getc 分别是通过显示器上显示、通过键盘输入字符。而 fputc 函数和 fgetc 函数则是通过文件输入字符或将字符输出到文件中。

12.3.2 fputs 函数和 fgets 函数

fputs 函数和 fgets 函数与 puts 函数和 gets 函数类似，分别都可以一次输出多个字符或一次输入多个字符。区别在于：fputs 函数和 fgets 函数输出、输入字符的对象都是文件，而 puts 函数和 gets 函数是通过键盘输入字符、通过显示器输出字符的。

1. fputs 函数

fputs 函数原型如下：

```
int fputs(char * string,FILE * fp);
```

fputs 函数的作用是将 string 所表示的字符串内容输出到 fp 指向的文件中。如果操作成功，则返回一个非负数。否则，返回－1。例如，要将字符串" Hello World!" 输出到 fp 指向的文件中，代码如下：

```
fputs("Hello World!",fp);
```

其中，字符串末尾的'\0'不输出。

【例 12－3】 通过键盘输入一个字符串，然后将该字符串存入到指定的文件中。

```
#include<stdio.h>
void main()
{
    FILE * fp;                                  /* 定义文件指针 fp */
    char str[40];                               /* 定义字符数组 str */
    if((fp = fopen("test.txt","w + ")) = = NULL)  /* 打开文件 test.txt,并判断是否打开成功 */
    {
```

```
        printf("不能打开文件 test.txt! \n");
        exit(-1);
    }
    printf("请输入一个字符串:\n");
    gets(str);                              /* 输入字符串 */
    fputs(str,fp);                          /* 将字符串 str 存入 fp 指向的文件 */
    fclose(fp);                             /* 关闭 fp 指向的文件 */
}
```

程序运算结果如下：

```
请输入一个字符串:
NorthWest University<回车>
```

运行程序后，打开文件 test. txt，字符串" NorthWest University" 已经保存到文件中。

2. fgets 函数

fgets 函数原型如下：

```
char * fgets(char * string,int n,FILE * fp);
```

fgets 函数的作用是从 fp 指向的文件中读取 n－1 个字符，然后存放到以 string 为起始地址的内存单元中。若在读取到第 n－1 个字符前，遇到换行符或文件结束符，则读操作结束。系统会在读入的字符串最后加一个字符串结束符'\0'标志。如果操作成功，则返回 string 的首地址。否则，返回 NULL。

【例 12-4】 通过键盘输入一个字符串，再将该字符串存入到指定的文件中。将文件中的字符串读出并显示出来。

```
#include<stdio.h>
void main()
{
    FILE * fp;                                   /* 定义文件指针 */
    char str[40];                                /* 定义字符数组 str */
    if((fp = fopen("test1.txt","w + ")) = = NULL)  /* 以写的方式打开文件 test1 */
    {
        printf("不能打开文件 test1.txt! \n");
        exit(-1);
    }
    printf("请输入一个字符串:\n");
    gets(str);                                   /* 输入一个字符串 str */
    fputs(str,fp);                               /* 将字符串 str 存入 fp 指向的文件中 */
    fclose(fp);                                  /* 关闭 fp 指向的文件 */
    if((fp = fopen("test1.txt","r + ")) = = NULL)  /* 以读取的方式打开文件 test1 */
    {
```

```
        printf("不能打开文件 test1.txt! \n");
        exit(-1);
    }
    printf("读取一个字符串:\n");
    fgets(str,40,fp);                    /* 从 fp 指向的文件中读取字符存入 str */
    puts(str);                           /* 输出 str */
    fclose(fp);                          /* 关闭 fp 指向的文件 */
}
```

程序运行结果如下：

```
请输入一个字符串:
Welcome to NorthWest University<回车>
读取一个字符串:
Welcome toNorthWest University
```

12.3.3 fwrite 函数和 fread 函数

fwrite 函数和 fread 函数用来一次写入和读取一组数据。例如，一个结构体类型的数据。fwrite 和 fread 主要用来处理二进制类型的文件。

1. fwrite 函数

fwrite 函数的主要作用是将一组数据写入到指定的文件中。它的一般形式如下：

```
fwrite(buffer,size,count,fp);
```

fwrite 函数有四个参数，分别是 buffer、size、count 和 fp。其中，buffer 是一个指针，表示要输出数据的起始地址。size 表示要输出的字节个数。count 表示要写入多少个 size 大小的数据。fp 是文件指针。

例如，定义如下的一个结构体类型：

```
typedef struct student                          /* 定义结构体类型 */
{
    int no;
    char name[20];
    int score;
}student;
```

其中，结构体类型为 student。

然后定义一个结构体类型的数组 s [20]，代码如下：

```
student s[20];
```

结构体数组 s 包含 20 个元素，每一个元素中存放学生的学号、姓名、分数。如果学生的信息已经存放在结构体数组 s 中，则可以使用如下代码将结构体中的数据存入 fp 指向的文件中：

```
for(i=0;i<20;i++)
```

```
fwrite(&s[i],sizeof(student),1,fp);
```

其中，&s [i] 是结构体数组元素 s [i] 的首地址，sizeof (student) 表示结构体类型的大小，1 表示一次写入一个元素，fp 是指向文件的指针。

【例 12-5】 通过键盘输入 3 个学生记录，存放到结构体数组中。然后将结构体数组中的数据存入文件中：

```
#include<stdio.h>
typedef struct student                          /*定义结构体类型*/
{
      int no;
      char name[20];
      int score;
}student;                                       /*结构体类型为 student*/
void main()
{
      FILE *fp;                                 /*定义文件指针 fp*/
      int i;                                    /*定义变量 i*/
      student s[3];                             /*定义结构体数组 s*/
      printf("请输入 3 个记录:\n");
      for(i=0;i<3;i++)                          /*输入 3 个记录存入 s 中*/
          scanf("%d%s%d",&s[i].no,s[i].name,s[i].score);
      if((fp=fopen("test2.data","wb"))==NULL)/*判断文件 test2.data 是否打开成功*/
      {
          printf("不能打开文件 f2.data! \n");
          exit(-1);
      }
      for(i=0;i<3;i++)                          /*将 3 个记录依次输出到 fp 指向的文件*/
          if(fwrite(&s[i],sizeof(student),1,fp)!=1)
              printf("error! \n");
      fclose(fp);                               /*关闭 fp 指向的文件*/
}
```

程序运行结果如下：

```
请输入 3 个记录:
10901 wangquan 80<回车>
10905 yangke 92<回车>
10912 luchunjun 88<回车>
```

● 第 22 行：

```
if(fwrite(&s[i],sizeof(student),1,fp)!=1)
```

如果 fwrite 函数写入数据成功，则返回写入 size 大小的数据个数，即 count 值。在该程序中，因为第 3 个参数为 1，所以如果写入成功，则返回 1。因此，在程序中，通过将函数的返回值与 1 进行判断。如果函数的返回值不为 1，则说明写入不成功。

2. fread 函数

与 fwrite 函数对应的是 fread 函数，它表示一次从文件中读取一组数据。fread 函数的一般形式如下：

```
fread(buffer,size,count,fp);
```

fread 函数的参数也有 4 个，并且与 fwrite 函数中的 4 个参数完全一样。在 fread 函数中，buffer 表示要存放读入数据的首地址，size 表示要读取的字节个数，count 表示要读取 size 大小的数据个数，fp 是文件指针。

如果已经将一组结构体 student 类型的数据存入到文件中，可以通过 fread 函数将文件中的数据读取出来并存放到结构体 student 类型的数组中。

```
for(i = 0;i<20;i + + )
fread(&s[i],sizeof(student),1,fp);
```

这样，fp 指向的文件中的数据就被存放到结构体数组 s 中了。

【例 12 - 6】 利用函数 fread 打开文件 test2. data，然后读取其中的数据并显示出来。

```
#include<stdio.h>
typedef struct student                          /*定义结构体类型*/
{
        int no;
        char name[20];
        int score;
}student;
void main()
{
        FILE *fp;                               /*定义文件指针*/
        int i;                                  /*定义变量*/
        student s[3];                           /*定义结构体数组 s*/
        printf("这 3 个记录分别是:\n");
        if((fp = fopen("test2.data","rb")) = = NULL) /*以读的方式打开文件 test2*/
        {
            printf("不能打开文件 test2.data! \n");
            exit( - 1);
        }
        for(i = 0;i<3;i + + )
        {
            if(fread(&s[i],sizeof(student),1,fp)! = 1) /*读取 fp 指向的文件的数据存入数组 s 中*/
                printf("error! \n");
            printf(" %5d%10s%6d\n",s[i].no,s[i].name,s[i].score); /*输出读取的数据*/
        }
```

```
    fclose(fp);                                   /* 关闭 fp 指向的文件 */
}
```

程序运行结果如下：

```
这 3 个记录分别是:
10901 wangquan 80
10905 yangke 92
10912 luchunjun 88
```

12.3.4 fprintf 函数和 fscanf 函数

fprintf 函数和 fscanf 函数与前面学到的 printf 函数和 scanf 函数作用类似，都是格式化读写函数。它们的不同之处在于，fprintf 函数和 fscanf 函数的读写对象是文件，而 printf 函数和 scanf 函数的读写对象是键盘和显示器。

1. fprintf 函数

fprintf 函数原型如下：

```
int fprintf(FILE * fp,char * format,arg1,…,argn);
```

fprintf 函数的作用是按照 format 给出的控制符格式，将变量 arg1、…、argn 的值写入到 fp 指向的文件中。若写入成功，则返回实际写入数据的个数；否则，返回负数。

例如，将整型变量 a 和浮点型变量 f 输出到指定文件中的代码如下：

```
fprintf(fp,"%d,%f",a,f);
```

以上代码是将 a 和 f 输出到 fp 指定的文件中。如果 a 和 f 的值分别是 5 和 7.5，则 fp 指定的文件会写入以下数据：

```
5,7.500000
```

在 fp 指向的文件中，数据 5 和 7.500000 是以字符串的形式存放的，而不是整型数据。

2. fscanf 函数

fscanf 函数原型如下：

```
fscanf(FILE * fp,char * format,&arg1,…,&argn);
```

fscanf 函数的作用是按照 format 给出的控制符格式，将从 fp 指向的文件中读取的内容分别赋给变量 arg1，…，argn。若读取成功，则返回已读取数据的个数；若遇到文件结束，则返回−1；若出错，则返回 0。

例如，从 fp 指向的文件中读取数据到变量 a 和 f 中的代码如下：

```
fscanf(fp,"%d,%f",&a,&f);
```

其中，如果文件中的数据分别是 3 和 7.5，则将数据赋值给了变量 a 和 f。

注意：

使用 fprintf 函数和 fscanf 函数对文件进行操作很方便。但是，在输入和输出时要进行 ASCII 码与二进制相互转换，需要花费不少时间。因此，在处理数据较多的情况下，最好采用 fread 函数和 fwrite 函数。

【例 12-7】 通过键盘输入 3 个记录，存入到指定的文件中。然后从文件中读取数据，并在显示器上输出数据。

```
#include<stdio.h>
struct student
{
        int no;
        char name[20];
        float score;
}a[3];                                          /*定义结构体数组*/
void main()
{
        FILE *fp;                               /*定义文件指针*/
        int i;                                  /*定义变量*/
        if((fp=fopen("test.data","wb+"))==NULL) /*打开文件 test*/
        {
            printf("打开文件 test.txt 失败！");
            exit(-1);
        }
        printf("请输入数据:\n");
        for(i=0;i<3;i++)                        /*输入记录*/
            scanf("%d%s%d",&a[i].no,a[i].name,&a[i].score);
        for(i=0;i<3;i++)                        /*将输入的记录存入指定的文件中*/
            fprintf(fp,"%d%s%d",a[i].no,a[i].name,a[i].score);
        printf("从文件中读取数据到变量:\n");
        for(i=0;i<3;i++)                        /*将文件中的数据输入到数组*/
            fscanf(fp,"%d%s%d",&a[i].no,a[i].name,&a[i].score);
        for(i=0;i<3;i++)                        /*输出数据*/
        {
            printf("%d%s%d",a[i].no,a[i].name,a[i].score);
            printf("\n");
        }
        fclose(fp);                             /*关闭 fp 指定的文件*/
}
```

程序运行结果如下：

```
请输入数据：
10901 wangquan 92<回车>
10905 houqian 78<回车>
10921 liuyan 88<回车>
从文件中读取数据到变量：
10901 wangquan 92
10905 houqian 78
10921 liuyan 88
```

12.4 文件的定位

在 C 语言中，每一个文件都有一个文件指针，指向当前要读写的位置。在顺序读写文件时，每读写一个数据，位置指针指向下一个数据。如果读写指定的数据，则需要改变位置指针的指向。将这种读写文件的方式称为随机读写。

12.4.1 rewind 函数

rewind 函数的作用是将文件指针指向文件的开始位置。rewind 函数的调用形式如下：

```
rewind(文件指针);
```

rewind 函数没有返回值。例如，将 fp 返回到文件开始位置的代码如下：

rewind (fp);

【例 12-8】 已知一个文件 test1. txt，第一次将该文件的字符复制到另一个文件中，第二次读取该文件中的字符显示在屏幕上。

```
#include<stdio.h>
void main()
{
        FILE *in, *out;                              /*定义文件指针*/
        if((in=fopen("test1.txt","r"))==NULL)        /*打开文件 test1*/
        {
            printf("打开文件 f1.txt 失败!");
            exit(-1);
        }
        if((out=fopen("test2.txt","w"))==NULL)       /*打开文件 test2*/
        {
            printf("打开文件 f2.txt 失败!");
            exit(-1);
        }
        printf("将文件 test1.txt 中的数据复制到 test2.txt 中:\n");
        while(!feof(in))                             /*如果没有遇到文件结束符*/
```

```
        fputc(fgetc(in),out);                /* 从 in 指向的文件中读取字符,并输
                                                出到文件 out 指向的文件中 */
    printf("将文件 f1.txt 中的数据读出并显示在屏幕上:\n");
    rewind(in);                              /* 将文件的位置指针移动到开始位
                                                置 */
    while(! feof(in))                        /* 如果没有遇到文件结束符 */
        putchar(fgetc(in));                  /* 则输出读取的字符 */
    fclose(in);                              /* 关闭 in 指向的文件 */
    fclose(out);                             /* 关闭 out 指向的文件 */
}
```

程序运行结果如下：

```
将文件 test1.txt 中的数据复制到 test2.txt 中:
将文件 test1.txt 中的数据读出并显示在屏幕上:
Welcome toNorthWest University!
```

如果文件 test1. txt 中存放的字符串是" Welcome to NorthWest University!"，则运行该程序后，字符串" Welcome to NorthWest University!" 也被复制到文件 test2. txt 中，并输出到屏幕上。在第一次从文件 test1. txt 中读取字符串并写入文件 test2. txt 之后，文件指针移动到文件的最后。需要使用函数 rewind (in) 将文件指针移动到开始位置，才能从头读取文件 test1. txt 的字符并输出到屏幕上。

12.4.2 fseek 函数

要对文件进行随机读写，需要能将位置指针定位到任意的位置。随机读写不是读写完一个字符后再读写下一个字符，而是读写文件中的任意一个字符。使用 C 语言提供的函数 fseek 可以改变文件的尾指针，它的调用方式如下：

```
fseek(文件指针,位移量,起始位置);
```

其中，起始位置有 3 个取值：0、1、2，分别表示文件开始、当前位置、文件末尾。在 C 语言中，系统将 0、1、2 定义为 SEEK _ SET、SEEK _ CUR、SEEK _ END。如表 12 - 2 所示。

表 12 - 2 起始位置的取值及含义

起始位置	起始位置的取值	含义
SEEK _ SET	0	文件开始位置
SEEK _ CUR	1	文件当前位置
SEEK _ END	2	文件末尾

位移量表示将起始位置作为参考位置向前移动的字节个数。函数 fseek 的返回值如果为非 0，表示定位成功；如果返回值为 0，则定位失败。

例如，下面是函数 fseek 调用的几个例子：

```
fseek(fp,200,0);          /* 将位置指针从文件头开始向前移动 200 个字节的位置处 */
fseek(fp,30,1);           /* 将位置指针从当前位置向前移动到 30 个字节的位置处 */
```

```
fseek(fp,-50,2);            /*将位置指针从文件末尾退50个字节的位置处*/
```

使用函数 fseek 就可以实现对文件的随机读写了。下面通过一个例子来说明函数 fseek 的使用。

【例 12-9】 输入一个偏移量，然后定位位置指针。读取位置指针处的数据并显示输出。

```
#include<stdio.h>
void main()
{
    FILE *in,*out;                              /*定义文件指针*/
    int x,i,a[20];                              /*定义变量和数组*/
    int offset;                                 /*定义偏移量*/
    for(i=0;i<20;i++)                           /*为数组赋值*/
        a[i]=i+1;
    if((out=fopen("test1.data","wb"))==NULL)    /*打开文件test1*/
    {
        printf("打开文件test1.data失败!");
        exit(-1);
    }
    if(fwrite(a,sizeof(int),20,out)!=20)
    {
        printf("写文件错误!\n");
        exit(-1);
    }
    fclose(out);                                /*关闭out指向的文件*/
    if((in=fopen("test1.data","rb"))==NULL)     /*打开文件test1*/
    {
        printf("打开文件test1.data失败!");
        exit(-1);
    }
    printf("请输入偏移量:\n");
    scanf("%d",&offset);        /*输入偏移量*/
    if(fseek(in,offset*sizeof(int),SEEK_SET)!=0)    /*定位位置指针*/
    {
        printf("定位失败!\n");
        exit(-1);
    }
    fread(&x,sizeof(int),1,in);                 /*从位置指针处读取数据到x
                                                  中*/
    printf("偏移量为%d,当前位置的数据是%d",offset,x);   /*输出偏移量和读取的数
                                                        据*/
    fclose(in);                                 /*关闭in指向的文件*/
```

```
}
```

程序运行结果如下：

```
请输入偏移量：
2<回车>
偏移量为 2,当前位置的数据是 3
```

● 第 27 行的代码如下：

```
if(fseek(in,offset * sizeof(int),SEEK_SET)! = 0)    /* 定位位置指针 */
```

在使用偏移量 offset 定位位置指针时，通过函数 fseek 的返回值判断是否定位成功。

12.4.3 ftell 函数

在具体读写文件时，由于位置指针来回移动，很难知道位置指针所处的位置。C 语言为我们提供了一个 ftell 函数，它的作用是返回当前位置指针的位置。

ftell 函数的调用形式如下：

```
ftell(位置指针)；
```

如果函数正常返回，返回值为当前位置指针相对于文件开头的偏移量。如果函数返回 −1，则表示出错。函数 ftell 调用的例子如下：

```
n = ftell(fp);
if(n = = - 1)
      printf("error\n");
```

12.5 文件状态检测

在对文件进行读写操作时，如果使用不当，经常会出现一些错误。如文件不存在、IO 错误等。因此在对文件进行操作时，需要使用 C 语言提供的状态检测函数判断文件的读写状态。这样就可以决定是否进行下一步操作。

12.5.1 feof 函数

feof 函数的作用是检测文件的位置指针是否到了文件的末尾。它的函数原型如下：

```
int feof(FILE * stream) ;
```

其中，stream 为文件指针。若 stream 指向的文件到了文件末尾，则返回值为非 0，否则，返回值为 0。

如果 fp 是文件指针，假设位置指针指向了文件末尾，则 feof（fp）的返回值为非 0，而！feof（fp）的值为 0。因此在读取文件时，经常使用！feof（fp）作为判断条件。

例如，要从文件指针 in 读取字符并将字符存放到 out 指向的文件中，代码如下：

```
while(! feof(in))    /* 如果位置指针没有到达文件末尾 */
```

```
fputc(fgetc(in),out); /*从 in 指向的文件中读取字符,并输出到文件 out 指向的文件中*/
```

在读取文件中的数据时，需要使用！feof（in）判断是否读取文件结束。

12.5.2 ferror函数

ferror 函数的作用是检测文件的错误状态。它的函数原型如下：

```
int ferror(FILE * stream);
```

其中，stream 为文件指针。若 stream 指向的文件操作正确，则返回 0；否则，返回非 0 值。

需要说明的是，函数 ferror 只反映上一次文件操作的状态。因此，在执行一次文件操作时，要调用函数 ferror 检测文件的状态。

【例 12-10】 先从文件 test1. data 中读入数据，然后使用函数 ferror 检测文件是否出错。

```
#include<stdio.h>
void main()
{
    FILE * fp;                                    /*定义文件指针*/
    int x;                                        /*定义变量*/
    if((fp=fopen("test1.data","wb"))==NULL)       /*打开文件*/
    {
        printf("打开文件 test1.data 失败!");
        exit(-1);
    }
    fread(&x,sizeof(int),1,fp);                   /*从 fp 指向的文件中读入数据到 x
                                                   中*/
    if(ferror(fp))                                /*如果读数据出错*/
    {
        printf("读入数据错误! \n");
        exit(-1);
    }
    fclose(fp);                                   /*关闭 fp 指向的文件*/
}
```

在运行该程序后，输出以下信息：

```
读入数据错误!
```

在从文件 f1. data 中读出一个数据后，调用函数 ferror 会判断该操作是否正确。在代码的第 6 行，因为以只写的方式打开文件，却要从该文件中读取数据，所以发生了错误。如果将代码的第 6 行修改如下：

```
if((fp=fopen("test1.data","rb"))==NULL)    /*以只读的方式打开文件*/
```

那么，修改之后再运行程序，就没有错误了。

12.5.3 clearerr 函数

在对文件进行读写操作时，如果发生错误，需要调用 clearerr 函数清除错误标志。例如，在调用函数 ferror 检测文件读写操作时，出现了错误，ferror 函数的返回值为非 0 值，此时文件的状态标志为非 0。为了让程序正确运行，需要调用 clearerr 函数，将文件状态标志的错误标志清除。

调用 clearerr 函数的形式如下：

```
clearerr(文件指针);
```

在调用 ferror 函数后，通过调用 clearerr 函数将文件状态标志清除就可以正常运行程序了。

本章小结

常用的文件操作函数如表 12－3 所示。

表 12－3 常用的文件操作函数及说明

函 数	函数功能分类	作 用
fopen（文件名，mode）	打开文件	打开文件
fclose（fp）	关闭文件	关闭文件
fgetc（fp）	文件读写	从指定文件中读取一个字符
fputc（ch，fp）		将字符输出到指定文件中
fgets（str，n，fp）		从指定文件读入一个字符串 str
fputs（str，fp）		将字符串 str 输出到指定的文件中
fread（&str，size，count，fp）		从指定文件读取数据块到 str 中
fwrite（&str，size，count，fp）		将数据块 str 写入到文件中
fscanf（fp，格式说明符，输出列表）		从指定的文件中读取格式化数据到输出列表中
fprintf（fp，格式说明符，输入列表）		将输入列表中的数据格式化写入到指定文件中
rewind（fp）	文件定位	使文件位置指针移动到文件开头
fseek（fp，offset，start）		改变文件位置指针
ftell（fp）		返回文件位置指针的当前位置
feof（fp）	文件状态	如果位置指针到了文件末尾，函数返回值为非 0；否则，返回值为 0
ferror（fp）		如果文件操作出错，则返回非 0；否则，返回 0
clearerr（fp）		使 ferror 函数返回值为 0，清除出错标志

在读文件操作时，需要以读（‘r’）的方式打开，而向文件中写数据时，需要以写（‘w’）的方式打开。函数 fgetc 和函数 fputc 的主要作用分别是从文件中读一个字符和向文件写一个字符。函数 fgets 和函数 fputs 的主要作用分别是从文件中读一个字符串和向文件中写一个字符串。函数 fread 和 fwrite 的主要作用分别是从文件中读一个数据块和向文件中写一个数据块。函数 fscanf 和函数 fprintf 以格式化数据从文件中读数据分别和向文件中写数据。

在打开文件和关闭文件时，如果函数返回值为 NULL，则表示打开文件和关闭文件失败。在对文件操作时，需要检测文件状态，以决定是否进行下一步操作。使用定位函数可以随机访问文件中的数据。

在读写文件操作时，需要先打开文件，然后读写文件，最后再关闭文件。顺序读写文件是从文件的第一个数据开始，而随机读写文件可以从文件的任何一个数据开始。要随机读写文件需要使用定位函数。

练　习　题

选择题

1. 存储整型数据－7856 时，在二进制文件和文本文件中占用的字节数分别是(　　)。

A. 3，2　　B. 2，5　　C. 5，5　　D. 5，2

2. 若 fp 是指向某文件的指针，且已读到文件末尾，则库函数 feof（fp）的返回值是(　　)。

A. EOF　　B. －1　　C. 非零值　　D. NULL

3. 有以下程序

```
#include
void WriteStr(char * fn,char * str)
{  FILE * fp;
   fp = fopen(fn,"w");fputs(str,fp);fclose(fp);
}
main()
{   WriteStr("t1.dat","start");     WriteStr("t1.dat","end");   }
```

程序运行后，文件 t1.dat 中的内容是(　　)。

A. start　　B. end　　C. startend　　D. endrt </B? A：C

4. 若 fp 是指向某文件的指针，且已读到该文件的末尾，则 C 语言中函数 feof（fp）的返回是(　　)。

A. EOF　　B. －1　　C. 非零值　　D. NULL

5. 在 C 程序中，可把整型数以二进制形式存放到文件中的函数是(　　)。

A. fprintf 函数 B. fread 函数　　C. fwrite 函数　　D. fputc 函数

6. 若在 fopen 函数中使用文件的方式是"wb＋"，该方式的含义是(　　)。

A. 为读/写打开一个文本文件　　B. 为输出打开一个文本文件

C. 为读/写建立一个新的文本文件　　D. 为读/写建立一个新的二进制文件

7. 如果文件 1 包含文件 2，文件 2 中要用到文件 3 的内容，而文件 3 中要用到文件 4 的内容，则可在文件 1 中用三个＃include 命令分别包含文件 2、文件 3 和文件 4。在下列关于这几个文件包含顺序的叙述中，正确的一条是(　　)。

A. 文件 4 应出现在文件 3 之前，文件 3 应出现在文件 2 之前

B. 文件 2 应出现在文件 3 之前，文件 3 应出现在文件 4 之前

C. 文件 3 应出现在文件 2 之前，文件 2 应出现在文件 4 之前

D. 出现的先后顺序可以任意

8. 以下与函数 fseek（fp，0L，SEEK _ SET）有相同作用的是(　　)。

A. feof（fp）　B. ftell（fp）　C. fgetc（fp）　D. rewind（fp）

9. 下面的程序执行后，文件 testt. t 中的内容是(　　)。

```
# include
void fun(char * fname. ,char * st)
{ FILE * myf; int i;
myf = fopen(fname,"w" );
for(i = 0;i fclose(myf);
}
main()
{ fun("test","new world"; fun("test","hello,"0;)
```

A. hello，　B. new worldhello，　C. new world　D. hello，rld

填空题

1. 下面程序把从终端读入的文本（用@作为文本结束标志）复制到一个名字 C. DAT 的新文件中。请填空。

```
# include  <stdio.h>
        FILE  * fp;
        main ()
        {   char  ch;
            if ((fp = ______) =  = NULL)   exit(0);
            while ((ch = getchar())! = '@')
              fpute (______);
              fclose(fp);
          }
```

2. 下面程序把从终端读入的 10 个整数以二进制方式写到一个名为 bi. dat 的新文件中。请填空。

```
# include
FILE * fp;
main()
{  int i,j;
if((fp = fopen(______, "wb")) = = NULL) exit(0);
for(i = 0; i<10; i + + )
{  scanf(" % d",&j);          fwrite(&j,sizeof(int),1, ______);
}
fclose(fp);
}
```

编程题

1. 用每次写一个字符的方式，创建文本文件 study. txt 并在文本文件 study. txt 中添加内容。

2. 从键盘上输入一串字符，将这串字符保存在文件 study. txt 中。然后将文件中的所有信息输出到屏幕上。

3. 将文本文件 study. txt 中的所有信息拷贝到文件 study1. txt 中。

4. 创建两个文件 a. txt、b. txt 并将这两个文本文件合并成一个新的文本文件 c. txt。

参考文献

[1] 谭浩强. C程序设计. 第4版. 北京：清华大学出版社，2009.
[2] 杨树林. C程序设计语言. 北京：机械工业出版社，2007.
[3] 宋文强. C#程序设计. 北京：高等教育出版社，2010.
[4] Anders Hejlsberg，Mads Torgersen，Scott Wiltamuth. 顾雁宏，徐旭铭，译. C#程序设计语言. 北京：机械工业出版社，2010.
[5] 杨建军. Visual C#程序设计实用教程. 北京：清华大学出版社，2009.
[6] 朱毅华，时跃华，赵青松等. C#程序设计教程. 第2版. 北京：机械工业出版社，2011.
[7] 耿肇英，周真真. C#应用程序设计教程. 第2版. 北京：人民邮电出版社，2010.
[8] Charles Petzold. Microsoft C# Windows程序设计（上、下）. 北京：北京大学出版社，2002.
[9] 郑宇军. C#面向对象程序设计. 北京：清华大学出版社，2007.
[10] 刘先省，陈克坚，董淑娟. Visual C#程序设计教程. 北京：机械工业出版社，2006.
[11] 杨树林. C#程序设计与案例教程. 北京：清华大学出版社，2007.
[12] 邵顺增，李琳. C#程序设计：Windows项目开发. 北京：清华大学出版社，2008.
[13] 罗兵，刘艺，孟武生等. C#程序设计大学教程. 北京：机械工业出版社，2007.
[14] 于国防，李剑. C#语言Windows程序设计. 北京：清华大学出版社，2010.
[15] 刘甫迎，刘光会，王蓉. C#程序设计教程. 第2版. 北京：电子工业出版社，2008.
[16] 郑阿奇，梁敬东. C#程序设计教程. 北京：机械工业出版社，2007.
[17] 陈锐. 零基础学数据结构. 北京：机械工业出版社，2010.
[18] 陈锐. C/C++常用函数与算法速查手册. 北京：中国铁道出版社，2012.
[19] 郑伟. Visual C#程序设计项目案例教程. 北京：清华大学出版社，2011.
[20] 李丽娟. C程序设计基础教程. 北京：北京邮电大学出版社，2000.
[21] Hebert Schildt著. 戴健鹏，译. C语言大全. 北京：电子工业出版社，1994.
[22] Hebert Schildt著. 王曦若，李沛，译. ANSI C标准详解. 北京：学苑出版社，1994.
[23] 陈锐. C从入门到精通. 北京：电子工业出版社，2010.